2010

AutoCAD 中文版

基础教程

老虎工作室
姜勇　王辉辉　编著

人 民 邮 电 出 版 社
北　京

图书在版编目（CIP）数据

AutoCAD 2010中文版基础教程 / 姜勇，王辉辉编著
. -- 北京 : 人民邮电出版社，2010.7（2021.1 重印）
ISBN 978-7-115-22770-6

Ⅰ. ①A… Ⅱ. ①姜… ②王… Ⅲ. ①计算机辅助设计
－应用软件，AutoCAD 2010－教材 Ⅳ. ①TP391.72

中国版本图书馆CIP数据核字(2010)第080588号

内 容 提 要

本书系统地介绍了 AutoCAD 2010 中文版的基本功能及用 AutoCAD 绘制二维、三维图形的方法和提高作图效率的技巧。在内容编排上充分考虑了初学者的学习特点，由浅入深、循序渐进，突出了常用命令的讲解及上机实战操作这两个方面的内容。

全书共 11 章，主要内容包括 AutoCAD 用户界面及基本操作，创建及设置图层，绘制二维基本对象，编辑图形，参数化绘图，书写文字及标注尺寸，查询图形信息，图块及外部参照的应用，创建三维实体模型，图形输出，AutoCAD 证书考试练习题等。本书第 1 章至第 10 章的最后都配有习题，读者可据此检验学习效果，巩固所学知识。

本书颇具特色之处是将所有练习题的绘制过程录制成了动画，收录在本书所附光盘中，可作为读者练习时的参考和向导。

本书内容系统，层次清晰，实用性强，可供各类 AutoCAD 绘图培训班作为教材或参考书使用，也可作为工程技术人员和高校相关专业师生及计算机爱好者的自学教程。

◆ 编　　著　老虎工作室　姜　勇　王辉辉
责任编辑　李永涛

◆ 人民邮电出版社出版发行　　北京市丰台区成寿寺路 11 号
邮编　100164　　电子邮件　315@ptpress.com.cn
网址　http://www.ptpress.com.cn
固安县铭成印刷有限公司印刷

◆ 开本：787×1092　1/16
印张：15.75
字数：384 千字　　　　2010 年 7 月第 1 版
印数：48 601－49 600 册　　　　2021 年 1 月河北第 44 次印刷

ISBN 978-7-115-22770-6

定价：39.00 元（附光盘）

读者服务热线：(010) 81055410　印装质量热线：(010) 81055316

反盗版热线：(010) 81055315

老虎工作室

主　编：沈精虎

编　委：许曰滨　黄业清　姜　勇　宋一兵　高长铎
田博文　谭雪松　向先波　毕丽蕴　郭万军
宋雪岩　詹　翔　周　锦　冯　辉　王海英
蔡汉明　李　仲　赵治国　赵　晶　张　伟
朱　凯　臧乐善　郭英文　计晓明　孙　业
滕　玲　张艳花　董彩霞　郝庆文　田晓芳

关 于 本 书

AutoCAD 是 CAD 技术领域中一款优秀的基础性应用软件包，由美国 Autodesk 公司研制开发。由于其具有丰富的绘图功能及简便易学好用的优点，因而受到广大工程技术人员的普遍欢迎。目前，AutoCAD 已广泛应用于机械、电子、建筑、服装、船舶等工程设计领域，极大地提高了设计人员的工作效率。

内容和特点

学习 AutoCAD 不难，只要方法适当，读者在较短时间内就可以掌握 AutoCAD 的精髓。本书作者总结的学习过程如下。

(1) 首先应熟悉 AutoCAD 的工作界面，了解组成 AutoCAD 程序窗口的每一部分的功能；其次应学会怎样与 AutoCAD 对话，即如何下达命令及产生错误后怎样处理等。

(2) 学习基础知识后，就可进入命令学习阶段，这一阶段是学习 AutoCAD 的关键阶段。读者可一次学习 3～5 个命令，然后围绕这些命令进行简单图形的作图训练，直至熟练掌握它们为止。

(3) 学完常用命令并能用它们绘制简单图形后，再进行综合作图训练，此阶段是提高 AutoCAD 使用水平的过程。此时应着重训练综合应用 AutoCAD 命令的能力，并掌握一些实用作图技巧。相应的绘图练习应具有较大难度，且其中一些练习应与专业应用结合起来。

作者就是按以上学习过程来安排本书内容的，只要读者认真阅读本书，完成书中练习题，相信自己能切实掌握 AutoCAD，使 AutoCAD 成为得心应手的设计工具。

全书分为 11 章，各章内容简要介绍如下。

- 第 1 章：介绍 AutoCAD 的用户界面及与 AutoCAD 交流的一些基本操作。
- 第 2 章：主要介绍画线、圆及圆弧连接的方法。
- 第 3 章：主要介绍如何绘制椭圆、矩形及正多边形等基本几何对象。
- 第 4 章：介绍多段线、点及面域等对象的绘制方法。
- 第 5 章：通过实例说明绘制复杂图形的方法及技巧。
- 第 6 章：介绍参数化绘图的一般方法及技巧。
- 第 7 章：介绍如何书写文字及创建尺寸标注。
- 第 8 章：介绍如何查询图形信息及图块和外部参照的用法。
- 第 9 章：主要介绍创建三维实体模型的方法。
- 第 10 章：介绍怎样输出图形。
- 第 11 章：提供 AutoCAD 证书考试练习题。

读者对象

本书将 AutoCAD 的基本命令与典型绘图实例相结合，条理清晰、讲解透彻，易于掌握，可供各类 AutoCAD 绘图培训班作为教材使用，也可供工程技术人员及高等院校相关专业专业的学生自学参考。

附盘内容及用法

本书所附光盘内容分为两部分。

1. “.dwg”图形文件

本书所有习题用到的及典型实例完成后的“.dwg”图形文件都按章收录在附盘的“dwg”文件夹中，读者可以调用和参考这些图形文件。

2. “.avi”动画文件

本书所有习题的绘制过程都录制成了“.avi”动画文件，并收录在附盘的“avi”文件夹中。

“.avi”是最常用的动画文件格式，用 Windows 系统提供的“Windows Media Player”就可以播放“.avi”动画文件。单击【开始】/【所有程序】/【附件】/【娱乐】/【Windows Media Player】选项即可启动“Windows Media Player”。一般情况下，读者只要双击某个动画文件即可观看。

注意： 播放文件前要安装配套光盘根目录下的“avi_tscc.exe”插件。

感谢您选择了本书，希望我们的努力对您的工作和学习有所帮助，也欢迎您把对本书的意见和建议告诉我们。

电子函件 ttketang@163.com。

老虎工作室

2010 年 5 月

目　录

第1章 AutoCAD 绘图环境及基本操作

【学习目标】

- 了解 AutoCAD 用户界面的组成。
- 掌握调用 AutoCAD 命令的方法。
- 掌握选择对象的常用方法。
- 掌握快速缩放、移动图形及全部缩放图形的方法。
- 掌握重复命令和取消已执行的操作的方法。
- 掌握图层、线型及线宽等的设置方法。

1.1 了解用户界面及学习基本操作

本节介绍 AutoCAD 用户界面的组成，并讲解常用的一些基本操作。

1.1.1 AutoCAD 用户界面

启动 AutoCAD 2010 后，其用户界面如图 1-1 所示，主要由快速访问工具栏、功能区、绘图窗口、命令提示窗口和状态栏等部分组成。下面通过操作练习来熟悉 AutoCAD 用户界面。

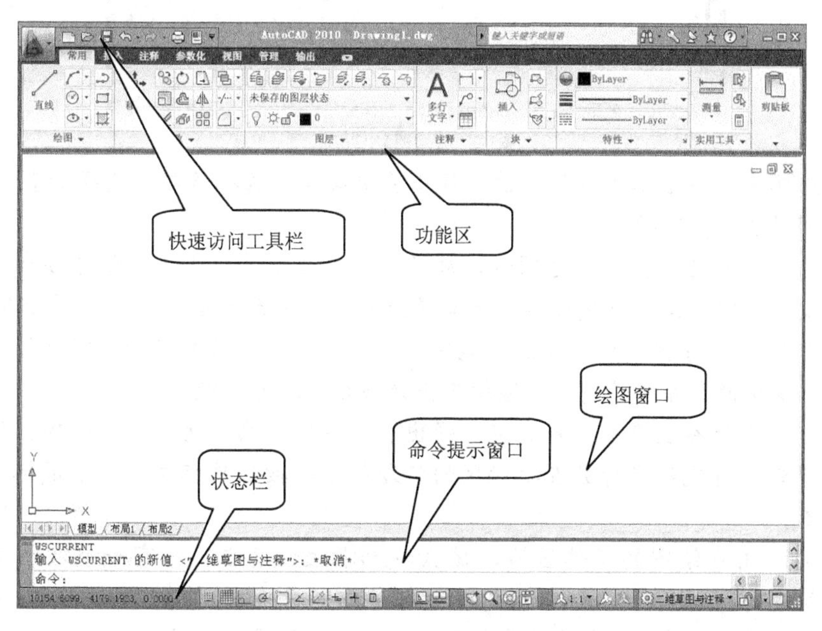

图1-1 AutoCAD 用户界面

【练习1-1】：熟悉AutoCAD用户界面。

1. 单击程序窗口左上角的按钮，弹出下拉菜单，该菜单包含【新建】、【打开】及【保存】等常用选项。单击按钮，显示已打开的所有图形文件；单击按钮，系统显示最近使用的文件。
2. 单击【快速访问】工具栏上的按钮，选择【显示菜单栏】选项，显示AutoCAD主菜单。执行【工具】/【选项板】/【功能区】命令，关闭【功能区】。
3. 再次执行【工具】/【选项板】/【功能区】命令，则又打开【功能区】。
4. 单击【功能区】中【常用】选项卡【绘图】面板上的按钮，展开该面板，再单击按钮，固定面板。
5. 执行【工具】/【工具栏】/【AutoCAD】/【绘图】命令，打开【绘图】工具栏，如图1-2所示。用户可移动工具栏或改变工具栏的形状。将鼠标光标移动到工具栏边缘处，按下左键并移动鼠标，工具栏就随鼠标光标移动。将鼠标光标放置在拖出的工具栏的边缘，当鼠标光标变成双向箭头时，按住鼠标左键移动鼠标，工具栏形状就发生变化。

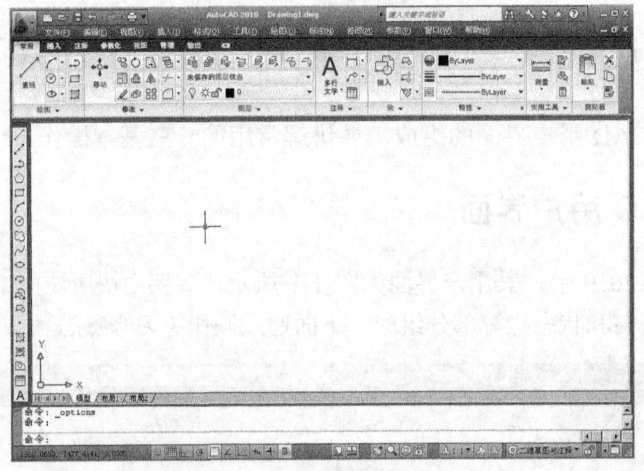

图1-2 【绘图】工具栏

6. 在任一选项卡标签上单击鼠标右键，弹出快捷菜单，选择【显示选项卡】/【注释】选项，关闭【注释】选项卡。
7. 单击功能区中的【参数化】选项卡，展开【参数化】选项卡。在该选项卡的任一面板上单击鼠标右键，弹出快捷菜单，选择【面板】/【管理】选项，关闭【管理】面板。
8. 单击功能区顶部的按钮，收拢功能区，仅显示选项卡及面板的文字标签，再次单击该按钮，面板的文字标签消失，继续单击该按钮，展开功能区。
9. 在任一选项卡标签上单击鼠标右键，弹出快捷菜单，选择【浮动】选项，则功能区位置变为可动。将鼠标光标放在功能区的标题栏上，按住鼠标左键移动鼠标，改变功能区的位置。
10. 绘图窗口是用户绘图的工作区域，该区域无限大，其左下方有一个表示坐标系的图标，图标中的箭头分别指示 x 轴和 y 轴的正方向。在绘图区域中移动鼠标，状态栏上将显示光标点的坐标读数。单击该坐标区可改变坐标的显示方式。
11. AutoCAD提供了两种绘图环境：模型空间及图纸空间。单击绘图窗口下部的布局1按钮，切换到图纸空间。单击[模型]按钮，切换到模型空间。默认情况下，AutoCAD 的绘图环境是模型空间，用户在这里按实际尺寸绘制二维或三维图形。图纸空间提供了一张虚拟图纸（与手工绘图时的图纸类似），用户可在这张图纸上将模型空间的图样按不同缩放比例布置在图纸上。

12. AutoCAD 绘图环境的组成一般称为工作空间，单击状态栏上的图标，弹出快捷菜单，该菜单中的【二维草图与注释】选项被选中，表明现在处于“二维草图与注释”工作空间。选择该菜单上的【AutoCAD 经典】选项，切换至以前版本的默认工作空间。
13. 命令提示窗口位于 AutoCAD 程序窗口的底部，用户输入的命令、系统的提示信息等都反映在此窗口中。将鼠标光标放在窗口的上边缘，鼠标光标变成双向箭头，按住左键并向上拖动鼠标就可以增加命令窗口显示的行数。按 F2 键将打开命令提示窗口，再次按 F2 键可关闭此窗口。

1.1.2 用 AutoCAD 绘图的基本过程

下面通过一个练习演示用 AutoCAD 绘制图形的基本过程。

1. 启动 AutoCAD 2010。
2. 单击按钮，选择【新建】/【图形】选项(或单击【快速访问】工具栏上的按钮创建新图形)，打开【选择样板】对话框，如图 1-3 所示。该对话框中列出了许多用于创建新图形的样板文件，默认的样板文件是“acadiso.dwt”。单击[打开(O)]按钮，开始绘制新图形。

图1-3　【选择样板】对话框

3. 按状态栏上的、及按钮。注意，不要按下按钮。
4. 单击【常用】选项卡中【绘图】面板上的按钮，AutoCAD 提示如下。

```
命令: _line 指定第一点:               //单击 A 点，如图 1-4 所示
指定下一点或 [放弃(U)]: 400            //向右移动鼠标光标，输入线段长度并按 Enter 键
指定下一点或 [放弃(U)]: 600            //向上移动鼠标光标，输入线段长度并按 Enter 键
指定下一点或 [闭合(C)/放弃(U)]: 500//向右移动鼠标光标，输入线段长度并按 Enter 键
```

指定下一点或 [闭合(C)/放弃(U)]: 800//向下移动鼠标光标，输入线段长度并按 Enter 键

指定下一点或 [闭合(C)/放弃(U)]: //按 Enter 键结束命令

结果如图 1-4 所示。

5. 按 Enter 键重复画线命令，绘制线段 *BC*，如图 1-5 所示。

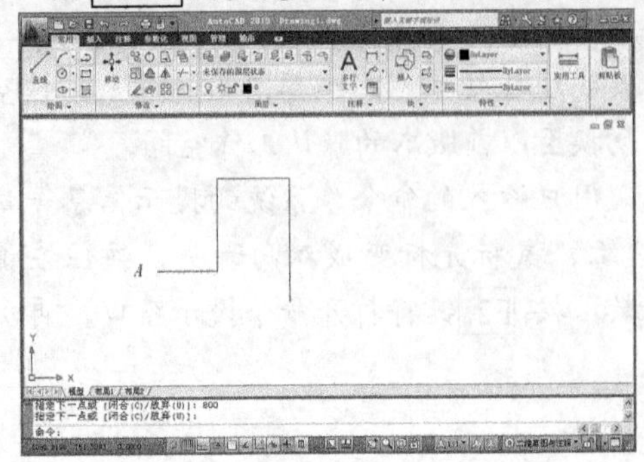

图1-4 画线

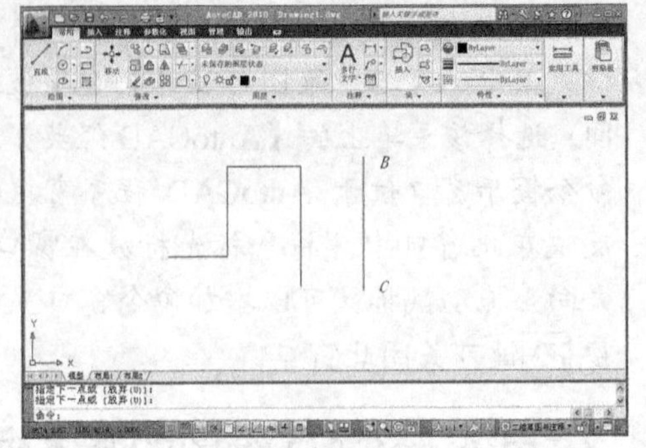

图1-5 绘制线段 *BC*

6. 单击【快速访问】工具栏上的按钮，线段 *BC* 消失，再次单击该按钮，连续折线也消失。单击按钮，连续折线显示出来，继续单击该按钮，线段 *BC* 也显示出来。

7. 输入画圆命令全称 CIRCLE 或简称 C，AutoCAD 提示如下。

命令: CIRCLE //输入命令，按 Enter 键确认

指定圆的圆心或 [三点(3P)/两点(2P)/相切、相切、半径(T)]:

//单击 *D* 点，指定圆心，如图 1-6 所示

指定圆的半径或 [直径(D)]: 100 //输入圆半径，按 Enter 键确认

结果如图 1-6 所示。

8. 单击【常用】选项卡中【绘图】面板上的按钮，AutoCAD 提示如下。

命令: _circle 指定圆的圆心或 [三点(3P)/两点(2P)/相切、相切、半径(T)]:

//将鼠标光标移动到端点 *E* 处，AutoCAD 自动捕捉该点，再单击鼠标左键确认，如图 1-7 所示

指定圆的半径或 [直径(D)] <100.0000>: 160 //输入圆半径，按 Enter 键

结果如图 1-7 所示。

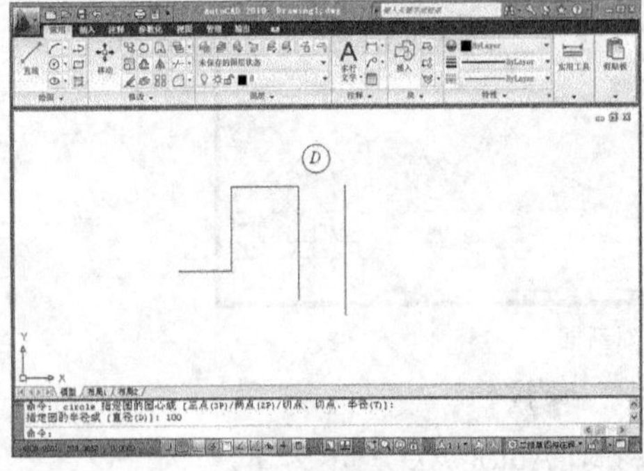

图1-6 画圆（1）

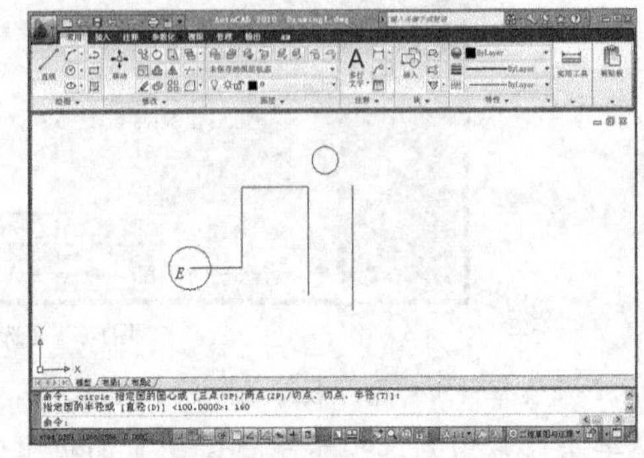

图1-7 画圆（2）

9. 单击状态栏上的按钮，鼠标光标变成手的形状，按住鼠标左键向右拖动，直至图形不可见为止。按 Esc 键或 Enter 键退出。

10. 单击【视图】选项卡中【导航】面板上的 范围 按钮，图形又全部显示在窗口中，如图 1-8 所示。

11. 单击程序窗口下边的按钮，按 Enter 键，鼠标光标变成放大镜形状，此时按住鼠标左键向下拖动鼠标，图形缩小，如图 1-9 所示。按 Esc 键或 Enter 键退出，也可单击鼠标右键，弹出快捷菜单，选择【退出】选项。该菜单上的【范围缩放】选项可使图形充满整个图形窗口显示。

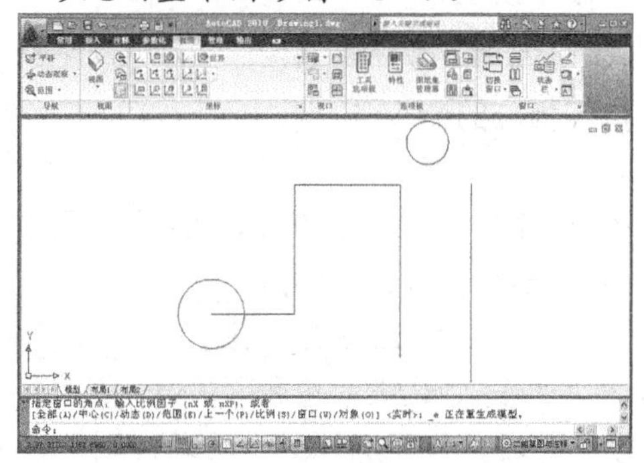
图1-8　全部显示图形

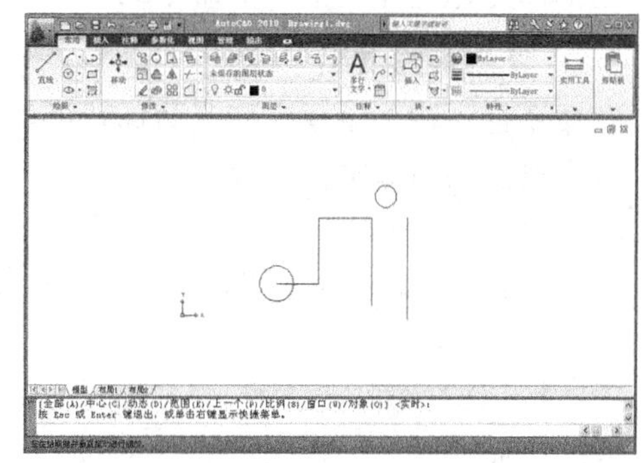
图1-9　缩小图形

12. 单击鼠标右键，弹出快捷菜单，选择【平移】选项，再单击鼠标右键，选择【窗口缩放】选项。按住左键并拖动鼠标，使矩形框包含图形的一部分，松开鼠标左键，矩形框内的图形被放大。继续单击鼠标右键，选择【缩放为原窗口】选项，则又返回原来的显示。
13. 单击【常用】选项卡中【修改】面板上的按钮（删除对象），AutoCAD 提示如下。

```
命令: _erase
选择对象:                  //单击 A 点，如图 1-10 左图所示
指定对角点: 找到 1 个      //向右下方拖动鼠标光标，出现一个实线矩形窗口
                           //在 B 点处单击一点，矩形窗口内的圆被选中，被选对象变为虚线
选择对象:                  //按 Enter 键删除圆
命令:ERASE                 //按 Enter 键重复命令
选择对象:                  //单击 C 点
指定对角点: 找到 4 个      //向左下方拖动鼠标光标，出现一个虚线矩形窗口
                       //在 D 点处单击一点，矩形窗口内及与该窗口相交的所有对象都被选中
选择对象:                  //按 Enter 键删除圆和线段
```

结果如图 1-10 右图所示。

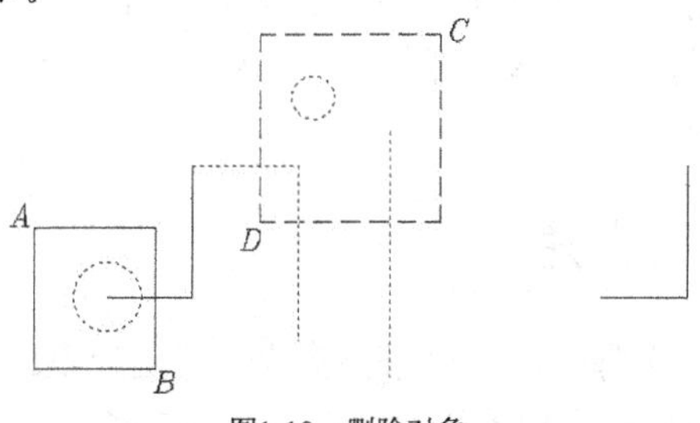

图1-10　删除对象

14. 单击按钮，选择【另存为】选项（或单击【快速访问】工具栏上的按钮），弹出【图形另存为】对话框，在该对话框的【文件名】文本框中输入新文件名。该文件默认类型为“dwg”，若想更改，可在【文件类型】下拉列表中选择其他类型。

1.1.3 调用命令

启动 AutoCAD 命令的方法一般有两种：一种是在命令行中输入命令全称或简称，另一种是用鼠标光标选择一个菜单命令或单击工具栏中的命令按钮。

一、 使用键盘发出命令

在命令行中输入命令全称或简称就可以使系统执行相应的命令。

一个典型的命令执行过程如下。

```
命令: circle                          //输入命令全称 CIRCLE 或简称 C，按 Enter 键
指定圆的圆心或 [三点(3P)/两点(2P)/相切、相切、半径(T)]:   90,100
                                        //输入圆心的 x、y 坐标，按 Enter 键
指定圆的半径或 [直径(D)] <50.7720>: 70   //输入圆半径，按 Enter 键
```

(1) 方括号“[ ]”中以“/”隔开的内容表示各个选项。若要选择某个选项，则需输入圆括号中的字母，可以是大写形式，也可以是小写形式。例如，想通过三点画圆，就输入“3P”。

(2) 尖括号“<>”中的内容是当前默认值。

AutoCAD 的命令执行过程是交互式的。当用户输入命令后，需按 Enter 键确认，系统才执行该命令。而执行过程中，系统有时要等待用户输入必要的绘图参数，如输入命令选项、点的坐标或其他几何数据等，输入完成后，也要按 Enter 键，系统才能继续执行下一步操作。

要点提示 当使用某一命令时按 F1 键，AutoCAD 将显示该命令的帮助信息。也可将鼠标光标在命令按钮上放置片刻，则 AutoCAD 在按钮附近显示该命令的简要提示信息。

二、 利用鼠标发出命令

用鼠标选择主菜单中的命令或单击工具栏上的命令按钮，系统就执行相应的命令。此外，也可在命令启动前或执行过程中，单击鼠标右键，通过快捷菜单中的选项启动命令。利用 AutoCAD 绘图时，用户多数情况下是通过鼠标发出命令的。鼠标各按键定义如下。

- 左键：拾取键，用于单击工具栏按钮及选择菜单选项以发出命令，也可在绘图过程中指定点和选择图形对象等。
- 右键：一般作为 Enter 键，命令执行完成后，常单击鼠标右键来结束命令。在有些情况下，单击鼠标右键将弹出快捷菜单，该菜单上有【确认】选项。
- 滚轮：转动滚轮，将放大或缩小图形，默认情况下，缩放增量为 10%。按住滚轮并拖动鼠标，则平移图形。

1.1.4 选择对象的常用方法

用户在使用编辑命令时，选择的多个对象将构成一个选择集。系统提供了多种构造选择集的方法。默认情况下，用户可以逐个地拾取对象或是利用矩形、交叉窗口一次选取多个对象。

一、用矩形窗口选择对象

当系统提示选择要编辑的对象时，用户在图形元素的左上角或左下角单击一点，然后向

右拖动鼠标光标，AutoCAD 显示一个实线矩形窗口，让此窗口完全包含要编辑的图形实体，再单击一点，则矩形窗口中所有对象（不包括与矩形边相交的对象）被选中，被选中的对象将以虚线形式表示出来。

下面通过 ERASE 命令来演示这种选择方法。

【练习1-2】：　用矩形窗口选择对象。

打开附盘文件“dwg\第 1 章\1-2.dwg”，如图 1-11 左图所示。用 ERASE 命令将左图修改为右图。

```
命令:_erase
选择对象:                          //在 A 点处单击一点，如图 1-11 左图所示
指定对角点: 找到 9 个               //在 B 点处单击一点
选择对象:                          //按 Enter 键结束
```

结果如图 1-11 右图所示。

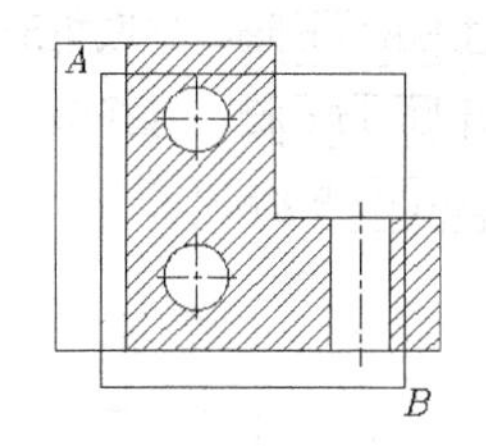

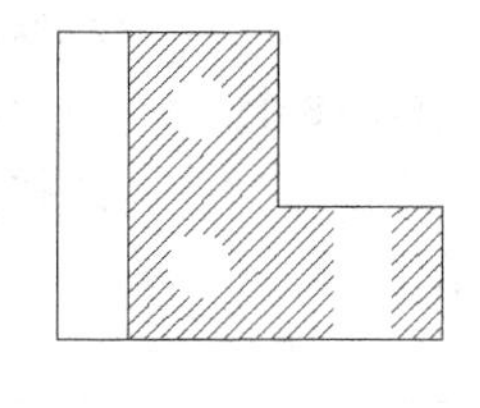

图1-11　用矩形窗口选择对象

二、 用交叉窗口选择对象

当 AutoCAD 提示“选择对象”时，在要编辑的图形元素右上角或右下角单击一点，然后向左拖动鼠标光标，此时出现一个虚线矩形框，使该矩形框包含被编辑对象的一部分，而让其余部分与矩形框边相交；再单击一点，则框内的对象和与框边相交的对象全部被选中。

下面通过 ERASE 命令来演示这种选择方法。

【练习1-3】：　用交叉窗口选择对象。

打开附盘文件“dwg\第 1 章\1-3.dwg”，如图 1-12 左图所示。用 ERASE 命令将左图修改为右图。

```
命令: _erase
选择对象:                          //在 C 点处单击一点，如图 1-12 左图所示
指定对角点: 找到 14 个              //在 D 点处单击一点
选择对象:                          //按 Enter 键结束
```

结果如图 1-12 右图所示。

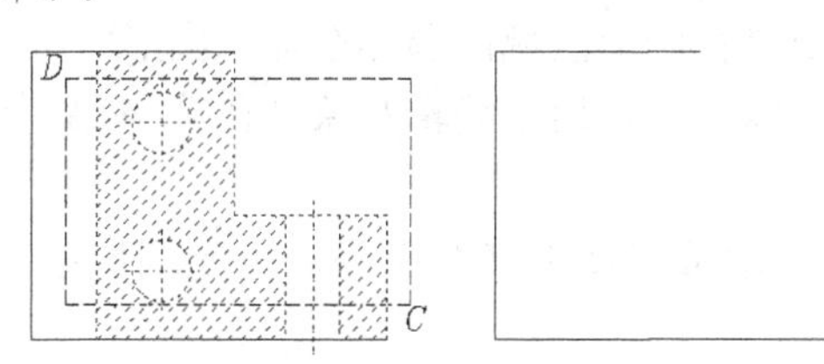

图1-12　用交叉窗口选择对象

三、 给选择集添加或去除对象

编辑过程中，用户构造选择集常常不能一次完成，需向选择集中添加或从选择集中删除对象。在添加对象时，可直接选取或利用矩形窗口、交叉窗口选择要加入的图形元素。若要删除对象，可先按住 Shift 键，再从选择集中选择要清除的多个图形元素。

下面通过 ERASE 命令来演示修改选择集的方法。

【练习1-4】： 修改选择集。

打开附盘文件 “dwg\第 1 章\1-4.dwg”，如图 1-13 左图所示。用 ERASE 命令将左图修改为右图。

```
命令: _erase
选择对象:                          //在 C 点处单击一点，如图 1-13 左图所示
指定对角点: 找到 8 个              //在 D 点处单击一点
选择对象: 找到 1 个，删除 1 个，总计 7 个
                                   //按住 Shift 键，选取矩形 A，该矩形从选择集中去除
选择对象:找到 1 个，总计 8 个      //松开 Shift 键，选择圆 B
选择对象:                          //按 Enter 键结束
```

结果如图 1-13 右图所示。

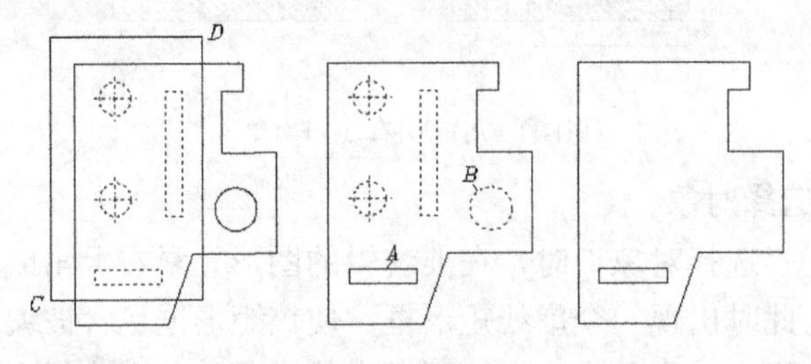

图1-13 修改选择集

1.1.5 删除对象

ERASE 命令用来删除图形对象，该命令没有任何选项。要删除一个对象，用户可以用鼠标光标先选择该对象，然后单击【修改】面板上的按钮，或键入命令 ERASE（命令简称 E）。也可先发出删除命令，再选择要删除的对象。

1.1.6 撤销和重复命令

发出某个命令后，用户可随时按 Esc 键终止该命令。此时，系统又返回到命令行。

用户经常遇到的一个情况是在图形区域内偶然选择了图形对象，该对象上出现了一些高亮的小框，这些小框被称为关键点，可用于编辑对象（在第 4 章中将详细介绍），要取消这些关键点，按 Esc 键即可。

在绘图过程中，用户会经常重复使用某个命令，重复刚使用过的命令的方法是直接按 Enter 键。

1.1.7　取消已执行的操作

用 AutoCAD 绘图时，难免会出现这样或那样的错误。要修正这些错误，可使用 UNDO 命令或【快速访问】工具栏上的按钮。如果想要取消前面执行的多个操作，可反复使用 UNDO 命令或反复单击按钮。

当取消一个或多个操作后，若又想恢复原来的效果，可使用 MREDO 命令或单击【快速访问】工具栏上的按钮。

1.1.8　快速缩放及移动图形

AutoCAD 的图形缩放及移动功能是很完备的，使用起来也很方便。绘图时，经常通过状态栏上的、按钮来完成这两项操作。

【练习1-5】：　观察图形的方法。

1. 打开附盘文件“dwg\第 1 章\1-5.dwg”，如图 1-14 所示。

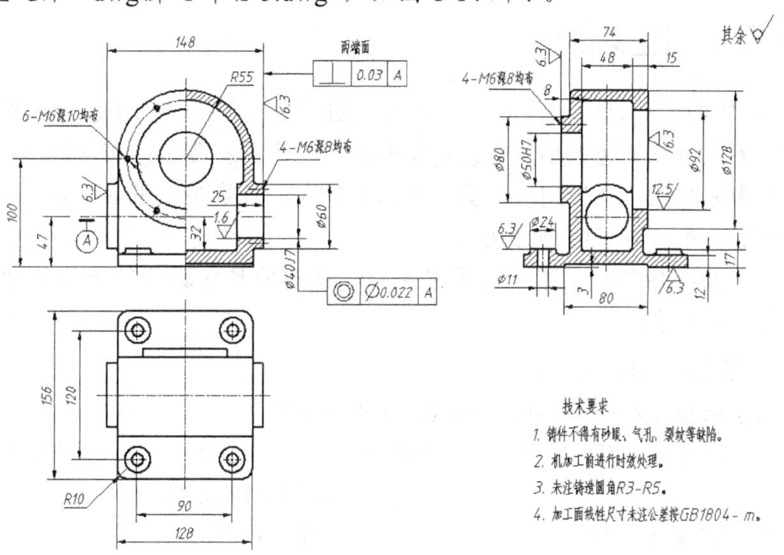

图1-14　观察图形

2. 单击状态栏上的按钮并按 Enter 键，AutoCAD 进入实时缩放状态，鼠标光标变成放大镜形状，此时按住鼠标左键向上拖动鼠标光标，放大零件图；向下拖动鼠标光标，缩小零件图。按 Esc 键或 Enter 键退出实时缩放状态。也可单击鼠标右键，然后选择快捷菜单上的【退出】选项实现这一操作。
3. 单击状态栏上的按钮，AutoCAD 进入实时平移状态，鼠标光标变成手的形状，此时按住鼠标左键并拖动鼠标光标，就可以平移视图。单击鼠标右键，打开快捷菜单，然后选择【退出】选项。
4. 单击鼠标右键，弹出快捷菜单，选择【缩放】选项，进入实时缩放状态。再次单击鼠标右键，选择【平移】选项，切换到实时平移状态，按 Esc 键或 Enter 键退出。
5. 不要关闭文件，下一节将继续练习。

1.1.9 窗口放大图形、全部显示图形及返回上一次的显示

在绘图过程中，用户经常要将图形的局部区域放大，以方便绘图。绘制完成后，又要返回上一次的显示或是将图形全部显示在程序窗口中，以观察绘图效果。利用【视图】选项卡中【导航】面板上的、、及按钮可实现这 3 项操作。

继续前面的练习。

1. 单击【导航】面板上的按钮，指定矩形窗口的第一个角点，再指定另一角点，系统将尽可能地把矩形内的图形放大以充满整个程序窗口。
2. 单击【导航】面板上的按钮，或者执行【视图】/【缩放】/【范围】命令，则全部图形以充满整个程序窗口的状态显示出来。
3. 单击【导航】面板上的按钮，返回上一次的显示。
4. 单击鼠标右键，弹出快捷菜单，选择【缩放】选项。再次单击鼠标右键，选择【范围缩放】选项。

1.1.10 设定绘图区域大小

AutoCAD 的绘图空间是无限大的，用户可以随意设定程序窗口中显示出的绘图区域的大小。作图时，事先对绘图区大小进行设定将有助于用户了解图形分布的范围。当然，用户也可在绘图过程中随时缩放（使用工具）图形以控制其在屏幕上的显示范围。

设定绘图区域大小有以下两种方法。

- 将一个圆充满整个程序窗口显示出来，依据圆的尺寸就能轻易地估计出当前绘图区的大小了。

【练习1-6】： 设定绘图区域大小。

1. 单击【绘图】面板上的按钮，AutoCAD 提示如下。

```
命令: _circle 指定圆的圆心或 [三点(3P)/两点(2P)/相切、相切、半径(T)]:
                                         //在屏幕的适当位置单击一点
指定圆的半径或 [直径(D)]: 50              //输入圆半径
```

2. 执行【视图】/【缩放】/【范围】命令，直径为 100 的圆就充满了整个程序窗口，如图 1-15 所示。

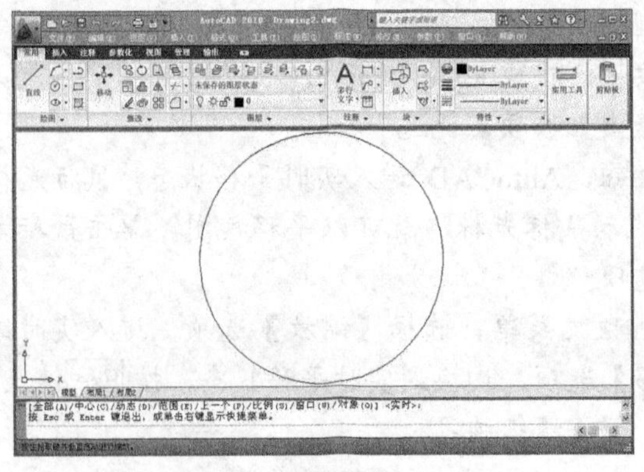

图1-15 设定绘图区域大小（1）

- 用 LIMITS 命令设定绘图区域大小，该命令可以改变栅格的长宽尺寸及位置。所谓栅格是点在矩形区域中按行、列形式分布形成的图案，如图 1-16 所示。当栅格在程序窗口中显示出来后，用户就可根据栅格分布的范围估算出当前绘图区的大小了。

【练习1-7】： 用 LIMITS 命令设定绘图区大小。

1. 选择菜单命令【格式】/【图形界限】，AutoCAD 提示如下。

```
命令: '_limits
指定左下角点或 [开(ON)/关(OFF)] <0.0000,0.0000>:100,80
        //输入 A 点的 x、y 坐标值，或任意单击一点，如图 1-16 所示
指定右上角点 <420.0000,297.0000>: @150,200
        //输入 B 点相对于 A 点的坐标，按 Enter 键（在 2.1.1 节中将介绍相对坐标）
```

2. 将鼠标光标移动到程序窗口下方的▦按钮上，单击鼠标右键，弹出快捷菜单，选择【设置】选项，打开【草图设置】对话框，取消对【显示超出界线的栅格】复选项的选择。
3. 关闭【草图设置】对话框，单击▦按钮，打开栅格显示，再执行【视图】/【缩放】/【范围】命令，使矩形栅格充满整个程序窗口。
4. 执行【视图】/【缩放】/【实时】命令，按住鼠标左键向下拖动鼠标光标使矩形栅格缩小，如图 1-16 所示。该栅格的长宽尺寸是“150 × 200”，且左下角点的 x、y 坐标为（100,80）。

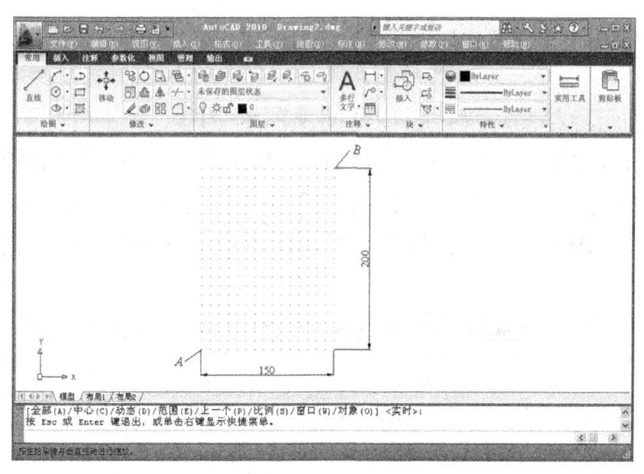

图1-16　设定绘图区域大小（2）

1.1.11　预览打开的文件及在文件间切换

AutoCAD 是一个多文档环境，用户可同时打开多个图形文件。要预览打开的文件及在文件间切换，可采用以下方法。

- 单击程序窗口底部的▭按钮，显示出所有打开文件的预览图，如图 1-17 所示。已打开 3 个文件，预览图显示了 3 个文件中的图形。
- 单击某一预览图，就切换到该图形。

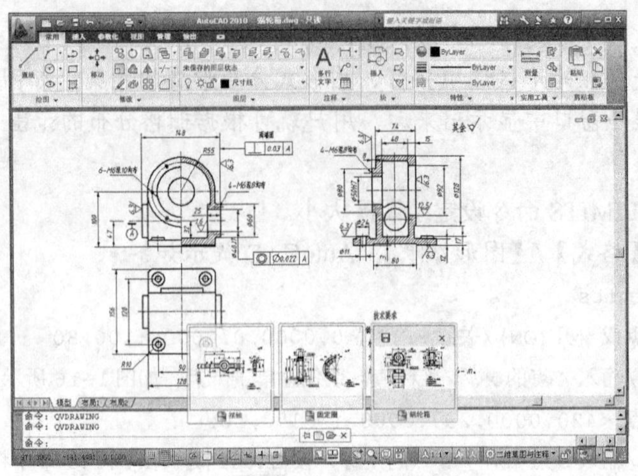

图1-17　预览文件及在文件间切换

打开多个图形文件后，可利用【窗口】菜单（单击【快速访问】工具栏上的▾按钮打开主菜单）控制多个文件的显示方式。例如，可将它们以层叠、水平或竖直排列等形式布置在主窗口中。

多文档设计环境具有 Windows 窗口的剪切、复制和粘贴等功能，因而可以快捷地在各个图形文件间复制、移动对象。如果考虑到复制的对象需要在其他的图形中准确定位，则还可在复制对象的同时指定基准点，这样在执行粘贴操作时就可根据基准点将图元复制到正确的位置。

1.1.12　在当前文件的模型空间及图纸空间切换

AutoCAD 提供了两种绘图环境：模型空间及图纸空间。默认情况下，AutoCAD 的绘图环境是模型空间。打开图形文件后，程序窗口中仅显示出模型空间中的图形。单击状态栏上的按钮，出现【模型】、【布局 1】及【布局 2】3 个预览图，如图 1-18 所示。它们分别代表模型空间中的图形、“图纸 1”上的图形、“图纸 2”上的图形。单击其中之一，就切换到相应图形。

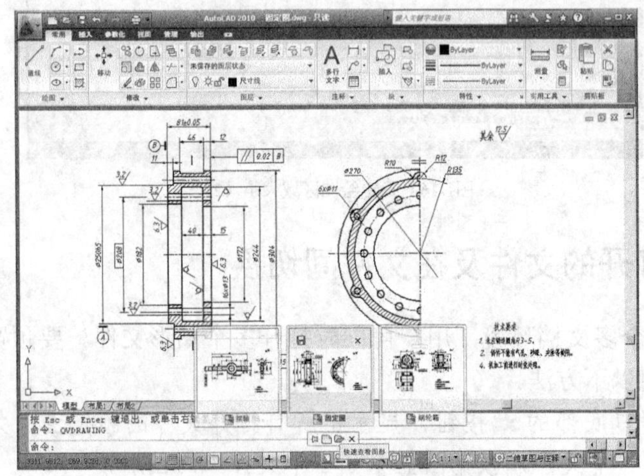

图1-18　显示模型空间及图纸空间的预览图

1.1.13　上机练习——布置用户界面及设定绘图区域大小

【练习1-8】：　布置用户界面，练习 AutoCAD 基本操作。

1. 启动 AutoCAD，打开【绘图】及【修改】工具栏并调整工具栏的位置，如图 1-19 所示。
2. 在功能区的选项卡上单击鼠标右键，弹出快捷菜单，选择【浮动】选项，调整功能区的位置，如图 1-19 所示。

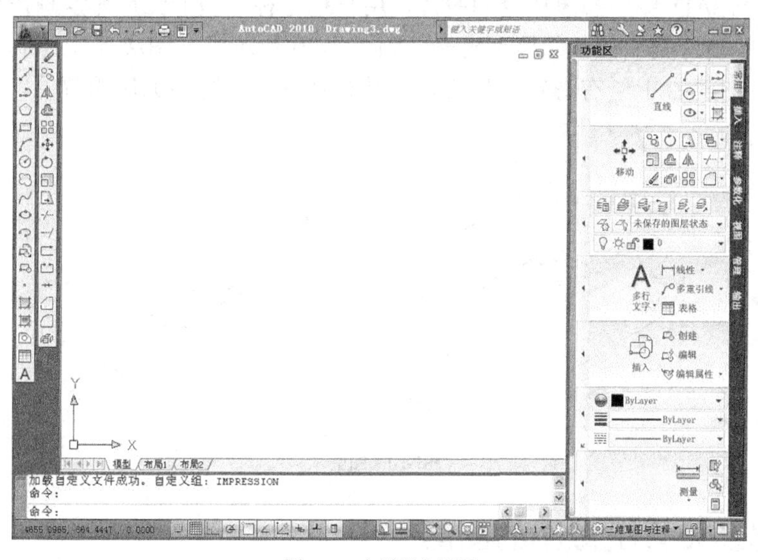

图1-19　布置用户界面

3. 单击状态栏上的⚙按钮，选择【二维草图与注释】选项。
4. 利用 AutoCAD 提供的样板文件“Acad.dwt”创建新文件。
5. 设定绘图区域的大小为 1500 × 1200。打开栅格显示。单击鼠标右键，弹出快捷菜单，选择【缩放】选项。再次单击鼠标右键，选择【范围缩放】选项，使栅格充满整个图形窗口显示出来。
6. 单击【绘图】工具栏上的⊙按钮，AutoCAD 提示如下。

```
命令: _circle 指定圆的圆心或 [三点(3P)/两点(2P)/相切、相切、半径(T)]:
                                                //在屏幕上单击一点
指定圆的半径或 [直径(D)] <30.0000>: 1           //输入圆半径
命令:                                           //按 Enter 键重复上一个命令
CIRCLE 指定圆的圆心或 [三点(3P)/两点(2P)/相切、相切、半径(T)]:
                                                //在屏幕上单击一点
指定圆的半径或 [直径(D)] <1.0000>: 5            //输入圆半径
命令:                                           //按 Enter 键重复上一个命令
CIRCLE 指定圆的圆心或 [三点(3P)/两点(2P)/相切、相切、半径(T)]: *取消*
                                                //按 Esc 键取消命令
```

7. 单击【视图】选项卡中【导航】面板上的🔍按钮，使圆充满整个绘图窗口。

8. 单击鼠标右键，弹出快捷菜单，选择【选项】选项，打开【选项】对话框，在【显示】选项卡的【圆弧和圆的平滑度】文本框中输入“10 000”。
9. 利用状态栏上的、功能移动和缩放图形。
10. 以文件名“User.dwg”保存图形。

1.2 设置图层、线型、线宽及颜色

可以将 AutoCAD 图层想象成透明胶片，用户把各种类型的图形元素画在这些胶片上，AutoCAD 将这些胶片叠加在一起显示出来，如图 1-20 所示。在图层 *A* 上绘制了挡板，图层 *B* 上画了支架，图层 *C* 上绘有螺钉，最终显示结果是各层内容叠加后的效果。

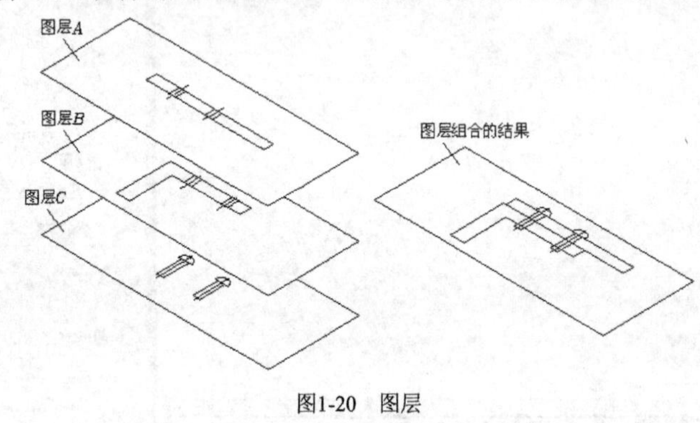

图1-20 图层

1.2.1 创建及设置机械图的图层

AutoCAD 的图形对象总是位于某个图层上。默认情况下，当前层是 0 层，此时所画图形对象在 0 层上。每个图层都有与其相关联的颜色、线型及线宽等属性信息，用户可以对这些信息进行设定或修改。

【练习1-9】： 创建以下图层并设置图层线型、线宽及颜色。

名称	颜色	线型	线宽
轮廓线层	白色	Continuous	0.5
中心线层	红色	Center	默认
虚线层	黄色	Dashed	默认
剖面线层	绿色	Continuous	默认
尺寸标注层	绿色	Continuous	默认
文字说明层	绿色	Continuous	默认

1. 单击【图层】面板上的按钮，打开【图层特性管理器】对话框，再单击按钮，列表框显示出名称为“图层 1”的图层，直接输入“轮廓线层”，按 Enter 键结束。
2. 再次按 Enter 键，又创建新图层。总共创建 6 个图层，结果如图 1-21 所示。图层“0”前有绿色标记“√”，表示该图层是当前层。
3. 指定图层颜色。选中“中心线层”，单击与所选图层关联的图标■白色，打开【选择颜色】对话框，选择红色，如图 1-22 所示。再设置其他图层的颜色。

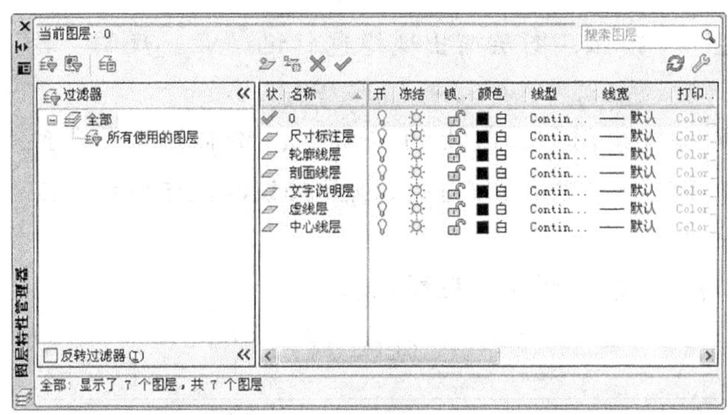
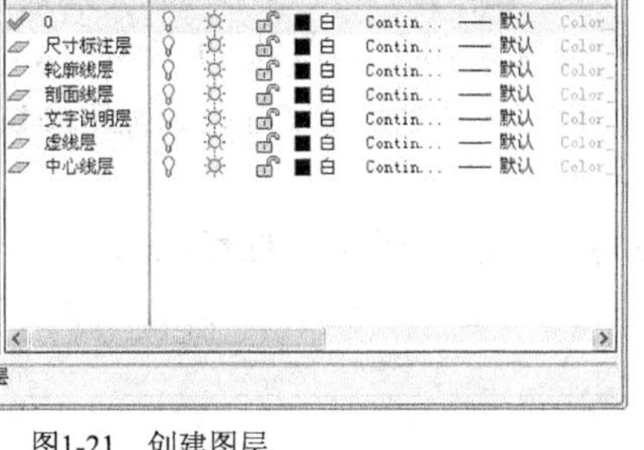

图1-21　创建图层

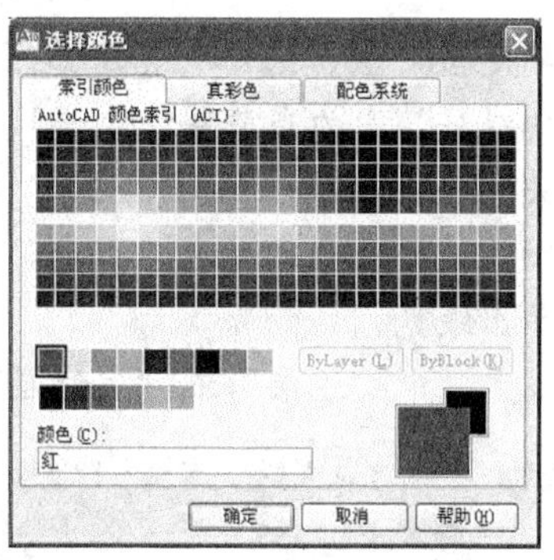

图1-22　【选择颜色】对话框

4. 给图层分配线型。默认情况下，图层线型是“Continuous”。选中“中心线层”，单击与所选图层关联的“Continuous”，打开【选择线型】对话框，如图 1-23 所示。通过此对话框，用户可以选择一种线型或从线型库文件中加载更多线型。
5. 单击 加载(L)... 按钮，打开【加载或重载线型】对话框，如图 1-24 所示。选择线型“CENTER”及“DASHED”，再单击 确定 按钮，这些线型就被加载到系统中。当前线型库文件是“acadiso.lin”，单击 文件(F)... 按钮，可选择其他的线型库文件。

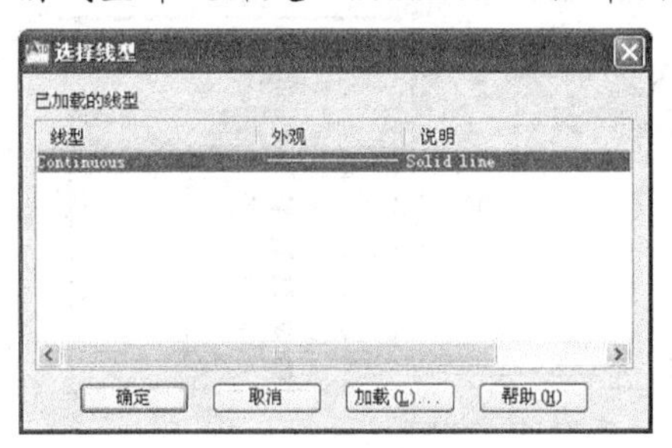

图1-23　【选择线型】对话框

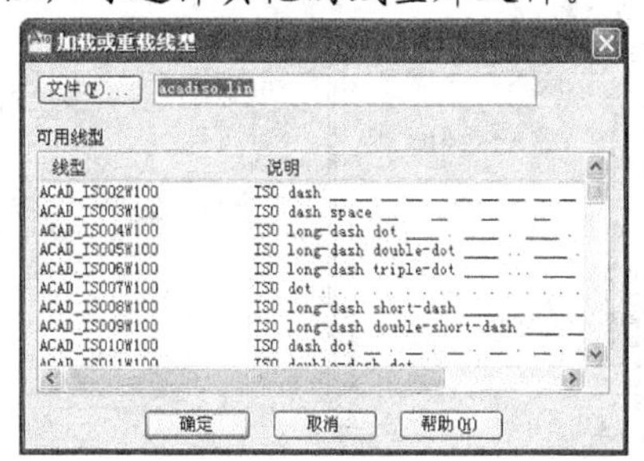

图1-24　【加载或重载线型】对话框

6. 返回【选择线型】对话框，选择“CENTER”，单击 确定 按钮，该线型就分配给“中心线层”。用相同的方法将“DASHED”线型分配给“虚线层”。
7. 设定线宽。选中“轮廓线层”，单击与所选图层关联的图标 —— 默认，打开【线宽】对话框，指定线宽为 0.5mm，如图 1-25 所示。

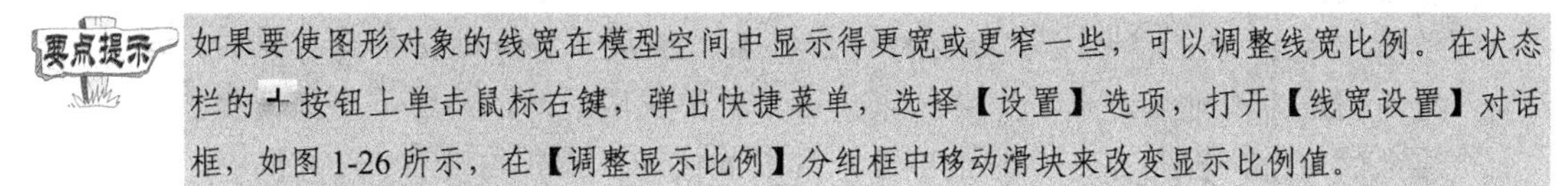
要点提示　如果要使图形对象的线宽在模型空间中显示得更宽或更窄一些，可以调整线宽比例。在状态栏的 + 按钮上单击鼠标右键，弹出快捷菜单，选择【设置】选项，打开【线宽设置】对话框，如图 1-26 所示，在【调整显示比例】分组框中移动滑块来改变显示比例值。

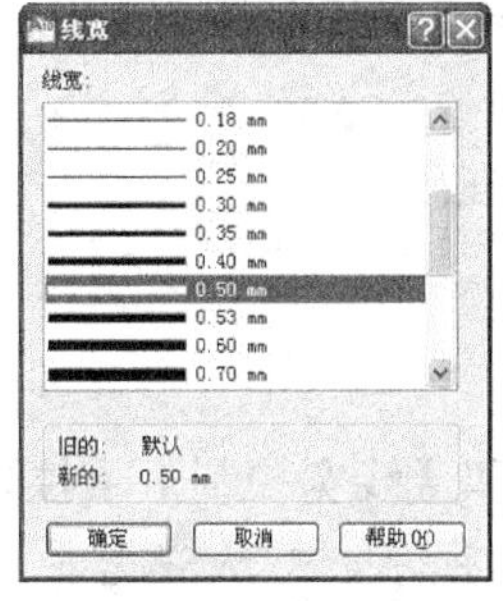

图1-25　【线宽】对话框

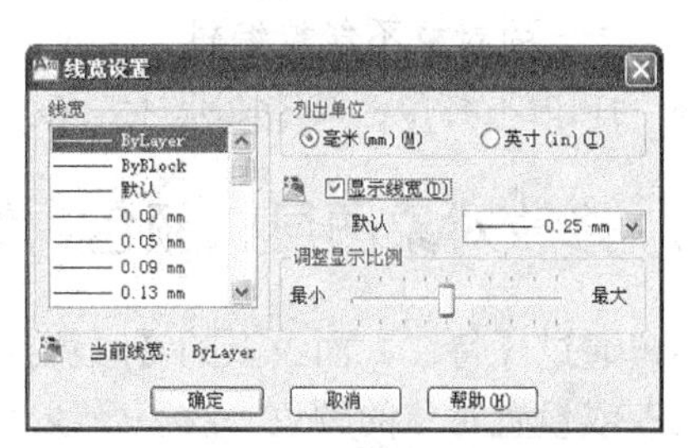

图1-26　【线宽设置】对话框

8. 指定当前层。选中“轮廓线层”，单击✔按钮，图层前出现绿色标记“√”，说明“轮廓线层”变为当前层。
9. 关闭【图层特性管理器】对话框，单击【绘图】面板上的╱按钮，绘制任意几条线段，这些线条的颜色为黑色，线宽为 0.5mm。单击状态栏上的┿按钮，使这些线条显示出线宽。
10. 设定“中心线层”或“虚线层”为当前层，绘制线段，观察效果。

要点提示 中心线及虚线中的短划线及空格大小可通过线型全局比例因子（LTSCALE）调整，详见 1.2.4 节。

1.2.2 控制图层状态

每个图层都具有打开与关闭、冻结与解冻、锁定与解锁和打印与不打印等状态，通过改变图层状态，就能控制图层上对象的可见性及可编辑性等。用户可利用【图层特性管理器】对话框或【图层】面板上的【图层控制】下拉列表对图层状态进行控制，如图 1-27 所示。

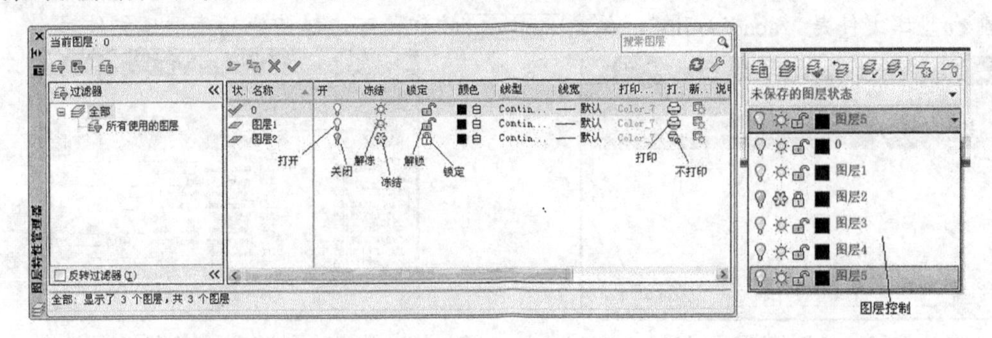

图1-27 图层状态

以下对图层状态作简要说明。

- 打开/关闭：单击💡图标，将关闭或打开某一图层。打开的图层是可见的，而关闭的图层则不可见，也不能被打印。当图形重新生成时，被关闭的层将一起被生成。
- 解冻/冻结：单击☼图标，将冻结或解冻某一图层。解冻的图层是可见的，冻结的图层为不可见，也不能被打印。当重新生成图形时，系统不再重新生成该层上的对象，因而冻结一些图层后，可以加快许多操作的速度。
- 解锁/锁定：单击🔓图标，将锁定或解锁图层。被锁定的图层是可见的，但图层上的对象不能被编辑。
- 打印/不打印：单击🖨图标，就可设定图层是否被打印。

1.2.3 修改对象图层、颜色、线型和线宽

用户通过【特性】面板上的【颜色控制】、【线型控制】和【线宽控制】下拉列表可以方便地修改或设置对象的颜色、线型及线宽等属性，如图 1-28 所示。默认情况下，这 3 个列表框都显示为“BYLAYER”，“BYLAYER”的意思是所绘对象的颜色、线型及线宽等属性

与当前层所设定的完全相同。

当要设置将要绘制的对象的颜色、线型及线宽等属性时，可直接在【颜色控制】、【线型控制】和【线宽控制】下拉列表中选择相应选项。

若要修改已有对象的颜色、线型及线宽等属性时，可先选择对象，然后在【颜色控制】、【线型控制】和【线宽控制】下拉列表中选择新的颜色、线型及线宽即可。

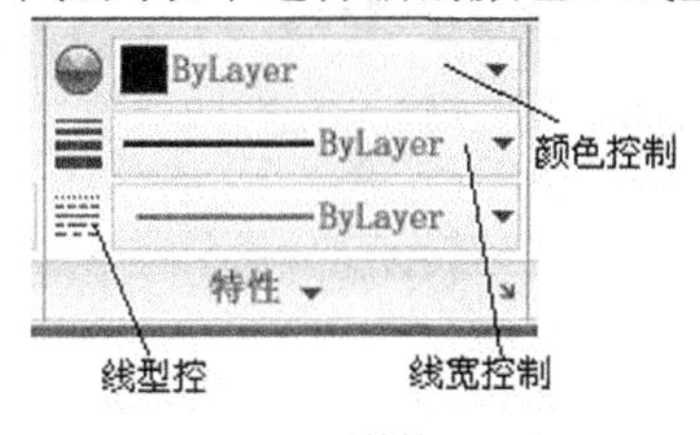

图1-28　【特性】面板

【练习1-10】：控制图层状态、切换图层、修改对象所在的图层及改变对象线型和线宽。

1. 打开附盘文件“dwg\第 1 章\1-10.dwg”。
2. 打开【图层】面板中的【图层控制】下拉列表，选择文字层，则该层成为当前层。
3. 打开【图层控制】下拉列表，单击尺寸标注层前面的图标，然后将鼠标光标移出下拉列表并单击一点，关闭该图层，则层上的对象变为不可见。
4. 打开【图层控制】下拉列表，单击轮廓线层及剖面线层前面的图标，然后将鼠标光标移出下拉列表并单击一点，冻结这两个图层，则层上的对象变为不可见。
5. 选中所有黄色线条，则【图层控制】下拉列表显示这些线条所在的图层——虚线层。在该列表中选择中心线层，操作结束后，列表框自动关闭，被选对象转移到中心线层上。
6. 展开【图层控制】下拉列表，单击尺寸标注层前面的图标，再单击轮廓线层及剖面线层前面的图标，打开尺寸标注层及解冻轮廓线层和剖面线层，则 3 个图层上的对象变为可见。
7. 选中所有图形对象，打开【特性】面板上的【颜色控制】下拉列表，从列表中选择蓝色，则所有对象变为蓝色。改变对象线型及线宽的方法与修改对象颜色类似。

1.2.4　修改非连续线的外观

非连续线是由短横线、空格等构成的重复图案，图案中短线长度、空格大小由线型比例控制。用户绘图时常会遇到这样一种情况：本来想画虚线或点划线，但最终绘制出的线型看上去却和连续线一样，出现这种现象的原因是线型比例设置得太大或太小。

LTSCALE 是控制线型外观的全局比例因子，它将影响图样中所有非连续线型的外观，其值增加时，将使非连续线中短横线及空格加长，否则，会使它们缩短。图 1-29 显示了使用不同比例因子时虚线及点划线的外观。

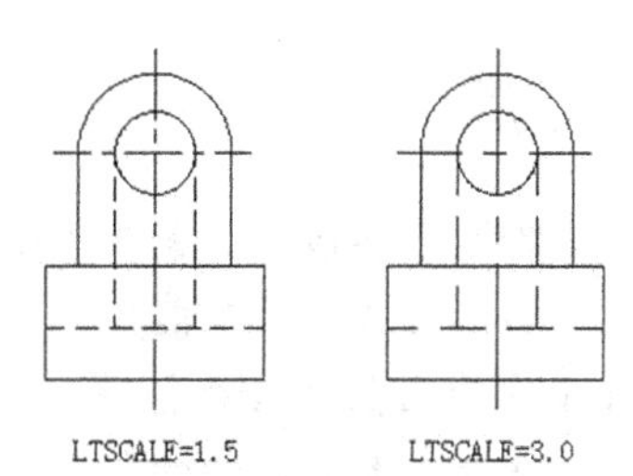

图1-29　全局线型比例因子对非连续线外观的影响

【练习1-11】：改变线型全局比例因子。

1. 打开【特性】面板上的【线型控制】下拉列表，在列表中选择【其他】选项，打开【线型管理器】对话框，再单击 显示细节(D) 按钮，则该对话框底部出现【详细信息】分组框，如图 1-30 所示。

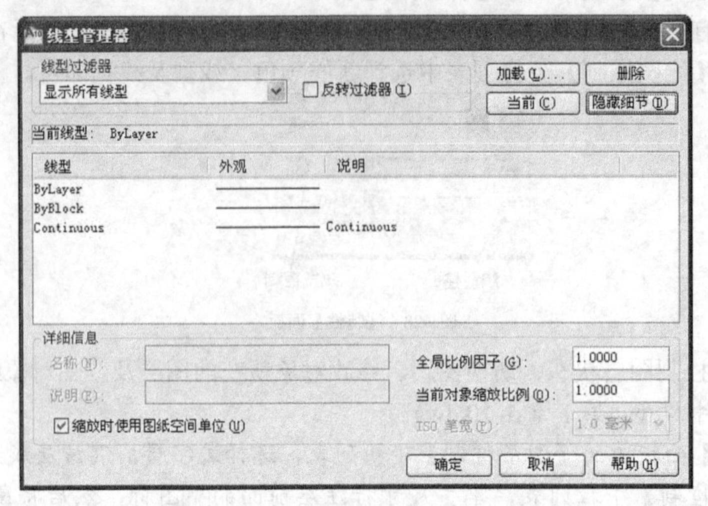

图1-30 【线型管理器】对话框

2. 在【详细信息】分组框的【全局比例因子】文本框中输入新的比例值。

1.2.5 上机练习——使用图层及修改线型比例

【练习1-12】：这个练习的内容包括创建图层、改变图层状态、将图形对象修改到其他图层上及修改线型比例等。

1. 打开附盘文件“dwg\第 1 章\1-12.dwg”。
2. 创建以下图层。

图层	颜色	线型	线宽
尺寸标注	绿色	Continuous	默认
文字说明	绿色	Continuous	默认

3. 关闭“轮廓线”、“剖面线”及“中心线”层，将尺寸标注及文字说明分别修改到“尺寸标注”及“文字说明”层上。
4. 修改全局线型比例因子为 0.5，然后打开“轮廓线”、“剖面线”及“中心线”层。
5. 将轮廓线的线宽修改为 0.7。

1.3 习题

1. 以下练习内容包括重新布置用户界面、恢复用户界面及切换工作空间等。

(1) 移动功能区并改变功能区的形状，如图 1-31 所示。

(2) 打开【绘图】、【修改】、【对象捕捉】及【建模】工具栏，移动所有工具栏的位置，并调整【建模】工具栏的形状，如图 1-31 所示。

(3) 单击状态栏上的按钮，选择【二维草图与注释】选项，用户界面恢复成原始布置。

(4) 单击状态栏上的⚙按钮，选择【AutoCAD 经典】选项，切换至“AutoCAD 经典”工作空间。

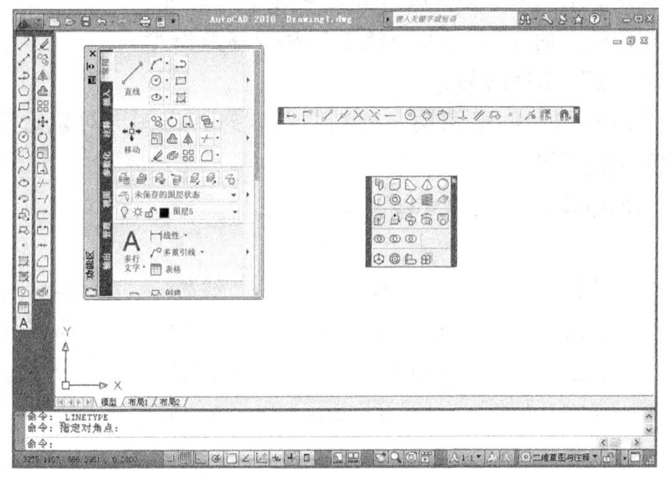

图1-31　重新布置用户界面

2. 以下的练习内容包括创建及存储图形文件、新建图层、熟悉 AutoCAD 命令执行过程及快速查看图形等。

(1) 利用 AutoCAD 提供的样板文件“acadiso.dwt”创建新文件。

(2) 进入“AutoCAD 经典”工作空间，用 LIMITS 命令设定绘图区域的大小为 1000×1000。

(3) 单击状态栏上的▦按钮，再执行【视图】/【缩放】/【范围】命令，使栅格充满整个图形窗口显示出来。

(4) 创建以下图层。

名称	颜色	线型	线宽
轮廓线	白色	Continuous	0.70
中心线	红色	Center	默认

(5) 切换到轮廓线层，单击【绘图】面板上的⊙按钮，AutoCAD 提示如下。

```
命令: _circle 指定圆的圆心或 [三点(3P)/两点(2P)/相切、相切、半径(T)]:
                                        //在绘图区中单击一点
指定圆的半径或 [直径(D)] <30.0000>: 50         //输入圆半径
命令:                                     //按 Enter 键重复上一个命令
CIRCLE 指定圆的圆心或 [三点(3P)/两点(2P)/相切、相切、半径(T)]:
                                        //在屏幕上单击一点
指定圆的半径或 [直径(D)] <50.0000>: 100        //输入圆半径
命令:                                     //按 Enter 键重复上一个命令
CIRCLE 指定圆的圆心或 [三点(3P)/两点(2P)/相切、相切、半径(T)]: *取消*
                                        //按 Esc 键取消命令
```

(6) 单击【绘图】面板上的╱按钮，绘制任意几条线段，然后将这些线段修改到中心线层上。

(7) 利用【特性】面板上的【线型控制】下拉列表将线型全局比例因子修改为 2。

(8) 单击【标准】工具栏上的 按钮使图形充满整个绘图窗口。

(9) 利用【标准】工具栏上的 、 功能来移动和缩放图形。

(10) 以文件名 "User.dwg" 保存图形。

3. 下面这个练习的内容包括创建图层、控制图层状态、将图形对象修改到其他图层上及改变对象的颜色及线型等。

(1) 打开附盘文件 "dwg\第 1 章\1-13.dwg"。

(2) 创建以下图层。

名称	颜色	线型	线宽
轮廓线	白色	Continuous	0.70
中心线	红色	Center	0.35
尺寸线	绿色	Continuous	0.35
剖面线	绿色	Continuous	0.35
文本	绿色	Continuous	0.35

(3) 将图形的轮廓线、对称轴线、尺寸标注、剖面线及文字等分别修改到轮廓线层、中心线层、尺寸线层、剖面线层及文本层上。

(4) 通过【特性】面板上的【颜色控制】下拉列表把尺寸标注及对称轴线修改为蓝色。

(5) 通过【特性】面板上的【线型控制】下拉列表将轮廓线的线型修改为 Dashed。

(6) 将轮廓线的线宽修改为 0.5mm。

(7) 关闭或冻结尺寸线层。

第2章　绘制和编辑线段、平行线及圆

【学习目标】

- 输入点的绝对或相对坐标画线。
- 结合对象捕捉、极轴追踪及自动追踪功能画线。
- 绘制平行线及任意角度斜线。
- 修剪、打断线条及调整线条长度。
- 画圆、圆弧连接及圆的切线。
- 倒圆角及倒斜角。
- 移动、复制及旋转对象。

2.1　绘制线段的方法（一）

本节主要内容包括输入相对坐标绘制线、捕捉几何点、修剪线条及延伸线条等。

2.1.1　输入点的坐标绘制线段

LINE 命令可在二维或三维空间中创建线段，发出命令后，用户通过鼠标光标指定线的端点或利用键盘输入端点坐标，AutoCAD 就将这些点连接成线段。

常用的点坐标形式如下。

- 绝对或相对直角坐标。绝对直角坐标的输入格式为“*X,Y*”，相对直角坐标的输入格式为“@*X,Y*”。*X* 表示点的 *x* 坐标值，*Y* 表示点的 *y* 坐标值。两坐标值之间用“,”分隔开。例如，图 2-1 中的 *A*、*B* 点分别表示为（－60,30）、（40,70）。

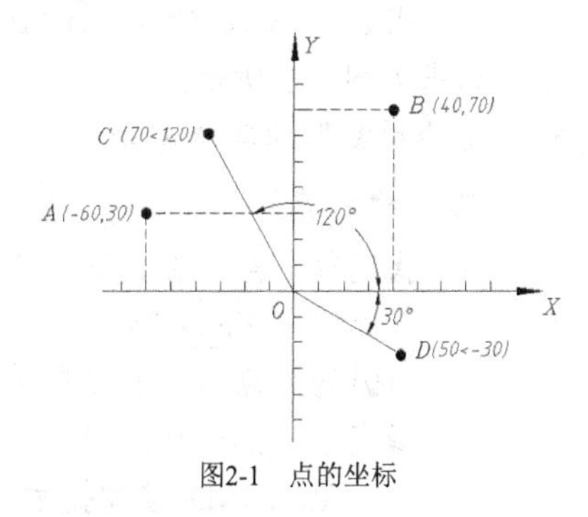

图2-1　点的坐标

- 绝对或相对极坐标。绝对极坐标输入格式为“*R*<α”，相对极坐标的输入格式为“@*R*<α”。*R* 表示点到原点的距离，*α*表示极轴方向与 *x* 轴正向间的夹角。若从 *x* 轴正向逆时针旋转到极轴方向，则*α*角为正，否则，*α*角为负。例如，图 2-1 中的 *C*、*D* 点的极坐标分别表示为（70<120）、（50< - 30）。
- 绘制线时若只输入“<*α*”，而不输入“*R*”，则表示沿*α*角度方向绘制任意长度的线段。这种绘制线方式称为角度覆盖方式。

一、　命令启动方法

- 菜单命令:【绘图】/【直线】。

- 面板：【绘图】面板上的按钮。
- 命令：LINE 或简写 L。

【练习2-1】：图形左下角点的绝对坐标及图形尺寸如图 2-2 所示，下面用 LINE 命令绘制此图形。

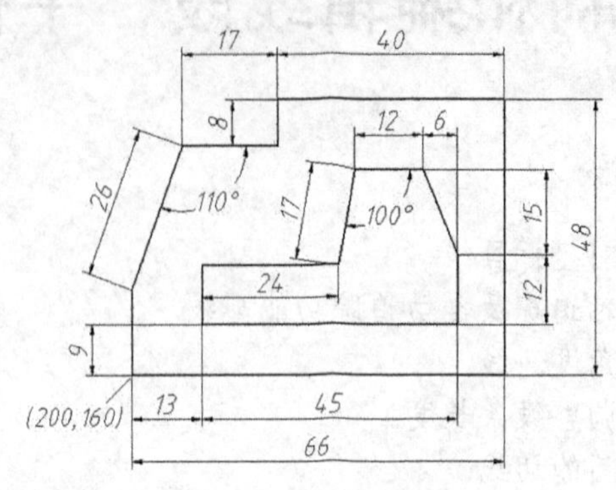

图2-2 输入点的坐标绘制线

1. 设定绘图区域大小为 80×80，该区域左下角点的坐标为（190,150），右上角点的相对坐标为（@80,80）。单击【视图】选项卡中【导航】面板上的按钮，使绘图区域充满整个图形窗口显示出来。
2. 单击【绘图】面板上的按钮或输入命令代号 LINE，启动绘制线命令。

```
命令: _line 指定第一点: 200,160          //输入A点的绝对直角坐标，如图2-3所示
指定下一点或 [放弃(U)]: @66,0             //输入B点的相对直角坐标
指定下一点或 [放弃(U)]: @0,48             //输入C点的相对直角坐标
指定下一点或 [闭合(C)/放弃(U)]: @-40,0 //输入D点的相对直角坐标
指定下一点或 [闭合(C)/放弃(U)]: @0,-8  //输入E点的相对直角坐标
指定下一点或 [闭合(C)/放弃(U)]: @-17,0 //输入F点的相对直角坐标
指定下一点或 [闭合(C)/放弃(U)]: @26<-110//输入G点的相对极坐标
指定下一点或 [闭合(C)/放弃(U)]: c        //使线框闭合
```

结果如图 2-3 所示。

3. 请绘制图形的其余部分。

二、 命令选项

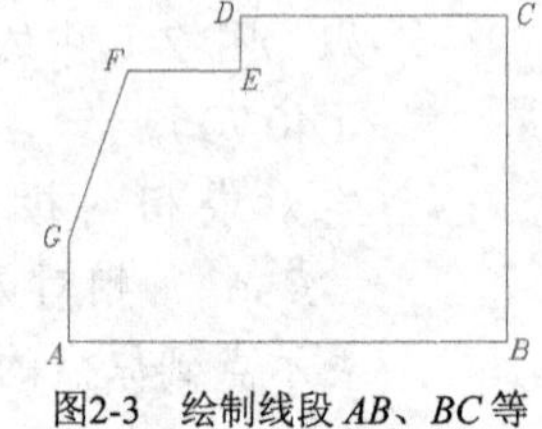

图2-3 绘制线段 *AB*、*BC* 等

- 指定第一点：在此提示下，用户需指定线段的起始点，若此时按 Enter 键，AutoCAD 将以上一次所绘制线段或圆弧的终点作为新线段的起点。
- 指定下一点：在此提示下输入线段的端点，按 Enter 键后，AutoCAD 继续提示“指定下一点”，用户可输入下一个端点。若在“指定下一点”提示下按 Enter 键，则命令结束。
- 放弃(U)：在“指定下一点”提示下输入字母“U”，将删除上一条线段，多次输入“U”，则会删除多条线段，该选项可以及时纠正绘图过程中的错误。
- 闭合(C)：在“指定下一点”提示下输入字母“C”，AutoCAD 将使连续折线自动封闭。

2.1.2　使用对象捕捉精确绘制线段

用 LINE 命令绘制线的过程中，可启动对象捕捉功能拾取一些特殊的几何点，如端点、圆心及切点等。【对象捕捉】工具栏中包含了各种对象捕捉工具，其中常用的捕捉工具的功能及命令代号如表 2-1 所示。

表 2-1　　对象捕捉工具及代号

捕捉按钮	代号	功能
	FROM	正交偏移捕捉。先指定基点，再输入相对坐标确定新点
	END	捕捉端点
	MID	捕捉中点
	INT	捕捉交点
	EXT	捕捉延伸点。从线段端点开始沿线段方向捕捉一点
	CEN	捕捉圆、圆弧、椭圆的中心
	QUA	捕捉圆、椭圆的 0°、90°、180°或 270°处的点——象限点
	TAN	捕捉切点
	PER	捕捉垂足
	PAR	平行捕捉。先指定线段起点，再利用平行捕捉绘制平行线
无	M2P	捕捉两点间连线的中点

【练习2-2】： 打开附盘文件“dwg\第 02 章\2-2.dwg”，如图 2-4 左图所示，使用 LINE 命令将左图修改为右图。

1. 单击状态栏上的□按钮，打开自动捕捉方式。再在此按钮上单击鼠标右键，弹出快捷菜单，选择【设置】选项，打开【草图设置】对话框，在该对话框的【对象捕捉】选项卡中设置自动捕捉类型为“端点”、“中点”及“交点”，如图 2-5 所示。

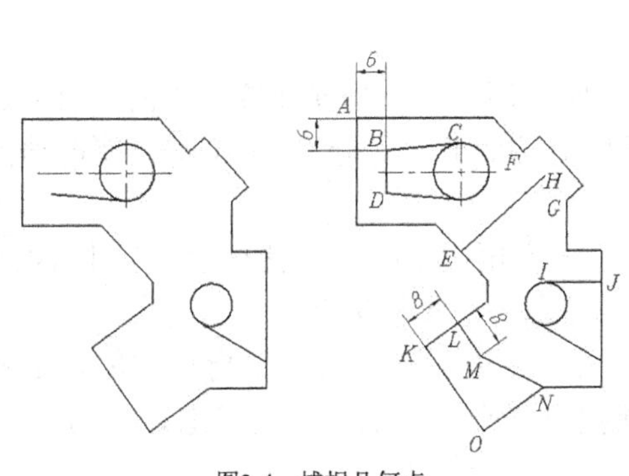

图2-4　捕捉几何点

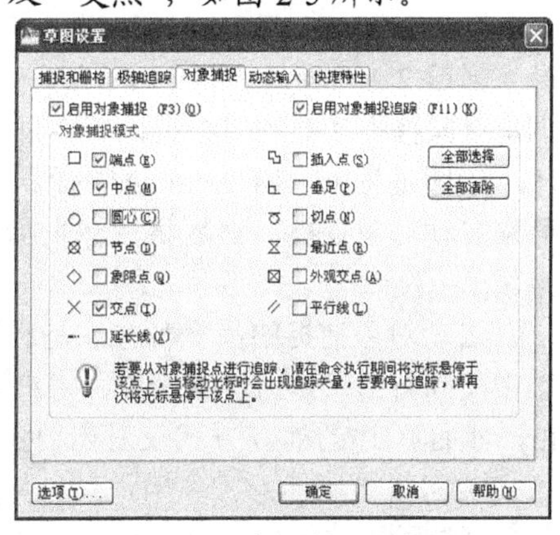

图2-5　【草图设置】对话框

2. 绘制线段 *BC*、*BD*，*B* 点的位置用正交偏移捕捉确定，如图 2-4 右图所示。

```
命令: _line 指定第一点: from  //输入正交偏移捕捉代号“FROM”，按Enter键
基点:        //将鼠标光标移动到 A 点处，AutoCAD 自动捕捉该点，单击鼠标左键确认
<偏移>: @6,-6                      //输入 B 点的相对坐标
指定下一点或 [放弃(U)]: tan 到  //输入切点代号“TAN”并按Enter键，捕捉切点 C
指定下一点或 [放弃(U)]:            //按Enter键结束
命令:                              //重复命令
LINE 指定第一点:                   //自动捕捉端点 B
指定下一点或 [放弃(U)]:            //自动捕捉端点 D
指定下一点或 [放弃(U)]:            //按Enter键结束
```

结果如图 2-4 右图所示。

3. 绘制线段 *EH*、*IJ*，如图 2-4 右图所示。

```
命令: _line 指定第一点:            //自动捕捉中点 E
指定下一点或 [放弃(U)]: m2p        //输入捕捉代号“M2P”，按Enter键
中点的第一点:                      //自动捕捉端点 F
中点的第二点:                      //自动捕捉端点 G
指定下一点或 [放弃(U)]:            //按Enter键结束
命令:                              //重复命令
LINE 指定第一点: qua 于            //输入象限点代号捕捉象限点 I
指定下一点或 [放弃(U)]: per 到     //输入垂足代号捕捉垂足 J
指定下一点或 [放弃(U)]:            //按Enter键结束
```

结果如图 2-4 右图所示。

4. 绘制线段 *LM*、*MN*，如图 2-4 右图所示。

```
命令: _line 指定第一点: EXT     //输入延伸点代号“EXT”并按Enter键
于 8                //从 K 点开始沿线段进行追踪，输入 L 点与 K 点的距离
指定下一点或 [放弃(U)]: PAR     //输入平行偏移捕捉代号“PAR”并按Enter键
到 8          //将鼠标光标从线段 KO 处移动到 LM 处，再输入 LM 线段的长度
指定下一点或 [放弃(U)]:         //自动捕捉端点 N
指定下一点或 [闭合(C)/放弃(U)]:  //按Enter键结束
```

结果如图 2-4 右图所示。

调用对象捕捉功能的方法有以下 3 种。

(1) 绘图过程中，当 AutoCAD 提示输入一个点时，用户可单击捕捉按钮或输入捕捉命令代号来启动对象捕捉，然后将鼠标光标移动到要捕捉的特征点附近，AutoCAD 就自动捕捉该点。

(2) 启动对象捕捉的另一种方法是利用快捷菜单。发出 AutoCAD 命令后，按下 Shift 键并单击鼠标右键，弹出快捷菜单，用户可在弹出的菜单中选择捕捉何种类型的点。

(3) 前面所述的捕捉方式仅对当前操作有效，命令结束后，捕捉模式自动关闭，这种捕捉方式称为覆盖捕捉方式。用户可以采用自动捕捉方式来定位点，单击状态栏上的□按钮，就打开这种方式。

2.1.3 利用正交模式辅助绘制线段

单击状态栏上的按钮打开正交模式。在正交模式下鼠标光标只能沿水平或竖直方向移动。绘制线时若同时打开该模式，则只需输入线段的长度值，AutoCAD 就自动绘制出水平或竖直线段。

当调整水平或竖直方向线段的长度时，可利用正交模式限制鼠标光标的移动方向。选择线段，线段上出现关键点（实心矩形点），选中端点处的关键点，移动鼠标光标，就会沿水平或竖直方向改变线段的长度。

2.1.4 剪断线条

使用 TRIM 命令可将多余线条修剪掉。启动该命令后，用户首先指定一个或几个对象作为剪切边（可以想象为剪刀），然后选择被修剪的部分。

一、 命令启动方法

- 菜单命令：【修改】/【修剪】。
- 面板：【修改】面板上的按钮。
- 命令：TRIM 或简写 TR。

【练习2-3】： 练习 TRIM 命令。

1. 打开附盘文件“dwg\第 02 章\2-3.dwg”，如图 2-6 左图所示。下面用 TRIM 命令将左图修改为右图。
2. 单击【修改】面板上的按钮或输入命令代号 TRIM，启动修剪命令。

```
命令: _trim
选择对象或 <全部选择>:  找到 1 个                //选择剪切边 A，如图 2-7 左图所示
选择对象:                                        //按 Enter 键
选择要修剪的对象，或按住 Shift 键选择要延伸的对象，或
[栏选(F)/窗交(C)/投影(P)/边(E)/删除(R)/放弃(U)]://在 B 点处选择要修剪的多余线条
选择要修剪的对象，或按住 Shift 键选择要延伸的对象，或
[栏选(F)/窗交(C)/投影(P)/边(E)/删除(R)/放弃(U)]:        //按 Enter 键结束
命令:TRIM                                                //重复命令
选择对象:总计 2 个                                       //选择剪切边 C、D
选择对象:                                                //按 Enter 键
选择要修剪的对象或[/边(E)]:  e                           //选择“边(E)”选项
输入隐含边延伸模式 [延伸(E)/不延伸(N)] <不延伸>: e       //选择“延伸(E)”选项
选择要修剪的对象:                                //在 E、F、G 点处选择要修剪的部分
选择要修剪的对象:                                        //按 Enter 键结束
```

结果如图 2-7 右图所示。

为简化说明，仅将第 2 个 TRIM 命令与当前操作相关的提示信息罗列出来，而将其他信息省略。这种讲解方式在后续的例题中也将采用。

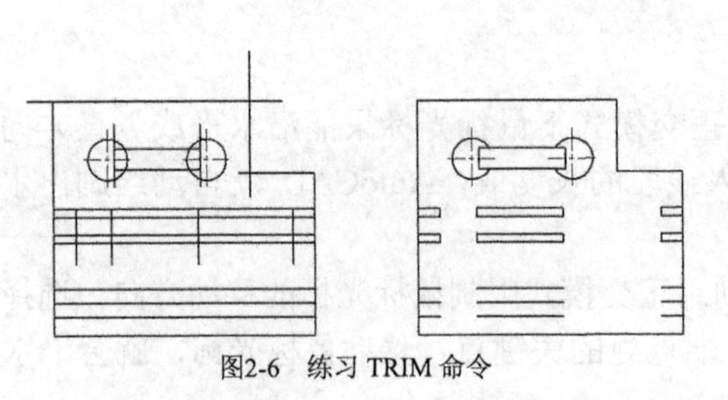

图2-6 练习 TRIM 命令

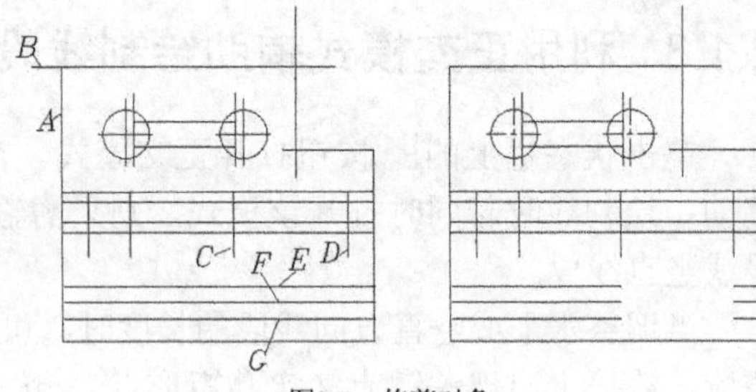

图2-7 修剪对象

3. 利用 TRIM 命令修剪图中其他多余线条。

二、 命令选项

- 按住Shift键选择要延伸的对象：将选定的对象延伸至剪切边。
- 栏选(F)：用户绘制连续折线，与折线相交的对象被修剪。
- 窗交(C)：利用交叉窗口选择对象。
- 投影(P)：该选项可以使用户指定执行修剪的空间。例如，三维空间中两条线段呈交叉关系，用户可利用该选项假想将其投影到某一平面上执行修剪操作。
- 边(E)：如果剪切边太短，没有与被修剪对象相交，就利用此选项假想将剪切边延长，然后执行修剪操作。
- 删除(R)：不退出 TRIM 命令就能删除选定的对象。
- 放弃(U)：若修剪有误，可输入字母"U"撤销修剪。

2.1.5 延伸线条

利用 EXTEND 命令可以将线段、曲线等对象延伸到一个边界对象，使其与边界对象相交。有时对象延伸后并不与边界直接相交，而是与边界的延长线相交。

一、 命令启动方法

- 菜单命令：【修改】/【延伸】。
- 面板：【修改】面板上的 按钮。
- 命令：EXTEND 或简写 EX。

【练习2-4】： 练习 EXTEND 命令。

1. 打开附盘文件"dwg\第 02 章\2-4.dwg"，如图 2-8 左图所示。用 EXTEND 及 TRIM 命令将左图修改为右图。
2. 单击【修改】面板上的 按钮或输入命令代号 EXTEND，启动延伸命令。

```
命令: _extend
选择对象或 <全部选择>:  找到 1 个                //选择边界线段A，如图2-9左图所示
选择对象:                                        //按Enter键
选择要延伸的对象，或按住 Shift 键选择要修剪的对象，或
[栏选(F)/窗交(C)/投影(P)/边(E)/放弃(U)]:         //选择要延伸的线段B
选择要延伸的对象，或按住 Shift 键选择要修剪的对象，或
[栏选(F)/窗交(C)/投影(P)/边(E)/放弃(U)]:         //按Enter键结束
命令:EXTEND                                      //重复命令
```

```
选择对象：总计 2 个                                //选择边界线段 A、C
选择对象：                                          //按 Enter 键
选择要延伸的对象或[/边(E)]：  e                     //选择“边(E)”选项
输入隐含边延伸模式 [延伸(E)/不延伸(N)] <不延伸>：e//选择“[延伸(E)”选项
选择要延伸的对象：                                  //选择要延伸的线段 A、C
选择要延伸的对象：                                  //按 Enter 键结束
```

结果如图 2-9 右图所示。

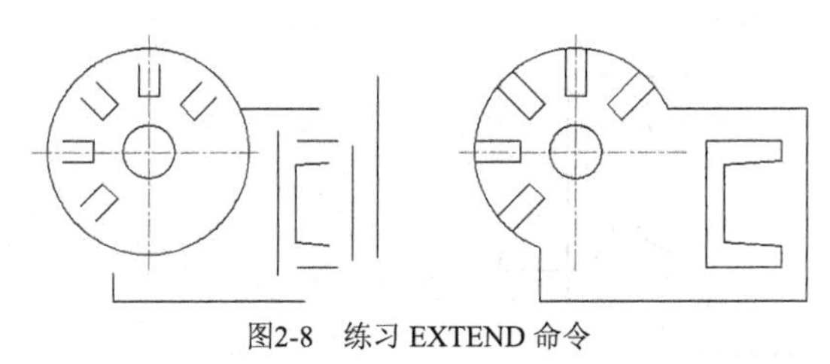

图2-8　练习 EXTEND 命令

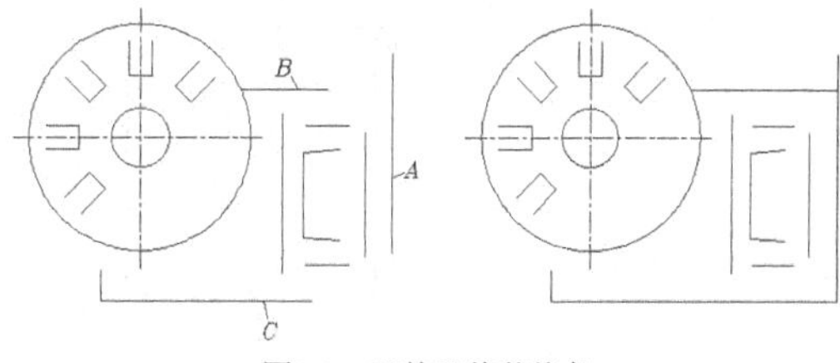

图2-9　延伸及修剪线条

3. 利用 EXTEND 及 TRIM 命令继续修改图形中的其他部分。

二、 命令选项

- 按住 Shift 键选择要修剪的对象：将选择的对象修剪到边界而不是将其延伸。
- 栏选(F)：用户绘制连续折线，与折线相交的对象被延伸。
- 窗交(C)：利用交叉窗口选择对象。
- 投影(P)：该选项使用户可以指定延伸操作的空间。对于二维绘图来说，延伸操作是在当前用户坐标平面（*xy* 平面）内进行的。在三维空间作图时，用户可通过该选项将两个交叉对象投影到 *xy* 平面或当前视图平面内执行延伸操作。
- 边(E)：当边界边太短且延伸对象后不能与其直接相交时，就打开该选项，此时 AutoCAD 假想将边界边延长，然后延伸线条到边界边。
- 放弃(U)：取消上一次的操作。

2.1.6 上机练习——输入点的坐标及利用对象捕捉绘制线段

【练习2-5】：　利用 LINE 及 TRIM 等命令绘制平面图形，如图 2-10 所示。

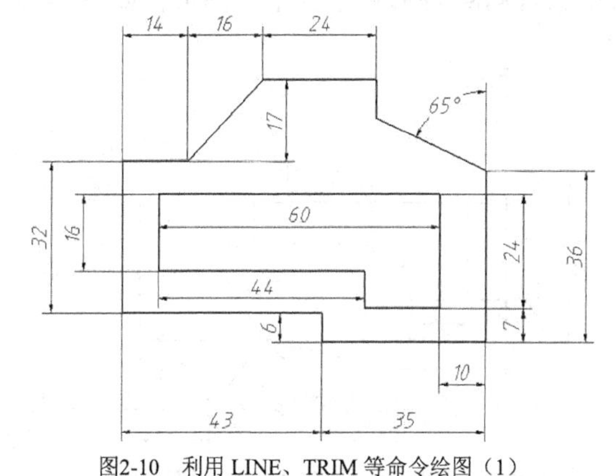

图2-10　利用 LINE、TRIM 等命令绘图（1）

【练习2-6】： 创建以下图层并利用 LINE 及 TRIM 等命令绘制平面图形，如图 2-11 所示。

名称	颜色	线型	线宽
轮廓线层	白色	Continuous	0.5
虚线层	黄色	Dashed	默认

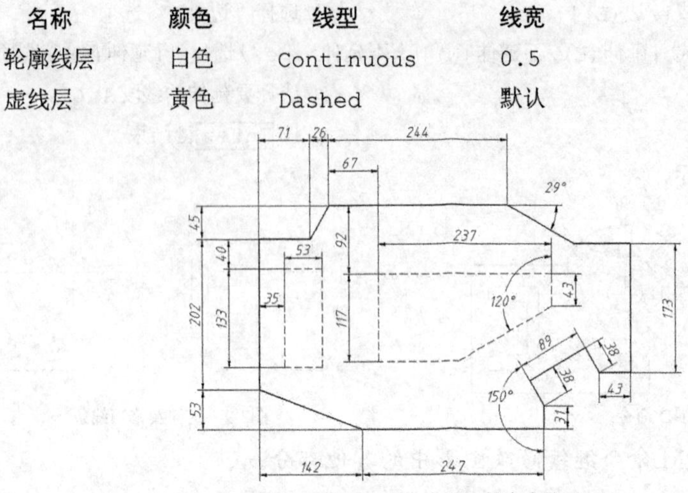

图2-11 利用 LINE、TRIM 等命令绘图（2）

【练习2-7】： 利用 LINE 及 TRIM 等命令绘制平面图形，如图 2-12 所示。

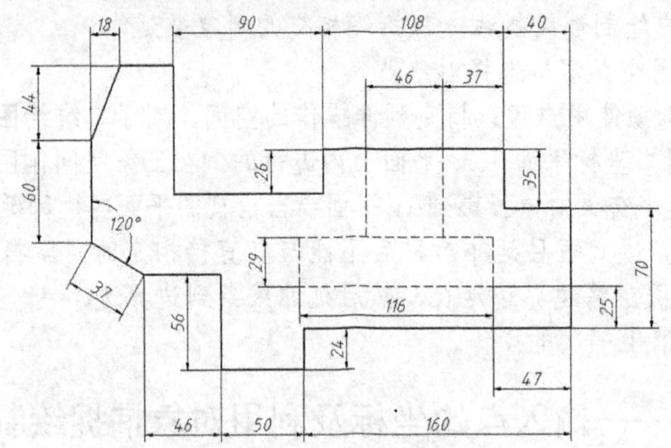

图2-12 利用 LINE、TRIM 等命令绘图（3）

【练习2-8】： 利用 LINE 及 TRIM 等命令绘制平面图形，如图 2-13 所示。

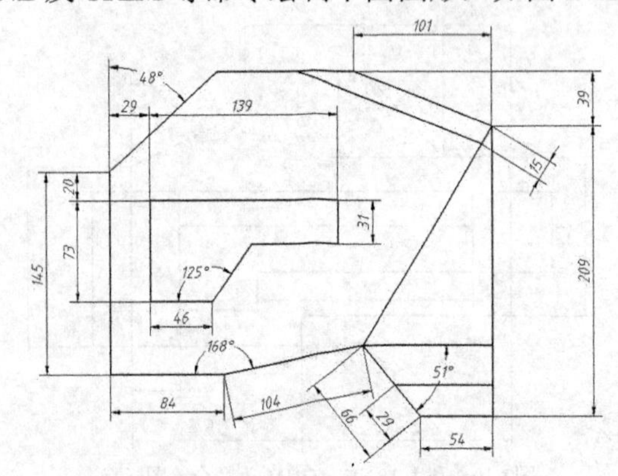

图2-13 利用 LINE、TRIM 等命令绘图（4）

2.2 绘制线段的方法（二）

本节内容主要包括极轴追踪、自动追踪、绘制平行线及改变线条长度等。

2.2.1 结合对象捕捉、极轴追踪及自动追踪功能绘制线段

首先简要说明一下 AutoCAD 极轴追踪及自动追踪功能，然后通过练习掌握它们。

一、 极轴追踪

打开极轴追踪功能并启动 LINE 命令后，鼠标光标就沿用户设定的极轴方向移动，AutoCAD 在该方向上显示一条追踪辅助线及光标点的极坐标值，如图 2-14 所示。输入线段的长度，按 Enter 键，就绘制出指定长度的线段。

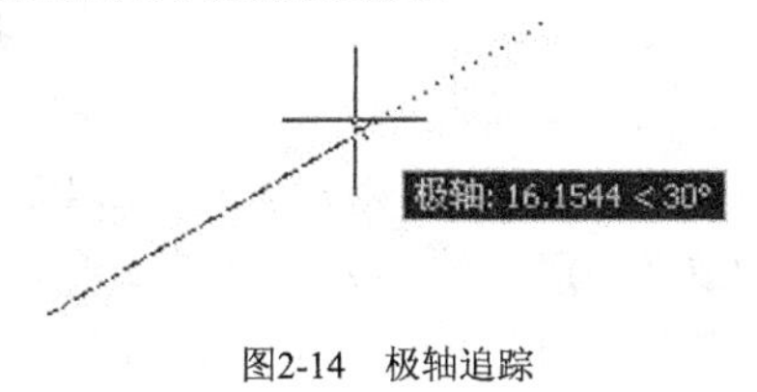

图2-14　极轴追踪

二、 自动追踪

自动追踪是指 AutoCAD 从一点开始自动沿某一方向进行追踪，追踪方向上将显示一条追踪辅助线及光标点的极坐标值。输入追踪距离，按 Enter 键，就确定新的点。在使用自动追踪功能时，必须打开对象捕捉。AutoCAD 首先捕捉一个几何点作为追踪参考点，然后沿水平方向、竖直方向或设定的极轴方向进行追踪，如图 2-15 所示。

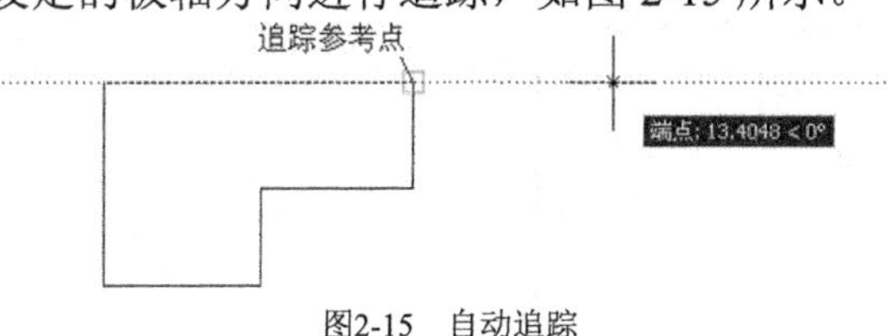

图2-15　自动追踪

【练习2-9】： 打开附盘文件“dwg\第 02 章\2-9.dwg”，如图 2-16 左图所示。用 LINE 命令并结合极轴追踪、对象捕捉及自动追踪功能将左图修改为右图。

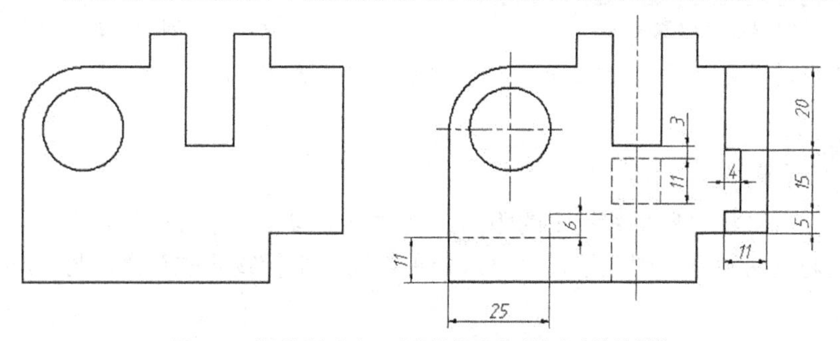

图2-16　利用极轴追踪、对象捕捉及自动追踪功能绘制线

1. 打开对象捕捉，设置自动捕捉类型为【端点】、【中点】、【圆心】及【交点】，再设定线型全局比例因子为 0.2。

2. 在状态栏上的按钮上单击鼠标右键，选择【设置】选项，打开【草图设置】对话框，进入【极轴追踪】选项卡，在该选项卡的【增量角】下拉列表中设定极轴角增量为 90°，如图 2-17 所示。此后若用户打开极轴追踪功能画线，则光标将自动沿 0°、90°、180°、270° 方向进行追踪，再输入线段长度值，AutoCAD 就在该方向上画出线段。单击 确定 按钮关闭【草图设置】对话框。
3. 单击状态栏上的、及按钮，打开极轴追踪、对象捕捉及自动追踪功能。
4. 切换到轮廓线层，绘制线段 *BC*、*EF* 等，如图 2-18 所示。

```
命令: _line 指定第一点:                    //从中点 A 向上追踪到 B 点
指定下一点或 [放弃(U)]:                     //从 B 点向下追踪到 C 点
指定下一点或 [放弃(U)]:                     //按 Enter 键结束
命令:                                       //重复命令
LINE 指定第一点: 11                          //从 D 点向上追踪并输入追踪距离
指定下一点或 [放弃(U)]: 25                   //从 E 点向右追踪并输入追踪距离
指定下一点或 [放弃(U)]: 6                    //从 F 点向上追踪并输入追踪距离
指定下一点或 [闭合(C)/放弃(U)]:              //从 G 点向右追踪并以 I 点为追踪参考点确定 H 点
指定下一点或 [闭合(C)/放弃(U)]:              //从 H 点向下追踪并捕捉交点 J
指定下一点或 [闭合(C)/放弃(U)]:              //按 Enter 键结束
```

结果如图 2-18 所示。

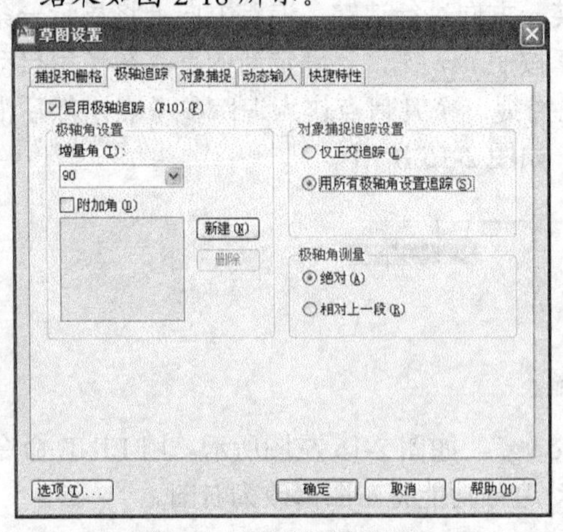

图2-17 【草图设置】对话框

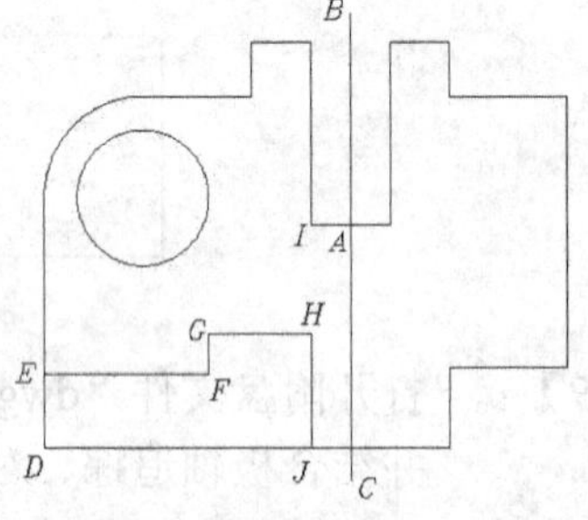

图2-18 绘制线段 *BC*、*EF* 等

5. 请绘制图形的其余部分，然后修改某些对象所在的图层。

2.2.2 绘制平行线

OFFSET 命令可将对象平移指定的距离，创建一个与原对象类似的新对象。使用该命令时，用户可以通过两种方式创建平行对象，一种是输入平行线间的距离，另一种是指定新平行线通过的点。

一、 命令启动方法

- 菜单命令:【修改】/【偏移】。
- 面板:【修改】面板上的按钮。

- 命令：OFFSET 或简写 O。

【练习2-10】：打开附盘文件“dwg\第 02 章\2-10.dwg”，如图 2-19 左图所示。用 OFFSET、EXTEND 及 TRIM 等命令将左图修改为右图。

1. 用 OFFSET 命令偏移线段 *A*、*B* 得到平行线 *C*、*D*，如图 2-20 所示。

```
命令: _offset
指定偏移距离或 [通过(T)/删除(E)/图层(L)] <10.0000>: 70
                                                    //输入平移距离
选择要偏移的对象，或 [退出(E)/放弃(U)] <退出>:        //选择线段 A
指定要偏移的那一侧上的点，或 [退出(E)/多个(M)/放弃(U)] <退出>:
                                                    //在线段 A 的右边单击一点
选择要偏移的对象，或 [退出(E)/放弃(U)] <退出>:        //按 Enter 键结束
命令:OFFSET                                          //重复命令
指定偏移距离或 <70.0000>: 74                         //输入平移距离
选择要偏移的对象，或 <退出>:                          //选择线段 B
指定要偏移的那一侧上的点:                             //在线段 B 的上边单击一点
选择要偏移的对象，或 <退出>:                          //按 Enter 键结束
```

结果如图 2-20 左图所示。用 TRIM 命令修剪多余线条，结果如图 2-20 右图所示。

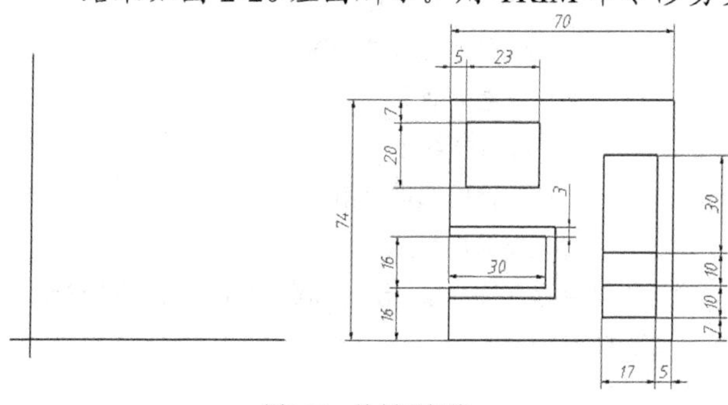

图2-19　绘制平行线

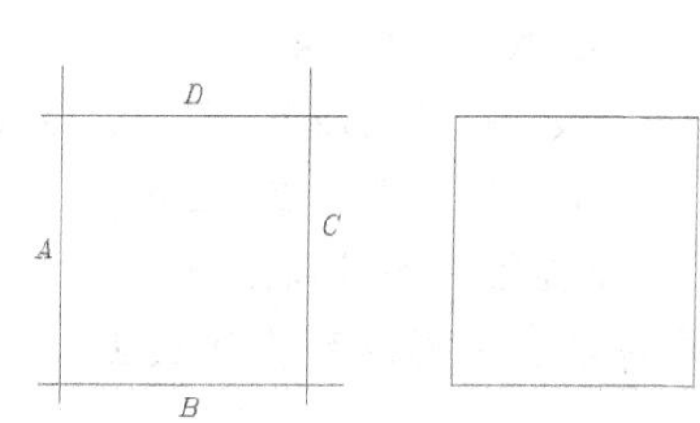

图2-20　绘制平行线及修剪多余线条

2. 请用 OFFSET、EXTEND 及 TRIM 命令绘制图形的其余部分。

二、　命令选项

- 通过(T)：通过指定点创建新的偏移对象。
- 删除(E)：偏移源对象后将其删除。
- 图层(L)：指定将偏移后的新对象放置在当前图层或源对象所在的图层上。
- 多个(M)：在要偏移的一侧单击多次，就创建多个等距对象。

2.2.3　打断线条

BREAK 命令可以删除对象的一部分，常用于打断线段、圆、圆弧、椭圆等。此命令既可以在一个点打断对象，也可以在指定的两点间打断对象。

一、　命令启动方法

- 菜单命令：【修改】/【打断】。

- 面板：【修改】面板上的按钮。
- 命令：BREAK 或简写 BR。

【练习2-11】：打开附盘文件“dwg\第 02 章\2-11.dwg”，如图 2-21 左图所示。用 BREAK 等命令将左图修改为右图。

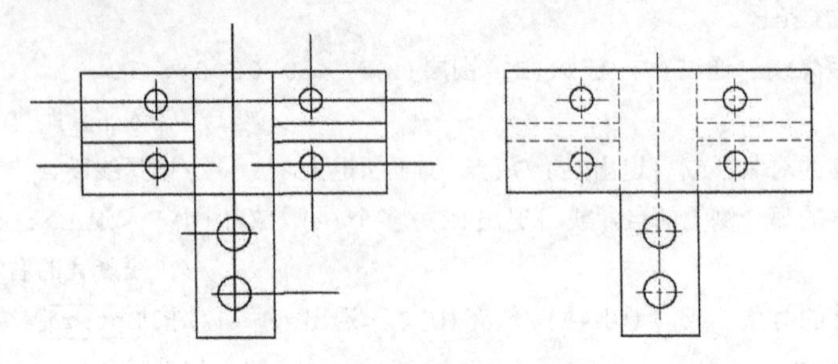

图2-21 打断线条

1. 用 BREAK 命令打断线条，如图 2-22 所示。

```
命令: _break 选择对象:              //在 A 点处选择对象，如图 2-22 左图所示
指定第二个打断点 或 [第一点(F)]:                  //在 B 点处选择对象
命令:                                           //重复命令
BREAK 选择对象:                                 //在 C 点处选择对象
指定第二个打断点 或 [第一点(F)]:                  //在 D 点处选择对象
命令:                                           //重复命令
BREAK 选择对象:                                 //选择线段 E
指定第二个打断点 或 [第一点(F)]: f                //使用选项“第一点(F)”
指定第一个打断点: int 于                         //捕捉交点 F
指定第二个打断点: @                 //输入相对坐标符号，按 Enter 键，在同一点打断对象
```

再将线段 *E* 修改到虚线层上，结果如图 2-22 右图所示。

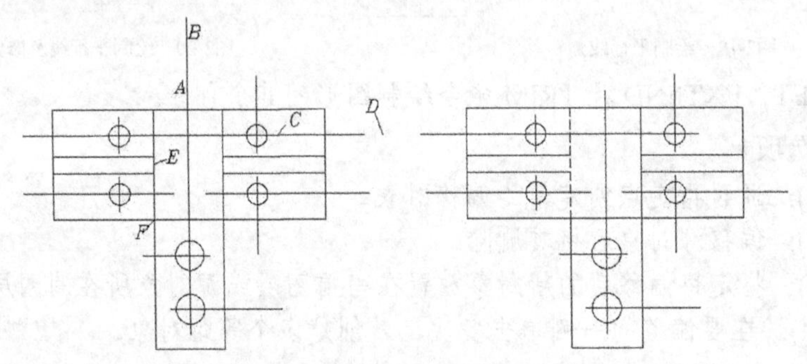

图2-22 打断线条及改变对象所在的图层

2. 用 BREAK 等命令修改图形的其他部分。

二、命令选项

- 指定第二个打断点：在图形对象上选取第二点后，AutoCAD 将第一打断点与第二打断点间的部分删除。
- 第一点(F)：该选项使用户可以重新指定第一打断点。

2.2.4 调整线条长度

LENGTHEN 命令可一次改变线段、圆弧、椭圆弧等多个对象的长度。使用此命令时，经常采用的选项是“动态”，即直观地拖动对象来改变其长度。

一、 命令启动方法

- 菜单命令:【修改】/【拉长】。
- 命令: LENGTHEN 或简写 LEN。

【练习2-12】: 打开附盘文件“dwg\第 02 章\2-12.dwg”，如图 2-23 左图所示。用 LENGTHEN 等命令将左图修改为右图。

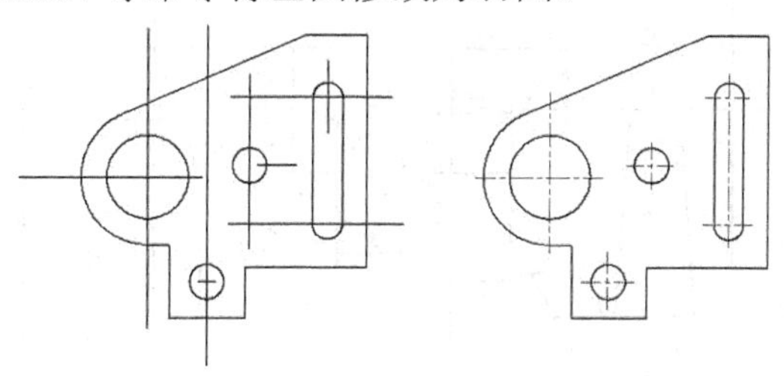

图2-23 调整线条长度

1. 用 LENGTHEN 命令调整线段 *A*、*B* 的长度，如图 2-24 所示。

```
命令: _lengthen
选择对象或 [增量(DE)/百分数(P)/全部(T)/动态(DY)]: dy
                                        //使用“动态(DY)”选项
选择要修改的对象或 [放弃(U)]:           //在线段 A 的上端选中对象
指定新端点:                             //向下移动鼠标光标，单击一点
选择要修改的对象或 [放弃(U)]:           //在线段 B 的上端选中对象
指定新端点:                             //向下移动鼠标光标，单击一点
选择要修改的对象或 [放弃(U)]:           //按 Enter 键结束
```

结果如图 2-24 右图所示。

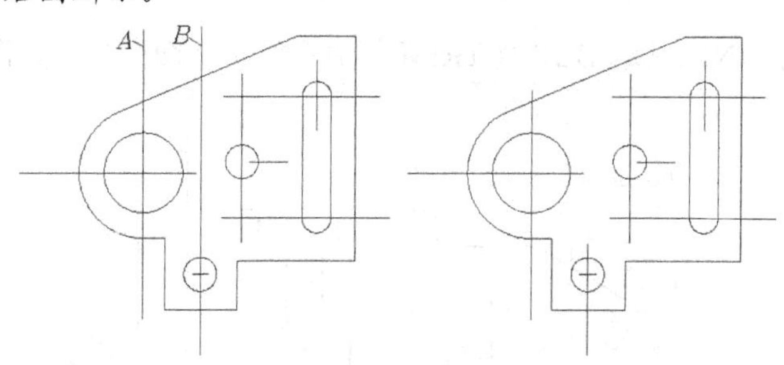

图2-24 调整线段 *A*、*B* 的长度

2. 用 LENGTHEN 命令调整其他定位线的长度，然后将定位线修改到中心线层上。

二、 命令选项

- 增量(DE): 以指定的增量值改变线段或圆弧的长度。对于圆弧，还可通过设定角度增量改变其长度。

- 百分数(P)：以对象总长度的百分比形式改变对象长度。
- 全部(T)：通过指定线段或圆弧的新长度来改变对象总长。
- 动态(DY)：拖动鼠标光标就可以动态地改变对象长度。

2.2.5 上机练习——用 LINE、OFFSET 及 TRIM 命令绘图

【练习2-13】：用 LINE 命令并结合极轴追踪、对象捕捉及自动追踪功能绘制平面图形，如图 2-25 所示。

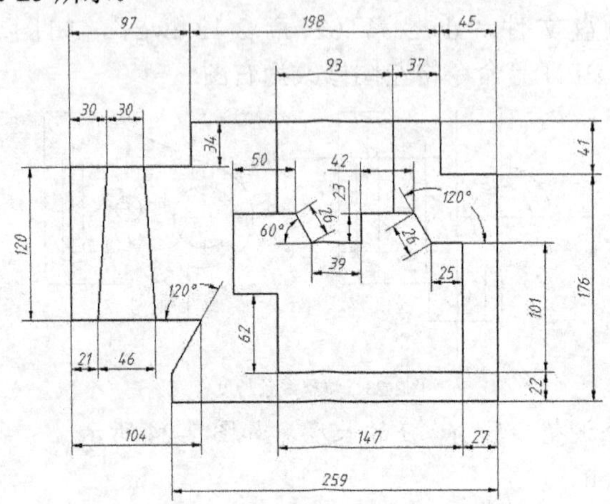

图2-25 利用极轴追踪、自动追踪等功能绘图

主要作图步骤如图 2-26 所示。

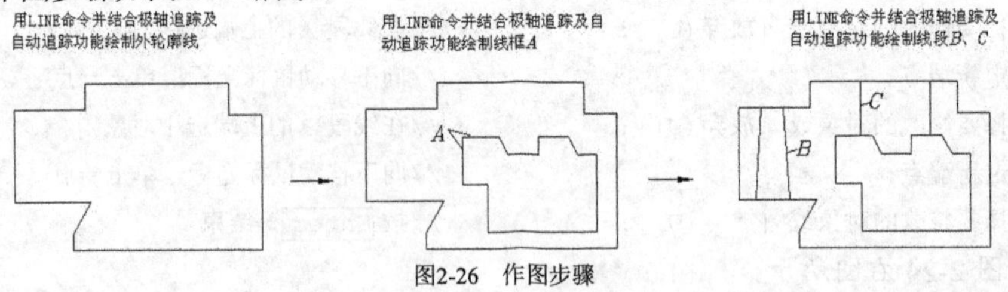

图2-26 作图步骤

【练习2-14】：利用 LINE、OFFSET 及 TRIM 等命令绘制平面图形，如图 2-27 所示。

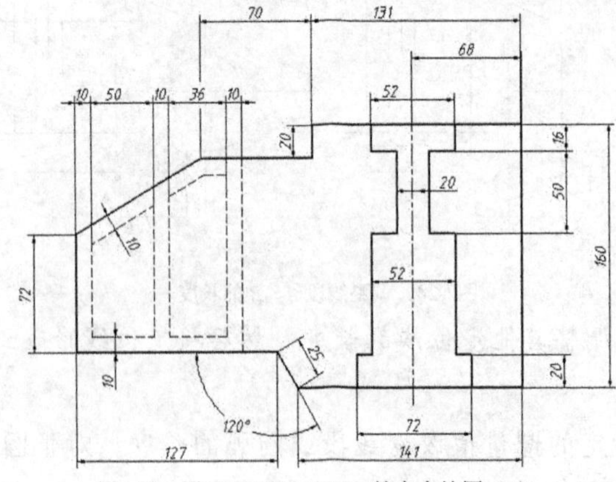

图2-27 用 OFFSET、TRIM 等命令绘图（1）

主要作图步骤如图 2-28 所示。

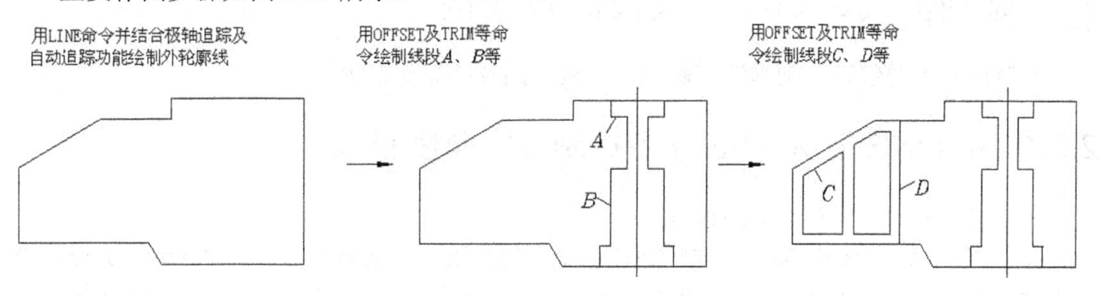

图2-28　作图步骤

【练习2-15】：利用 LINE、OFFSET 及 TRIM 等命令绘制平面图形，如图 2-29 所示。

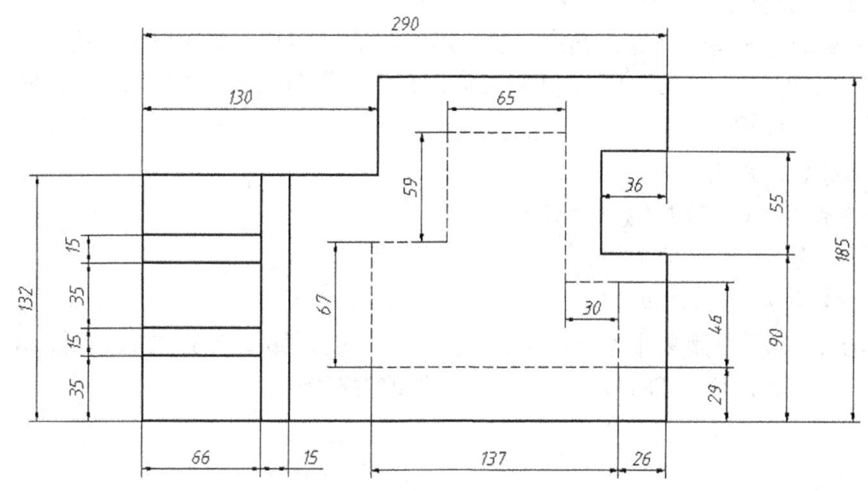

图2-29　用 OFFSET、TRIM 等命令绘图（2）

【练习2-16】：利用 LINE、OFFSET 及 TRIM 等命令绘制平面图形，如图 2-30 所示。

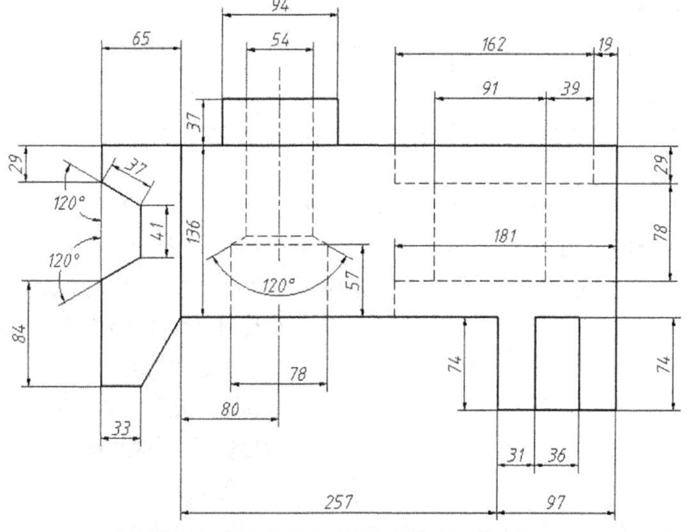

图2-30　用 OFFSET、TRIM 等命令绘图（3）

2.3 绘制斜线、切线、圆及圆弧连接

本节内容主要包括绘制垂线、斜线、切线、圆及圆弧连接等。

2.3.1 用 LINE 及 XLINE 命令绘制任意角度斜线

可用以下两种方法绘制倾斜线段。

(1) 用 LINE 命令沿某一方向绘制任意长度的线段。启动该命令，当 AutoCAD 提示输入点时，输入一个小于号“<”及角度值，该角度表明了绘制线的方向，AutoCAD 将把鼠标光标锁定在此方向上。移动鼠标光标，线段的长度就发生变化，获取适当长度后，单击鼠标左键结束，这种画线方式称为角度覆盖。

(2) 用 XLINE 命令绘制任意角度斜线。XLINE 命令可以绘制无限长的构造线，利用它能直接绘制出水平方向、竖直方向及倾斜方向的直线，作图过程中采用此命令绘制定位线或绘图辅助线是很方便的。

一、 命令启动方法

- 菜单命令:【绘图】/【构造线】。
- 面板:【绘图】面板上的按钮。
- 命令: XLINE 或简写 XL。

【练习2-17】: 打开附盘文件“dwg\第 02 章\2-17.dwg”，如图 2-31 左图所示。用 LINE、XLINE 及 TRIM 等命令将左图修改为右图。

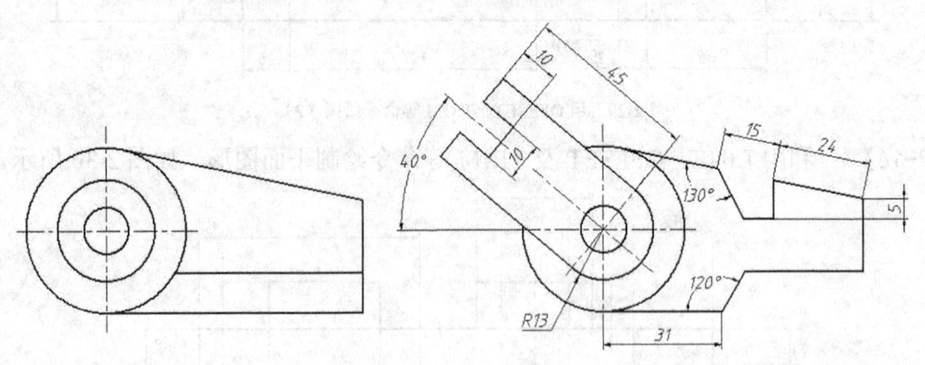

图2-31 绘制任意角度斜线

1. 用 XLINE 命令绘制直线 *G*、*H*、*I*，用 LINE 命令绘制斜线 *J*，如图 2-32 左图所示。

```
命令: _xline 指定点或 [水平(H)/垂直(V)/角度(A)/二等分(B)/偏移(O)]: v
                                        //使用“垂直(V)”选项
指定通过点: ext                          //捕捉延伸点 B
于 24                                    //输入 B 点与 A 点的距离
指定通过点:                              //按 Enter 键结束
命令:                                    //重复命令
XLINE 指定点或 [水平(H)/垂直(V)/角度(A)/二等分(B)/偏移(O)]: h
                                        //使用“水平(H)”选项
```

```
指定通过点: ext                                 //捕捉延伸点 C
于 5                                            //输入 C 点与 A 点的距离
指定通过点:                                     //按 Enter 键结束
命令:                                           //重复命令
XLINE 指定点或 [水平(H)/垂直(V)/角度(A)/二等分(B)/偏移(O)]: a
                                                //使用"角度(A)"选项
输入构造线的角度 (0) 或 [参照(R)]:  r           //使用"参照(R)"选项
选择直线对象:                                   //选择线段 AB
输入构造线的角度 <0>: 130                       //输入构造线与线段 AB 的夹角
指定通过点: ext                                 //捕捉延伸点 D
于 39                                           //输入 D 点与 A 点的距离
指定通过点:                                     //按 Enter 键结束
命令: _line 指定第一点: ext                     //捕捉延伸点 F
于 31                                           //输入 F 点与 E 点的距离
指定下一点或 [放弃(U)]: <60                     //设定画线的角度
指定下一点或 [放弃(U)]:                         //沿 60° 方向移动鼠标光标
指定下一点或 [放弃(U)]:                         //单击一点结束
```

结果如图 2-32 左图所示。修剪多余线条，结果如图 2-32 右图所示。

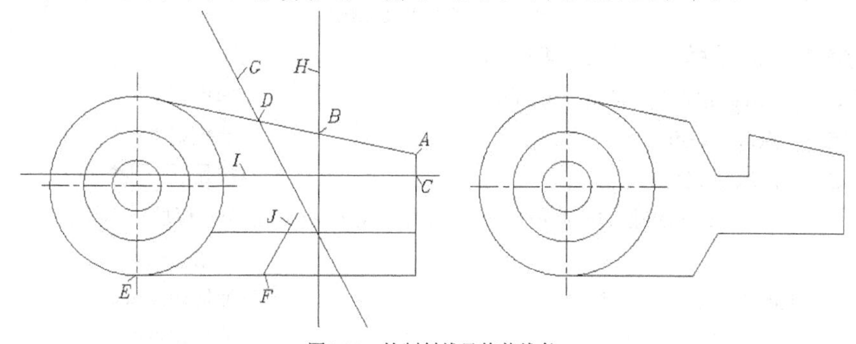

图2-32　绘制斜线及修剪线条

2. 用 XLINE、OFFSET 及 TRIM 等命令绘制图形的其余部分。

二、 命令选项

- 水平(H): 绘制水平方向直线。
- 垂直(V): 绘制竖直方向直线。
- 角度(A): 通过某点绘制一个与已知直线成一定角度的直线。
- 二等分(B): 绘制一条平分已知角度的直线。
- 偏移(O): 可输入一个偏移距离来绘制平行线，或指定直线通过的点来创建新平行线。

2.3.2 绘制切线、圆及圆弧连接

用户可利用 LINE 命令并结合切点捕捉“TAN”来绘制切线。

可用 CIRCLE 命令绘制圆及圆弧连接。默认的绘制圆方法是指定圆心和半径。此外，还可通过两点或三点来绘制圆。

一、 命令启动方法

- 菜单命令:【绘图】/【圆】。
- 面板:【绘图】面板上的按钮。
- 命令: CIRCLE 或简写 C。

【练习2-18】: 打开附盘文件“dwg\第 02 章\2-18.dwg”，如图 2-33 左图所示。用 LINE、CIRCLE 等命令将左图修改为右图。

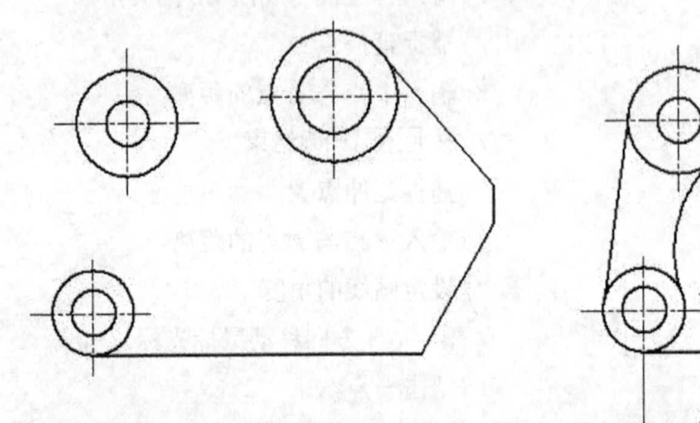
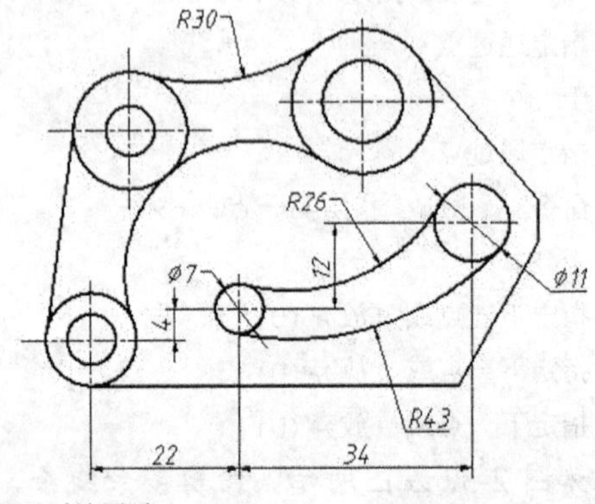

图2-33 绘制圆及过渡圆弧

1. 绘制切线及过渡圆弧，如图 2-34 所示。

```
命令: _line 指定第一点: tan 到                                  //捕捉切点 A
指定下一点或 [放弃(U)]: tan 到                                  //捕捉切点 B
指定下一点或 [放弃(U)]:                                         //按 Enter 键结束
命令: _circle 指定圆的圆心或 [三点(3P)/两点(2P)/相切、相切、半径(T)]: 3p
                                                                //使用“三点(3P)”选项
指定圆上的第一点: tan 到                                        //捕捉切点 D
指定圆上的第二点: tan 到                                        //捕捉切点 E
指定圆上的第三点: tan 到                                        //捕捉切点 F
命令:                                                           //重复命令
CIRCLE 指定圆的圆心或 [三点(3P)/两点(2P)/相切、相切、半径(T)]: t
                                                    //利用“相切、相切、半径(T)”选项
指定对象与圆的第一个切点:                                       //捕捉切点 G
指定对象与圆的第二个切点:                                       //捕捉切点 H
指定圆的半径 <10.8258>:30                                       //输入圆半径
命令:                                                           //重复命令
命令: CIRCLE 指定圆的圆心或 [三点(3P)/两点(2P)/相切、相切、半径(T)]: from
                                                                //使用正交偏移捕捉
基点: int 于                                                    //捕捉交点 C
<偏移>: @22,4                                                   //输入相对坐标
指定圆的半径或 [直径(D)] <30.0000>: 3.5                         //输入圆半径
```

结果如图 2-34 左图所示。修剪多余线条，结果如图 2-34 右图所示。

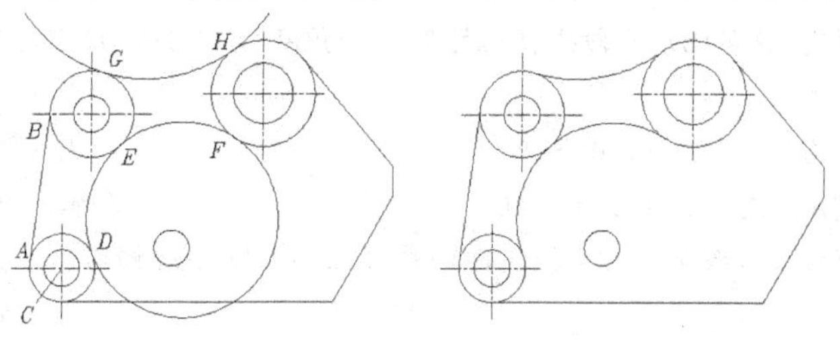

图2-34　绘制切线及圆

2. 用 LINE、CIRCLE 及 TRIM 等命令绘制图形的其余部分。

二、 命令选项

- 三点(3P)：输入 3 个点绘制圆周。
- 两点(2P)：指定直径的两个端点绘制圆。
- 相切、相切、半径(T)：选取与圆相切的两个对象，然后输入圆半径。

2.3.3 倒圆角及倒角

FILLET 命令倒圆角，操作的对象包括直线、多段线、样条线、圆、圆弧等。

CHAMFER 命令倒角，倒角时既可以输入每条边的倒角距离，也可以指定某条边上倒角的长度及与此边的夹角。

命令启动的方法如表 2-2 所示。

表 2-2　启动命令的方法

方式	倒圆角	倒角
菜单命令	【修改】/【圆角】	【修改】/【倒角】
面板	【修改】面板上的 按钮	【修改】面板上的 按钮
命令	FILLET 或简写 F	CHAMFER 或简写 CHA

【练习2-19】：打开附盘文件“dwg\第 02 章\2-19.dwg”，如图 2-35 左图所示。用 FILLET 及 CHAMFER 命令将左图修改为右图。

1. 创建圆角，如图 2-36 所示。

```
命令: _fillet
选择第一个对象或 [放弃(U)/多段线(P)/半径(R)/修剪(T)/多个(M)]: r
                                                  //设置圆角半径
指定圆角半径 <3.0000>: 5                           //输入圆角半径值
选择第一个对象或 [放弃(U)/多段线(P)/半径(R)/修剪(T)/多个(M)]:
                                                  //选择线段 A
选择第二个对象，或按住 Shift 键选择要应用角点的对象:
                                                  //选择线段 B
```

结果如图 2-36 所示。

2. 创建倒角，如图 2-36 所示。

```
命令: _chamfer
选择第一条直线[放弃(U)/多段线(P)/距离(D)/角度(A)/修剪(T)/方式(E)/多个(M)]: d
                                                          //设置倒角距离
指定第一个倒角距离 <3.0000>: 5                              //输入第一个边的倒角距离
指定第二个倒角距离 <5.0000>: 10                             //输入第二个边的倒角距离
选择第一条直线或 [放弃(U)/多段线(P)/距离(D)/角度(A)/修剪(T)/方式(E)/多个(M)]:
                                                          //选择线段 C
选择第二条直线，或按住 Shift 键选择要应用角点的直线:          //选择线段 D
```

结果如图 2-36 所示。

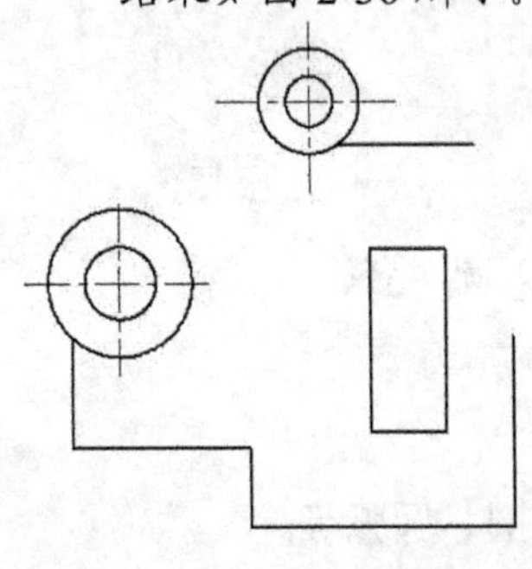

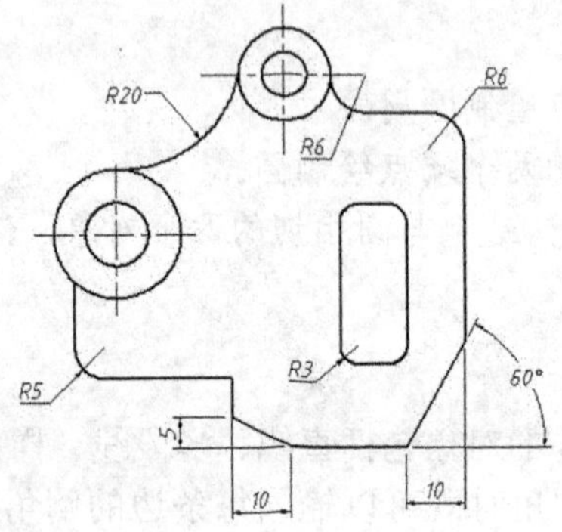

图2-35 倒圆角及倒角

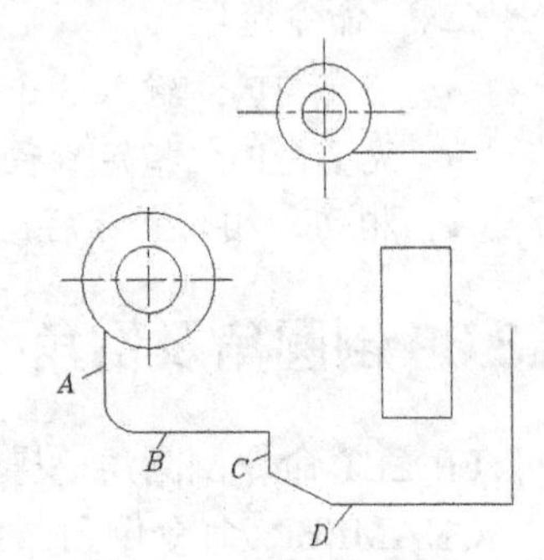

图2-36 创建圆角及斜角

3. 请创建其余圆角及斜角。

常用的命令选项如表 2-3 所示。

表 2-3 命令选项的功能

命令	选项	功能
FILLET	多段线(P)	对多段线的每个顶点进行倒圆角操作
	半径(R)	设定圆角半径。若圆角半径为 0，则系统将使被倒圆角的两个对象交于一点
	修剪(T)	指定倒圆角操作后是否修剪对象
	多个(M)	可一次创建多个圆角
	按住 Shift 键选择要应用角点的对象	若按住 Shift 键选择第二个圆角对象时，则以 0 值替代当前的圆角半径
CHAMFER	多段线(P)	对多段线的每个顶点执行倒角操作
	距离(D)	设定倒角距离。若倒角距离为 0，则系统将被倒角的两个对象交于一点
	角度(A)	指定倒角距离及倒角角度
	修剪(T)	设置倒角时是否修剪对象
	多个(M)	可一次创建多个倒角
	按住 Shift 键选择要应用角点的直线	若按住 Shift 键选择第二个倒角对象，则以 0 值替代当前的倒角距离

2.3.4　移动及复制对象

移动及复制图形的命令分别是 MOVE 和 COPY，这两个命令的使用方法相似。启动 MOVE 或 COPY 命令后，首先选择要移动或复制的对象，然后通过两点或直接输入位移值指定对象移动的距离和方向，AutoCAD 就将图形元素从原位置移动或复制到新位置。

命令启动的方法如表 2-4 所示。

表 2-4　　启动命令的方法

方式	移动	复制
菜单命令	【修改】/【移动】	【修改】/【复制】
面板	【修改】面板上的按钮	【修改】面板上的按钮
命令	MOVE 或简写 M	COPY 或简写 CO

【练习2-20】：打开附盘文件“dwg\第 2 章\2-20.dwg”，如图 2-37 左图所示。用 MOVE 及 COPY 等命令将左图修改为右图。

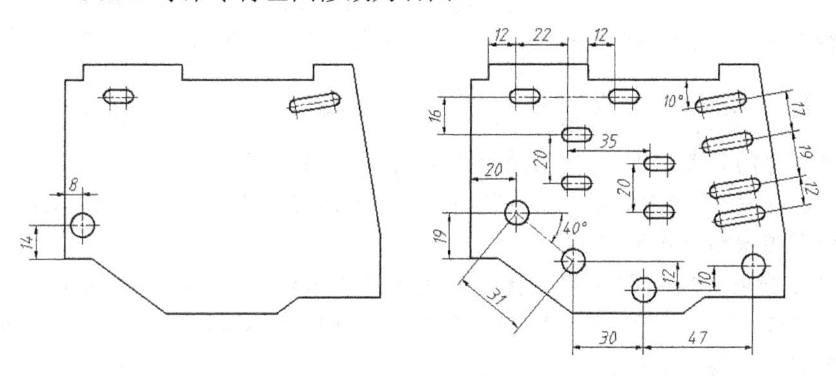

图2-37　移动及复制对象

1. 移动及复制对象，如图 2-38 所示。

```
命令: _move                                    //启动移动命令
选择对象: 指定对角点: 找到 3 个                  //选择对象 A
选择对象:                                       //按 Enter 键确认
指定基点或 [位移(D)] <位移>:  12,5               //输入沿 x、y 轴移动的距离
指定第二个点或 <使用第一个点作为位移>:            //按 Enter 键结束
命令: _copy                                    //启动复制命令
选择对象: 指定对角点: 找到 7 个                  //选择对象 B
选择对象:                                       //按 Enter 键确认
指定基点或 [位移(D)/模式(O)] <位移>:             //捕捉交点 C
指定第二个点或 <使用第一个点作为位移>:            //捕捉交点 D
指定第二个点或 [退出(E)/放弃(U)] <退出>:         //按 Enter 键结束
命令: _copy                                    //重复命令
选择对象: 指定对角点: 找到 7 个                  //选择对象 E
选择对象:                                       //按 Enter 键
```

指定基点或 [位移(D)/模式(O)] <位移>: 17<-80 //指定复制的距离及方向

指定第二个点或 <使用第一个点作为位移>: //按 Enter 键结束

结果如图 2-38 右图所示。

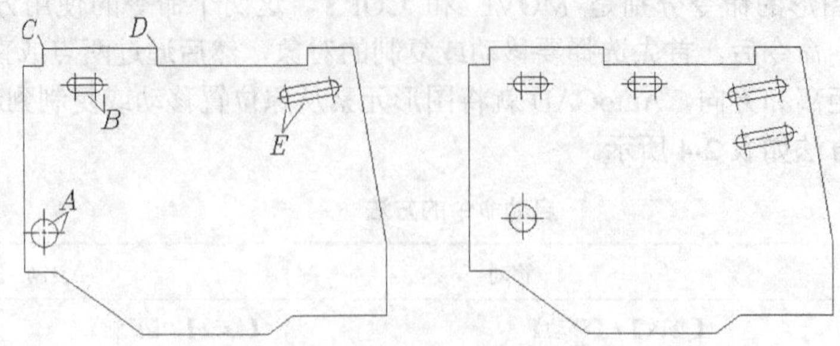

图2-38 移动对象 *A* 及复制对象 *B*、*E*

2. 请绘制图形其余部分。

使用 MOVE 或 COPY 命令时，可通过以下方式指明对象移动或复制的距离和方向。

- 在屏幕上指定两个点，这两点的距离和方向代表了实体移动的距离和方向。当 AutoCAD 提示"指定基点"时，指定移动的基准点。在 AutoCAD 提示"指定第二个点"时，捕捉第二点或输入第二点相对于基准点的相对直角坐标或极坐标。
- 以"*X,Y*"方式输入对象沿 *x*、*y* 轴移动的距离，或用"距离<角度"方式输入对象位移的距离和方向。当 AutoCAD 提示"指定基点"时，输入位移值。在 AutoCAD 提示"指定第二个点"时，按 Enter 键确认，这样 AutoCAD 就以输入位移值来移动图形对象。
- 打开正交或极轴追踪功能，就能方便地将实体只沿 *x* 或 *y* 轴方向移动。当 AutoCAD 提示"指定基点"时，单击一点并把实体向水平或竖直方向移动，然后输入位移的数值。
- 使用"位移(D)"选项。启动该选项后，AutoCAD 提示"指定位移"。此时，以"*X,Y*"方式输入对象沿 *x*、*y* 轴移动的距离，或以"距离<角度"方式输入对象位移的距离和方向。

2.3.5 旋转对象

ROTATE 命令可以旋转图形对象，改变图形对象方向。使用此命令时，用户指定旋转基点并输入旋转角度就可以转动图形对象。此外，也可以某个方位作为参照位置，然后选择一个新对象或输入一个新角度值来指明要旋转到的位置。

一、命令启动方法

- 菜单命令:【修改】/【旋转】。
- 面板:【修改】面板上的按钮。
- 命令: ROTATE 或简写 RO。

【练习2-21】: 打开附盘文件"dwg\第 2 章\2-21.dwg"，用 LINE、CIRCLE 及 ROTATE 等命令将图 2-39 中的左图修改为右图。

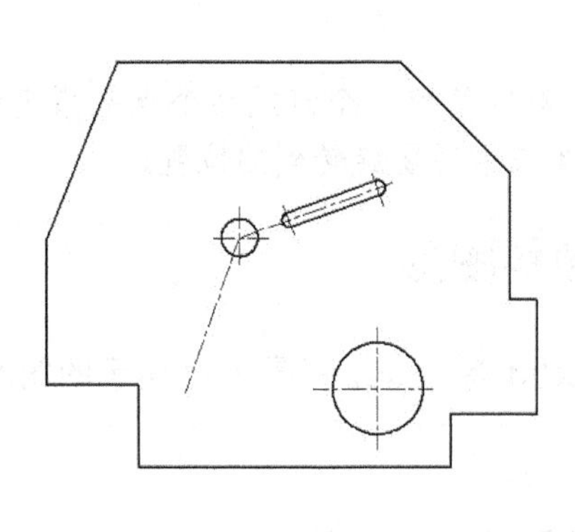

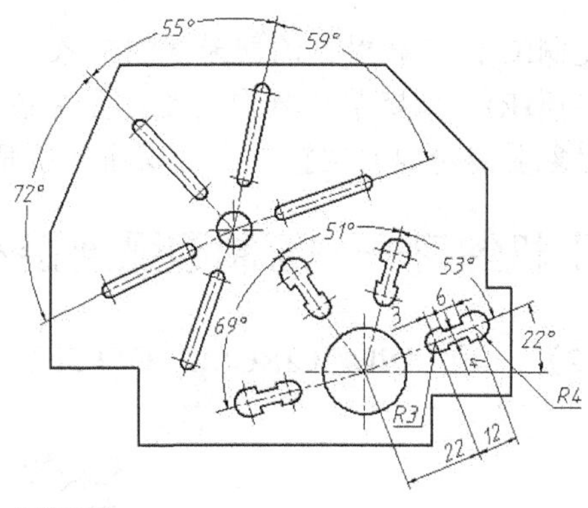

图2-39　旋转对象

1.　用 ROTATE 命令旋转对象 *A*，如图 2-40 所示。

```
命令: _rotate
选择对象: 指定对角点: 找到 7 个          //选择图形对象 A，如图 2-40 左图所示
选择对象:                               //按 Enter 键
指定基点:                               //捕捉圆心 B
指定旋转角度，或 [复制(C)/参照(R)] <70>:  c //使用选项“复制(C)”
指定旋转角度，或 [复制(C)/参照(R)] <70>:  59      //输入旋转角度
命令:ROTATE                                   //重复命令
选择对象: 指定对角点: 找到 7 个                 //选择图形对象 A
选择对象:                                     //按 Enter 键
指定基点:                                     //捕捉圆心 B
指定旋转角度，或 [复制(C)/参照(R)] <59>:  c        //使用选项“复制(C)”
指定旋转角度，或 [复制(C)/参照(R)] <59>:  r        //使用选项“参照(R)”
指定参照角 <0>:                                  //捕捉 B 点
指定第二点:                                      //捕捉 C 点
指定新角度或 [点(P)] <0>:                         //捕捉 D 点
```

结果如图 2-40 右图所示。

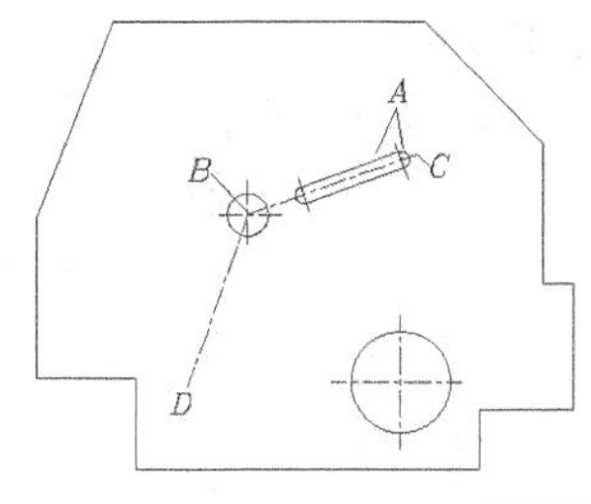

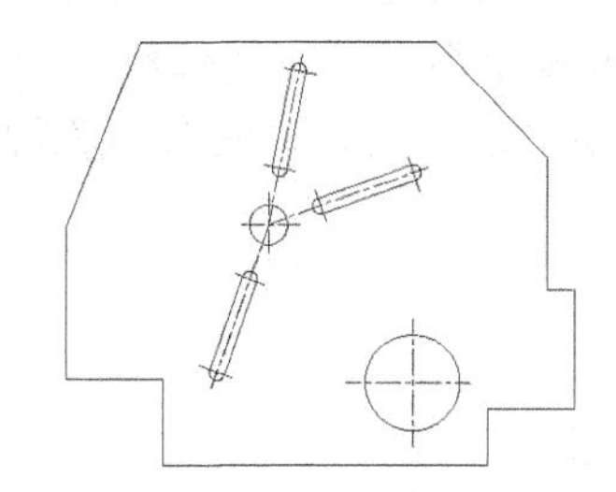

图2-40　旋转对象 *A*

2.　请读者绘制图形其余部分。

二、　命令选项

- 指定旋转角度：指定旋转基点并输入绝对旋转角度来旋转实体。旋转角度是基于当前用户坐标系测量的。如果输入负的旋转角度，则选定的对象顺时针旋转，否则，将逆时针旋转。

- 复制(C)：旋转对象的同时复制对象。
- 参照(R)：指定某个方向作为起始参照角，然后拾取一个点或两个点来指定原对象要旋转到的位置，也可以输入新角度值来指明要旋转到的位置。

2.3.6 上机练习——绘制圆弧连接及倾斜图形

【练习2-22】：用 LINE、CIRCLE、OFFSET 及 TRIM 等命令绘制图 2-41 所示的图形。

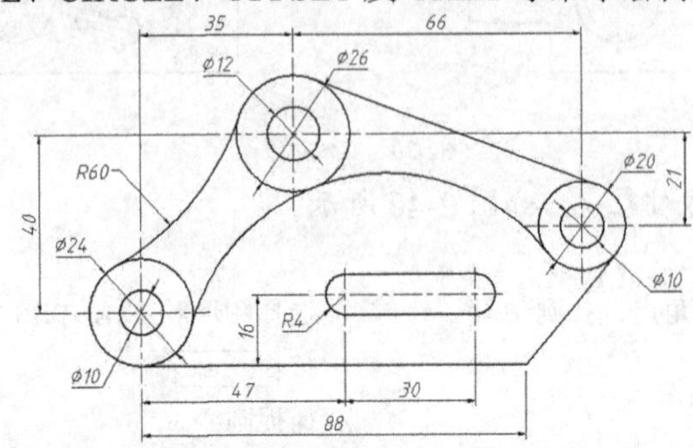

图2-41 用 LINE、CIRCLE 等命令绘图

1. 创建两个图层。

名称	颜色	线型	线宽
轮廓线层	白色	Continuous	0.5
中心线层	红色	Center	默认

2. 通过【线型控制】下拉列表打开【线型管理器】对话框，在此对话框中设定线型全局比例因子为 0.2。
3. 打开极轴追踪、对象捕捉及自动追踪功能。指定极轴追踪角度增量为 90°；设定对象捕捉方式为“端点”、“交点”。
4. 设定绘图区域大小为 100×100。单击【视图】选项卡中【导航】面板上的 按钮使绘图区域充满整个图形窗口显示出来。
5. 切换到中心线层，用 LINE 命令绘制圆的定位线 *A*、*B*，其长度约为 35，再用 OFFSET 及 LENGTHEN 命令形成其他定位线，如图 2-42 所示。
6. 切换到轮廓线层，绘制圆、过渡圆弧及切线，如图 2-43 所示。

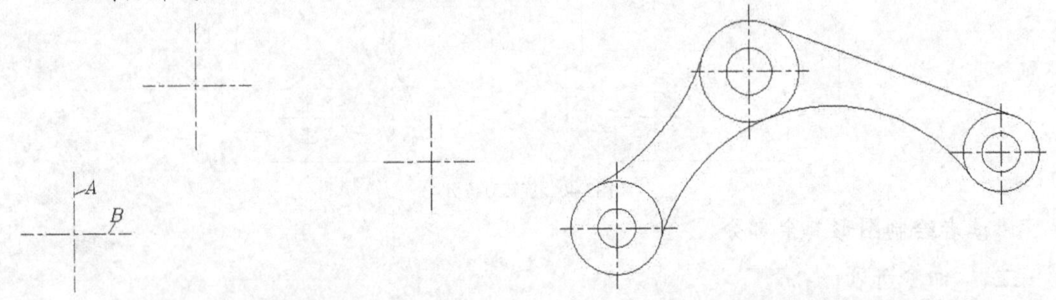

图2-42 绘制圆的定位线　　　　图2-43 绘制圆、过渡圆弧及切线

7. 用 LINE 命令绘制线段 *C*、*D*，再用 OFFSET 及 LENGTHEN 命令形成定位线 *E*、*F* 等，如图 2-44 左图所示。绘制线框 *G*，如图 2-44 右图所示。

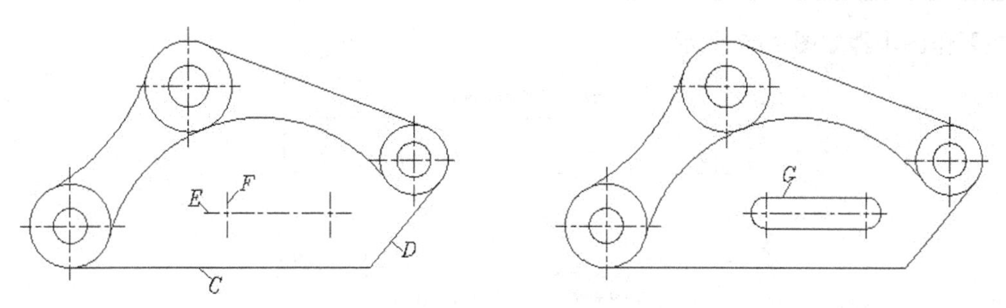

图2-44　绘制线段 C、D 和线框 G

【练习2-23】：用 LINE、CIRCLE、OFFSET 及 TRIM 等命令绘制图 2-45 所示的图形。

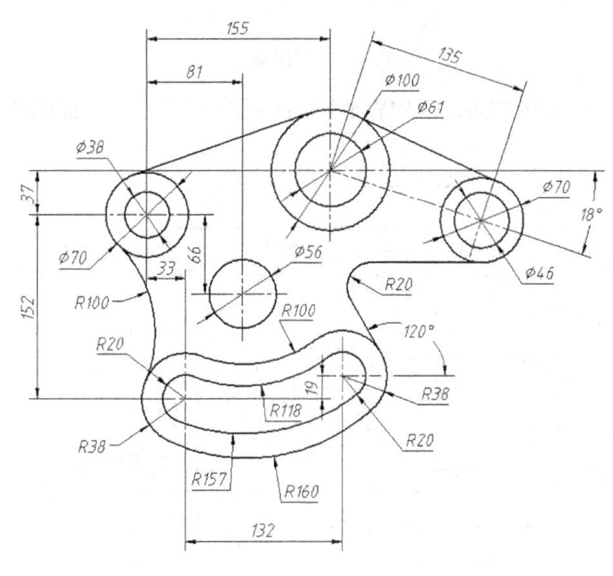

图2-45　用 LINE、CIRCLE 等命令绘图

【练习2-24】：用 LINE、CIRCLE、XLINE、OFFSET 及 TRIM 等命令绘制图 2-46 所示的图形。

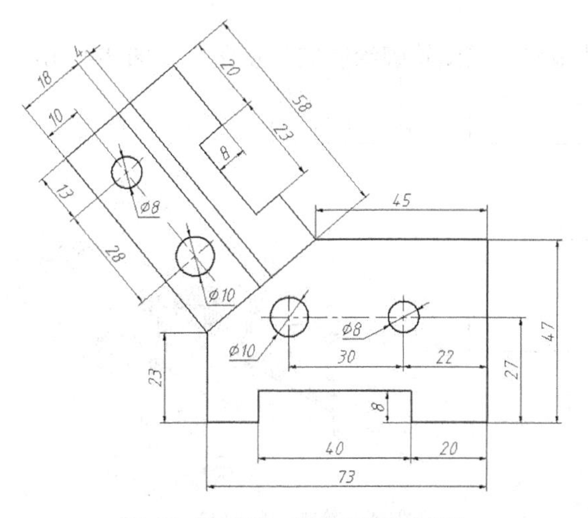

图2-46　用 LINE、OFFSET 等命令绘图

主要作图步骤如图 2-47 所示。

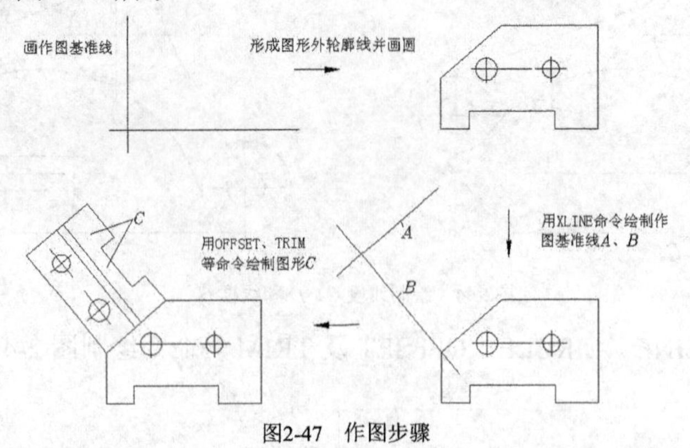

图2-47 作图步骤

【练习2-25】：用 LINE、CIRCLE、COPY 及 ROTATE 等命令绘制平面图形，如图 2-48 所示。

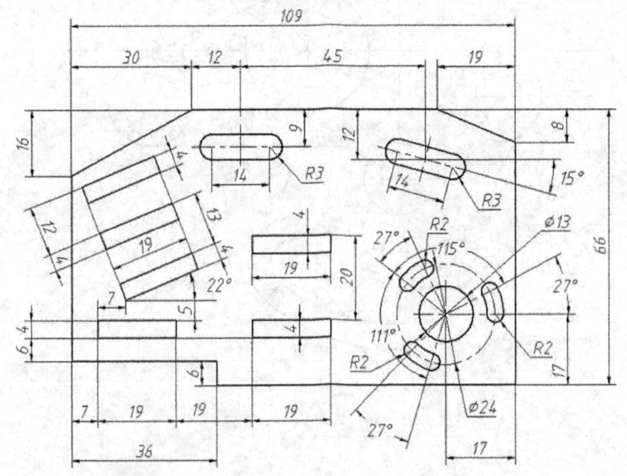

图2-48 利用 COPY 及 ROTATE 等命令绘图

2.4 综合训练——绘制三视图

【练习2-26】：根据轴测图及视图轮廓绘制完整视图，如图 2-49 所示。

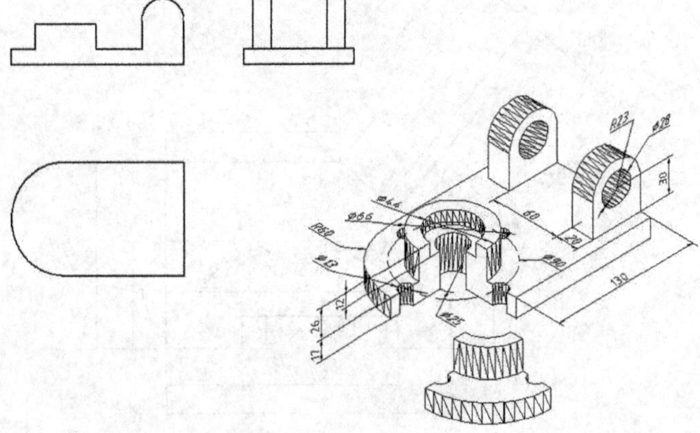

图2-49 绘制三视图（1）

要点提示 绘制主视图及俯视图后，可将俯视图复制到新位置并旋转 90°，如图 2-50 所示，然后用 XLINE 命令绘制水平及竖直投影线，利用这些线条形成左视图的主要轮廓。

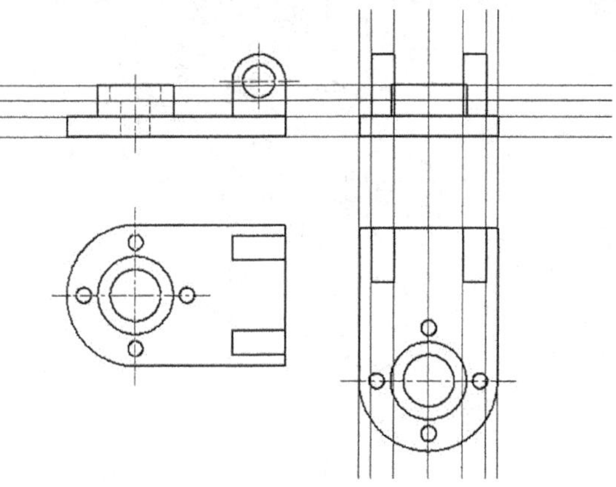

图2-50　绘制水平及竖直投影线

【练习2-27】：根据轴测图及视图轮廓绘制完整视图，如图 2-51 所示。

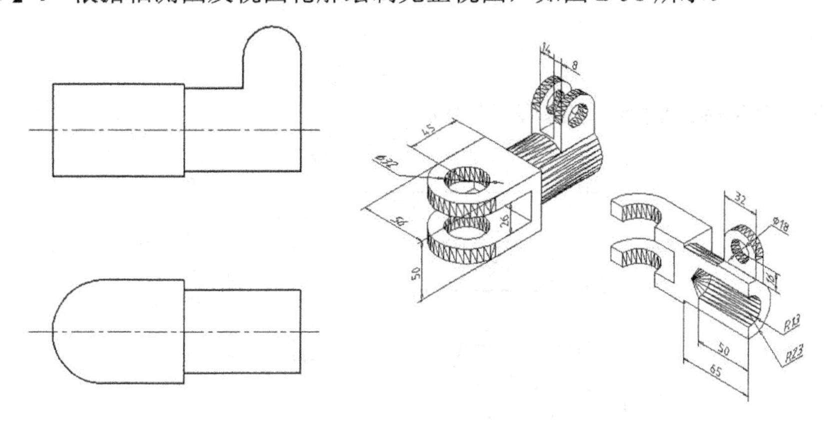

图2-51　绘制视图

【练习2-28】：根据轴测图绘制三视图，如图 2-52 所示。

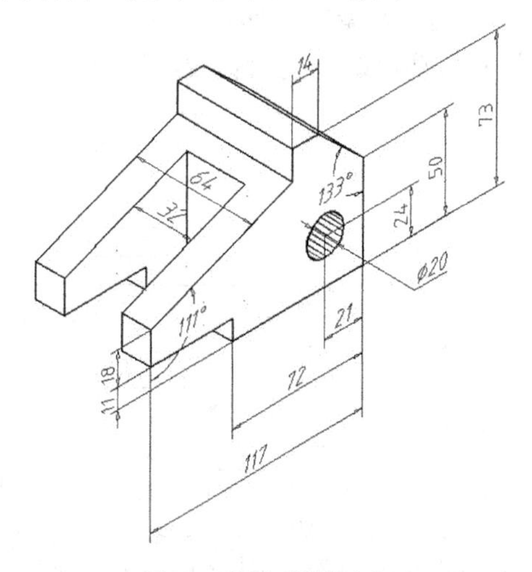

图2-52　绘制三视图（2）

【练习2-29】：根据轴测图绘制三视图，如图 2-53 所示。

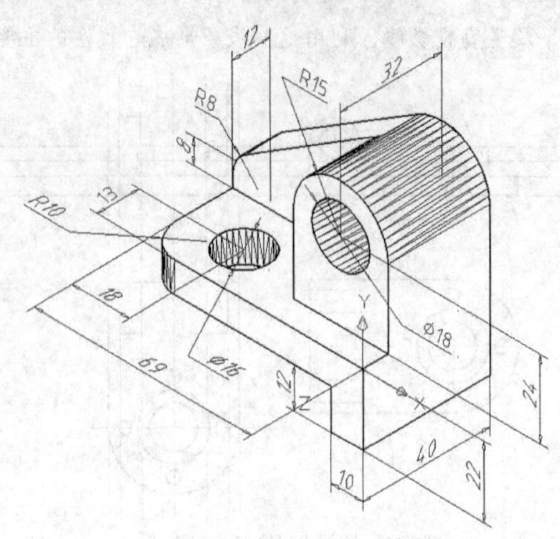

图2-53　绘制三视图（3）

2.5 习题

1. 利用点的相对坐标绘制线，如图 2-54 所示。

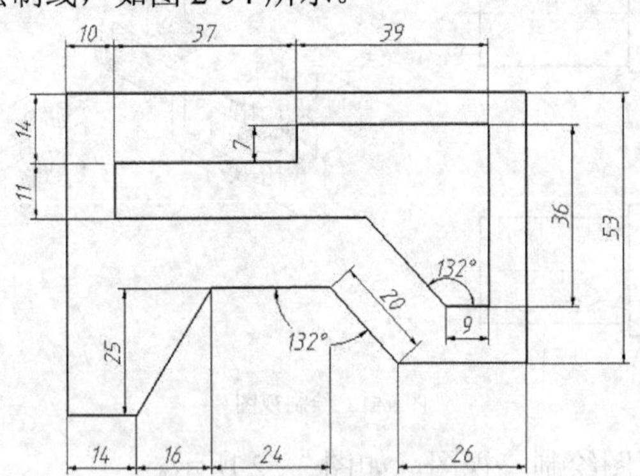

图2-54　输入点的相对坐标绘制线

2. 打开极轴追踪、对象捕捉及自动追踪功能绘制线，如图 2-55 所示。

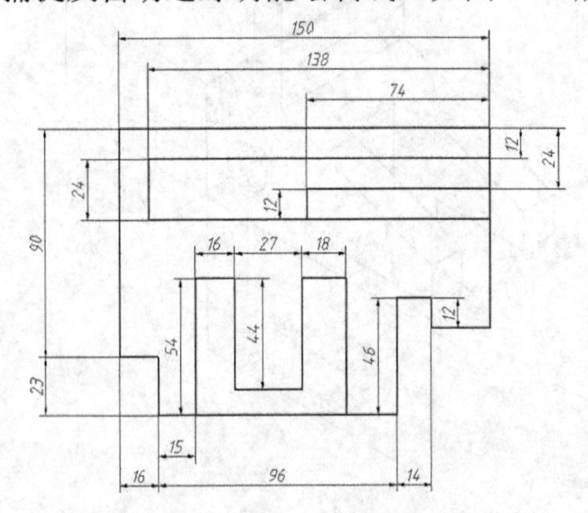

图2-55　利用极轴追踪、自动追踪等功能绘制线

3.　用 OFFSET 及 TRIM 命令绘图，如图 2-56 所示。

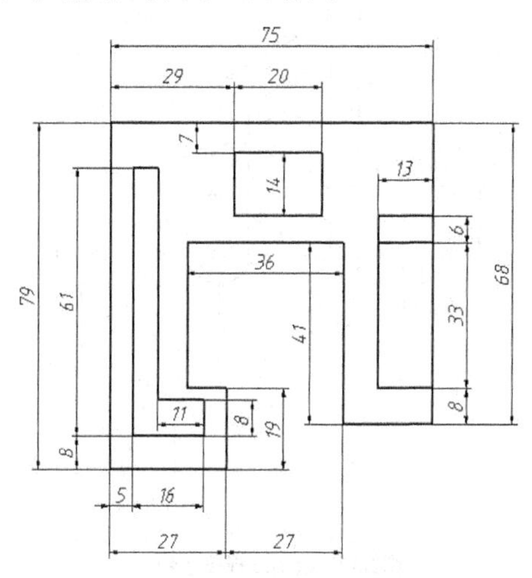

图2-56　绘制平行线及修剪线条

4.　绘制图 2-57 所示的图形。

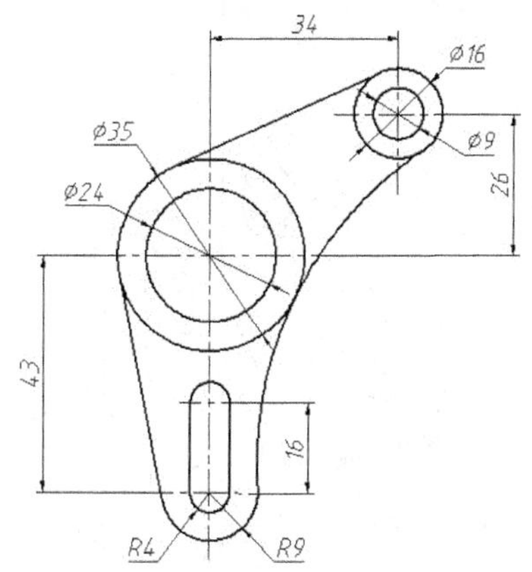

图2-57　绘制圆、切线及过渡圆弧

5.　绘制图 2-58 所示的图形。

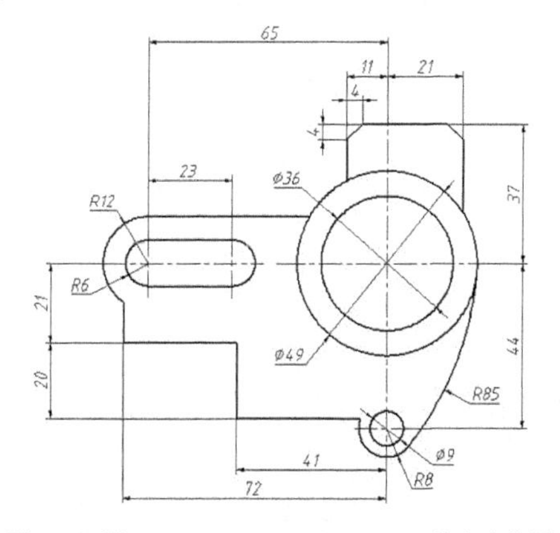

图2-58　用 LINE、CIRCLE 及 OFFSET 等命令绘图

6.　根据轴测图绘制三视图，如图 2-59 所示。

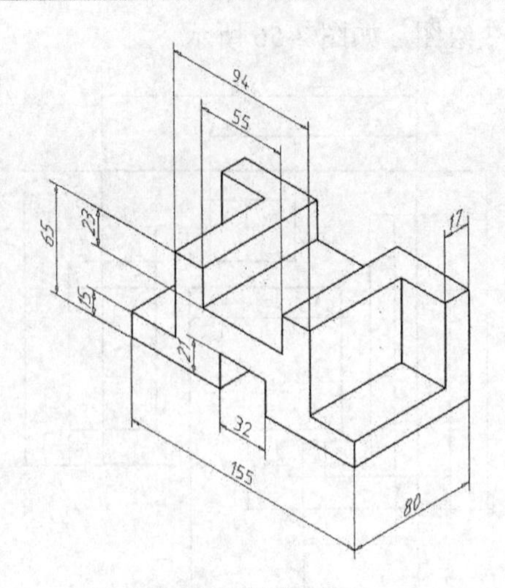

图2-59　绘制三视图（4）

7.　根据轴测图绘制三视图，如图 2-60 所示。

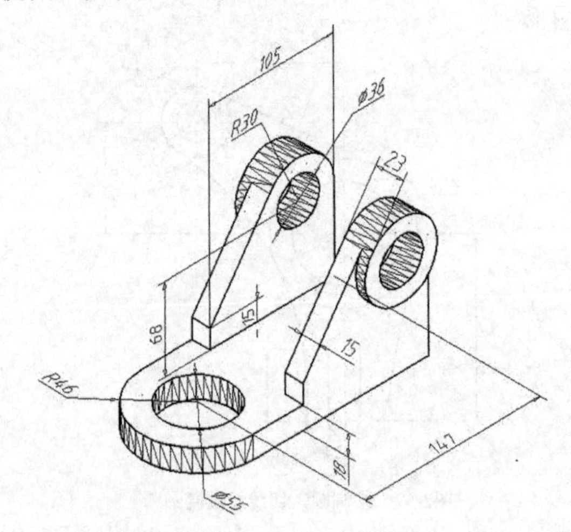

图2-60　绘制三视图（5）

第3章　绘制及编辑多边形、椭圆及剖面图案

【学习目标】

- 绘制矩形、正多边形及椭圆。
- 创建矩形及环形阵列。
- 镜像对象。
- 对齐及拉伸图形。
- 按比例缩放图形。
- 绘制断裂线及填充剖面图案。

3.1 绘制多边形、椭圆、阵列及镜像对象

本节主要内容包括绘制矩形、正多边形、椭圆、阵列及镜像对象等。

3.1.1 画矩形、正多边形及椭圆

RECTANG 命令用于绘制矩形，用户只需指定矩形对角线的两个端点就能画出矩形。绘制时，可指定顶点处的倒角距离及圆角半径。

POLYGON 命令用于绘制正多边形。多边形的边数可以从 3 到 1024。绘制方式包括根据外接圆生成多边形，或是根据内切圆生成多边形。

ELLIPSE 命令用于创建椭圆。画椭圆的默认方法是指定椭圆第一根轴线的两个端点及另一轴长度的一半。另外，也可通过指定椭圆中心、第一轴的端点及另一轴线的半轴长度来创建椭圆。

命令启动的方法如表 3-1 所示。

表 3-1　启动命令的方法

方式	矩形	正多边形	椭圆
菜单命令	【绘图】/【矩形】	【绘图】/【正多边形】	【绘图】/【椭圆】
面板	【绘图】面板上的□按钮	【绘图】面板上的⬠按钮	【绘图】面板上的⊙按钮
命令	RECTANG 或简写 REC	POLYGON 或简写 POL	ELLIPSE 或简写 EL

【练习3-1】： 用 LINE、RECTANG、POLYGON 及 ELLIPSE 等命令绘制平面图形，如图 3-1 所示。

1. 打开极轴追踪、对象捕捉及自动追踪功能。设置极轴追踪角度增量为 90°，对象捕捉方式为“端点”、“交点”。
2. 绘制外轮廓线及正多边形和椭圆的定位线，如图 3-2 左图所示。

3. 用 OFFSET、LINE 及 LENGTHEN 等命令形成正边形及椭圆的定位线，如图 3-2 左图所示。然后绘制矩形、五边形及椭圆，如图 3-2 右图所示。

```
命令: _rectang                                              //绘制矩形
指定第一个角点或 [倒角(C)/标高(E)/圆角(F)/厚度(T)/宽度(W)]: from
                                                            //使用正交偏移捕捉
基点:                                                       //捕捉交点 A
 <偏移>: @-8,6                                              //输入 B 点的相对坐标
指定另一个角点或 [面积(A)/尺寸(D)/旋转(R)]: @-10,21
                                                            //输入 C 点的相对坐标
命令: _polygon 输入边的数目 <4>: 5                          //输入多边形的边数
指定正多边形的中心点或 [边(E)]:                             //捕捉交点 D
输入选项 [内接于圆(I)/外切于圆(C)] <I>: I                   //按内接于圆的方式画多边形
指定圆的半径: @7<62                                         //输入 E 点的相对坐标
命令: _ellipse                                              //绘制椭圆
指定椭圆的轴端点或 [圆弧(A)/中心点(C)]: c                   //使用"中心点(C)"选项
指定椭圆的中心点:                                           //捕捉 F 点
指定轴的端点: @8<62                                         //输入 G 点的相对坐标
指定另一条半轴长度或 [旋转(R)]: 5                           //输入另一半轴长度
```

结果如图 3-2 右图所示。

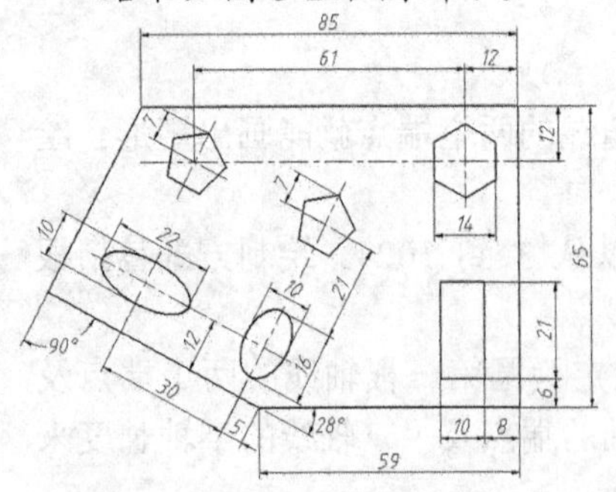

图3-1 画矩形、正多边形及椭圆

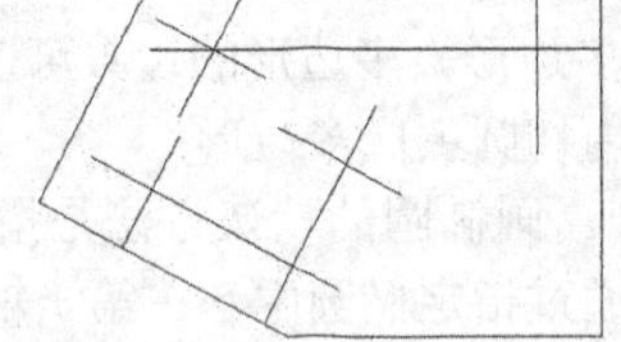

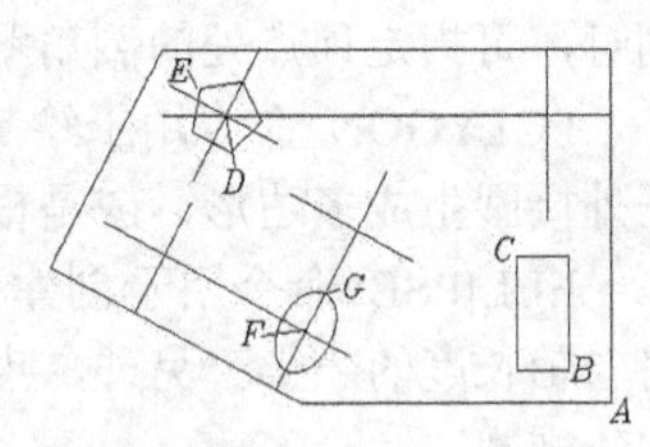

图3-2 绘制矩形、五边形及椭圆

4. 请绘制图形的其余部分，然后修改定位线所在的图层。

常用的命令选项如表 3-2 所示。

表 3-2 命令选项的功能

命令	选项	功能
RECTANG	倒角(C)	指定矩形各顶点倒斜角的大小
	圆角(F)	指定矩形各顶点倒圆角半径
	宽度(W)	设置矩形边的线宽
	面积(A)	先输入矩形面积，再输入矩形长度或宽度值创建矩形
	尺寸(D)	输入矩形的长、宽尺寸创建矩形
	旋转(R)	设定矩形的旋转角度

续表

命令	选项	功能
POLYGON	边(E)	输入多边形边数后，再指定某条边的两个端点即可绘出多边形
	内接于圆(I)	根据外接圆生成正多边形
	外切于圆(C)	根据内切圆生成正多边形
ELLIPSE	圆弧(A)	绘制一段椭圆弧。过程是先画一个完整的椭圆，随后 AutoCAD 提示用户指定椭圆弧的起始角及终止角
	中心点(C)	通过椭圆中心点及长轴、短轴来绘制椭圆
	旋转(R)	按旋转方式绘制椭圆，即 AutoCAD 将圆绕直径转动一定角度后，再投影到平面上形成椭圆

3.1.2 矩形阵列对象

ARRAY 命令可创建矩形阵列。矩形阵列是指将对象按行、列方式进行排列。操作时，用户一般应设置 AutoCAD 阵列的行数、列数、行间距及列间距等，如果要沿倾斜方向生成矩形阵列，还应输入阵列的倾斜角度。

命令启动方法

- 菜单命令：【修改】/【阵列】。
- 面板：【修改】面板上的按钮。
- 命令：ARRAY 或简写 AR。

【练习3-2】：打开附盘文件“dwg\第 3 章\3-2.dwg”，如图 3-3 左图所示。下面用 ARRAY 命令将左图修改为右图。

1. 启动阵列命令，AutoCAD 弹出【阵列】对话框，在该对话框中选取【矩形阵列】单选项，如图 3-4 所示。

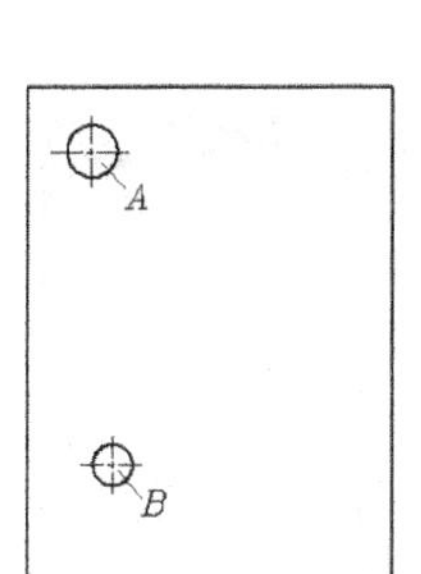

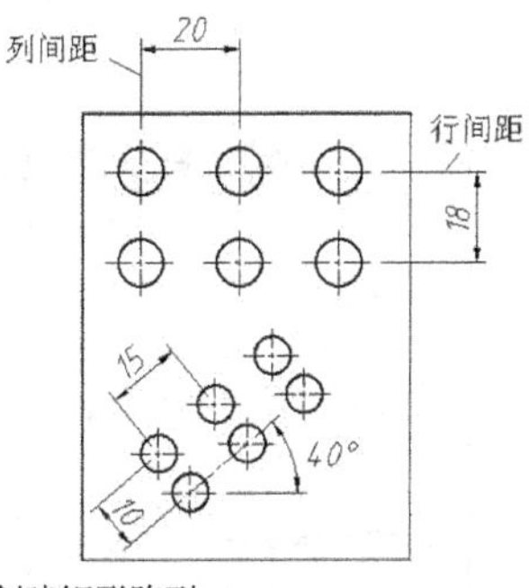

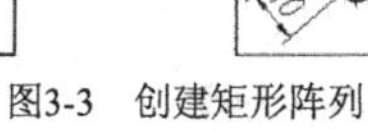

图3-3　创建矩形阵列

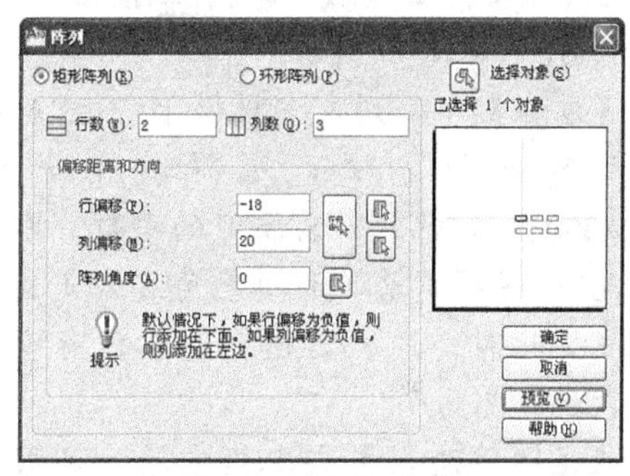

图3-4　【阵列】对话框

2. 单击按钮，AutoCAD 提示：“选择对象”，选择要阵列的图形对象 A，如图 3-3 所示。
3. 分别在【行数】、【列数】文本框中输入阵列的行数及列数，如图 3-4 所示。“行”的方向与坐标系的 x 轴平行，“列”的方向与 y 轴平行。
4. 分别在【行偏移】、【列偏移】文本框中输入行间距及列间距，如图 3-4 所示。行、列间距的数值可为正也可为负，若是正值，则 AutoCAD 沿 x、y 轴的正方向形成阵列，否则，沿反方向形成阵列。

5. 在【阵列角度】文本框中输入阵列方向与 x 轴的夹角，如图 3-4 所示。该角度逆时针为正，顺时针为负。
6. 利用 预览(V) < 按钮，用户可预览阵列效果。单击此按钮，AutoCAD 返回绘图窗口，并按设定的参数显示出矩形阵列。
7. 单击鼠标右键，结果参见图 3-3 右图。
8. 再沿倾斜方向创建对象 *B* 的矩形阵列，参见图 3-3 右图。阵列参数为行数“2”、列数“3”、行间距“－10”、列间距“15”及阵列角度“40°”。

3.1.3 环形阵列对象

ARRAY 命令除可创建矩形阵列外，还能创建环形阵列。环形阵列是指把对象绕阵列中心等角度均匀分布。决定环形阵列的主要参数有阵列中心、阵列总角度及阵列数目。此外，用户也可通过输入阵列总数及每个对象间的夹角来生成环形阵列。

【练习3-3】： 打开附盘文件“dwg\第 3 章\3-3.dwg”，如图 3-5 左图所示。下面用 ARRAY 命令将左图修改为右图。

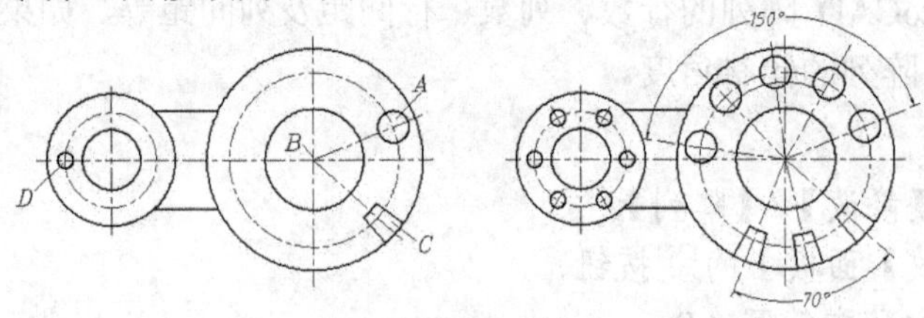

图3-5　创建环形阵列

1. 启动阵列命令，AutoCAD 弹出【阵列】对话框，在该对话框中选取【环形阵列】单选项，如图 3-6 所示。
2. 单击按钮，AutoCAD 提示：“选择对象”，选择要阵列的图形对象 *A*，如图 3-5 所示。
3. 在【中心点】区域中单击按钮，AutoCAD 切换到绘图窗口，在屏幕上指定阵列中心点 *B*，如图 3-5 所示。
4. 【方法】下拉列表中提供了 3 种创建环形阵列的方法，选择其中一种，AutoCAD 就列出需设定的参数。默认情况下，【项目总数和填充角度】是当前选项。此时，用户需输入的参数有项目总数和填充角度。
5. 在【项目总数】文本框中输入环形阵列的总数目，在【填充角度】文本框中输入阵列分布的总角度值，如图 3-6 所示。若阵列角度为正，则 AutoCAD 按逆时针方向创建阵列，否则，按顺时针方向创建阵列。

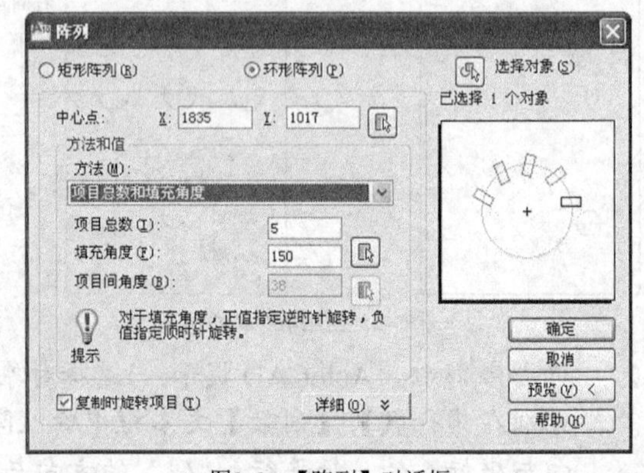

图3-6　【阵列】对话框

6. 单击 预览(V) < 按钮，预览阵列效果。
7. 单击鼠标右键完成环形阵列。

8. 继续创建对象 *C*、*D* 的环形阵列，结果如图 3-5 右图所示。

3.1.4 镜像对象

对于对称图形，用户只需画出图形的一半，另一半可由 MIRROR 命令镜像出来。操作时，用户需先告诉 AutoCAD 要对哪些对象进行镜像，然后再指定镜像线位置即可。

命令启动方法

- 菜单命令：【修改】/【镜像】。
- 面板：【修改】面板上的按钮。
- 命令：MIRROR 或简写 MI。

【练习3-4】：打开附盘文件"dwg\第 3 章\3-4.dwg"，如图 3-7 左图所示。下面用 MIRROR 命令将左图修改为中图。

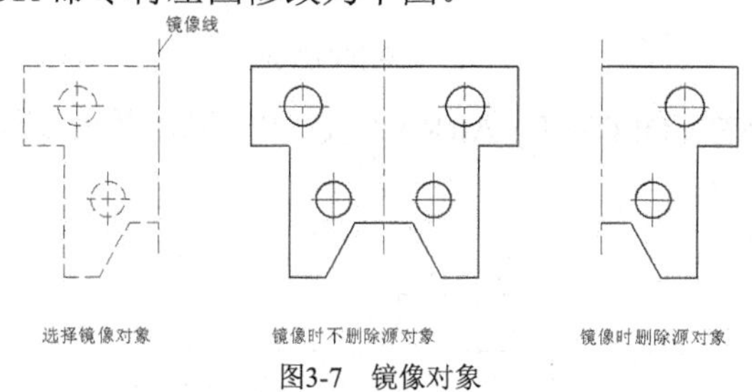

图3-7　镜像对象

```
命令: _mirror                                  //启动镜像命令
选择对象: 指定对角点: 找到 13 个                   //选择镜像对象
选择对象:                                       //按 Enter 键
指定镜像线的第一点:                               //拾取镜像线上的第一点
指定镜像线的第二点:                               //拾取镜像线上的第二点
要删除源对象吗? [是(Y)/否(N)] <N>:          //按 Enter 键，默认镜像时不删除源对象
```

结果如图 3-7 中图所示。如果删除源对象，结果如图 3-7 右图所示。

3.1.5 上机练习——绘制对称图形

【练习3-5】：利用 LINE、OFFSET、ARRAY 及 MIRROR 等命令绘制平面图形，如图 3-8 所示。

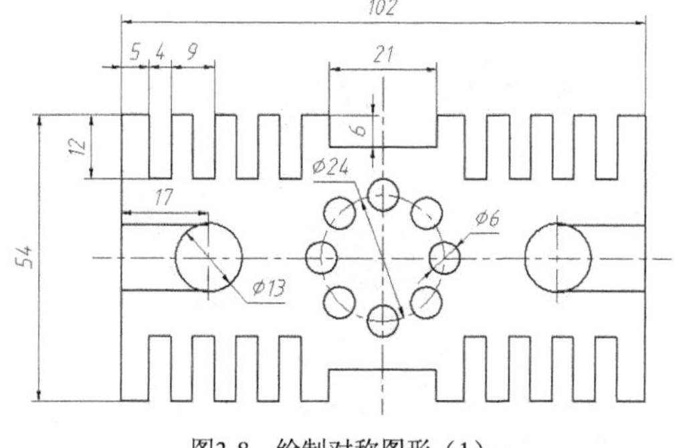

图3-8　绘制对称图形（1）

主要作图步骤如图 3-9 所示。

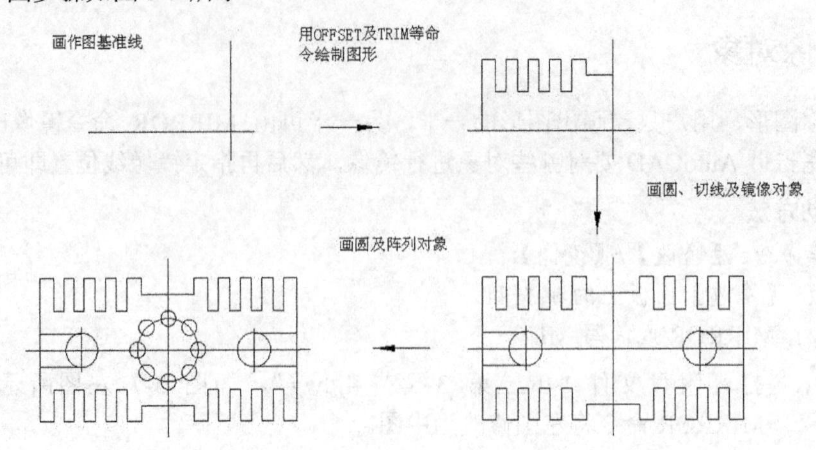

图3-9 主要作图步骤

【练习3-6】：利用 LINE、OFFSET、ARRAY 及 MIRROR 等命令绘制平面图形，如图 3-10 所示。

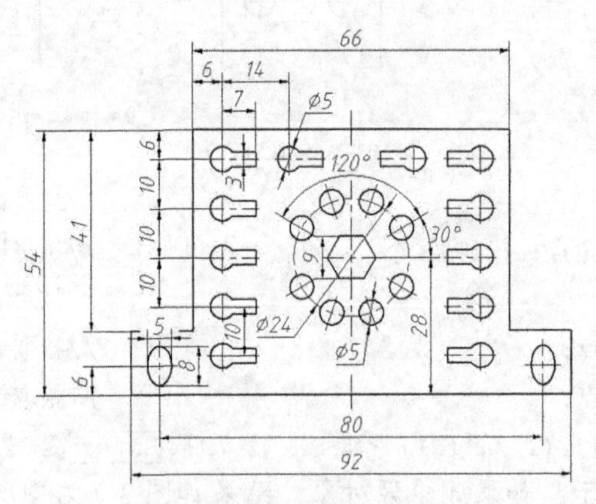

图3-10 绘制对称图形（2）

【练习3-7】：利用 LINE、OFFSET、ARRAY 及 MIRROR 等命令绘制平面图形，如图 3-11 所示。

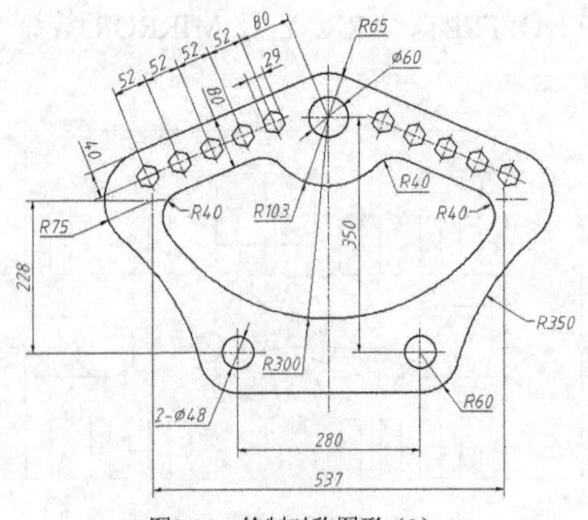

图3-11 绘制对称图形（3）

【练习3-8】：　利用 LINE、CIRCLE、OFFSET 及 ARRAY 等命令绘制平面图形，如图 3-12 所示。

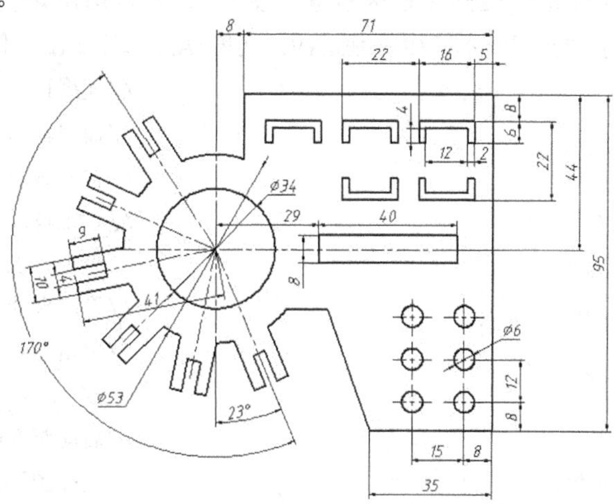

图3-12　创建矩形及环形阵列

3.2 对齐、拉伸及缩放对象

本节主要内容包括对齐对象、拉伸及比例缩放对象。

3.2.1 对齐图形

ALIGN 命令可以同时移动、旋转一个对象使之与另一对象对齐。例如，用户可以使图形对象中某点、某条直线或某一个面（三维实体）与另一实体的点、线或面对齐。操作过程中用户只需按照 AutoCAD 提示指定源对象与目标对象的一点、两点或三点对齐就可以了。

命令启动方法

- 菜单命令：【修改】/【三维操作】/【对齐】。
- 命令：ALIGN 或简写 AI。

【练习3-9】：　用 LINE、CIRCLE 及 ALIGN 等命令绘制平面图形，如图 3-13 所示。

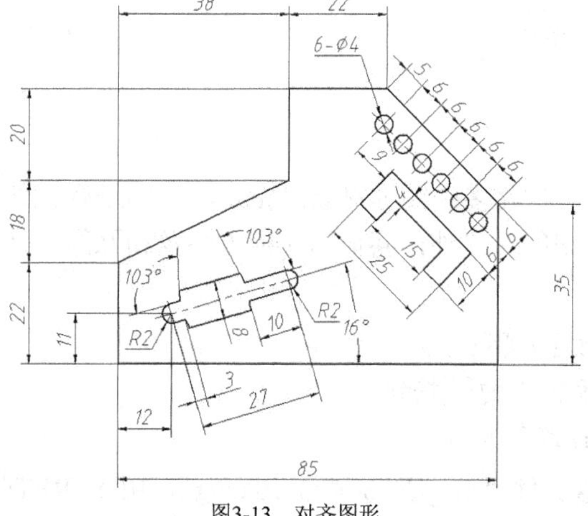

图3-13　对齐图形

1. 绘制轮廓线及图形 *E*，再用 XLINE 命令绘制定位线 *C*、*D*，如图 3-14 左图所示，然后用 ALIGN 命令将图形 *E* 定位到正确的位置，如图 3-14 右图所示。

```
命令: _xline 指定点或 [水平(H)/垂直(V)/角度(A)/二等分(B)/偏移(O)]: from
                                              //使用正交偏移捕捉
基点:                                         //捕捉基点 A
<偏移>: @12,11                                //输入 B 点的相对坐标
指定通过点: <16                               //设定直线 D 的角度
指定通过点:                                   //单击一点
指定通过点: <106                              //设定直线 C 的角度
指定通过点:                                   //单击一点
指定通过点:                                   //按 Enter 键结束
命令: align                                   //启动对齐命令
选择对象: 指定对角点: 找到 15 个              //选择图形 E
选择对象:                                     //按 Enter 键
指定第一个源点:                               //捕捉第一个源点 F
指定第一个目标点:                             //捕捉第一个目标点 B
指定第二个源点:                               //捕捉第二个源点 G
指定第二个目标点: nea 到                      //在直线 D 上捕捉一点
指定第三个源点或 <继续>:                      //按 Enter 键
是否基于对齐点缩放对象? [是(Y)/否(N)] <否>:  //按 Enter 键不缩放源对象
```

结果如图 3-14 右图所示。

2. 绘制定位线 *H*、*I* 及图形 *J*，如图 3-15 左图所示。用 ALIGN 命令将图形 *J* 定位到正确的位置，如图 3-15 右图所示。

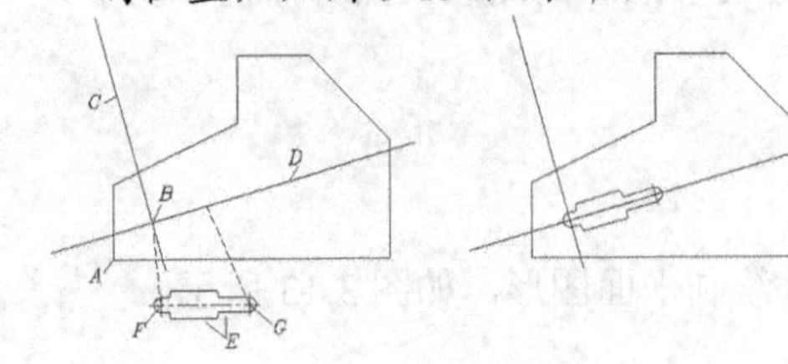

图3-14　对齐图形 *E*

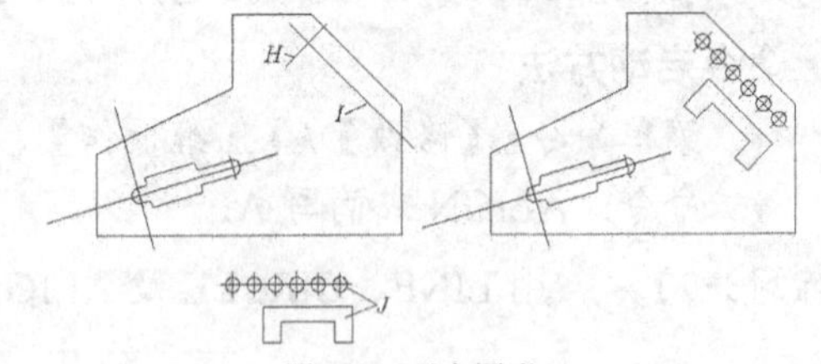

图3-15　对齐图形 *J*

3.2.2 拉伸图形

STRETCH 命令可以一次将多个图形对象沿指定的方向进行拉伸，编辑过程中必须用交叉窗口选择对象，除被选中的对象外，其他图元的大小及相互间的几何关系将保持不变。

命令启动方法：

- 菜单命令：【修改】/【拉伸】。
- 面板：【修改】面板上的按钮。
- 命令：STRETCH 或简写 S。

【练习3-10】：打开附盘文件"dwg\第 3 章\3-10.dwg"，用 STRETCH 命令将图 3-16 中的左图修改为右图。

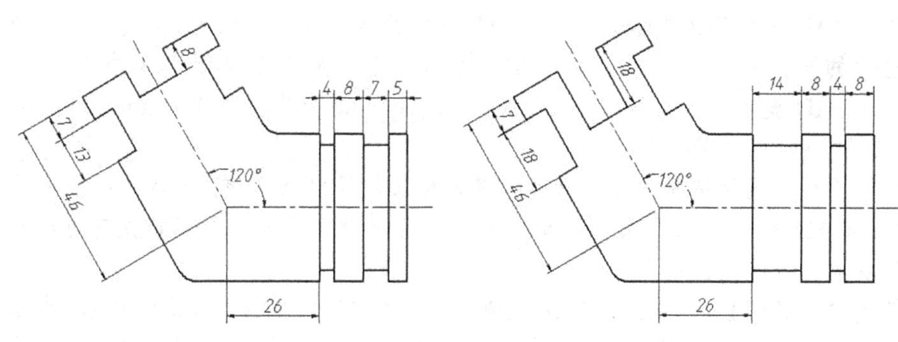

图3-16　拉伸图形

1. 打开极轴追踪、对象捕捉及自动追踪功能。
2. 调整槽 *A* 的宽度及槽 *D* 的深度，如图 3-17 所示。

```
命令: _stretch                                  //启动拉伸命令
选择对象:                                       //单击 B 点，如图 3-17 左图所示
指定对角点: 找到 17 个                          //单击 C 点
选择对象:                                       //按 Enter 键
指定基点或 [位移(D)] <位移>:                    //单击一点
指定第二个点或 <使用第一个点作位移>: 10         //向右追踪并输入追踪距离
命令: STRETCH                                   //重复命令
选择对象:                                       //单击 E 点，如图 3-17 左图所示
指定对角点: 找到 5 个                           //单击 F 点
选择对象:                                       //按 Enter 键
指定基点或 [位移(D)] <位移>: 10<-60             //输入拉伸的距离及方向
指定第二个点或 <使用第一个点作为位移>:          //按 Enter 键结束
```

结果如图 3-17 右图所示。

D E F A B C

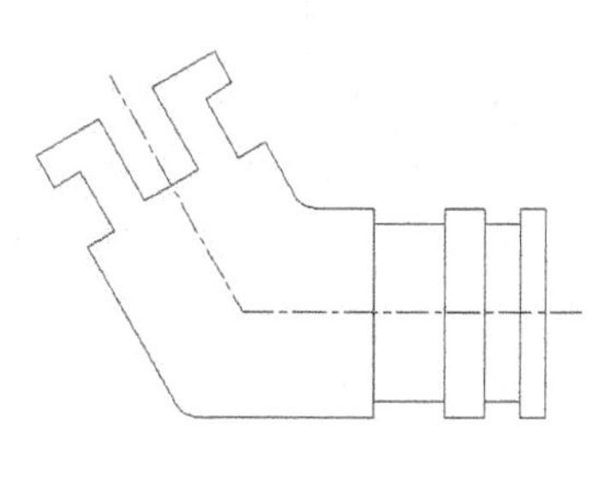

图3-17　拉伸对象

3. 请用 STRETCH 命令修改图形的其他部分。

使用 STRETCH 命令时，首先应利用交叉窗口选择对象，然后指定对象拉伸的距离和方向。凡在交叉窗口中的对象顶点都被移动，而与交叉窗口相交的对象将被延伸或缩短。

设定拉伸距离和方向的方式如下。

- 在屏幕上指定两个点，这两点的距离和方向代表了拉伸实体的距离和方向。当 AutoCAD 提示“指定基点:”时，指定拉伸的基准点。当 AutoCAD 提示“指定第二个点”时，捕捉第二点或输入第二点相对于基准点的相对直角坐标或极坐标。

- 以“*X,Y*”方式输入对象沿 *x*、*y* 轴拉伸的距离，或用“距离<角度”方式输入拉伸的距离和方向。当 AutoCAD 提示“指定基点:”时，输入拉伸值。在 AutoCAD 提示“指定第二个点”时，按 Enter 键确认，这样 AutoCAD 就以输入的拉伸值来拉伸对象。
- 打开正交或极轴追踪功能，就能方便地将实体只沿 *x* 轴或 *y* 轴方向拉伸。当 AutoCAD 提示“指定基点:”时，单击一点并把实体向水平或竖直方向拉伸，然后输入拉伸值。
- 使用“位移(D)”选项。选择该选项后，AutoCAD 提示“指定位移”，此时，以“*X,Y*”方式输入沿 *x*、*y* 轴拉伸的距离，或以“距离<角度”方式输入拉伸的距离和方向。

3.2.3 按比例缩放图形

SCALE 命令可将对象按指定的比例因子相对于基点放大或缩小，也可把对象缩放到指定的尺寸。

一、 命令启动方法

- 菜单命令:【修改】/【缩放】。
- 面板:【修改】面板上的 按钮。
- 命令: SCALE 或简写 SC。

【练习3-11】: 打开附盘文件“dwg\第 3 章\3-11.dwg”，用 SCALE 命令将图 3-18 中的左图修改为右图。

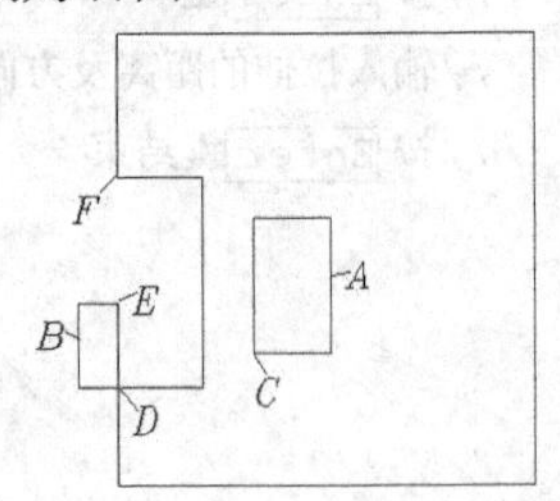

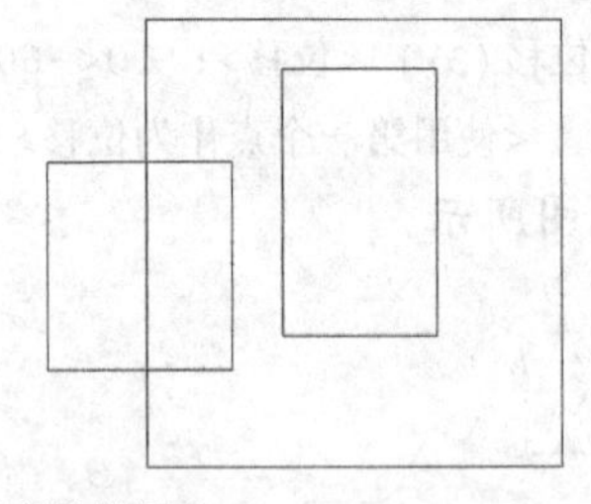

图3-18 按比例缩放图形

```
命令: _scale                                        //启动比例缩放命令
选择对象: 找到 1 个                                  //选择矩形 A，如图 3-18 左图所示
选择对象:                                           //按 Enter 键
指定基点:                                           //捕捉交点 C
指定比例因子或[复制(C)/参照(R)] <1.0000>: 2          //输入缩放比例因子
命令: _SCALE                                        //重复命令
选择对象: 找到 4 个                                  //选择线框 B
选择对象:                                           //按 Enter 键
指定基点:                                           //捕捉交点 D
指定比例因子或 [复制(C)/参照(R)] <2.0000>: r         //使用“参照(R)”选项
指定参照长度 <1.0000>:                              //捕捉交点 D
指定第二点:                                         //捕捉交点 E
```

```
指定新的长度或 [点(P)] <1.0000>:                    //捕捉交点 F
```

结果如图 3-18 右图所示。

二、 命令选项

- 指定比例因子：直接输入缩放比例因子，AutoCAD 根据此比例因子缩放图形。若比例因子小于 1，则缩小对象；否则，放大对象。
- 复制(C)：缩放对象的同时复制对象。
- 参照(R)：以参照方式缩放图形。用户输入参考长度及新长度，AutoCAD 把新长度与参考长度的比值作为缩放比例因子进行缩放。
- 点(P)：使用两点来定义新的长度。

3.2.4 上机练习——利用旋转、拉伸及对齐命令绘图

【练习3-12】： 利用 LINE、CIRCLE、COPY、ROTATE 及 ALIGN 等命令绘制平面图形，如图 3-19 所示。

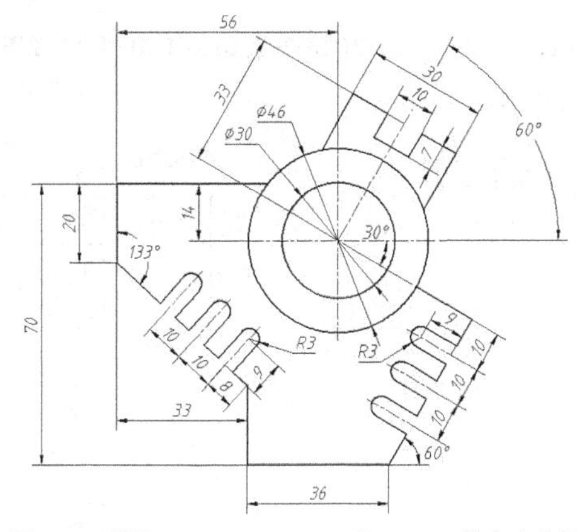

图3-19　利用 COPY、ROTATE 及 ALIGN 等命令绘图

主要作图步骤如图 3-20 所示。

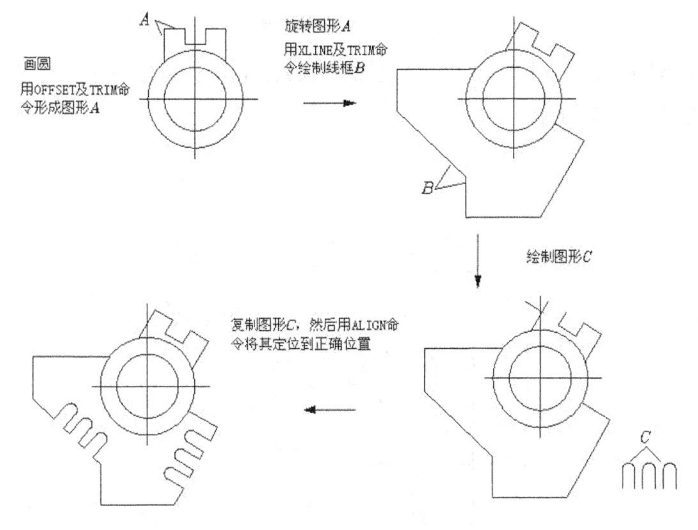

图3-20　主要作图步骤

【练习3-13】：利用 LINE、OFFSET、COPY、ROTATE 及 STRETCH 等命令绘制平面图形，如图 3-21 所示。

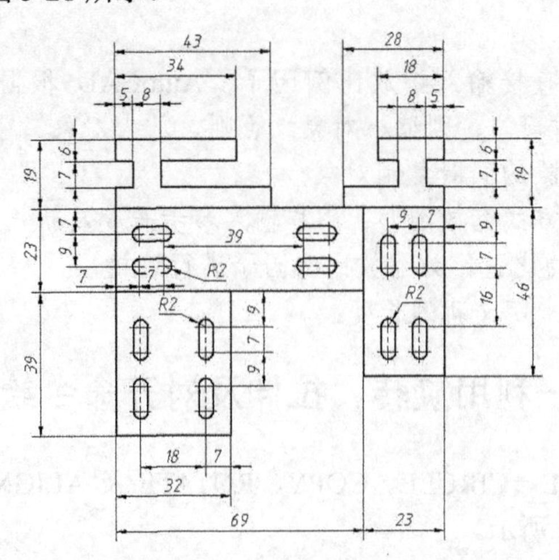

图3-21　利用 COPY、ROTATE 及 STRETCH 等命令绘图

主要作图步骤如图 3-22 所示。

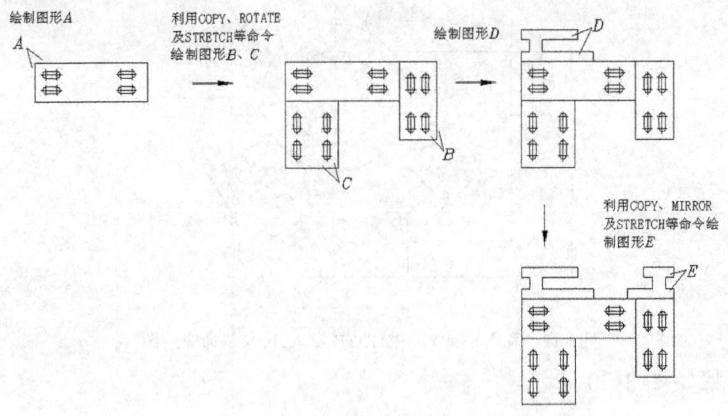

图3-22　主要作图步骤

【练习3-14】：利用 LINE、OFFSET、COPY、ROTATE 及 ALIGN 等命令绘制平面图形，如图 3-23 所示。

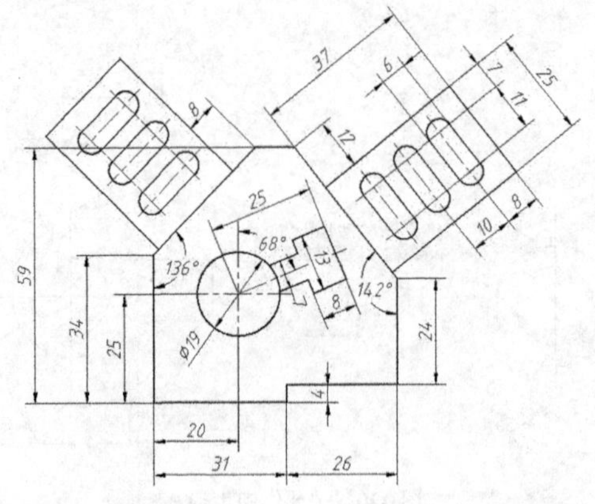

图3-23　利用 COPY、ROTATE 及 ALIGN 等命令绘图

【练习3-15】：利用 LINE、OFFSET、COPY 及 STRETCH 等命令绘制平面图形，如图 3-24 所示。

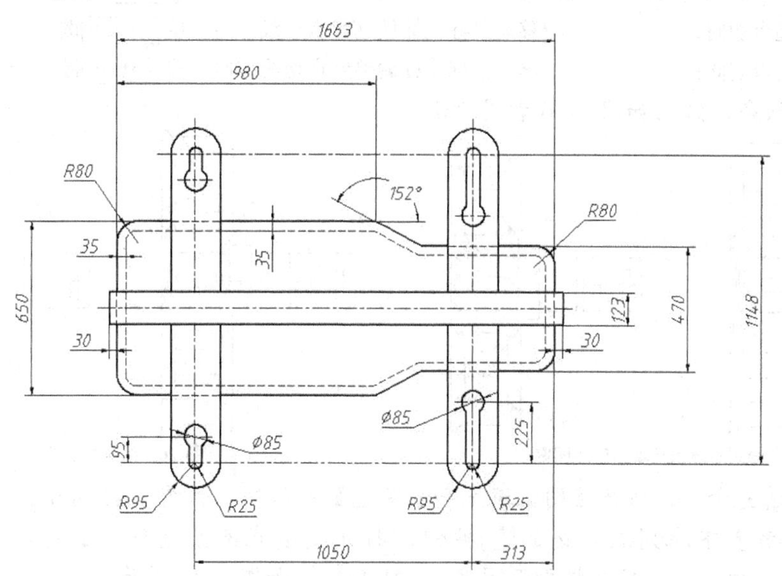

图3-24　利用 COPY、COPY 及 STRETCH 等命令绘图

3.3　画断裂线及填充剖面图案

可用 SPLINE 命令绘制光滑曲线，该线是样条线，AutoCAD 通过拟合给定的一系列数据点形成这条曲线。绘制机械图时，可利用 SPLINE 命令形成断裂线。

BHATCH 命令可在闭合的区域内生成填充图案。启动该命令后，用户选择图案类型，再指定填充比例、图案旋转角度及填充区域，就可生成图案填充。

HATCHEDIT 命令用于编辑填充图案，如改变图案的角度、比例或用其他样式的图案填充图形等，其用法与 BHATCH 命令类似。

命令启动的方法如表 3-3 所示。

表 3-3　　　　**启动命令的方法**

方式	样条曲线	填充图案	编辑图案
菜单命令	【绘图】/【样条曲线】	【绘图】/【图案填充】	【修改】/【对象】/【图案填充】
面板	【绘图】面板上的按钮	【绘图】面板上的按钮	【修改】面板上的按钮
命令	SPLINE 或简写 SPL	BHATCH 或简写 BH	HATCHEDIT 或简写 HE

【练习3-16】：打开附盘文件“dwg\第 3 章\3-16.dwg”，如图 3-25 左图所示。用 SPLINE 和 BHATCH 等命令将左图修改为右图。

1. 绘制断裂线，如图 3-26 所示。

```
命令: _spline                                   //画样条曲线
指定第一个点或 [对象(O)]:                        //单击 A 点
指定下一点:                                      //单击 B 点
指定下一点或 [闭合(C)/拟合公差(F)] <起点切向>:     //单击 C 点
```

指定下一点或 [闭合(C)/拟合公差(F)] <起点切向>:   //单击 D 点

指定下一点或 [闭合(C)/拟合公差(F)] <起点切向>:   //按 Enter 键

指定起点切向: //移动鼠标光标调整起点切线方向，按 Enter 键

指定端点切向: //移动鼠标光标调整终点切线方向，按 Enter 键

修剪多余线条，结果如图 3-26 右图所示。

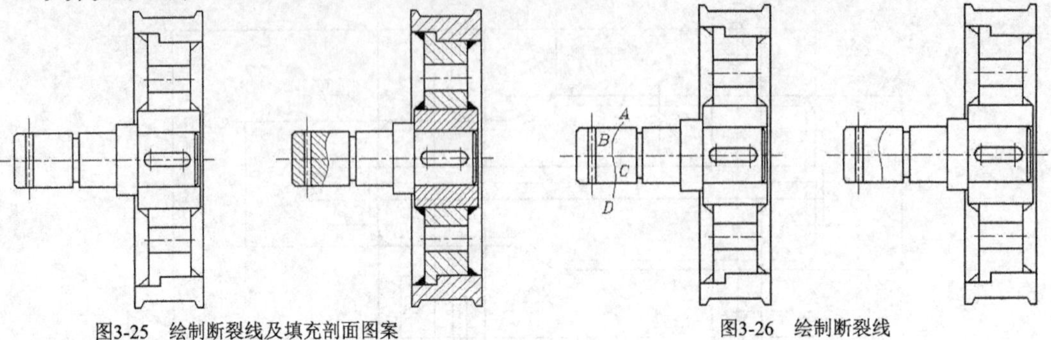

图3-25　绘制断裂线及填充剖面图案　　　　图3-26　绘制断裂线

2. 启动图案填充命令，打开【图案填充和渐变色】对话框，如图 3-27 所示。
3. 单击【图案】下拉列表右边的…按钮，打开【填充图案选项板】对话框，再进入【ANSI】选项卡，然后选择剖面图案“ANSI31”，如图 3-28 所示。

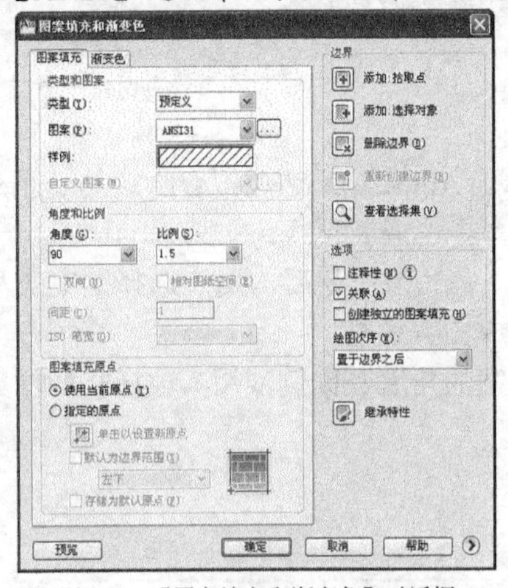

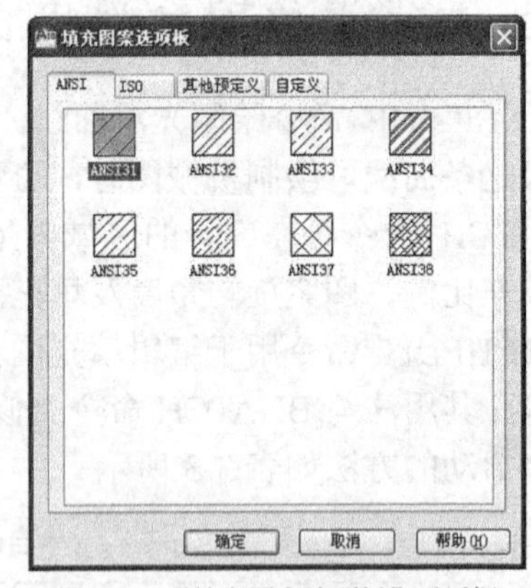

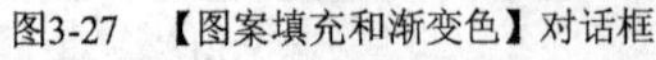

图3-27　【图案填充和渐变色】对话框　　　　图3-28　【填充图案选项板】对话框

4. 在【图案填充和渐变色】对话框的【角度】文本框中输入图案旋转角度值 90°；在【比例】文本框中输入数值 1.5。单击按钮（拾取点），AutoCAD 提示“拾取内部点”，在想要填充的区域内单击 E、F、G、H 点，如图 3-29 所示，然后按 Enter 键。

【图案填充和渐变色】对话框的【角度】文本框中输入的数值并不是剖面线与 x 轴的倾斜角度，而是剖面线以初始方向为起始位置的转动角度。该值可正可负，若是正值，剖面线沿逆时针方向转动；否则，按顺时针方向转动。对于“ANSI31”图案，当分别输入角度值 -45°、90°、15° 时，剖面线与 x 轴的夹角分别是 0°、135°、60°。

5. 单击 预览 按钮，观察填充的预览图。
6. 单击鼠标右键，接受填充剖面图案，结果如图 3-29 所示。
7. 编辑剖面图案。选择剖面图案，单击【修改】面板上的按钮，打开【图案填充编

辑】对话框，将该对话框【比例】文本框中的数值该为 0.5。单击 确定 按钮，结果如图 3-30 所示。

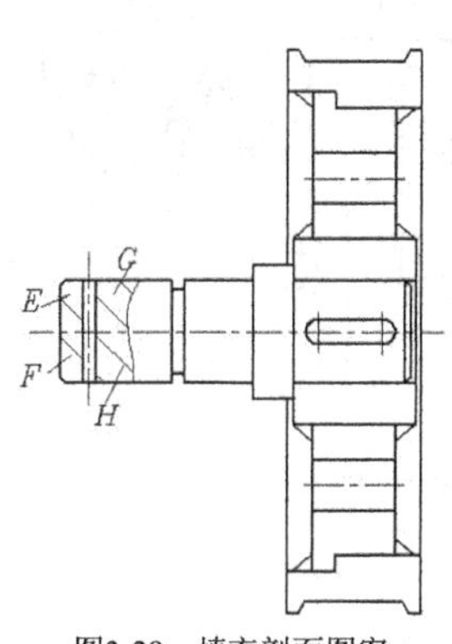

图3-29　填充剖面图案

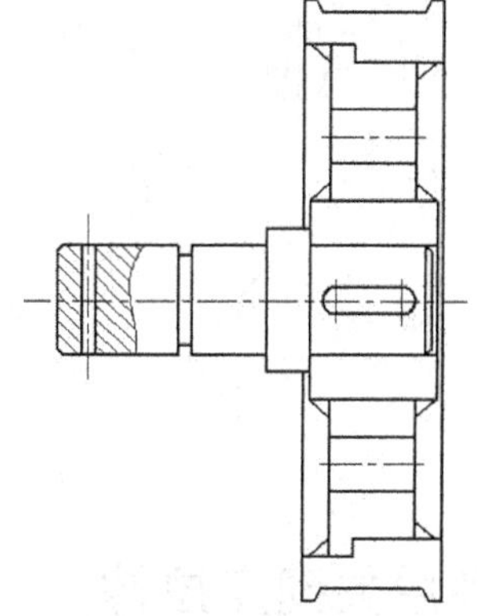
图3-30　修改剖面图案

8.　创建其余填充图案。

3.4　关键点编辑方式

关键点编辑方式是一种集成的编辑模式，该模式包含了 5 种编辑方法。

- 拉伸。
- 移动。
- 旋转。
- 比例缩放。
- 镜像。

默认情况下，AutoCAD 的关键点编辑方式是开启的。当用户选择实体后，实体上将出现若干方框，这些方框被称为关键点。把鼠标十字游标靠近并捕捉关键点，然后单击鼠标左键，激活关键点编辑状态，此时，AutoCAD 自动进入【拉伸】编辑方式，连续按下 Enter 键，就可以在所有编辑方式间切换。此外，也可在激活关键点后，再单击鼠标右键，弹出快捷菜单，如图 3-31 所示，通过此菜单就能选择某种编辑方法。

图3-31　快捷菜单

在不同的编辑方式间切换时，AutoCAD 为每种编辑方法提供的选项基本相同，其中【基点(B)】、【复制(C)】选项是所有编辑方式所共有的。

- 【基点(B)】：使用该选项用户可以拾取某一个点作为编辑过程的基点。例如，当进入了旋转编辑模式，要指定一个点作为旋转中心时，就使用【基点(B)】选项。默认情况下，编辑的基点是热关键点（选中的关键点）。
- 【复制(C)】：如果用户在编辑的同时还需复制对象，则选取此选项。

下面通过一个例子使读者熟悉关键点的各种编辑方式。

【练习3-17】：打开附盘文件“dwg\第 3 章\3-17.dwg”，如图 3-32 左图所示。利用关键点编辑方式将左图修改为右图。

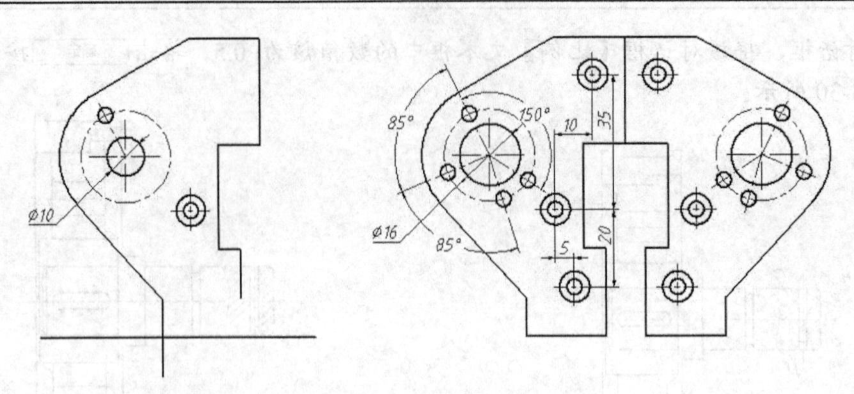

图3-32 利用关键点编辑方式修改图形

3.4.1 利用关键点拉伸

在拉伸编辑模式下，当热关键点是线条的端点时，将有效地拉伸或缩短对象。如果热关键点是线条的中点、圆或圆弧的圆心或者属于块、文字、尺寸数字等实体时，这种编辑方式就只移动对象。

利用关键点拉伸直线。

1. 打开极轴追踪、对象捕捉及自动追踪功能。设置极轴追踪角度增量为 90°；设置对象捕捉方式为“端点”、“圆心”及“交点”。

```
命令:                                          //选择线段 A，如图 3-33 左图所示
命令:                                          //选中关键点 B
** 拉伸 **                                     //进入拉伸模式
指定拉伸点或 [基点(B)/复制(C)/放弃(U)/退出(X)]: //向下移动鼠标光标并捕捉 C 点
```

2. 继续调整其他线段的长度，结果如图 3-33 右图所示。

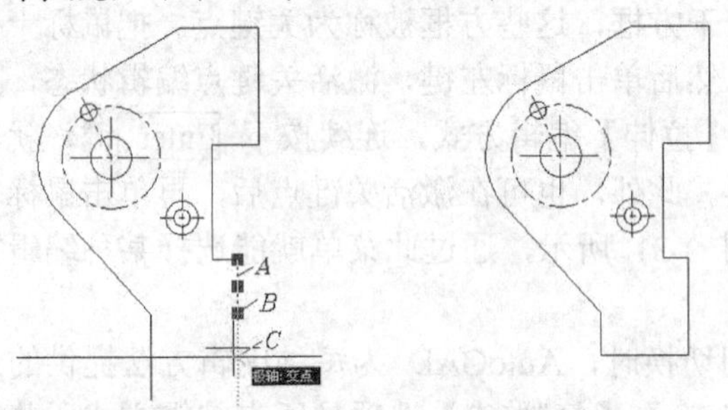

图3-33 利用关键点拉伸对象

打开正交状态后就可利用关键点拉伸方式很方便地改变水平或竖直线段的长度。

3.4.2 利用关键点移动及复制对象

关键点移动模式可以编辑单一对象或一组对象，在此方式下使用“复制(C)”选项就能在移动实体的同时进行复制。这种编辑模式的使用与普通的 MOVE 命令很相似。

利用关键点复制对象。

```
命令:                                              //选择对象 D，如图 3-34 左图所示
命令:                                                      //选中一个关键点
** 拉伸 **
指定拉伸点或 [基点(B)/复制(C)/放弃(U)/退出(X)]:           //进入拉伸模式
** 移动 **                                          //按 Enter 键进入移动模式
指定移动点或 [基点(B)/复制(C)/放弃(U)/退出(X)]: c
                                                   //利用选项“复制(C)”进行复制
** 移动 (多重) **
指定移动点或 [基点(B)/复制(C)/放弃(U)/退出(X)]: b          //使用选项“基点(B)”
指定基点:                                              //捕捉对象 D 的圆心
** 移动 (多重) **
指定移动点或 [基点(B)/复制(C)/放弃(U)/退出(X)]: @10,35     //输入相对坐标
** 移动 (多重) **
指定移动点或 [基点(B)/复制(C)/放弃(U)/退出(X)]: @5,-20     //输入相对坐标
指定移动点或 [基点(B)/复制(C)/放弃(U)/退出(X)]:            //按 Enter 键结束
```

结果如图 3-34 右图所示。

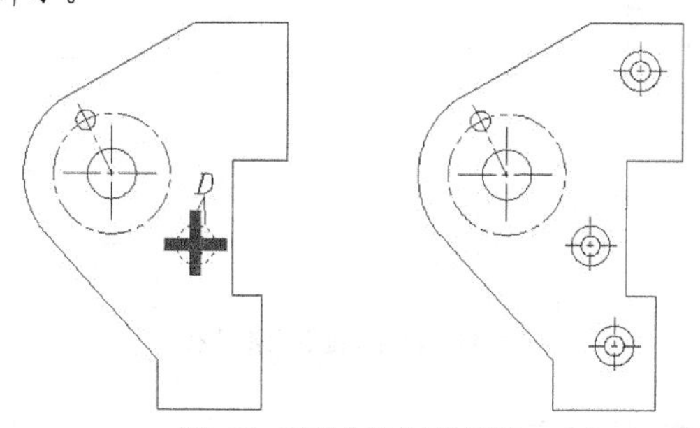

图3-34　利用关键点复制对象

3.4.3　利用关键点旋转对象

旋转对象是绕旋转中心进行的，当使用关键点编辑模式时，热关键点就是旋转中心，但用户可以指定其他点作为旋转中心。这种编辑方法与 ROTATE 命令相似，它的优点在于一次可将对象旋转且复制到多个方位。

旋转操作中“参照(R)”选项有时非常有用，使用该选项用户可以旋转图形实体使其与某个新位置对齐。

利用关键点旋转对象。

```
命令:                                   //选择对象 E，如图 3-35 左图所示
命令:                                   //选中一个关键点
** 拉伸 **                              //进入拉伸模式
指定拉伸点或 [基点(B)/复制(C)/放弃(U)/退出(X)]: _rotate
                                        //单击鼠标右键，选择【旋转】选项
** 旋转 **                              //进入旋转模式
指定旋转角度或 [基点(B)/复制(C)/放弃(U)/参照(R)/退出(X)]: c
```

```
                                        //利用选项“复制(C)”进行复制
** 旋转 (多重) **
指定旋转角度或 [基点(B)/复制(C)/放弃(U)/参照(R)/退出(X)]: b
                                        //使用“基点(B)”选项
指定基点:                               //捕捉圆心 F
** 旋转 (多重) **
指定旋转角度或 [基点(B)/复制(C)/放弃(U)/参照(R)/退出(X)]: 85 //输入旋转角度
** 旋转 (多重) **
指定旋转角度或 [基点(B)/复制(C)/放弃(U)/参照(R)/退出(X)]: 170//输入旋转角度
** 旋转 (多重) **
指定旋转角度或 [基点(B)/复制(C)/放弃(U)/参照(R)/退出(X)]: -150//输入旋转角度
** 旋转 (多重) **
指定旋转角度或 [基点(B)/复制(C)/放弃(U)/参照(R)/退出(X)]:      //按 Enter 键结束
```

结果如图 3-35 右图所示。

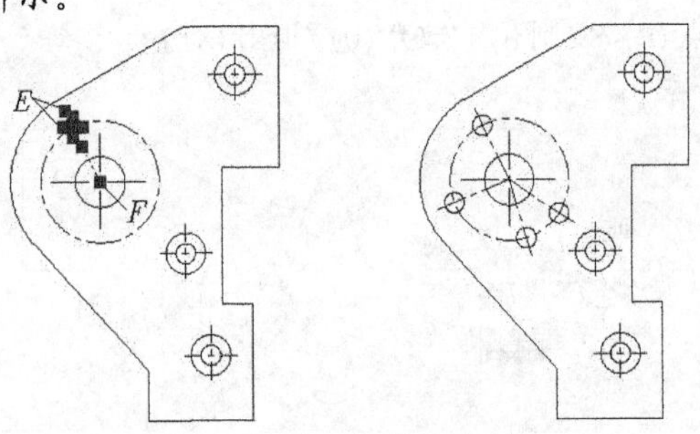

图3-35　利用关键点旋转对象

3.4.4 利用关键点缩放对象

关键点编辑方式也提供了缩放对象的功能，当切换到缩放模式时，当前激活的热关键点是缩放的基点。用户可以输入比例系数对实体进行放大或缩小，也可利用“参照(R)”选项将实体缩放到某一尺寸。

利用关键点缩放模式缩放对象。

```
命令:                                   //选择圆 G, 如图 3-36 左图所示
命令:                                   //选中任意一个关键点
** 拉伸 **                              //进入拉伸模式
指定拉伸点或 [基点(B)/复制(C)/放弃(U)/退出(X)]: _scale
                                        //单击鼠标右键，选择【缩放】选项
** 比例缩放 **                          //进入比例缩放模式
指定比例因子或 [基点(B)/复制(C)/放弃(U)/参照(R)/退出(X)]: b
                                        //使用“基点(B)”选项
指定基点:                               //捕捉圆 G 的圆心
** 比例缩放 **
指定比例因子或 [基点(B)/复制(C)/放弃(U)/参照(R)/退出(X)]: 1.6
```

```
                                                        //输入缩放比例值
```

结果如图 3-36 右图所示。

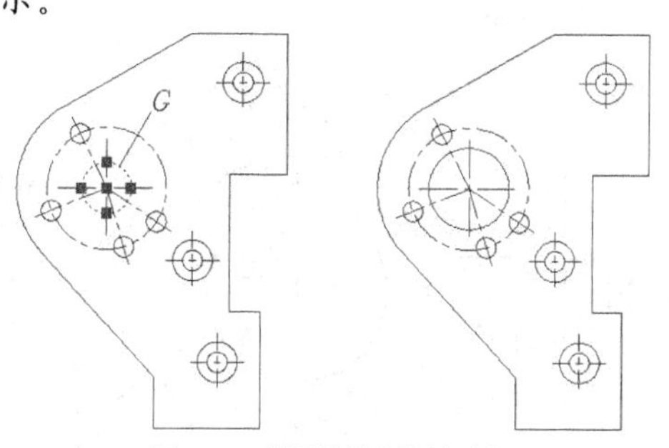

图3-36　利用关键点缩放对象

3.4.5　利用关键点镜像对象

进入镜像模式后，AutoCAD 直接提示“指定第二点”。默认情况下，热关键点是镜像线的第一点，在拾取第二点后，此点便与第一点一起形成镜像线。如果用户要重新设定镜像线的第一点，就要通过“基点(B)”选项。

利用关键点镜像对象。

```
命令:                                          //选择要镜像的对象，如图 3-37 左图所示
命令:                                                      //选中关键点 H
** 拉伸 **                                                 //进入拉伸模式
指定拉伸点或 [基点(B)/复制(C)/放弃(U)/退出(X)]: _mirror
                                               //单击鼠标右键，选择【镜像】选项
** 镜像 **                                                 //进入镜像模式
指定第二点或 [基点(B)/复制(C)/放弃(U)/退出(X)]: c          //镜像并复制
** 镜像 (多重) **
指定第二点或 [基点(B)/复制(C)/放弃(U)/退出(X)]:            //捕捉 I 点
** 镜像 (多重) **
指定第二点或 [基点(B)/复制(C)/放弃(U)/退出(X)]:            //按 Enter 键结束
```

结果如图 3-37 右图所示。

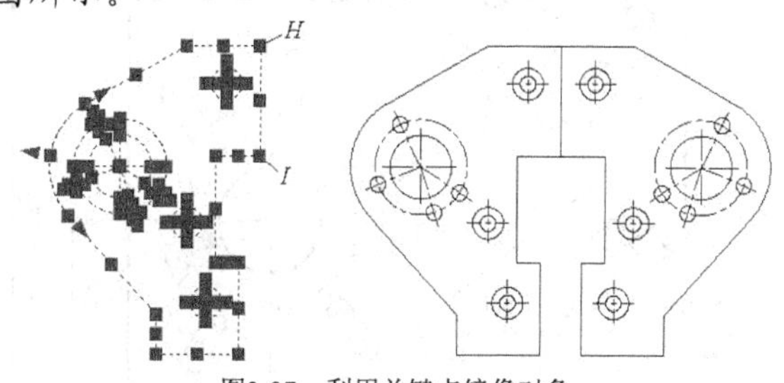

图3-37　利用关键点镜像对象

3.4.6　上机练习——利用关键点编辑方式绘图

【练习3-18】：利用关键点编辑方式绘图，如图 3-38 所示。

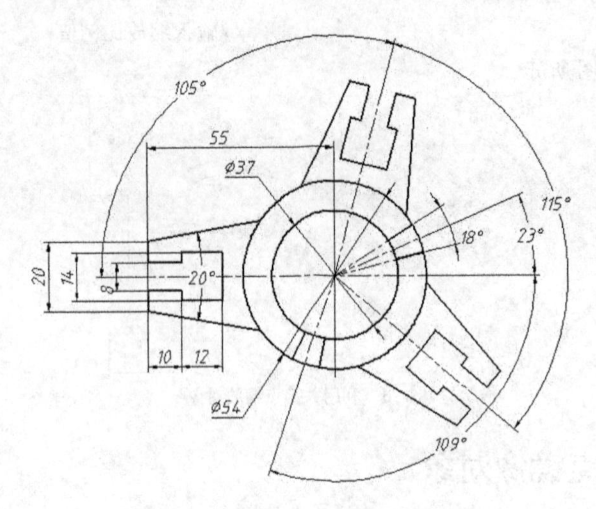

图3-38　利用关键点编辑方式绘图（1）

主要作图步骤如图 3-39 所示。

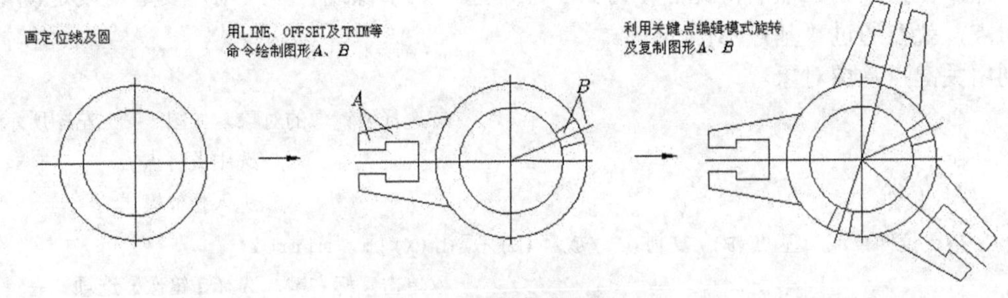

图3-39　主要作图步骤（1）

【练习3-19】：用 ROTATE、ALIGN 等命令及关键点编辑方式绘图，如图 3-40 所示。

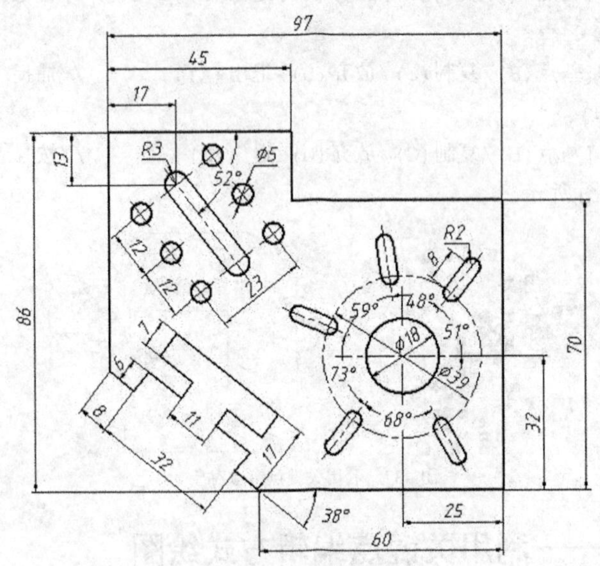

图3-40　利用关键点编辑方式绘图（2）

主要作图步骤如图 3-41 所示。

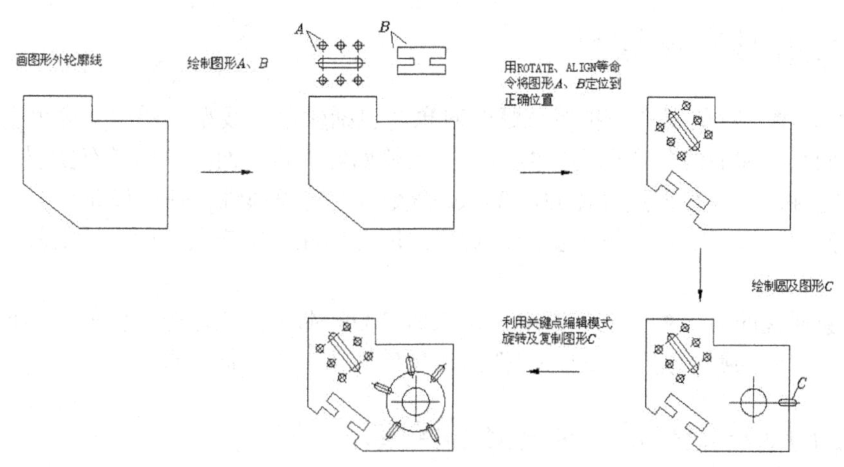

图3-41　主要作图步骤（2）

【练习3-20】：利用关键点编辑方式绘图，如图 3-42 所示。

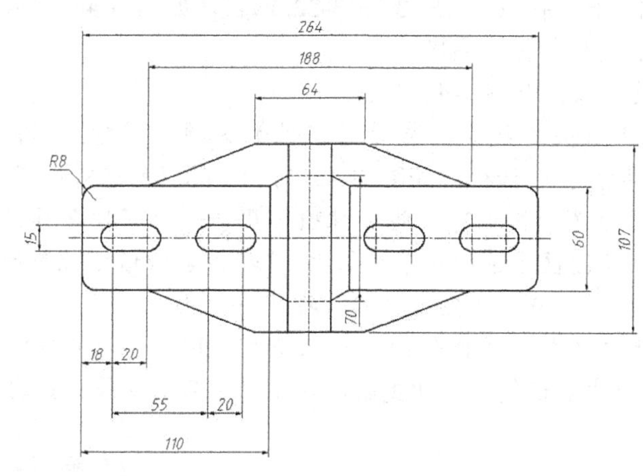

图3-42　利用关键点编辑方式绘图（3）

【练习3-21】：利用关键点编辑方式绘图，如图 3-43 所示。

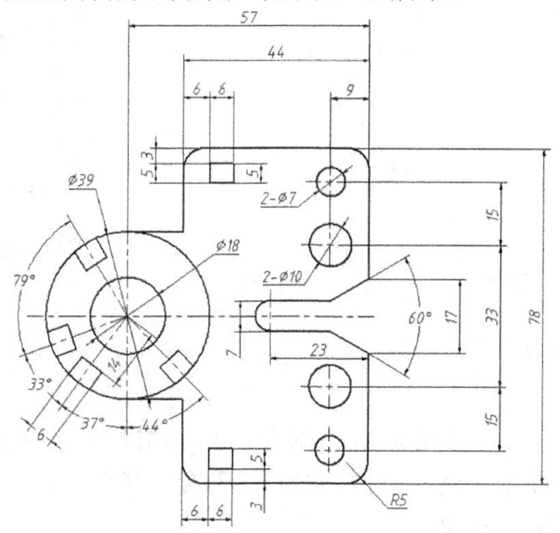

图3-43　利用关键点编辑方式绘图（4）

3.5 编辑图形元素属性

AutoCAD 中，对象属性是指系统赋予对象的包括颜色、线型、图层、高度及文字样式等特性，例如直线和曲线包含图层、线型及颜色等属性项目，而文本则具有图层、颜色、字体及字高等特性。一般可通过 PROPERTIES 命令改变对象属性。使用该命令时，AutoCAD 打开【特性】对话框，该对话框列出所选对象的所有属性，用户通过此对话框就可以很方便地进行修改。

改变对象属性的另一种方法是采用 MATCHPROP 命令，该命令可以使被编辑对象的属性与指定的源对象的属性完全相同，即把源对象属性传递给目标对象。

3.5.1 用 PROPERTIES 命令改变对象属性

下面通过修改非连续线当前线型比例因子的例子来说明 PROPERTIES 命令的用法。

【练习3-22】：打开附盘文件“dwg\第 3 章\3-22.dwg”，如图 3-44 所示。用 PROPERTIES 命令将左图修改为右图。

1. 选择要编辑的非连续线，如图 3-44 所示。
2. 单击鼠标右键，弹出快捷菜单，选择【特性】选项，或输入 PROPERTIES 命令，AutoCAD 打开【特性】对话框，如图 3-45 所示。根据所选对象不同，【特性】对话框中显示的属性项目也不同，但有一些属性项目几乎是所有对象所拥有的，如颜色、图层、线型等。当在绘图区中选择单个对象时，【特性】对话框就显示此对象的特性。若选择多个对象，【特性】窗口将显示它们所共有的特性。
3. 单击【线型比例】文本框，该比例因子默认值是“1”，输入新线型比例因子“2”，按 Enter 键，图形窗口中非连续线立即更新，显示修改后的结果，如图 3-44 右图所示。

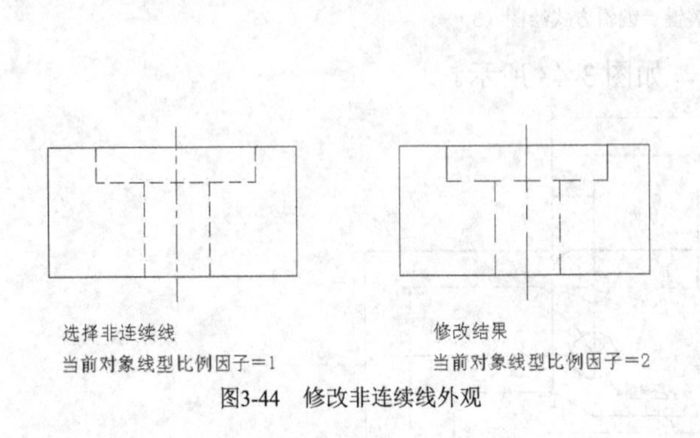

图3-44 修改非连续线外观

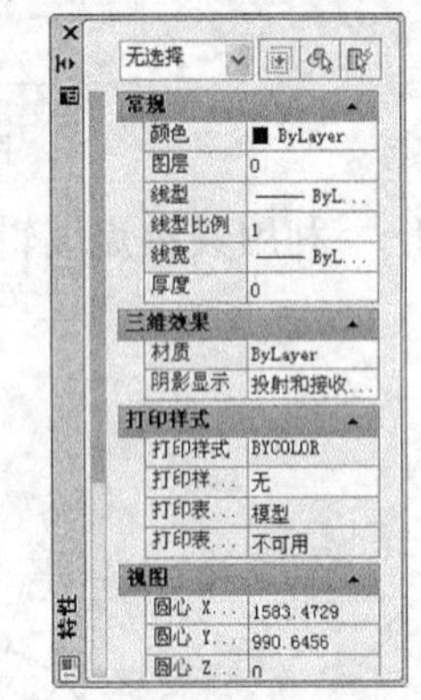

图3-45 输入新的线型比例因子

3.5.2 对象特性匹配

MATCHPROP 命令是一个非常有用的编辑工具。用户可使用此命令将源对象的属性（如颜色、线型、图层及线型比例等）传递给目标对象。操作时，用户要选择两个对象，第一个为源对象，第二个是目标对象。

【练习3-23】：打开附盘文件“dwg\第 3 章\3-23.dwg”，如图 3-46 左图所示。用 MATCHPROP 命令将左图修改为右图。

1. 单击【常用】选项卡【剪贴板】面板上的按钮，或输入 MATCHPROP 命令，AutoCAD 提示如下。

```
命令: '_matchprop
选择源对象:                                  //选择源对象，如图 3-46 左图所示
选择目标对象或 [设置(S)]:                    //选择第一个目标对象
选择目标对象或 [设置(S)]:                    //选择第二个目标对象
选择目标对象或 [设置(S)]:                    //按 Enter 键结束
```

   选择源对象后，鼠标光标变成类似“刷子”形状，此时选取接受属性匹配的目标对象，结果如图 3-46 右图所示。

2. 如果用户仅想使目标对象的部分属性与源对象相同，可在选择源对象后，输入“S”，此时，AutoCAD 打开【特性设置】对话框，如图 3-47 所示。默认情况下，AuotCAD 选中该对话框中所有源对象的属性进行复制，但用户也可指定仅将其中部分属性传递给目标对象。

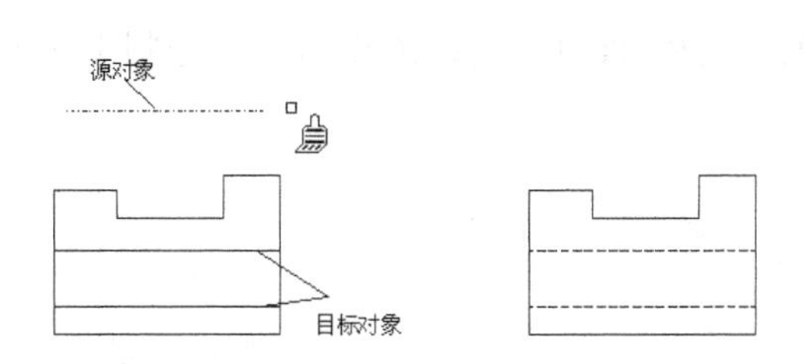

图3-46　对象特性匹配

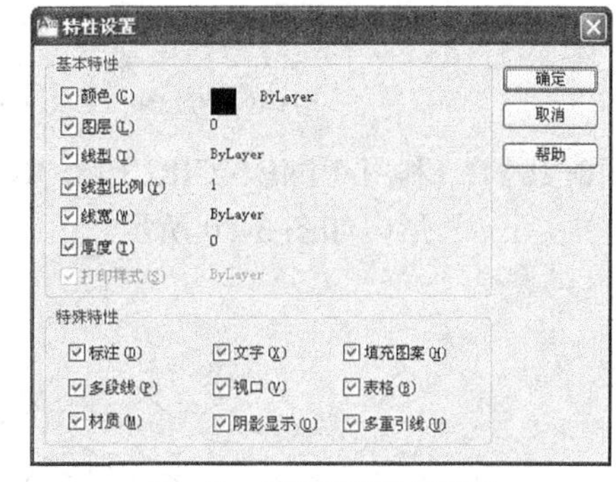

图3-47　【特性设置】对话框

3.6 综合训练——巧用编辑命令绘图

【练习3-24】：利用 LINE、CIRCLE 及 ARRAY 等命令绘制平面图形，如图 3-48 所示。

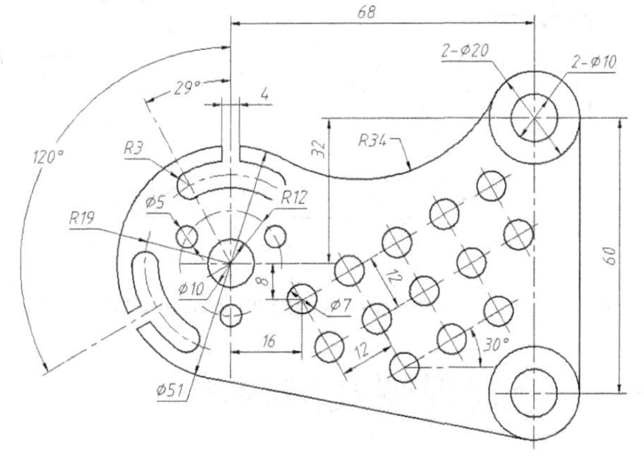

图3-48　利用 LINE、CIRCLE 及 ARRAY 等命令绘图

【练习3-25】： 利用 LINE、CIRCLE、ROTATE、STRETCH 及 ALIGN 等命令绘制平面图形，如图 3-49 所示。

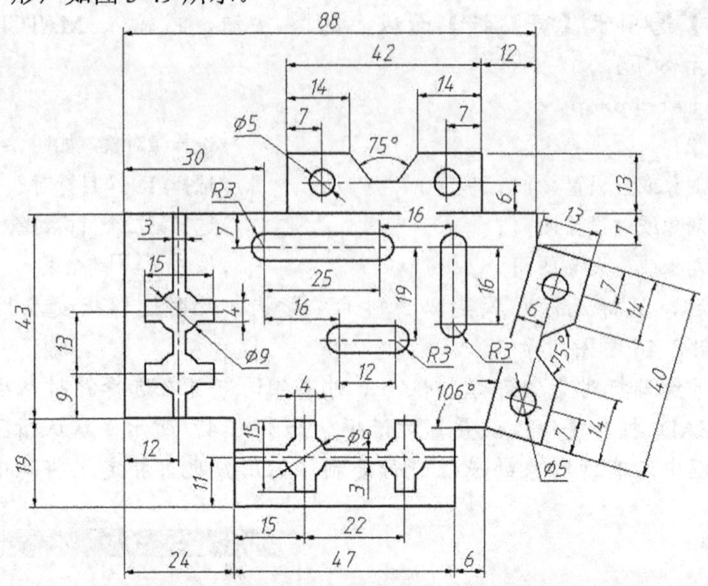

图3-49 用 LINE、CIRCLE、STRETCH 及 ALIGN 等命令绘图

【练习3-26】： 利用 LINE、CIRCLE、ROTATE、STRETCH 及 ALIGN 等命令绘制平面图形，如图 3-50 所示。

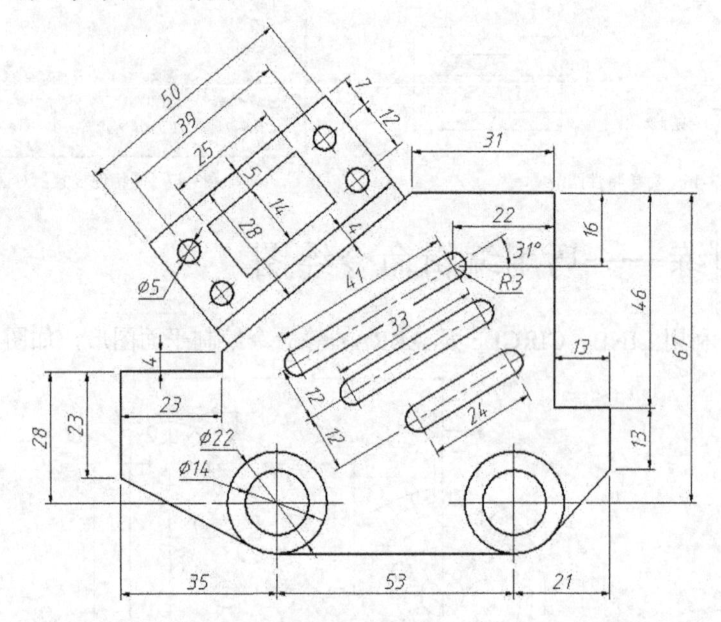

图3-50 用 LINE、CIRCLE、STRETCH 及 ALIGN 等命令绘图

3.7 综合训练——绘制视图及剖视图

【练习3-27】： 根据轴测图绘制三视图，如图 3-51 所示。

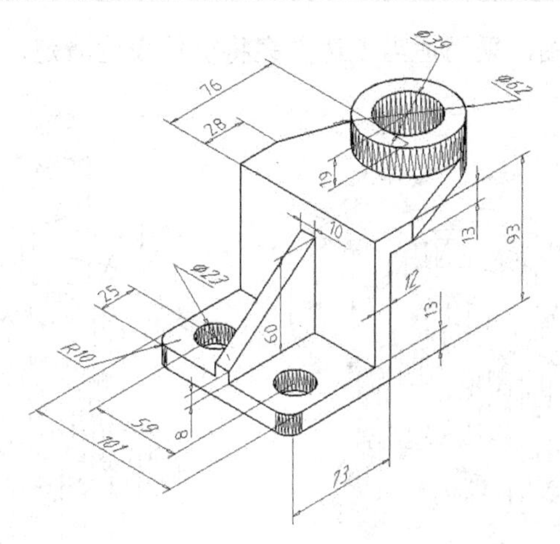

图3-51　绘制三视图（1）

【练习3-28】：根据轴测图绘制三视图，如图 3-52 所示。

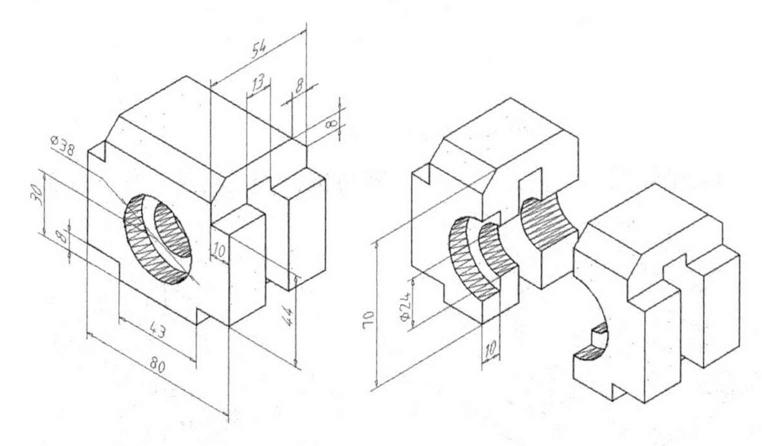

图3-52　绘制三视图（2）

【练习3-29】：根据轴测图及视图轮廓绘制视图及剖视图，如图 3-53 所示。主视图采用全剖方式。

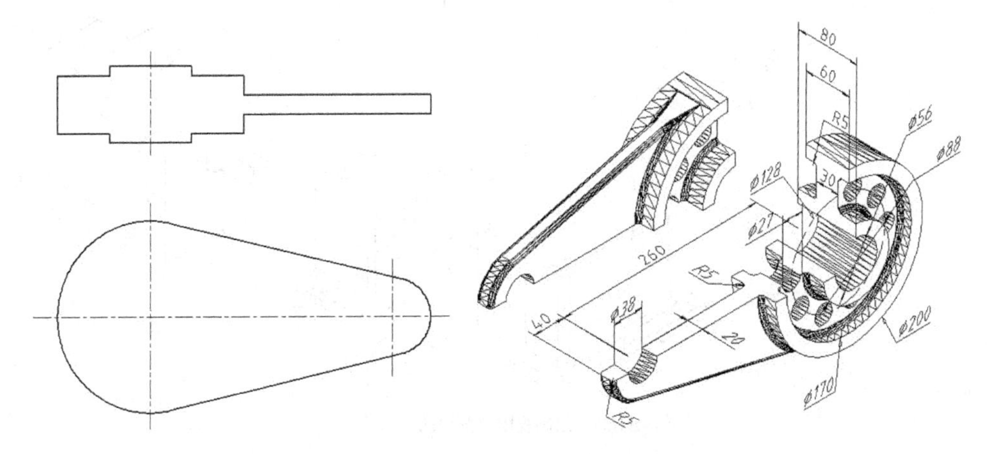

图3-53　绘制视图及剖视图（1）

【练习3-30】：参照轴测图，采用适当表达方案将机件表达清楚，如图 3-54 所示。

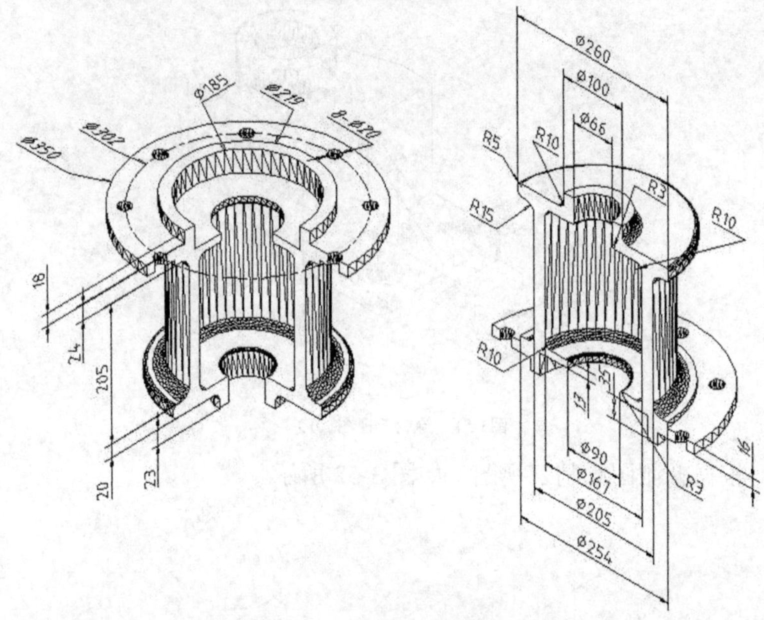

图3-54　绘制视图及剖视图（2）

【练习3-31】：参照轴测图，采用适当表达方案将机件表达清楚，如图 3-55 所示。

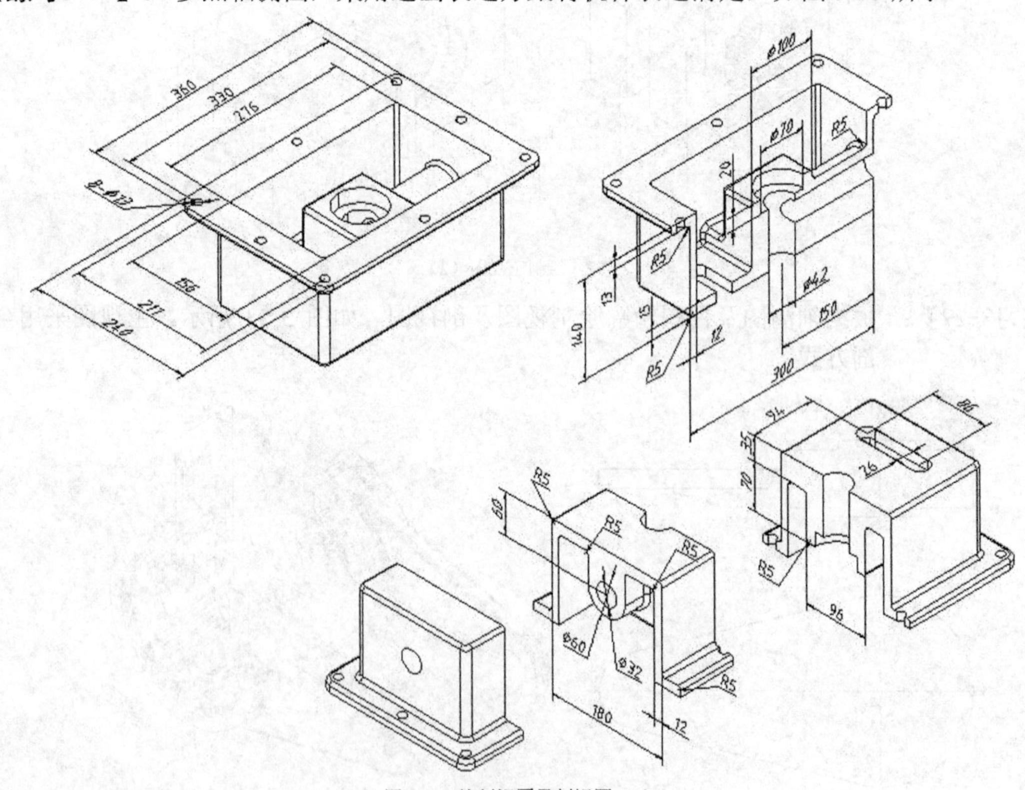

图3-55　绘制视图及剖视图（3）

3.8 习题

1. 绘制图 3-56 所示的图形。

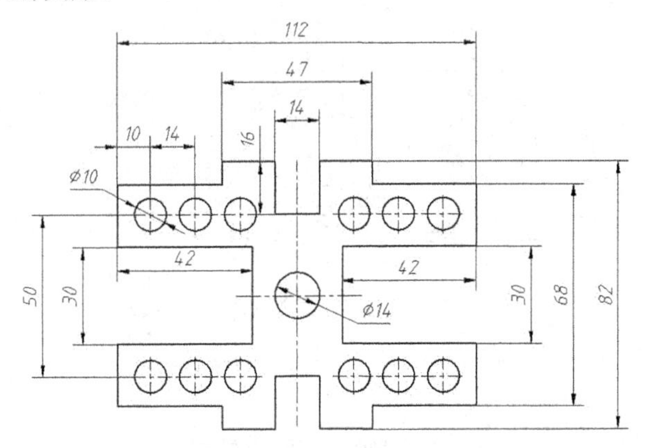

图3-56　绘制对称图形

2. 绘制图 3-57 所示的图形。

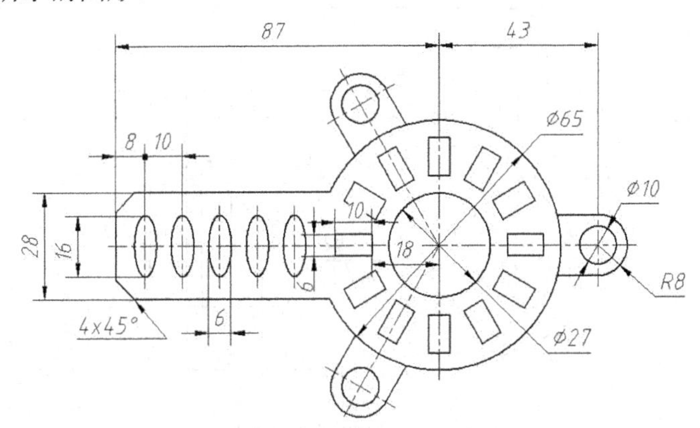

图3-57　创建矩形及环形阵列

3. 绘制图 3-58 所示的图形。

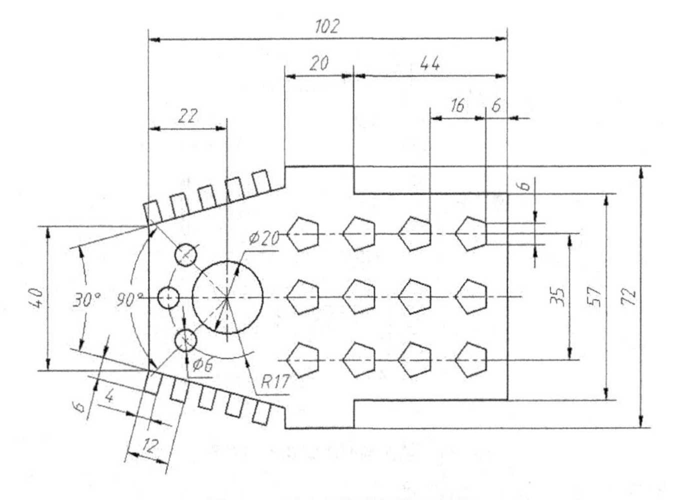

图3-58　创建多边形及阵列对象

4. 绘制图 3-59 所示的图形。

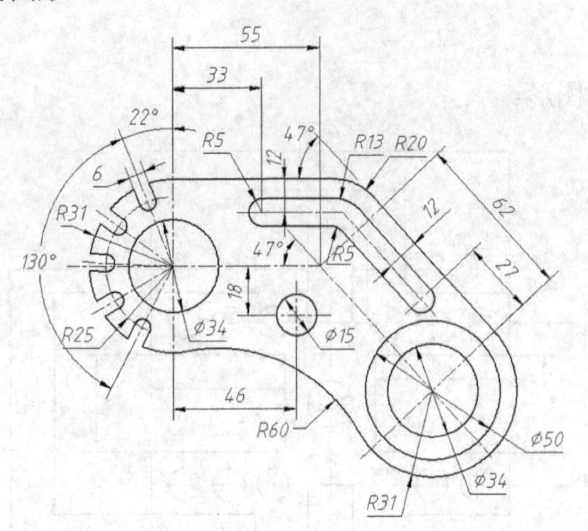

图3-59 绘制圆、切线及阵列对象

5. 绘制图 3-60 所示的图形。

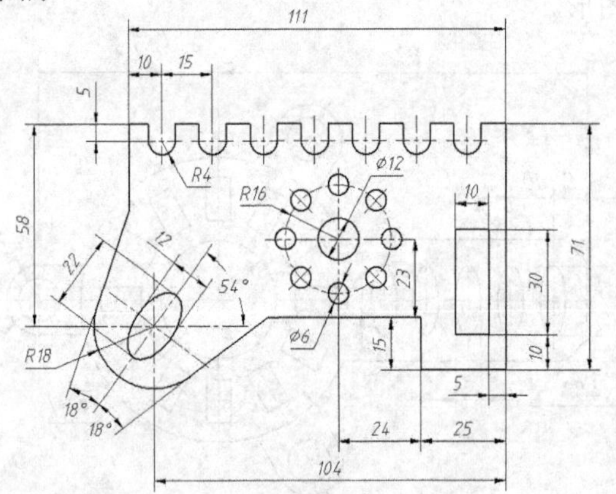

图3-60 创建椭圆及阵列对象

6. 绘制图 3-61 所示的图形。

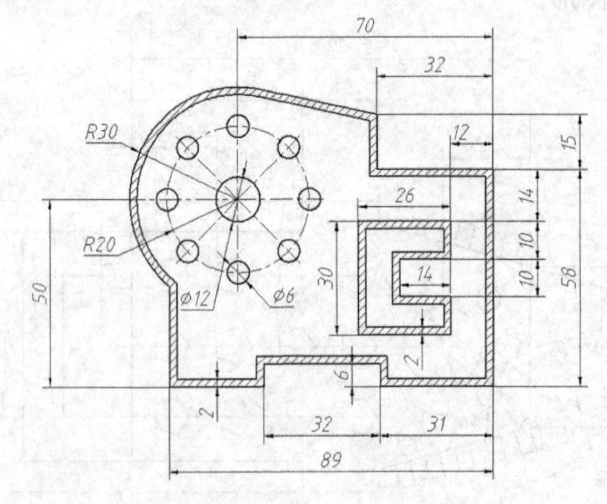

图3-61 填充剖面图案及阵列对象

7. 根据轴测图绘制三视图，如图 3-62 所示。

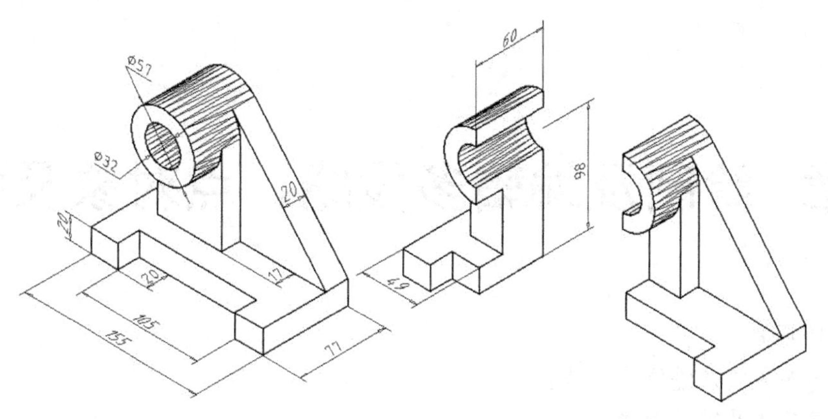

图3-62　绘制三视图（3）

8.　根据轴测图绘制三视图，如图 3-63 所示。

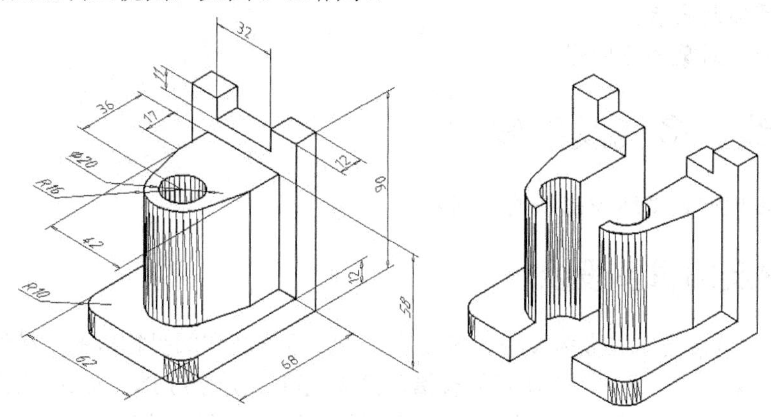

图3-63　绘制三视图（4）

第4章　绘制及编辑多段线、点对象及面域

【学习目标】

- 创建多段线及编辑多段线。
- 创建多线及编辑多线。
- 生成等分点和测量点。
- 创建圆环及圆点。
- 利用面域对象构建图形。

4.1 多段线、多线及射线

本节介绍多段线、多线及射线的绘制方法。

4.1.1 创建及编辑多段线

PLINE 命令用来创建二维多段线。多段线是由几段直线和圆弧构成的连续线条，它是一个单独的图形对象。对于图 4-1 中所示的长槽及箭头就可以使用 PLINE 命令一次绘制出来。

在绘制如图 4-1 所示图形的外轮廓时，可利用多段线构图。首先用 LINE、CIRCLE 等命令形成外轮廓线框，然后用 PEDIT 命令将此线框编辑成一条多段线，再用 OFFSET 命令偏移多段线就形成了内轮廓线框。

命令启动的方法如表 4-1 所示。

表 4-1　　启动命令的方法

方式	多段线	编辑多段线
菜单命令	【绘图】/【多段线】	【修改】/【对象】/【多段线】
面板	【绘图】面板上的按钮	【修改】面板上的按钮
命令	PLINE 或简写 PL	PEDIT 或简写 PE

【练习4-1】：　利用 LINE、PLINE 及 PEDIT 等命令绘制如图 4-1 所示的图形。

1. 创建两个图层。

名称	颜色	线型	线宽
轮廓线层	白色	Continuous	0.5
中心线层	红色	Center	默认

2. 设定线型总体比例因子为 0.2。设定绘图区域大小为 100×100，单击【视图】选项卡中【导航】面板上的 范围 按钮使绘图区域充满整个图形窗口显示出来。
3. 打开极轴追踪、对象捕捉及自动追踪功能。设置极轴追踪角度增量为 90°，设置对象

捕捉方式为“端点”、“交点”。

4. 利用 LINE、CIRCLE 及 TRIM 等命令绘制定位中心线及闭合线框 *A*，如图 4-2 所示。

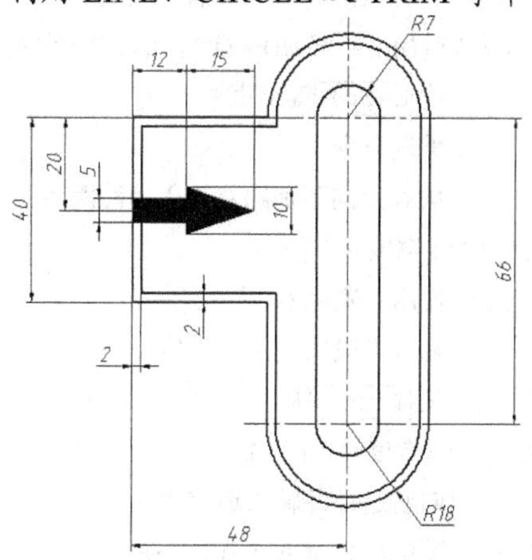

图4-1　利用多段线构图

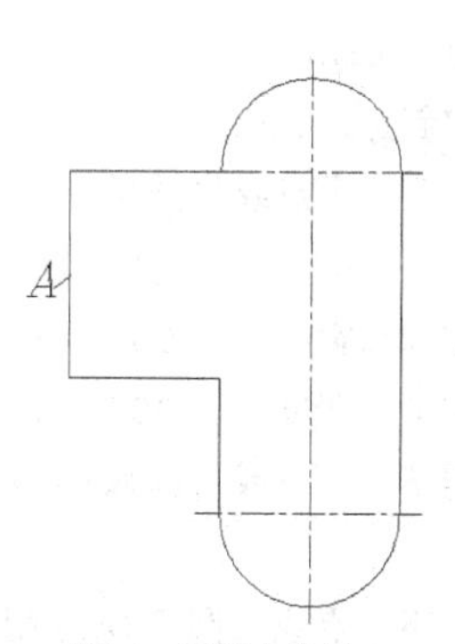

图4-2　画闭合线框 *A*

5. 用 PEDIT 命令将线框 *A* 编辑成一条多段线。

命令: pedit　　//启动编辑多段线命令

选择多段线或 [多条(M)]:　　//选择线框 A 中的一条线段

是否将其转换为多段线? <Y>　　//按 Enter 键

输入选项 [闭合(C)/合并(J)/宽度(W)/编辑顶点(E)/拟合(F)/样条曲线(S)/非曲线化(D)/线型生成(L)/放弃(U)]: j　　//使用选项“合并(J)”

选择对象:总计 11 个　　//选择线框 A 中的其余线条

选择对象:　　//按 Enter 键

输入选项 [打开(O)/合并(J)/宽度(W)/编辑顶点(E)/拟合(F)/样条曲线(S)/非曲线化(D)/线型生成(L)/放弃(U)]:　　//按 Enter 键结束

6. 用 OFFSET 命令向内偏移线框 *A*，偏移距离为 2，结果如图 4-3 所示。

7. 用 PLINE 命令绘制长槽及箭头，如图 4-4 所示。

命令: _pline　　//启动绘制多段线命令

指定起点: 7　　//从 B 点向右追踪并输入追踪距离

指定下一个点或 [圆弧(A)/半宽(H)/长度(L)/放弃(U)/宽度(W)]:

//从 C 点向上追踪并捕捉交点 D

指定下一点或 [圆弧(A)/闭合(C)/半宽(H)/长度(L)/放弃(U)/宽度(W)]: a

//使用“圆弧(A)”选项

指定圆弧的端点或[角度(A)/圆心(CE)/闭合(CL)/方向(D)/半宽(H)/直线(L)/半径(R)/第二个点(S)/放弃(U)/宽度(W)]: 14　　//从 D 点向左追踪并输入追踪距离

指定圆弧的端点或[角度(A)/圆心(CE)/闭合(CL)/方向(D)/半宽(H)/直线(L)/半径(R)/第二个点(S)/放弃(U)/宽度(W)]: l　　//使用“直线(L)”选项

指定下一点或 [圆弧(A)/闭合(C)/半宽(H)/长度(L)/放弃(U)/宽度(W)]:

//从 E 点向下追踪并捕捉交点 F

指定下一点或 [圆弧(A)/闭合(C)/半宽(H)/长度(L)/放弃(U)/宽度(W)]: a

//使用“圆弧(A)”选项

指定圆弧的端点或[角度(A)/圆心(CE)/闭合(CL)/方向(D)/半宽(H)/直线(L)/半径(R)/第二个点(S)/放弃(U)/宽度(W)]:　　　　//从 *F* 点向右追踪并捕捉端点 *C*

指定圆弧的端点或[角度(A)/圆心(CE)/闭合(CL)/方向(D)/半宽(H)/直线(L)/半径(R)/第二个点(S)/放弃(U)/宽度(W)]:　　　　//按 Enter 键结束

命令:PLINE　　　　//重复命令

指定起点: 20　　　　//从 *G* 点向下追踪并输入追踪距离

指定下一个点或 [圆弧(A)/半宽(H)/长度(L)/放弃(U)/宽度(W)]: w　　　　//使用"宽度(W)"选项

指定起点宽度 <0.0000>: 5　　　　//输入多段线起点宽度值

指定端点宽度 <5.0000>:　　　　//按 Enter 键

指定下一个点或 [圆弧(A)/半宽(H)/长度(L)/放弃(U)/宽度(W)]: 12　　　　//向右追踪并输入追踪距离

指定下一点或 [圆弧(A)/闭合(C)/半宽(H)/长度(L)/放弃(U)/宽度(W)]: w　　　　//使用"宽度(W)"选项

指定起点宽度 <5.0000>: 10　　　　//输入多段线起点宽度值

指定端点宽度 <10.0000>: 0　　　　//输入多段线终点宽度值

指定下一点或 [圆弧(A)/闭合(C)/半宽(H)/长度(L)/放弃(U)/宽度(W)]: 15　　　　//向右追踪并输入追踪距离

指定下一点或 [圆弧(A)/闭合(C)/半宽(H)/长度(L)/放弃(U)/宽度(W)]:　　　　//按 Enter 键结束

结果如图 4-4 所示。

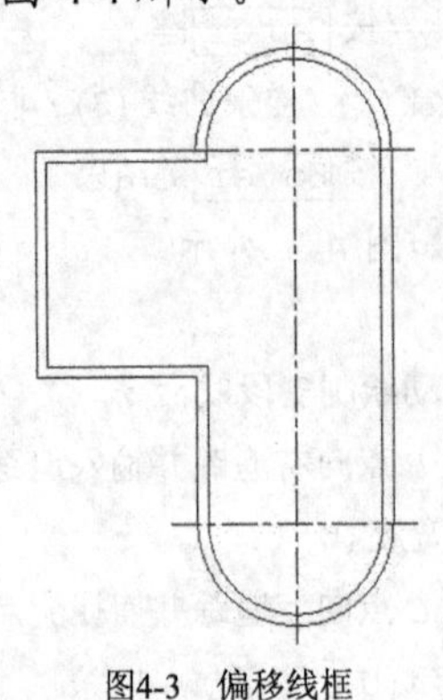

图4-3　偏移线框

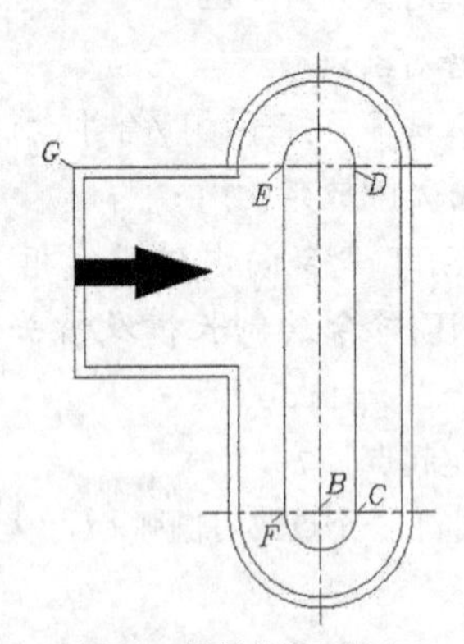

图4-4　绘制长槽及箭头

4.1.2 创建多线样式及多线

MLINE 命令用于创建多线。多线是由多条平行直线组成的对象，其最多可包含 16 条平行线，线间的距离、线的数量、线条颜色及线型等都可以调整。该对象常用于绘制墙体、公路或管道等。

MLSTYLE 命令生成多线样式。多线的外观由多线样式决定，在多线样式中用户可以设定多线中线条的数量、每条线的颜色和线型、线间的距离等，还能指定多线两个端头的形式，如弧形端头、平直端头等。

命令启动的方法如表 4-2 所示。

表 4-2　　**启动命令的方法**

方式	多线样式	多线
菜单命令	【格式】/【多线样式】	【绘图】/【多线】
命令	MLSTYLE	MLINE 或简写 ML

【练习4-2】： 创建多线样式及多线。

1. 打开附盘文件“dwg\第 4 章\4-2.dwg”。
2. 启动 MLSTYLE 命令，系统弹出【多线样式】对话框，如图 4-5 所示。
3. 单击 新建(N)... 按钮，弹出【创建新的多线样式】对话框，如图 4-6 所示。在【新样式名】文本框中输入新样式的名称“样式-240”，在【基础样式】下拉列表中选择样板样式，默认的样板样式是【STANDARD】。

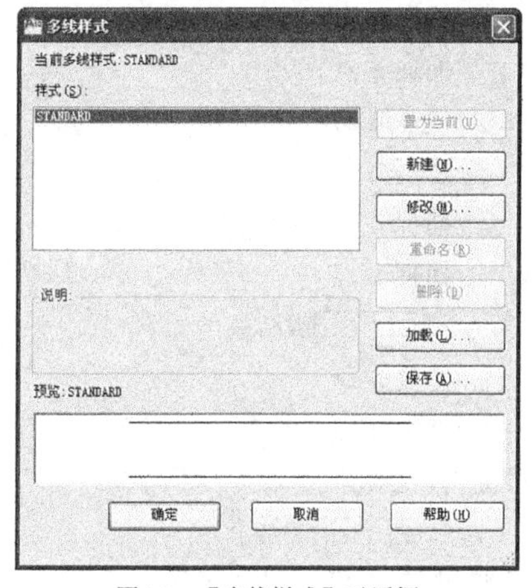

图4-5　【多线样式】对话框

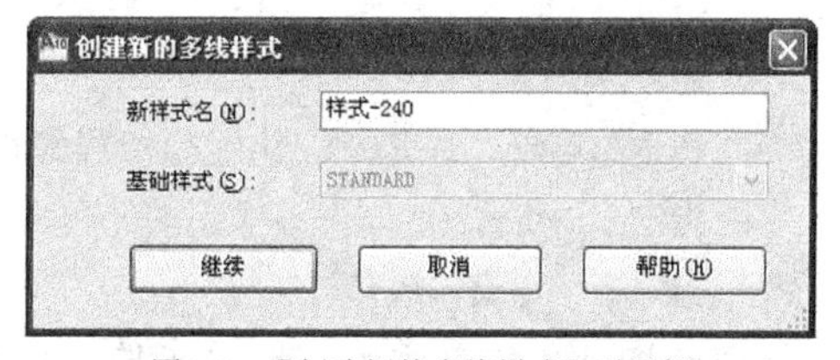

图4-6　【创建新的多线样式】对话框

4. 单击 继续 按钮，弹出【新建多线样式】对话框，如图 4-7 所示。在该对话框中完成以下任务。

(1) 在【说明】文本框中输入关于多线样式的说明文字。
(2) 在【图元】列表框中选中“0.5”，然后在【偏移】文本框中输入数值 120。
(3) 在【图元】列表框中选中“-0.5”，然后在【偏移】文本框中输入数值 - 120。

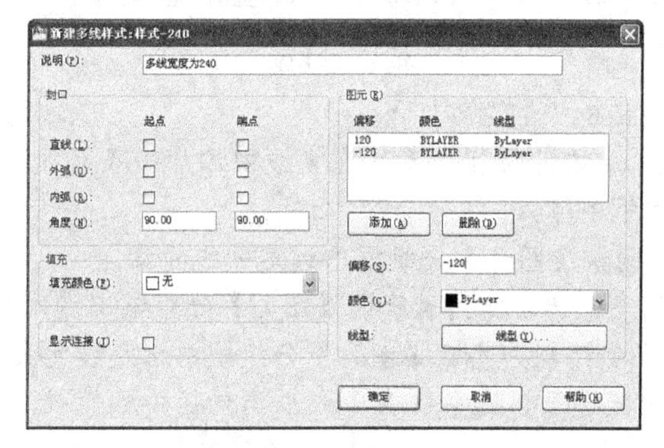

图4-7　【新建多线样式】对话框

5. 单击 确定 按钮，返回【多线样式】对话框，单击 置为当前(U) 按钮，使新样式成为当前样式。
6. 前面创建了多线样式，下面用 MLINE 命令生成多线。

```
命令: _mline
指定起点或 [对正(J)/比例(S)/样式(ST)]: s          //选用"比例(S)"选项
输入多线比例 <20.00>: 1                           //输入缩放比例值
指定起点或 [对正(J)/比例(S)/样式(ST)]: j          //选用"对正(J)"选项
输入对正类型 [上(T)/无(Z)/下(B)] <无>: z          //设定对正方式为"无"
指定起点或 [对正(J)/比例(S)/样式(ST)]:            //捕捉A点，如图4-8右图所示
指定下一点:                                       //捕捉B点
指定下一点或 [放弃(U)]:                           //捕捉C点
指定下一点或 [闭合(C)/放弃(U)]:                   //捕捉D点
指定下一点或 [闭合(C)/放弃(U)]:                   //捕捉E点
指定下一点或 [闭合(C)/放弃(U)]:                   //捕捉F点
指定下一点或 [闭合(C)/放弃(U)]: c                 //使多线闭合
命令:MLINE                                        //重复命令
指定起点或 [对正(J)/比例(S)/样式(ST)]:            //捕捉G点
指定下一点:                                       //捕捉H点
指定下一点或 [放弃(U)]:                           //按Enter键结束
命令:MLINE                                        //重复命令
指定起点或 [对正(J)/比例(S)/样式(ST)]:            //捕捉I点
指定下一点:                                       //捕捉J点
指定下一点或 [放弃(U)]:                           //按Enter键结束
```

结果如图 4-8 右图所示。保存文件，该文件在后面将继续使用。

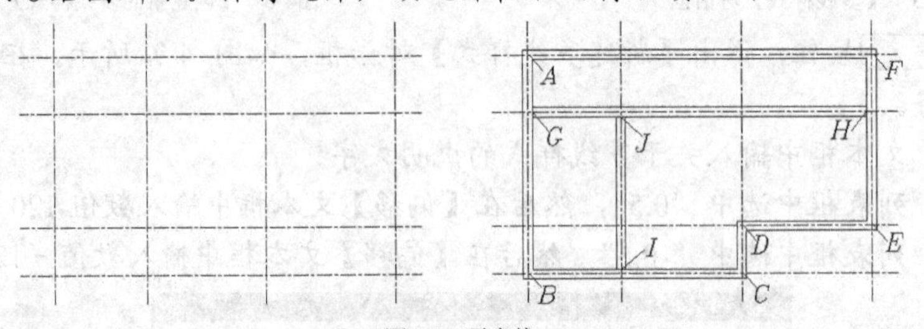

图4-8 画多线

【新建多线样式】对话框中的选项如下。

- 添加(A) 按钮：单击此按钮，系统在多线中添加一条新线，该线的偏移量可在【偏移】文本框中输入。
- 删除(D) 按钮：删除【图元】分组框中选定的线元素。
- 【颜色】下拉列表：通过此列表修改【图元】分组框中选定线元素的颜色。
- 线型(Y)... 按钮：指定【图元】分组框中选定线元素的线型。
- 显示连接：选中该选项，则系统在多线拐角处显示连接线，如图 4-9 左图所示。
- 直线：在多线的两端产生直线封口形式，如图 4-9 右图所示。

- 外弧：在多线的两端产生外圆弧封口形式，如图 4-9 右图所示。
- 内弧：在多线的两端产生内圆弧封口形式，如图 4-9 右图所示。
- 角度：该角度是指多线某一端的端口连线与多线的夹角，如图 4-9 右图所示。
- 【填充颜色】下拉列表：通过此列表设置多线的填充色。

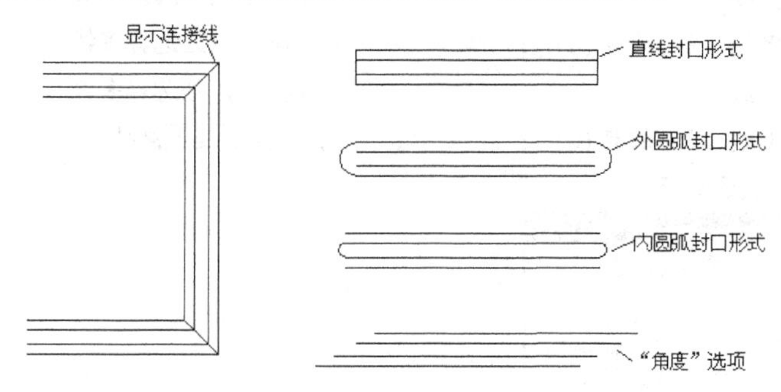

图4-9　多线的各种特性

多线命令选项的主要功能如下。

- 对正(J)：设定多线对正方式，即多线中哪条线段的端点与鼠标光标重合并随鼠标光标移动，该选项有 3 个子选项。
  上(T)：若从左往右绘制多线，则对正点将在最顶端线段的端点处。
  无(Z)：对正点位于多线中偏移量为 0 的位置处。多线中线条的偏移量可在多线样式中设定。
  下(B)：若从左往右绘制多线，则对正点将在最底端线段的端点处。
- 比例(S)：指定多线宽度相对于定义宽度（在多线样式中定义）的比例因子，该比例不影响线型比例。
- 样式(ST)：该选项使用户可以选择多线样式，默认样式是“STANDARD”。

4.1.3 编辑多线

MLEDIT 命令用于编辑多线，其主要功能如下。

(1) 改变两条多线的相交形式，例如使它们相交成“十”字形或“T”字形。

(2) 在多线中加入控制顶点或删除顶点。

(3) 将多线中的线条切断或接合。

命令启动方法

- 菜单命令：【修改】/【对象】/【多线】。
- 命令：MLEDIT。

继续前面的练习，下面用 MLEDIT 命令编辑多线。

1. 启动 MLEDIT 命令，打开【多线编辑工具】对话框，如图 4-10 所示。该对话框中的小型图片形象地说明了各项编辑功能。
2. 选择【T 形合并】，AutoCAD 提示如下。

```
命令: _mledit
选择第一条多线:                    //在 A 点处选择多线，如图 4-11 左图所示
选择第二条多线:                    //在 B 点处选择多线
```

```
选择第一条多线 或 [放弃(U)]:              //在 C 点处选择多线
选择第二条多线:                          //在 D 点处选择多线
选择第一条多线 或 [放弃(U)]:              //在 E 点处选择多线
选择第二条多线:                          //在 F 点处选择多线
选择第一条多线 或 [放弃(U)]:              //在 G 点处选择多线
选择第二条多线:                          //在 H 点处选择多线
选择第一条多线 或 [放弃(U)]:              //按 Enter 键结束
```

结果如图 4-11 右图所示。

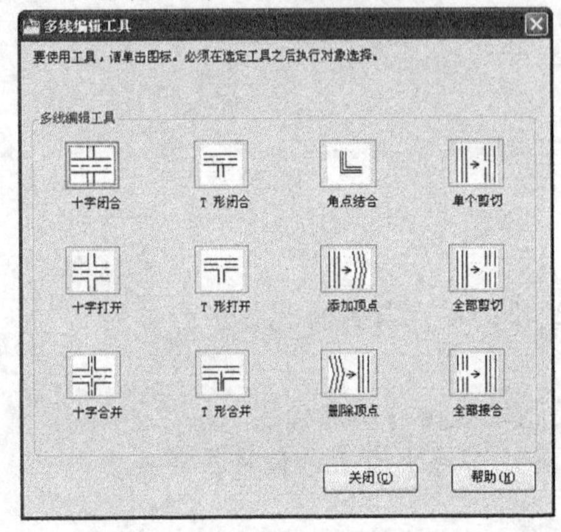

图4-10 【多线编辑工具】对话框

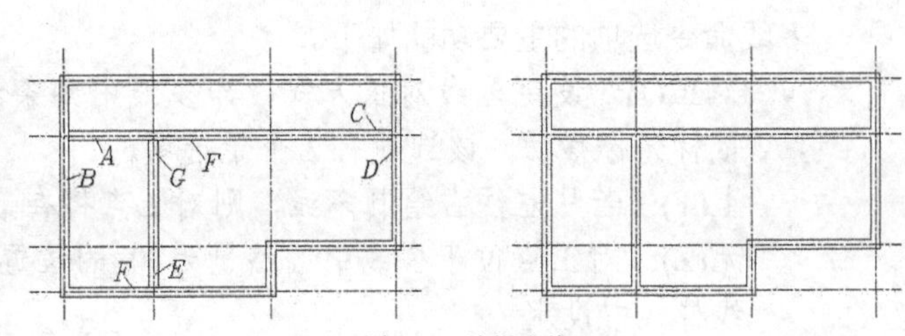

图4-11 编辑多线

4.1.4 画射线

RAY 命令创建无限延伸的单向射线。操作时，用户只需指定射线的起点及另一通过点即可。该命令可一次创建多条射线。

命令启动方法

- 菜单命令:【绘图】/【射线】。
- 面板:【绘图】面板上的按钮。
- 命令: RAY。

【练习4-3】： 绘制两个圆，然后用 RAY 命令绘制射线，如图 4-12 所示。

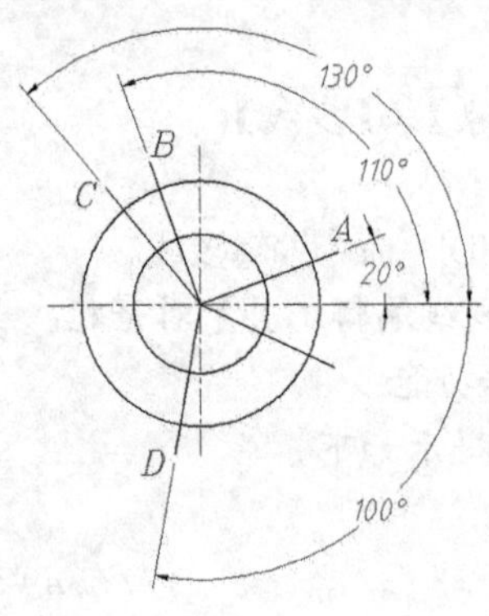

图4-12 画射线

```
命令: _ray 指定起点: cen 于                    //捕捉圆心
指定通过点: <20                                //设定画线角度
指定通过点:                                    //单击 A 点
指定通过点: <110                               //设定画线角度
指定通过点:                                    //单击 B 点
指定通过点: <130                               //设定画线角度
指定通过点:                                    //单击 C 点
指定通过点: <-100                              //设定画线角度
指定通过点:                                    //单击 D 点
指定通过点:                                    //按 Enter 键结束
```

结果如图 4-12 所示。

4.1.5 分解多线及多段线

EXPLODE 命令（简写 X）可将多线、多段线、块、标注及面域等复杂对象分解成 AutoCAD 基本图形对象。例如，连续的多段线是一个单独对象，用 EXPLODE 命令“炸开”后，多段线的每一段都是独立对象。

输入 EXPLODE 命令或单击【修改】菜单中的按钮，系统提示“选择对象”，用户选择图形对象后，AutoCAD 进行分解。

4.1.6 上机练习——绘制多段线及射线

【练习4-4】： 利用 LINE、CIRCLE 及 PEDIT 等命令绘制平面图形，如图 4-13 所示。

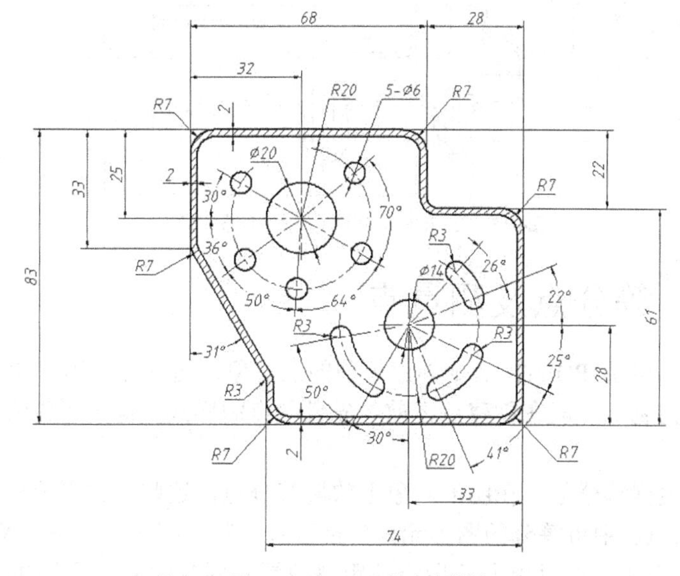

图4-13　用 LINE 及 PEDIT 等命令绘图（1）

【练习4-5】： 利用 LINE、CIRCLE、PLINE 及 RAY 等命令绘制平面图形，如图 4-14 所示。

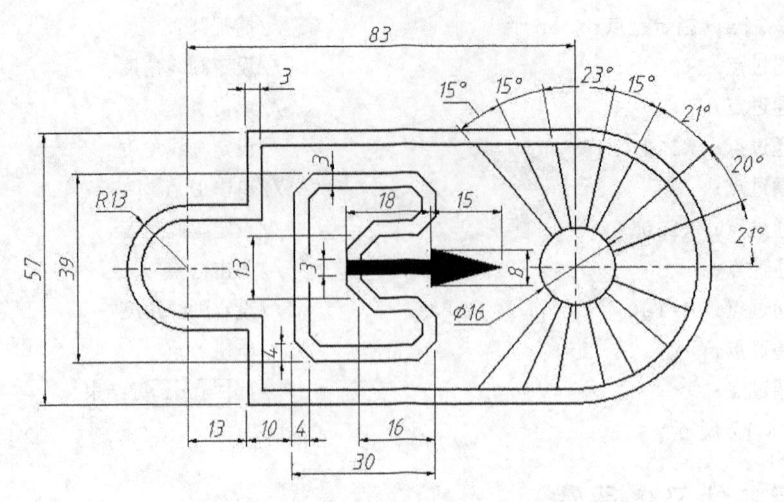

图4-14 用 PLINE 及 RAY 等命令绘图

【练习4-6】： 利用 LINE、CIRCLE 及 PEDIT 等命令绘制平面图形，如图 4-15 所示。

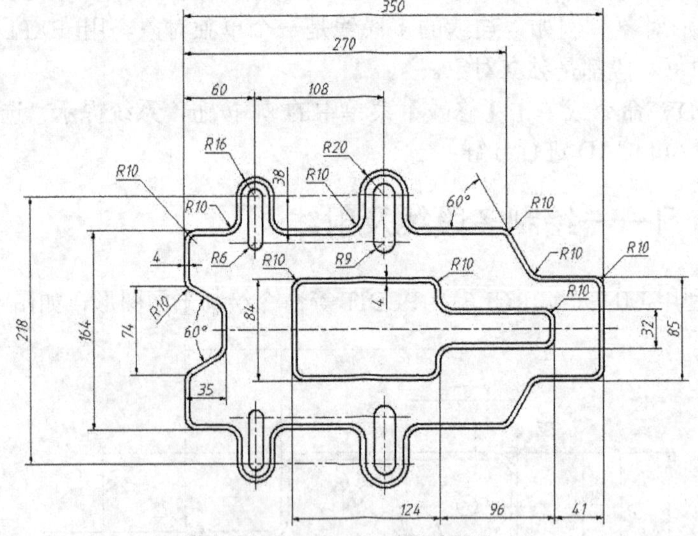

图4-15 用 LINE 及 PEDIT 等命令绘图（2）

4.2 点对象、等分点及测量点

在 AutoCAD 中可用 POINT 命令创建单独的点对象，这些点可用“NOD”进行捕捉。点的外观由点样式控制，一般在创建点之前要先设置点的样式，但也可先绘制点，再设置点样式。

DIVIDE 命令根据等分数目在图形对象上放置等分点，这些点并不分割对象，只是标明等分的位置。AutoCAD 中可等分的图形元素包括直线、圆、圆弧、样条线及多段线等。

MEASURE 命令在图形对象上按指定的距离放置点对象，对于不同类型的图形元素，距离测量的起始点是不同的。当操作对象为直线、圆弧或多段线时，起始点位于距选择点最近的端点。如果是圆，则一般从 0° 角开始进行测量。

命令启动的方法如表 4-3 所示。

表 4-3　　启动命令的方法

方式	点对象	等分点	测量点
菜单命令	【绘图】/【点】/【多点】	【绘图】/【点】/【定数等分】	【绘图】/【点】/【定距等分】
面板	【绘图】面板上的 按钮	【绘图】面板上的 按钮	【绘图】面板上的 按钮
命令	POINT 或简写 PO	DIVIDE 或简写 DIV	MEASURE 或简写 ME

【练习4-7】：打开附盘文件“dwg\第 4 章\4-7.dwg”，如图 4-16 左图所示。用 POINT、DIVIDE 及 MEASURE 等命令将左图修改为右图。

1. 设置点样式。执行【格式】/【点样式】命令，打开【点样式】对话框，如图 4-17 所示。该对话框提供了多种样式的点，用户可根据需要选择其中一种，此外，还能通过【点大小】文本框指定点的大小。点的大小既可相对于屏幕大小来设置，也可直接输入点的绝对尺寸。

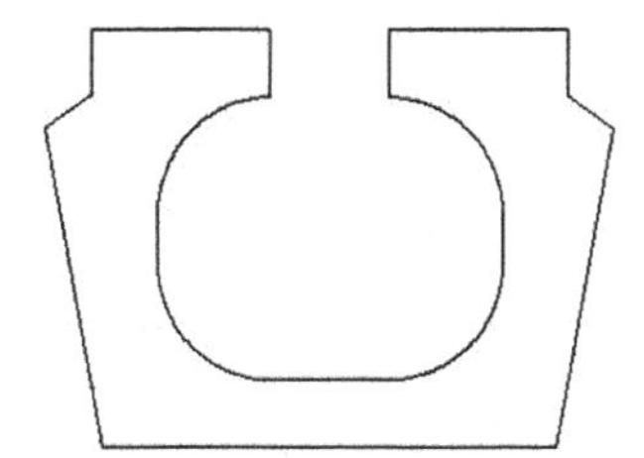

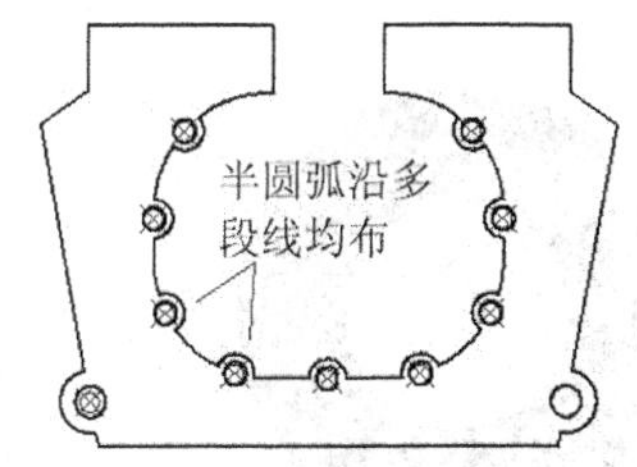

图4-16　创建点对象

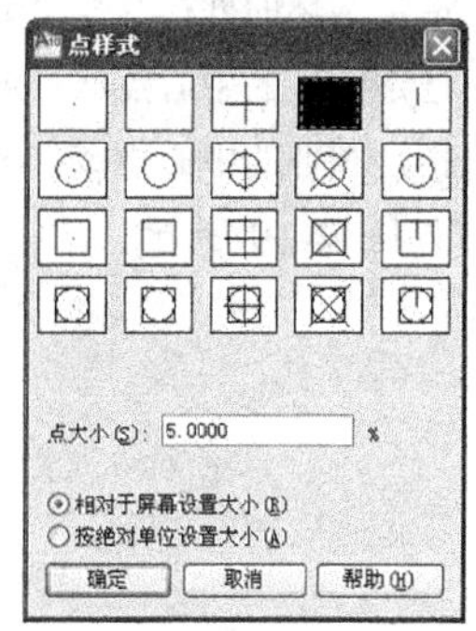

图4-17　【点样式】对话框

2. 创建等分点及测量点，如图 4-18 左图所示。

```
命令: _divide                    //启动创建等分点命令
选择要定数等分的对象:             //选择多段线 A，如图 4-18 左图所示
输入线段数目或 [块(B)]: 10        //输入等分的数目
命令: _measure                   //启动创建测量点命令
选择要定距等分的对象:             //在 B 端处选择线段
指定线段长度或 [块(B)]: 36        //输入测量长度
命令:MEASURE                     //重复命令
选择要定距等分的对象:             //在 C 端处选择线段
指定线段长度或 [块(B)]: 36        //输入测量长度
```

结果如图 4-18 左图所示。

3. 画适当大小的圆及圆弧，结果如图 4-18 右图所示。

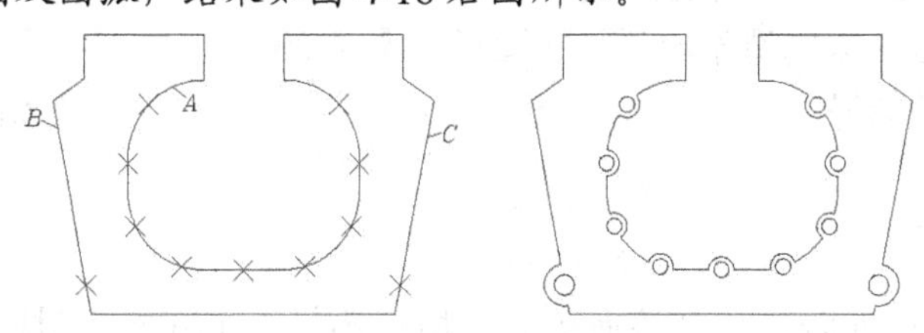

图4-18　创建等分点并画圆

4.3 绘制圆环及圆点

DONUT 命令创建填充圆环或实心填充圆。启动该命令后，用户依次输入圆环内径、外径及圆心，AutoCAD 就生成圆环。若要画实心圆，则指定内径为“0”即可。

命令启动方法

- 菜单命令:【绘图】/【圆环】。
- 面板:【绘图】面板上的◎按钮。
- 命令: DONUT 或简写 DO。

【练习4-8】: 练习 DONUT 命令。

```
命令: _donut                              //启动创建圆环命令
指定圆环的内径 <2.0000>: 3                //输入圆环内径
指定圆环的外径 <5.0000>: 6                //输入圆环外径
指定圆环的中心点或<退出>:                  //指定圆心
指定圆环的中心点或<退出>:                  //按Enter键结束
```

结果如图 4-19 所示。

图4-19 画圆环

DONUT 命令生成的圆环实际上是具有宽度的多段线，用户可用 PEDIT 命令编辑该对象。此外，还可以设定是否对圆环进行填充，当把变量 FILLMODE 设置为“1”时，系统将填充圆环，否则，不填充。

4.4 面域造型

域（REGION）是指二维的封闭图形，它可由直线、多段线、圆、圆弧及样条曲线等对象围成，但应保证相邻对象间共享连接的端点，否则将不能创建域。域是一个单独的实体，具有面积、周长、形心等几何特征，使用它作图与传统的作图方法是截然不同的，此时可采用“并”、“交”、“差”等布尔运算来构造不同形状的图形，图 4-20 显示了 3 种布尔运算的结果。

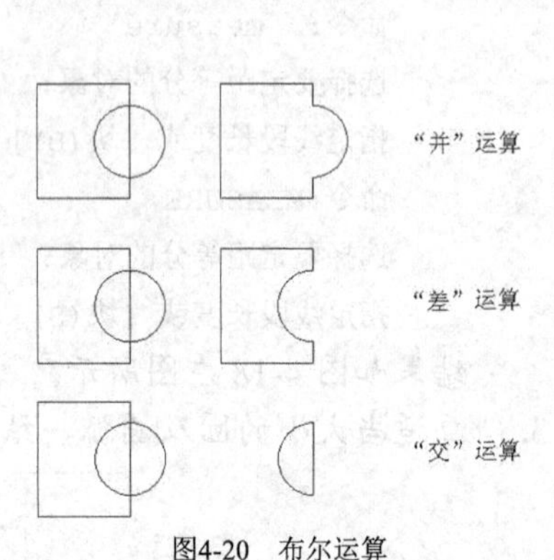

图4-20 布尔运算

4.4.1 创建面域

REGION 命令生成面域，启动该命令后，用户选择一个或多个封闭图形，就能创建出面域。

【练习4-9】：打开附盘文件“dwg\第 4 章\4-8.dwg”，如图 4-21 所示。用 REGION 命令将该图创建成面域。

单击【绘图】面板上的按钮或输入命令代号 REGION，启动创建面域命令。

```
命令: _region
选择对象: 找到 7 个                    //选择矩形及两个圆，如图 4-21 所示
选择对象:                              //按 Enter 键结束
```

图 4-21 中包含了 3 个闭合区域，因而 AutoCAD 创建了 3 个面域。

面域以线框的形式显示出来，用户可以对面域进行移动、复制等操作，还可用 EXPLODE 命令分解面域，使其还原为原始图形对象。

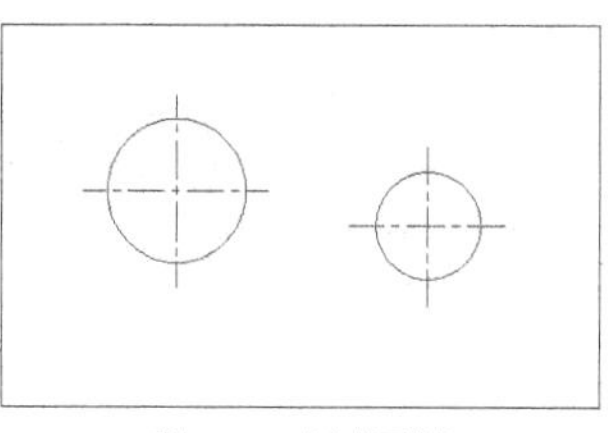

图4-21　创建面域

4.4.2 并运算

并运算将所有参与运算的面域合并为一个新面域。

【练习4-10】：打开附盘文件“dwg\第 4 章\4-9.dwg”，如图 4-22 左图所示。用 UNION 命令将左图修改为右图。

执行【修改】/【实体编辑】/【并集】命令或输入命令代号 UNION，启动并运算命令。

```
命令: union
选择对象: 找到 7 个                    //选择 5 个面域，如图 4-22 左图所示
选择对象:                              //按 Enter 键结束
```

结果如图 4-22 右图所示。

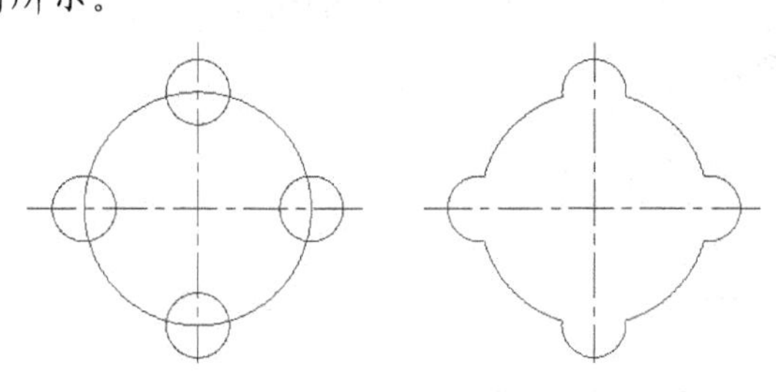

图4-22　执行并运算

4.4.3 差运算

用户可利用差运算从一个面域中去掉一个或多个面域，从而形成一个新面域。

【练习4-11】：打开附盘文件“dwg\第 4 章\4-10.dwg”，如图 4-23 左图所示。用 SUBTRACT 命令将左图修改为右图。

执行【修改】/【实体编辑】/【差集】命令或输入命令代号 SUBTRACT，启动差运算命令。

```
命令: subtract
选择对象: 找到 1 个                    //选择大圆面域，如图 4-23 左图所示
```

```
选择对象:                                    //按 Enter 键
选择对象:总计 4 个                            //选择 4 个小圆面域
选择对象                                     //按 Enter 键结束
```

结果如图 4-23 右图所示。

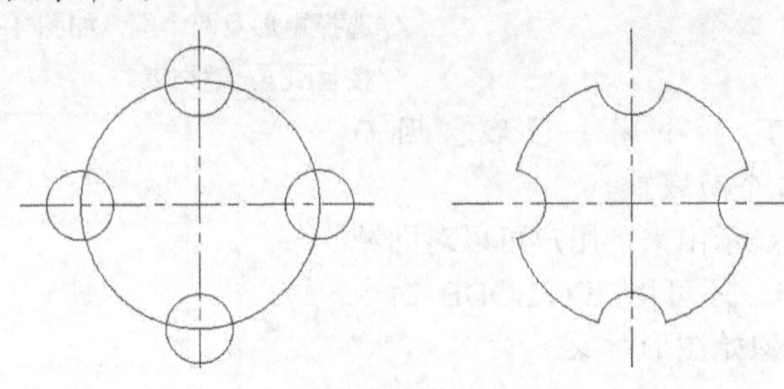

图4-23 执行差运算

4.4.4 交运算

交远算可以求出各个相交面域的公共部分。

【练习4-12】：打开附盘文件“dwg\第 4 章\4-11.dwg”，如图 4-24 左图所示。用 INTERSECT 命令将左图修改为右图。

执行【修改】/【实体编辑】/【交集】命令或输入命令代号 INTERSECT，启动交运算命令。

```
命令: intersect
选择对象: 找到 2 个                 //选择圆面域及矩形面域，如图 4-24 左图所示
选择对象:                           //按 Enter 键结束
```

结果如图 4-24 右图所示。

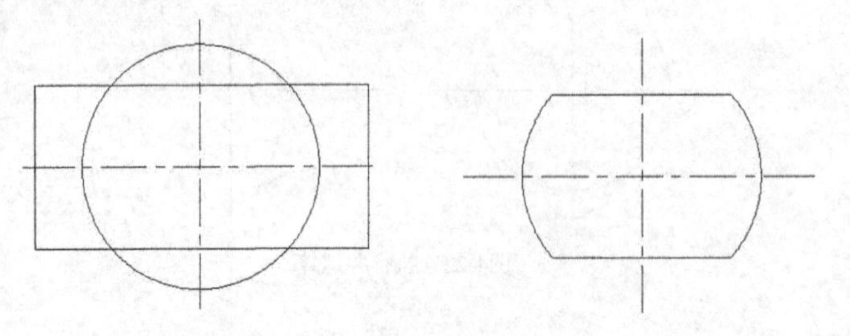

图4-24 执行交运算

4.4.5 面域造型应用实例

面域造型的特点是通过面域对象的并、交或差运算来创建图形，当图形边界比较复杂时，这种作图法的效率是很高的。要采用这种方法作图，首先必须对图形进行分析，以确定应生成哪些面域对象，然后考虑如何进行布尔运算形成最终的图形。例如，对于如图 4-25 所示的图形，可看成是由一系列矩形面域组成，对这些面域进行并运算就形成了所需的图形。

【练习4-13】：利用面域造型法绘制图 4-25 所示的图形。

1. 绘制两个矩形并将它们创建成面域，如图 4-26 所示。
2. 阵列矩形，再进行镜像操作，如图 4-27 所示。

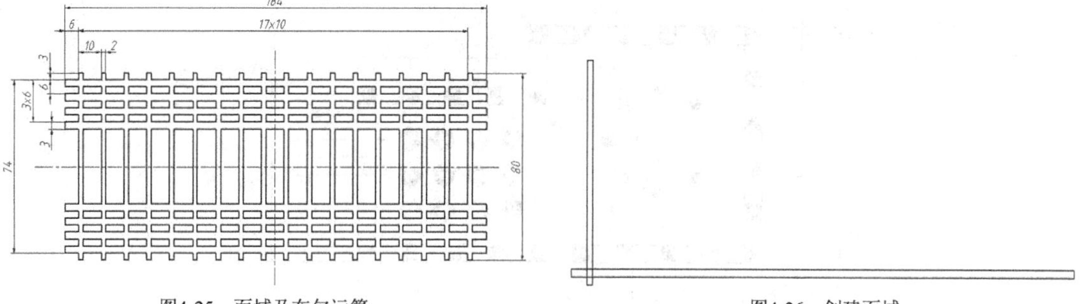

图4-25　面域及布尔运算　　　　图4-26　创建面域

3. 对所有矩形面域执行并运算，结果如图 4-28 所示。

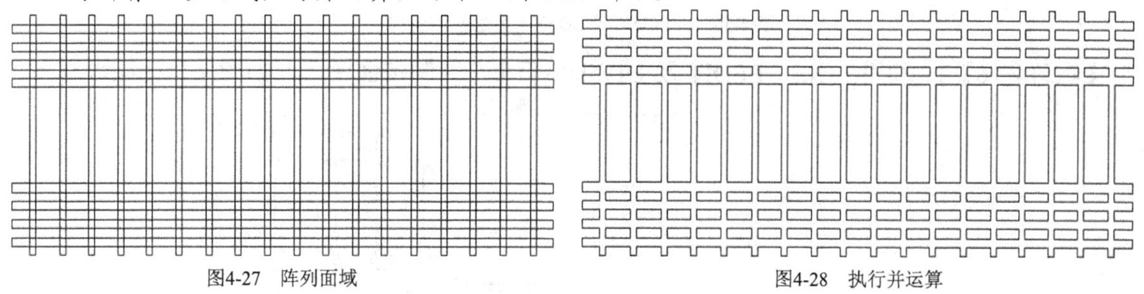

图4-27　阵列面域　　　　图4-28　执行并运算

4.5 综合训练——创建多段线、圆点及面域

【练习4-14】：利用 LINE、PLINE 及 DONUT 等命令绘制平面图形，如图 4-29 所示。图中箭头及实心矩形用 PLINE 命令绘制。

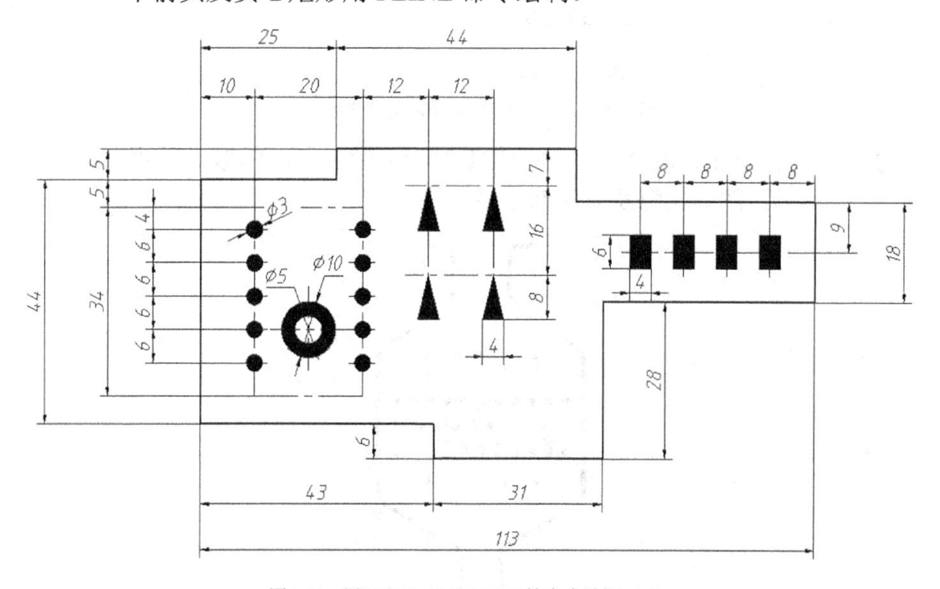

图4-29　用 PLINE 及 DONUT 等命令绘图（1）

【练习4-15】：利用 PLINE、DONUT 及 ARRAY 等命令绘制平面图形，如图 4-30 所示。

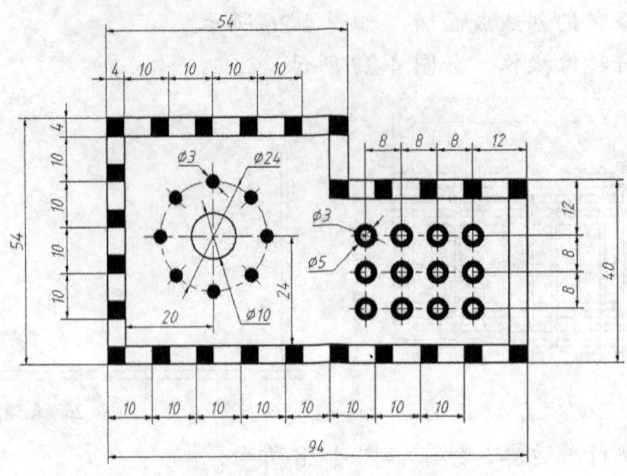

图4-30　用 PLINE 及 DONUT 等命令绘图（2）

【练习4-16】：利用 LINE、PEDIT 及 DIVIDE 等命令绘制平面图形，如图 4-31 所示。

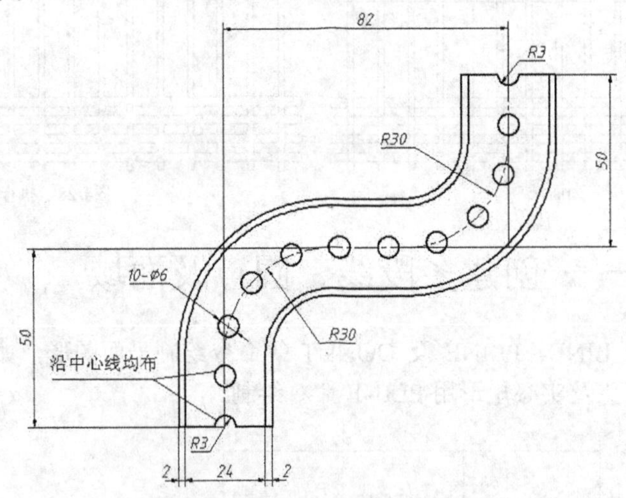

图4-31　用 PEDIT 及 DIVIDE 等命令绘图

【练习4-17】：利用 LINE、PLINE 及 DONUT 等命令绘制平面图形，尺寸自定，如图 4-32 所示。图形轮廓及箭头都是多段线。

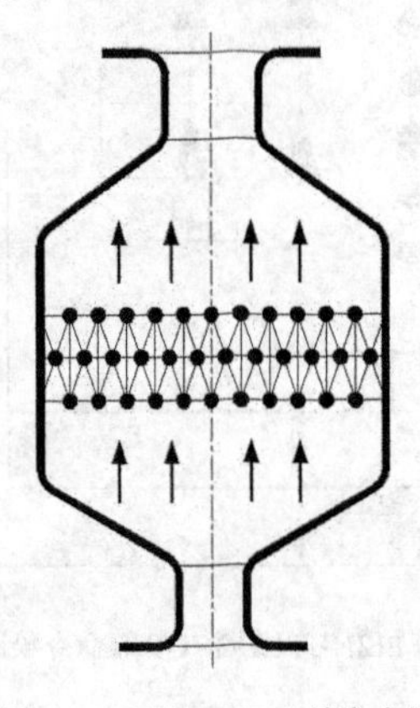

图4-32　用 PLINE 及 DONUT 等命令绘图（3）

【练习4-18】：利用面域造型法绘制图 4-33 所示的图形。

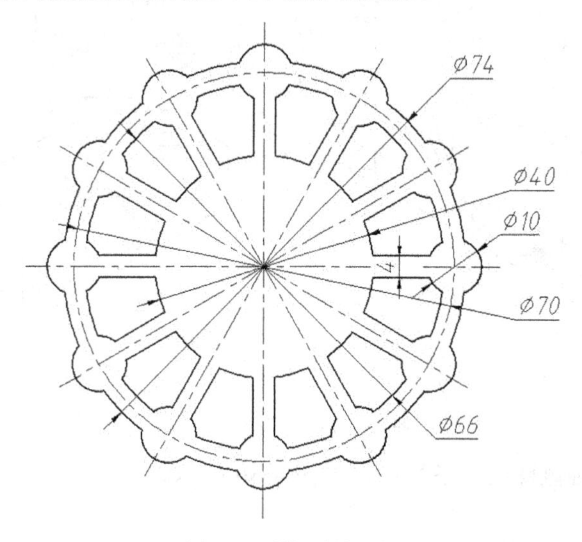

图4-33　面域及布尔运算

4.6 综合训练——绘制三视图及剖视图

【练习4-19】：根据轴测图及视图轮廓绘制视图及剖视图，如图 4-34 所示。主视图采用全剖方式。

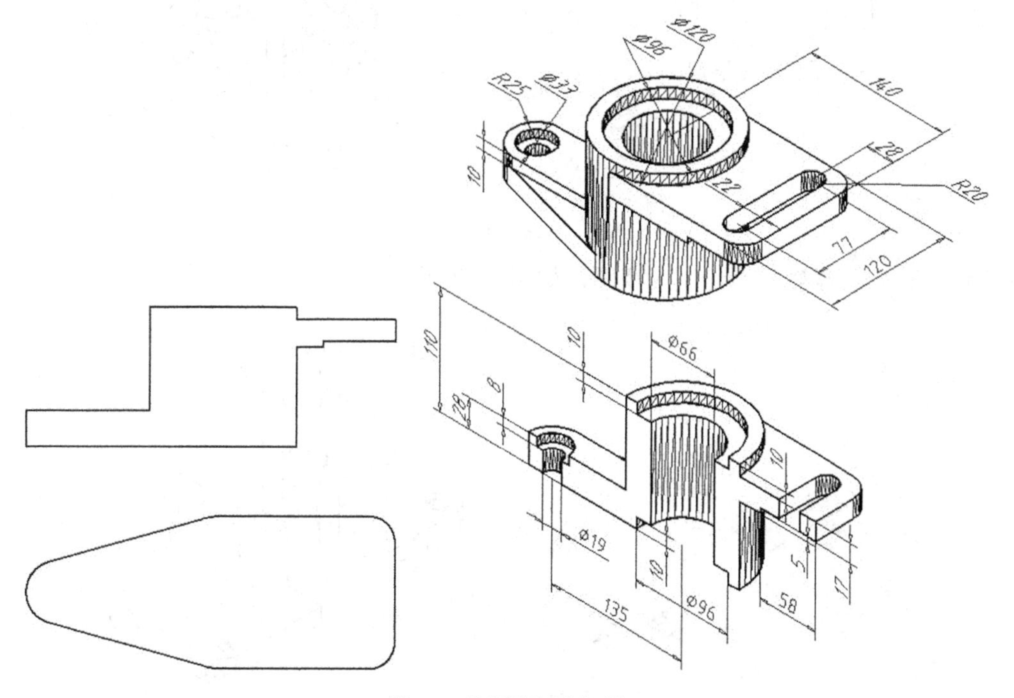

图4-34　绘制视图及剖视图

【练习4-20】：根据轴测图绘制三视图，如图 4-35 所示。

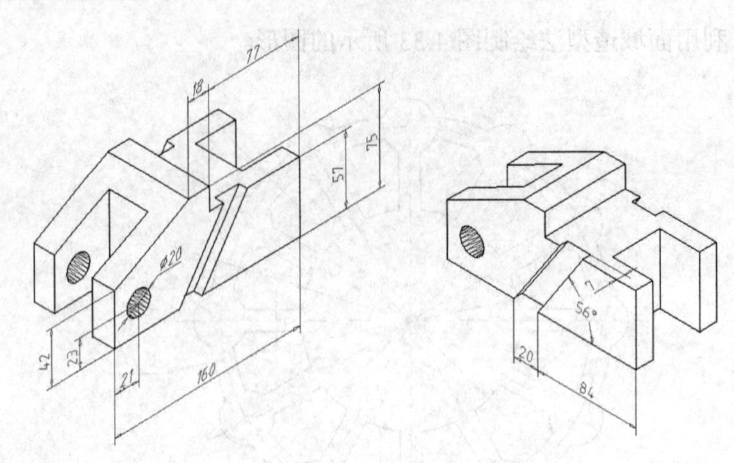

图4-35　绘制三视图（1）

【练习4-21】：根据轴测图绘制三视图，如图 4-36 所示。

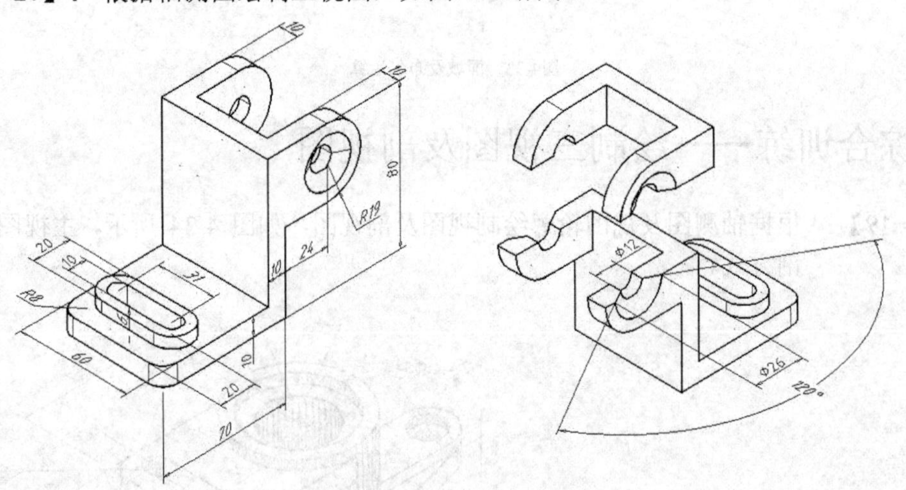

图4-36　绘制三视图（2）

【练习4-22】：根据轴测图绘制三视图，如图 4-37 所示。

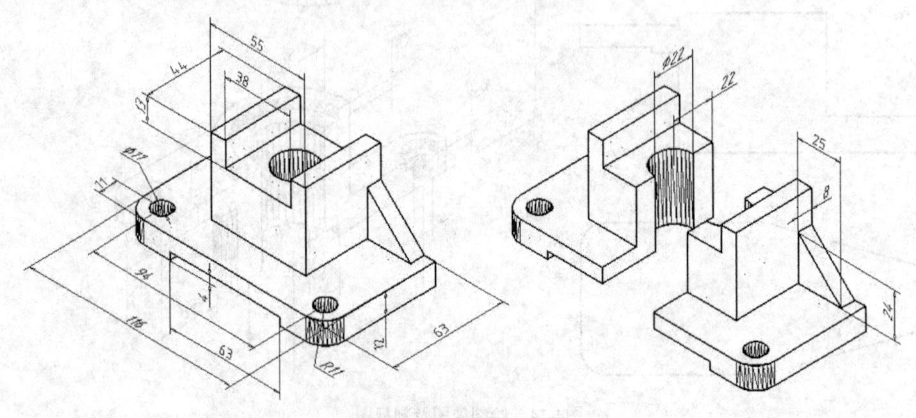

图4-37　绘制三视图（3）

【练习4-23】：根据轴测图绘制三视图，如图 4-38 所示。

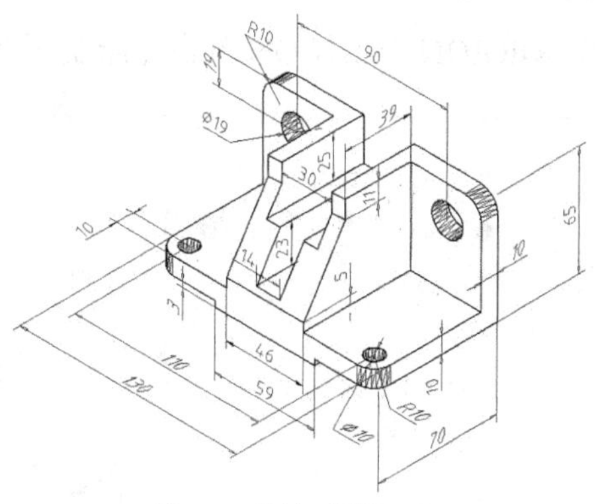

图4-38　绘制三视图（4）

4.7　习题

1. 利用 LINE、PEDIT 及 OFFSET 等命令绘制平面图形，如图 4-39 所示。

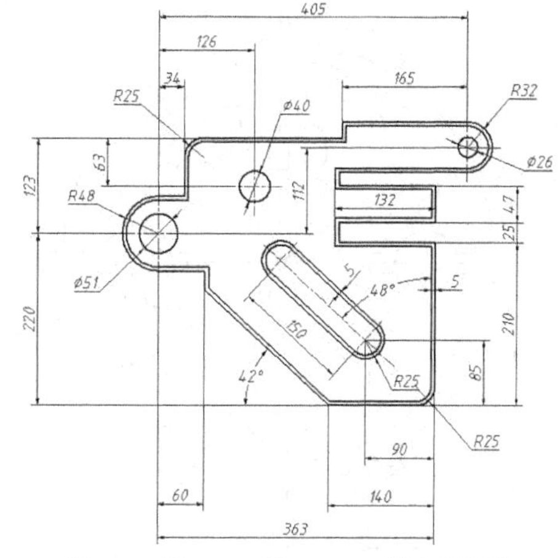

图4-39　用 PEDIT 及 OFFSET 等命令绘图

2. 利用 MLINE、PLINE 及 DONUT 等命令绘制平面图形，如图 4-40 所示。

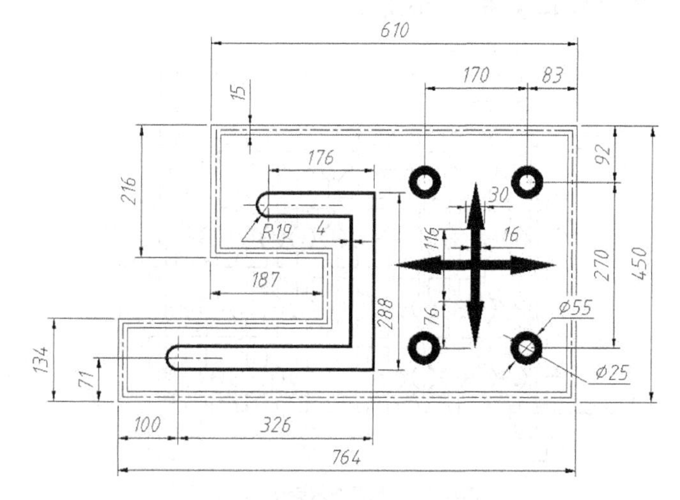

图4-40　用 MLINE、DONUT 等命令绘图

3. 利用 DIVIDE、DONUT、REGION 及 UNION 等命令绘制平面图形，如图 4-41 所示。

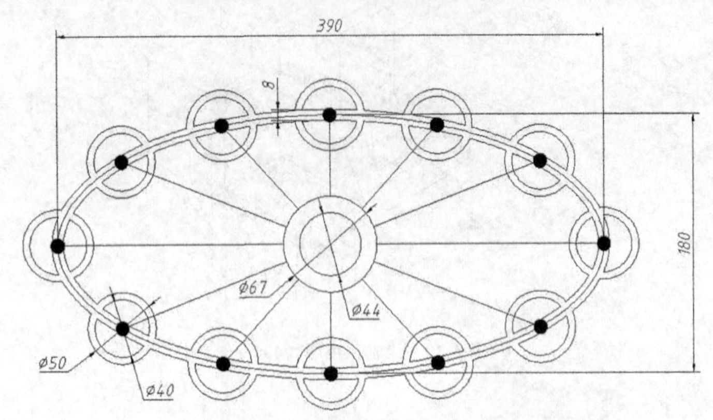

图4-41 用 DIVIDE、REGION 及 UNION 等命令绘图

4. 利用面域造型法绘制图 4-42 所示的图形。

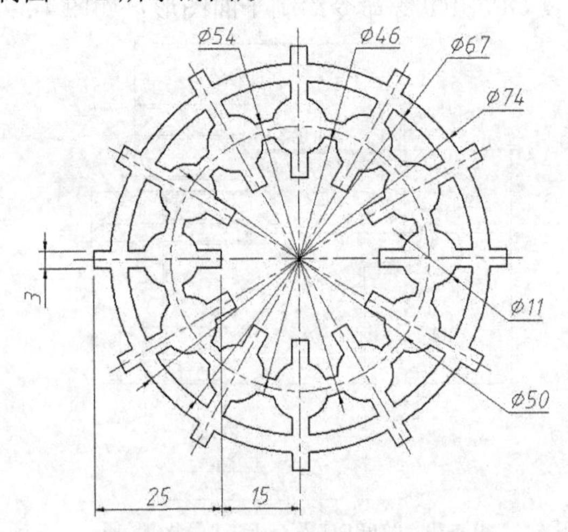

图4-42 面域及布尔运算（1）

5. 利用面域造型法绘制图 4-43 所示的图形。

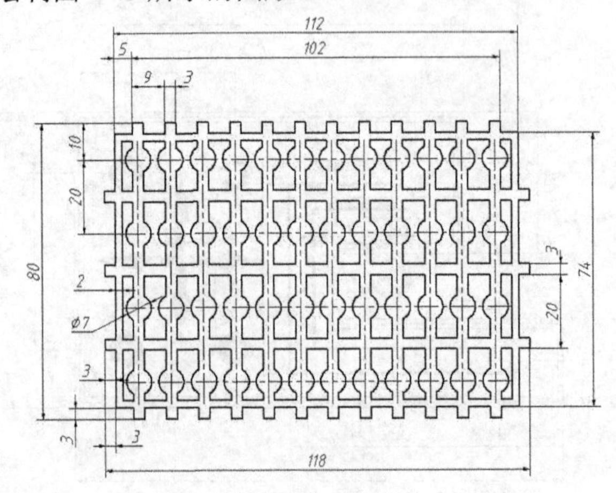

图4-43 面域及布尔运算（2）

6. 利用面域造型法绘制图 4-44 所示的图形。

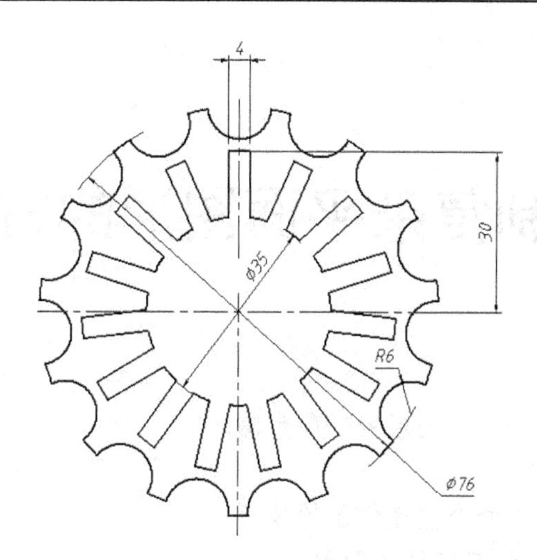

图4-44　面域造型

7.　根据轴测图绘制三视图，如图 4-45 所示。

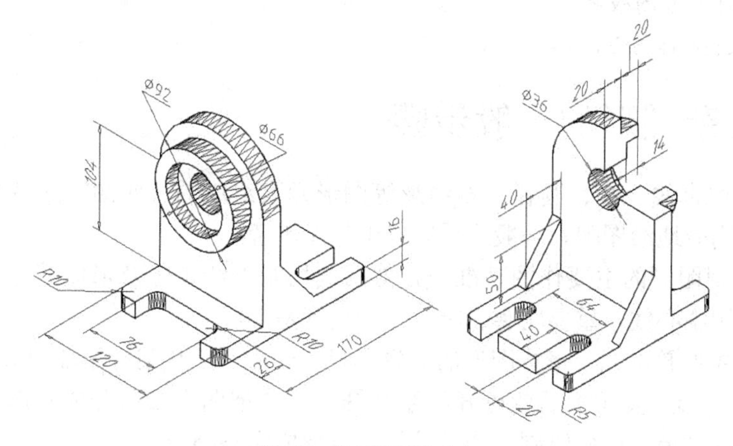

图4-45　绘制三视图（1）

8.　根据轴测图绘制三视图，如图 4-46 所示。

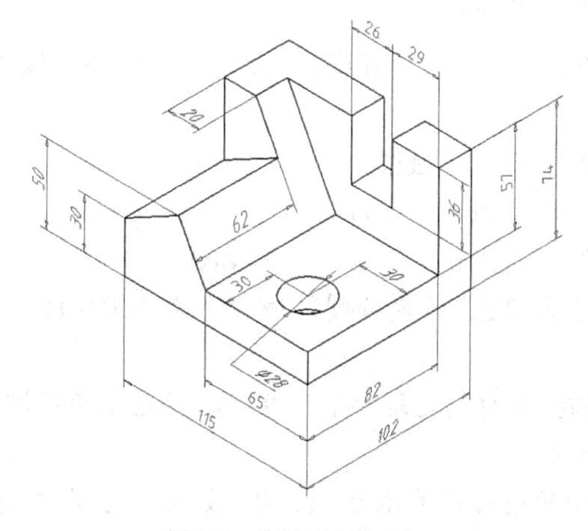

图4-46　绘制三视图（2）

第5章 绘制复杂平面图形的方法及技巧

【学习目标】

- 用 AutoCAD 画复杂平面图形的一般步骤。
- 绘制复杂圆弧连接。
- 用 OFFSET、TRIM 命令快速作图的技巧。
- 绘制对称图形及有均布特征的图形。
- 用 COPY、STRETCH 等命令从已有图形生成新图形。
- 绘制倾斜图形的技巧。
- 绘制视图及剖视图。

5.1 绘制复杂图形的一般步骤

平面图形是由直线、圆、圆弧、多边形等图形元素组成的，作图时应从哪一部分入手呢？怎样才能更高效地绘图呢？一般应采取以下作图步骤。

(1) 首先绘制图形的主要作图基准线，然后利用基准线定位及形成其他图形元素。图形的对称线、大圆中心线、重要轮廓线等可作为绘图基准线。

(2) 绘制出主要轮廓线，形成图形的大致形状。一般不应从某一局部细节开始绘图。

(3) 绘制出图形主要轮廓后就可开始绘制细节。先把图形细节分成几部分，然后依次绘制。对于复杂的细节，可先绘制作图基准线，再形成完整细节。

(4) 修饰平面图形。用 BREAK、LENGTHEN 等命令打断及调整线条长度，再改正不适当的线型，然后修剪、擦去多余线条。

【练习5-1】： 使用 LINE、CIRCLE、OFFSET 及 TRIM 等命令绘制图 5-1 所示的图形。

1. 创建两个图层。

名称	颜色	线型	线宽
轮廓线层	白色	Continuous	0.5
中心线层	红色	Center	默认

2. 设定线型总体比例因子为 0.2。设定绘图区域大小为 150×150，并使该区域充满整个图形窗口显示出来。
3. 打开极轴追踪、对象捕捉及自动追踪功能。指定极轴追踪角度增量为 90°；设定对象捕捉方式为“端点”、“交点”。
4. 切换到轮廓线层，绘制两条作图基准线 *A*、*B*，如图 5-2 左图所示。线段 *A*、*B* 的长度约为 200。
5. 利用 OFFSET、LINE 及 CIRCLE 等命令绘制图形的主要轮廓，如图 5-2 右图所示。

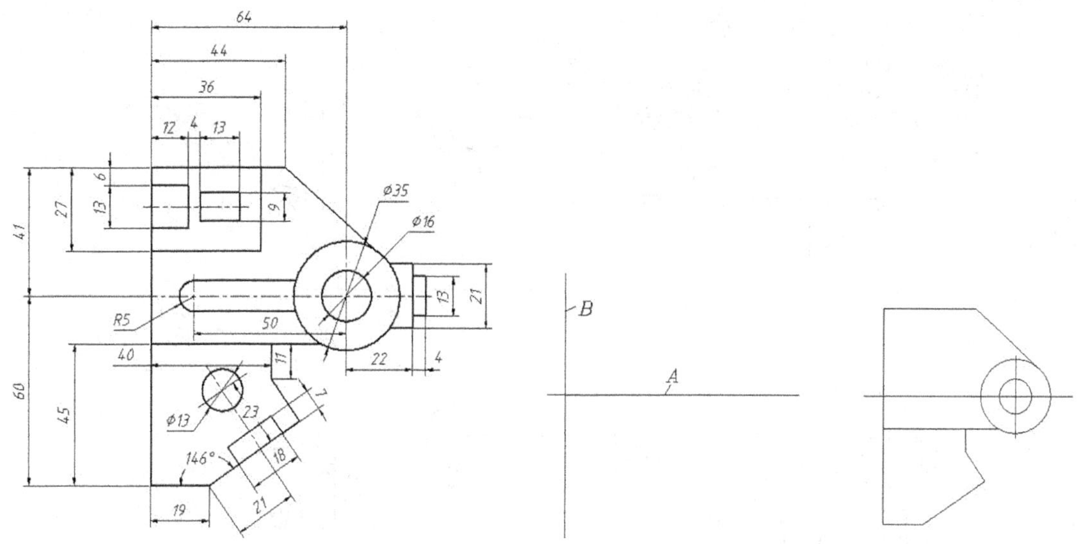

图5-1　绘制平面图形的一般步骤（1）　　图5-2　绘制图形的主要轮廓

6. 利用 OFFSET 及 TRIM 命令绘制图形 *C*，如图 5-3 左图所示。再依次绘制图形 *D*、*E*，如图 5-3 右图所示。
7. 绘制两条定位线 *F*、*G*，如图 5-4 左图所示。用 CIRCLE、OFFSET 及 TRIM 命令绘制图形 *H*，如图 5-4 右图所示。

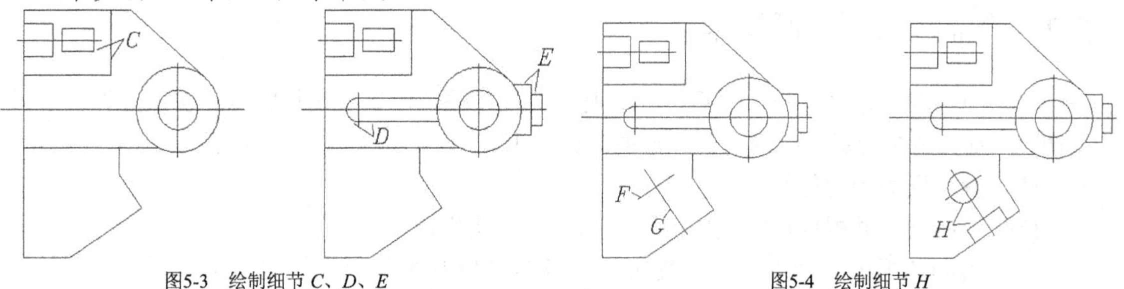

图5-3　绘制细节 *C*、*D*、*E*　　图5-4　绘制细节 *H*

【练习5-2】： 绘制图 5-5 所示的图形。

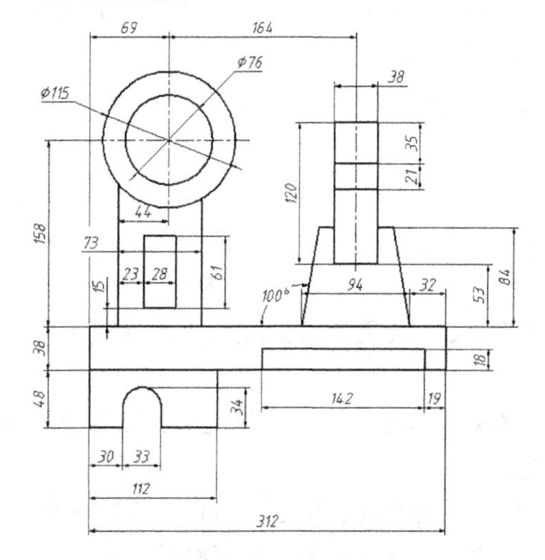

图5-5　绘制平面图形的一般步骤（2）

主要作图步骤如图 5-6 所示。

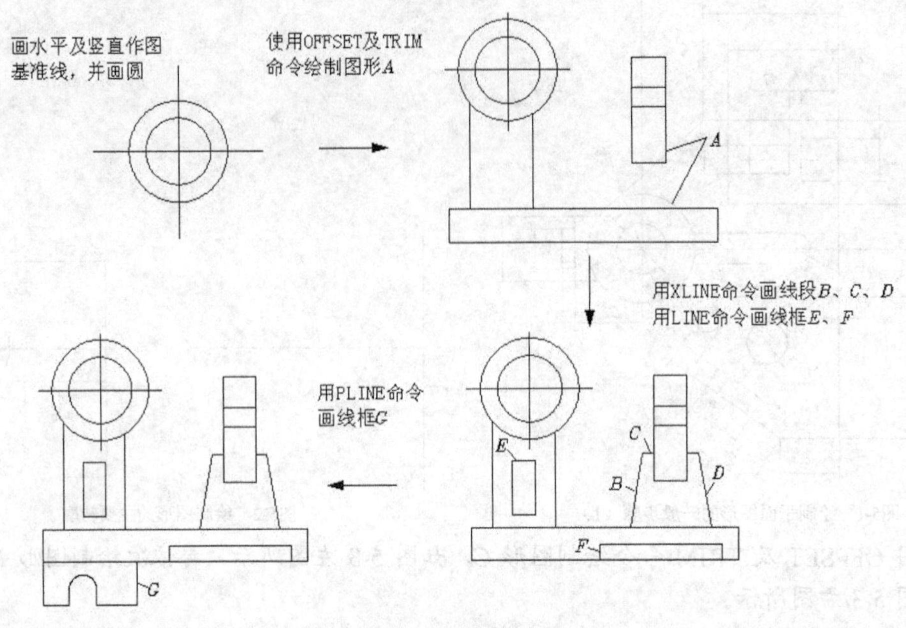

图5-6 主要绘图过程

5.2 绘制复杂圆弧连接

平面图中图形元素的相切关系是一类典型的几何关系，如直线与圆弧相切，圆弧与圆弧相切等，如图 5-7 所示。绘制此类图形的步骤如下。

(1) 画主要圆的定位线。

(2) 绘制圆，并根据已绘制的圆画切线及过渡圆弧。

(3) 绘制图形的其他细节。首先把图形细节分成几个部分，然后依次绘制。对于复杂的细节，可先画出作图基准线，再形成完整细节。

(4) 修饰平面图形。用 BREAK、LENGTHEN 等命令打断及调整线条长度，再改正不适当的线型，然后修剪、擦去多余线条。

【练习5-3】： 使用 LINE、CIRCLE、OFFSET 及 TRIM 等命令绘制图 5-7 所示的图形。

1. 创建两个图层。

名称	颜色	线型	线宽
轮廓线层	绿色	Continuous	0.5
中心线层	红色	Center	默认

2. 设定线型总体比例因子为 0.2。设定绘图区域大小为 150×150，并使该区域充满整个图形窗口显示出来。
3. 打开极轴追踪、对象捕捉及自动追踪功能。指定极轴追踪角度增量为 90°；设定对象捕捉方式为“端点”、“交点”。
4. 切换到轮廓线层，用 LINE、OFFSET 及 LENGTHEN 等命令绘制圆的定位线，如图 5-8 左图所示。画圆及过渡圆弧 A、B，如图 5-8 右图所示。

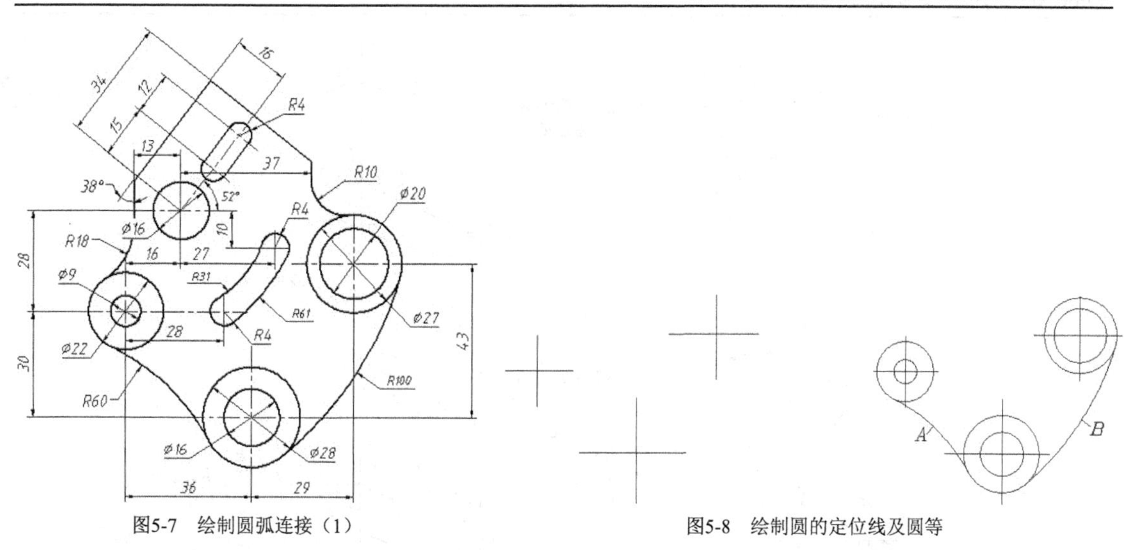

图5-7　绘制圆弧连接（1）　　　　图5-8　绘制圆的定位线及圆等

5. 用 OFFSET、XLINE 等命令绘制定位线 *C*、*D*、*E* 等，如图 5-9 左图所示。绘制圆 *F* 及线框 *G*、*H*，如图 5-9 右图所示。
6. 绘制定位线 *I*、*J* 等，如图 5-10 左图所示。绘制线框 *K*，如图 5-10 右图所示。

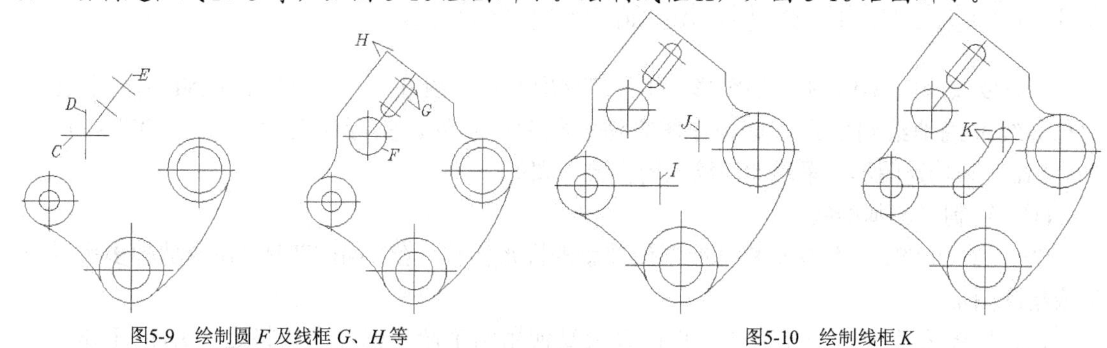

图5-9　绘制圆 *F* 及线框 *G*、*H* 等　　　　图5-10　绘制线框 *K*

【练习5-4】： 绘制图 5-11 所示的图形。

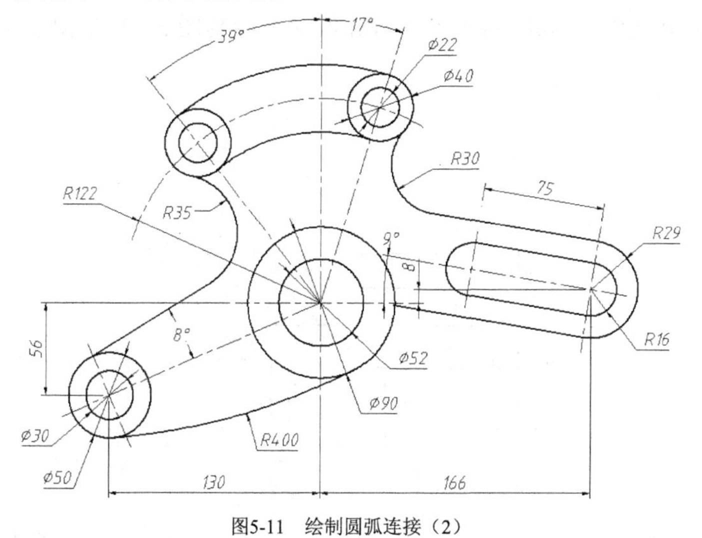

图5-11　绘制圆弧连接（2）

主要作图步骤如图 5-12 所示。

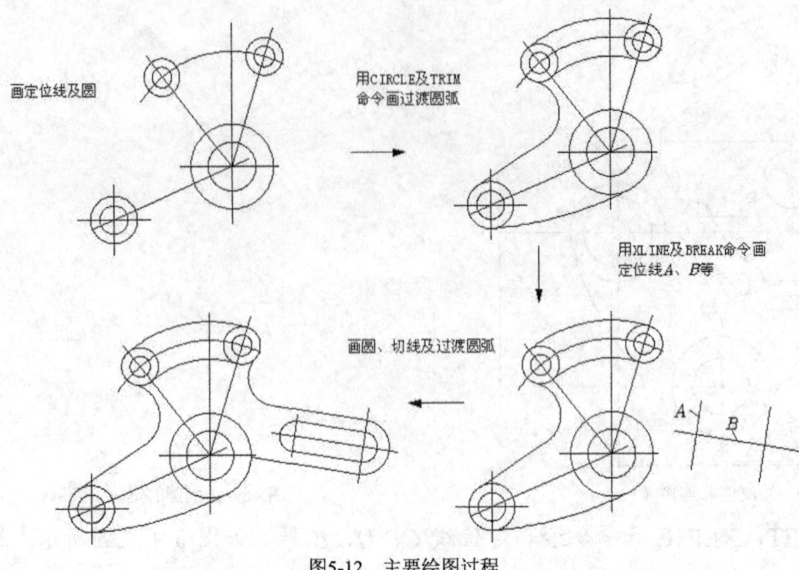

图5-12 主要绘图过程

5.3 用 OFFSET 及 TRIM 命令快速作图

如果要绘制图 5-13 所示的图形，用户可采取两种作图方式。一种是用 LINE 命令将图中的每条线准确地绘制出来，这种作图方法往往效率较低。实际作图时，常用 OFFSET 和 TRIM 命令来构建图形。采用此法绘图的主要步骤如下。

(1) 绘制作图基准线。

(2) 用 OFFSET 命令平移基准线创建新的图形实体，然后用 TRIM 命令剪掉多余线条形成精确图形。

这种作图方法有一个显著的优点：仅反复使用两个命令就可完成将近 90%的工作。下面通过绘制图 5-13 所示的图形来演示此法。

【练习5-5】： 利用 LINE、OFFSET 及 TRIM 等命令绘制图 5-13 所示的图形。

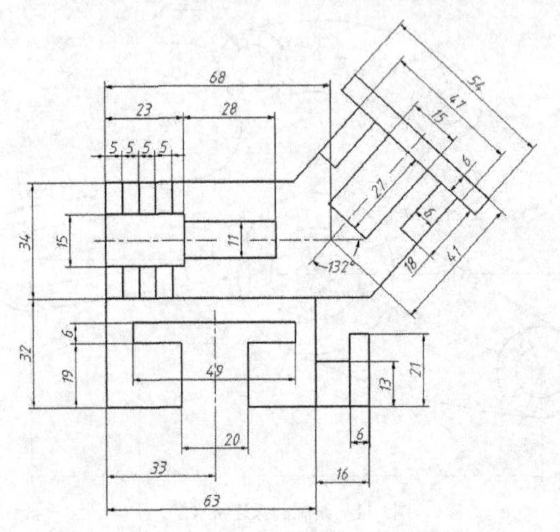

图5-13 用 OFFSET 及 TRIM 等命令快速作图（1）

1. 创建两个图层。

名称	颜色	线型	线宽
轮廓线层	绿色	Continuous	0.5
中心线层	红色	Center	默认

2. 设定线型总体比例因子为 0.2。设定绘图区域大小为 180 × 180，并使该区域充满整个图形窗口显示出来。
3. 打开极轴追踪、对象捕捉及自动追踪功能。指定极轴追踪角度增量为 90°；设定对象捕捉方式为“端点”、“交点”。
4. 切换到轮廓线层，画水平及竖直作图基准线 *A*、*B*，两线长度分别为 90、60 左右，如图 5-14 左图所示。用 OFFSET 及 TRIM 命令绘制图形 *C*，如图 5-14 右图所示。

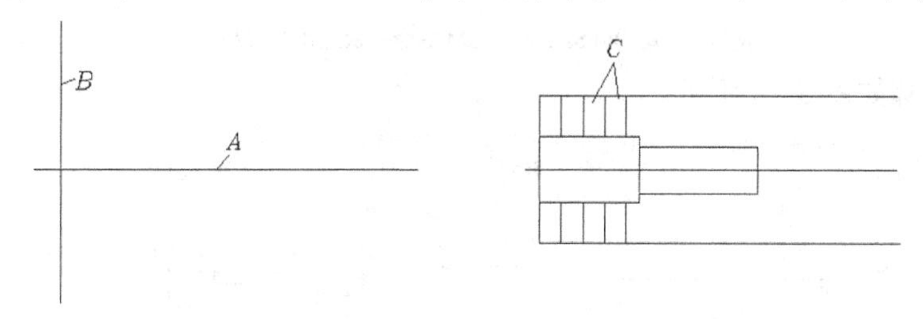

图5-14　画作图基准线及细节 *C*

5. 用 XLINE 命令绘制作图基准线 *D*、*E*，两线相互垂直，如图 5-15 左图所示。用 OFFSET、TRIM 及 BREAK 等命令绘制图形 *F*，如图 5-15 右图所示。

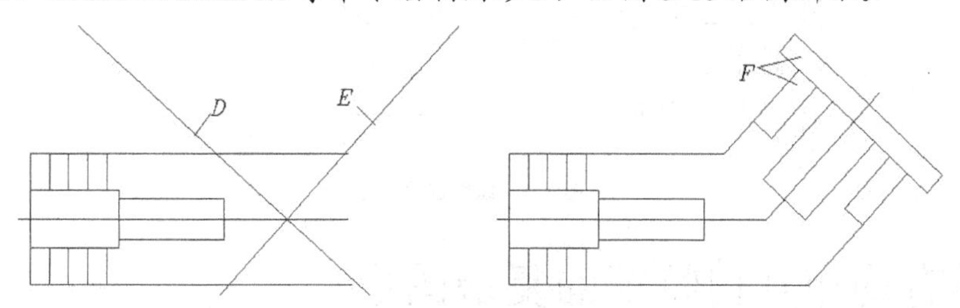

图5-15　绘制图形细节 *F*

6. 用 LINE 命令绘制线段 *G*、*H*，这两条线是下一步作图的基准线，如图 5-16 左图所示。用 OFFSET、TRIM 命令绘制图形 *J*，如图 5-16 右图所示。

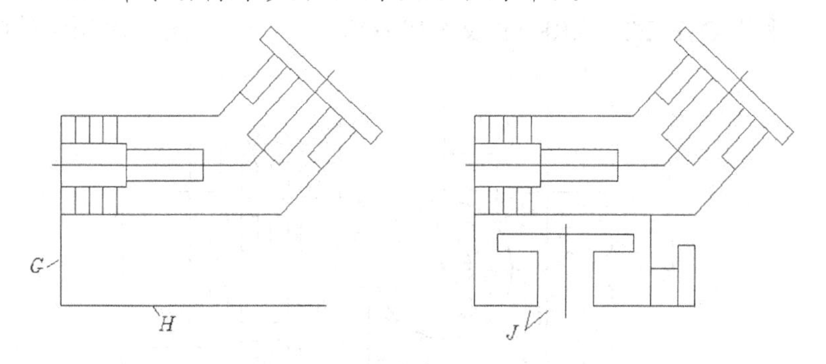

图5-16　绘制图形细节 *J*

【练习5-6】： 利用 LINE、CIRCLE、OFFSET 及 TRIM 等命令绘制图 5-17 所示的图形。

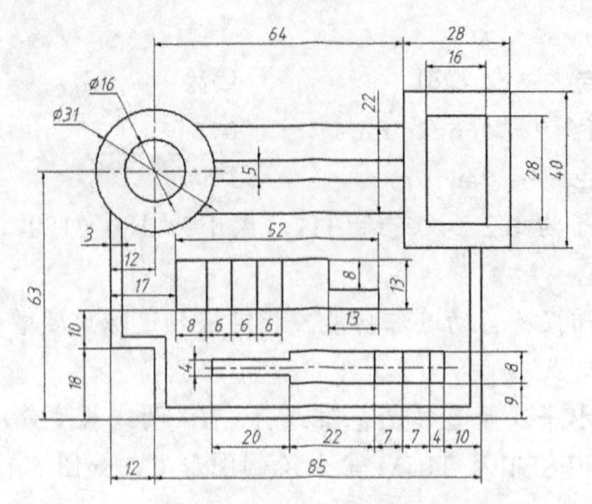

图5-17　用 OFFSET 及 TRIM 等命令快速作图（2）

主要作图步骤如图 5-18 所示。

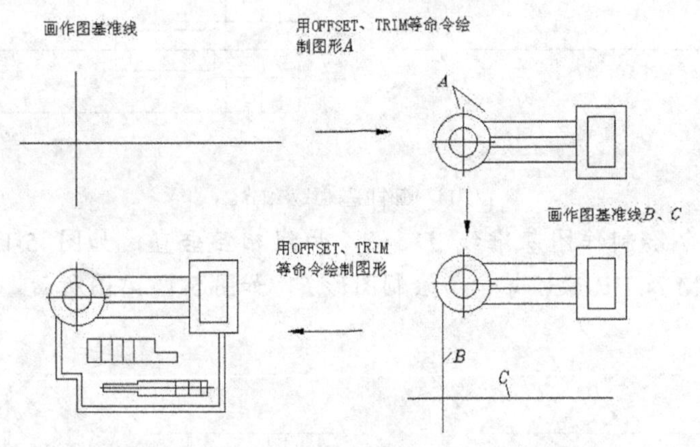

图5-18　绘图过程

5.4 画具有均布几何特征的复杂图形

平面图形中几何对象按矩形阵列或环形阵列方式均匀分布的现象是很常见的。对于这些对象，将阵列命令 ARRAY 与 MOVE、MIRROR 等结合使用就能轻易地创建出它们。

【练习5-7】：　利用 OFFSET、ARRAY 及 MIRROR 等命令绘制图 5-19 所示的图形。

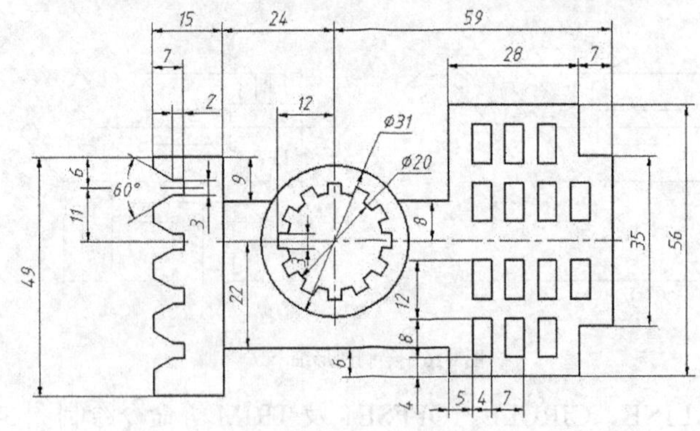

图5-19　绘制具有均布几何特征的图形（1）

1. 创建两个图层。

名称	颜色	线型	线宽
轮廓线层	绿色	Continuous	0.5
中心线层	红色	Center	默认

2. 设定线型总体比例因子为 0.2。设定绘图区域大小为 120 × 120，并使该区域充满整个图形窗口显示出来。
3. 打开极轴追踪、对象捕捉及自动追踪功能。指定极轴追踪角度增量为 90°；设定对象捕捉方式为“端点”、“圆心”及“交点”。
4. 切换到轮廓线层，绘制圆的定位线 *A*、*B*，两线长度分别为 130、90 左右，如图 5-20 左图所示。绘制圆及线框 *C*、*D*，如图 5-20 右图所示。

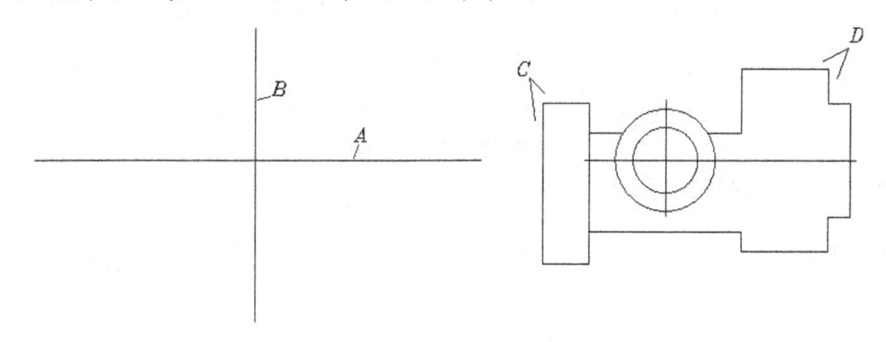

图5-20　绘制定位线、圆及线框

5. 用 OFFSET 及 TRIM 命令绘制线框 *E*，如图 5-21 左图所示。用 ARRAY 命令创建线框 *E* 的环形阵列，如图 5-21 右图所示。

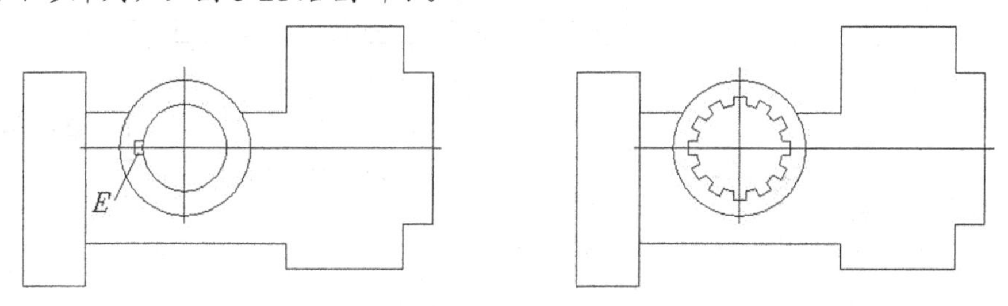

图5-21　绘制线框 *E* 及创建环形阵列

6. 用 LINE、OFFSET 及 TRIM 等命令绘制线框 *F*、*G*，如图 5-22 左图所示。用 ARRAY 命令创建线框 *F*、*G* 的矩形阵列，再对矩形进行镜像操作，如图 5-22 右图所示。

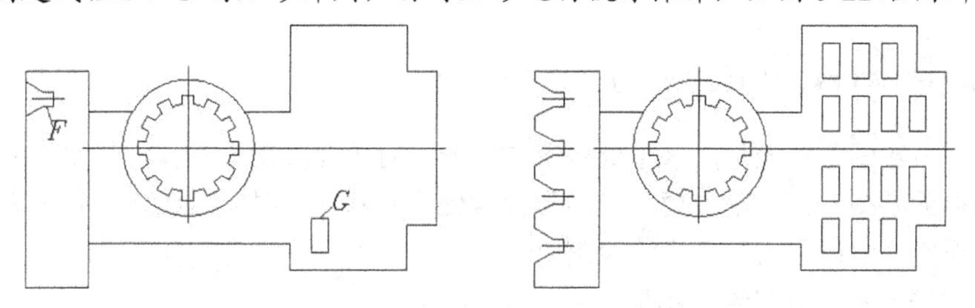

图5-22　创建矩形阵列及镜像对象

【练习5-8】： 利用 CIRCLE、OFFSET 及 ARRAY 等命令绘制图 5-23 所示的图形。

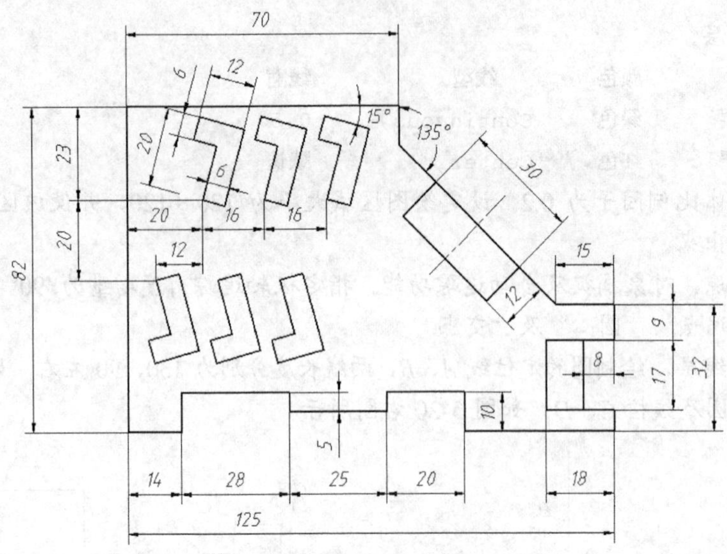

图5-23 绘制具有均布几何特征的图形（2）

主要作图步骤如图 5-24 所示。

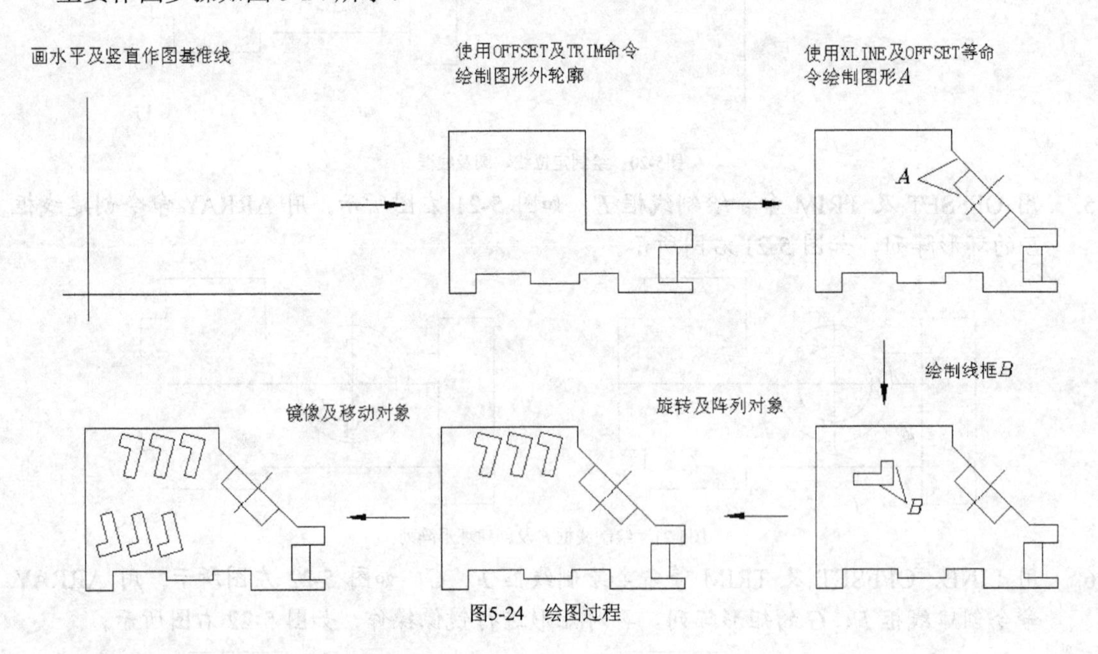

图5-24 绘图过程

5.5 绘制倾斜图形的技巧

工程图中多数图形对象是沿水平或竖直方向的，对于此类图形实体，如果利用正交或极轴追踪功能辅助绘图，则非常方便。当图形元素处于倾斜方向时，常给作图带来许多不便。对于这类图形实体可以采用以下方法绘制。

(1) 在水平或竖直位置绘制图形。

(2) 用 ROTATE 命令把图形旋转到倾斜方向，或用 ALIGN 命令调整图形位置及方向。

【练习5-9】： 利用 OFFSET、ROTATE 及 ALIGN 等命令绘制图 5-25 所示的图形。

1. 创建两个图层。

名称	颜色	线型	线宽
轮廓线层	白色	Continuous	0.5
中心线层	红色	Center	默认

2. 设定线型总体比例因子为 0.2。设定绘图区域大小为 150×150，并使该区域充满整个图形窗口显示出来。
3. 打开极轴追踪、对象捕捉及自动追踪功能。指定极轴追踪角度增量为 90°；设定对象捕捉方式为“端点”、“交点”。
4. 切换到轮廓线层，绘制闭合线框及圆，如图 5-26 所示。

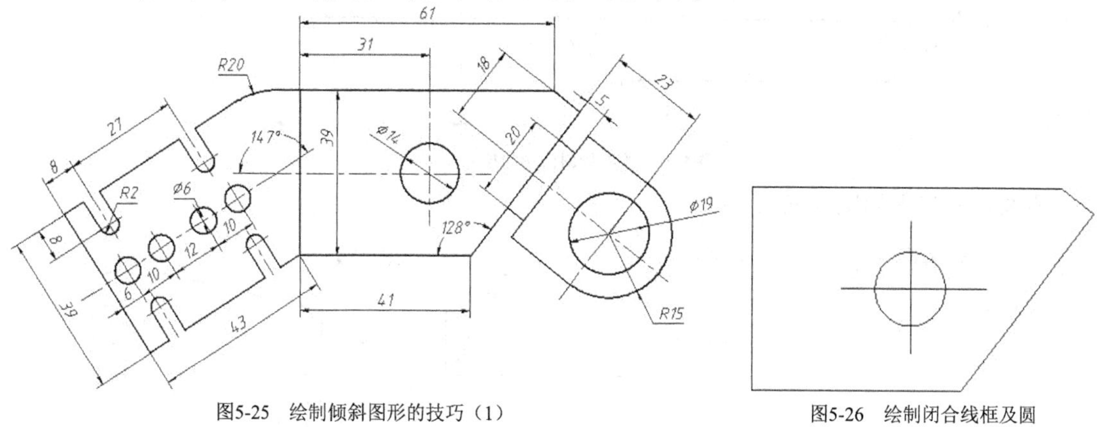

图5-25 绘制倾斜图形的技巧（1） 图5-26 绘制闭合线框及圆

5. 绘制图形 *A*，如图 5-27 左图所示。将图形 *A* 绕 *B* 点旋转 33°，然后创建圆角，如图 5-27 右图所示。

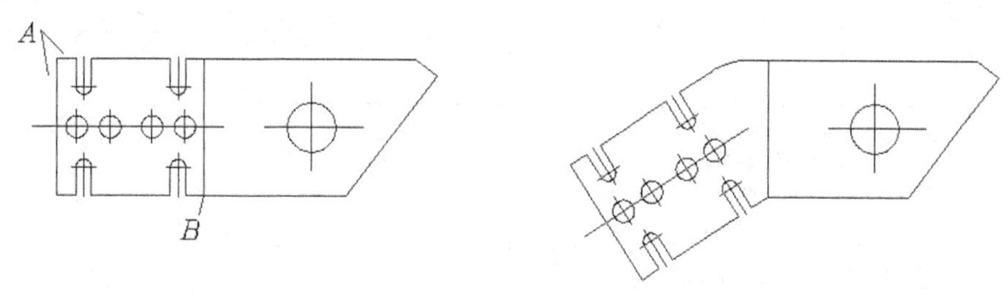

图5-27 绘制图形 *A* 并将其旋转

6. 绘制图形 *C*，如图 5-28 左图所示。用 ALIGN 命令将图形 *C* 定位到正确的位置，如图 5-28 右图所示。

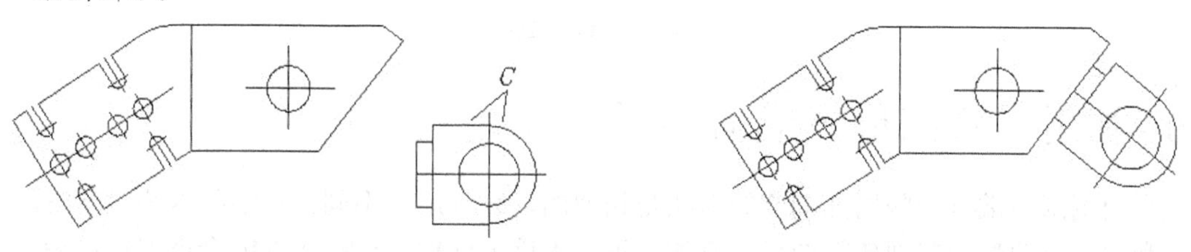

图5-28 绘制图形 *C* 并调整其位置

【练习5-10】：绘制图 5-29 所示的图形。

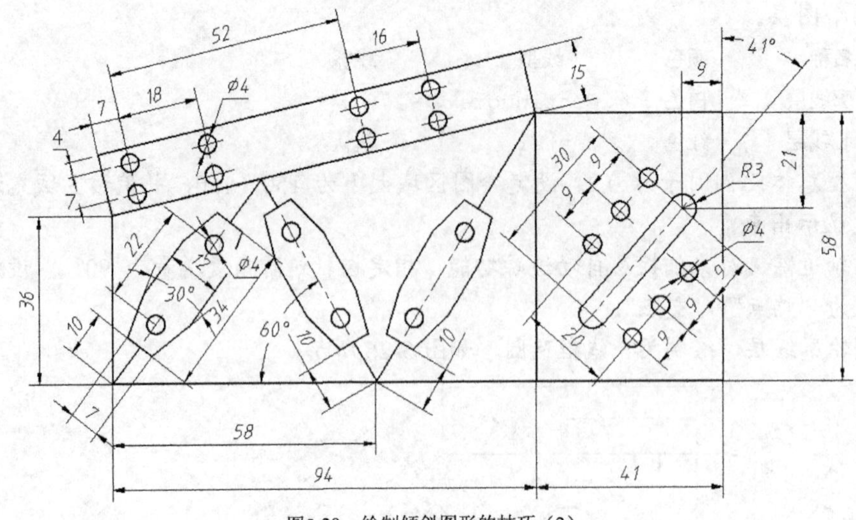

图5-29　绘制倾斜图形的技巧（2）

主要作图步骤如图 5-30 所示。

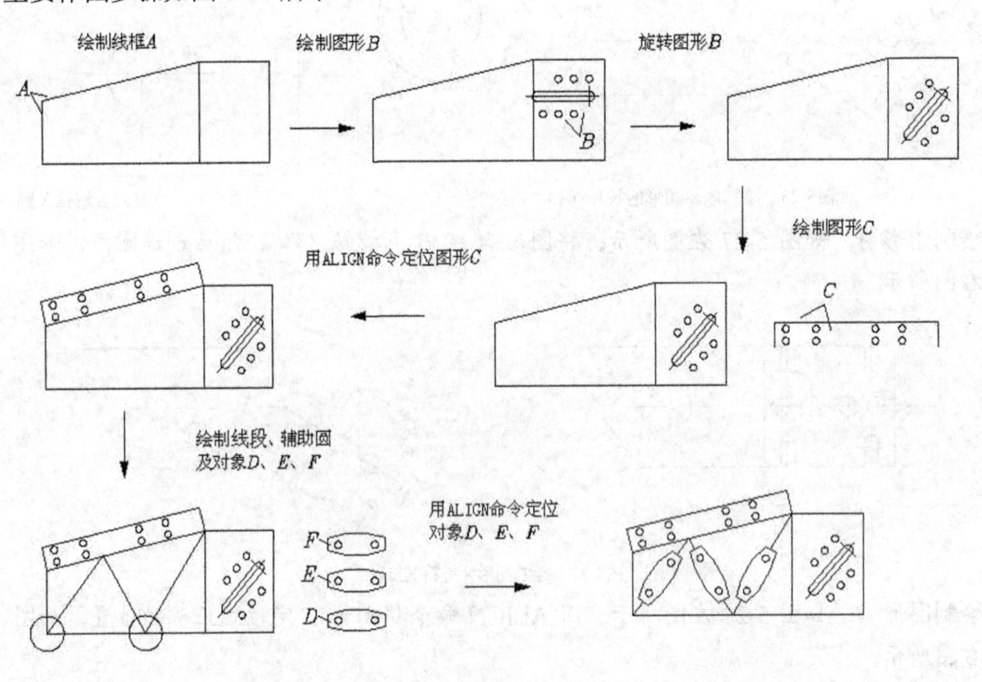

图5-30　主要绘图过程

5.6 利用已有图形生成新图形

平面图形中常有一些局部细节的形状是相似的，只是尺寸不同。在绘制这些对象时，应尽量利用已有图形细节创建新图形。例如，可以先用 COPY 及 ROTATE 命令把图形细节复制到新位置并调整方向，然后利用 STRETCH 及 SCALE 等命令改变图形细节的大小。

【练习5-11】：利用 OFFSET、COPY、ROTATE 及 STRETCH 等命令绘制图 5-31 所示的图形。

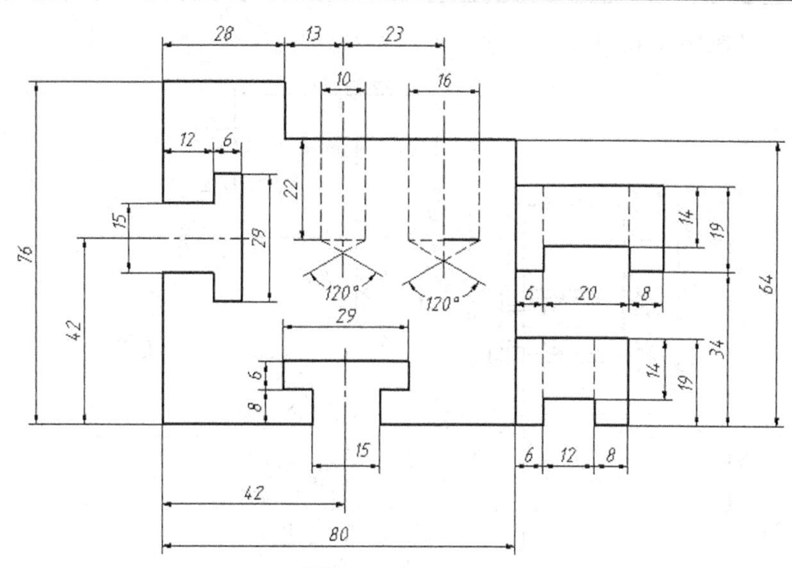

图5-31　编辑已有图形生成新图形（1）

1. 创建 3 个图层。

名称	颜色	线型	线宽
轮廓线层	绿色	Continuous	0.5
中心线层	红色	Center	默认
虚线层	黄色	Dashed	默认

2. 设定线型总体比例因子为 0.2。设定绘图区域大小为 150 × 150，并使该区域充满整个图形窗口显示出来。
3. 打开极轴追踪、对象捕捉及自动追踪功能。指定极轴追踪角度增量为 90°；设定对象捕捉方式为“端点”、“交点”。
4. 切换到轮廓线层，画作图基准线 *A*、*B*，其长度为 110 左右，如图 5-32 左图所示。用 OFFSET 及 TRIM 命令形成线框 *C*，如图 5-32 右图所示。

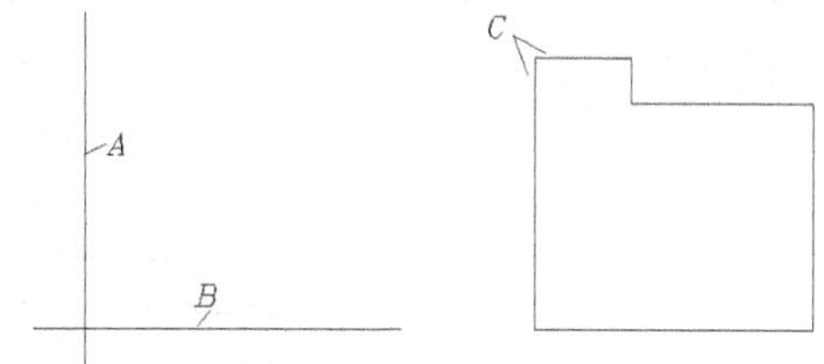

图5-32　绘制作图基准线及线框

5. 绘制线框 *B*、*C*、*D*，如图 5-33 左图所示。用 COPY、ROTATE、SCALE 及 STRETCH 等命令形成线框 *E*、*F*、*G*，如图 5-33 右图所示。

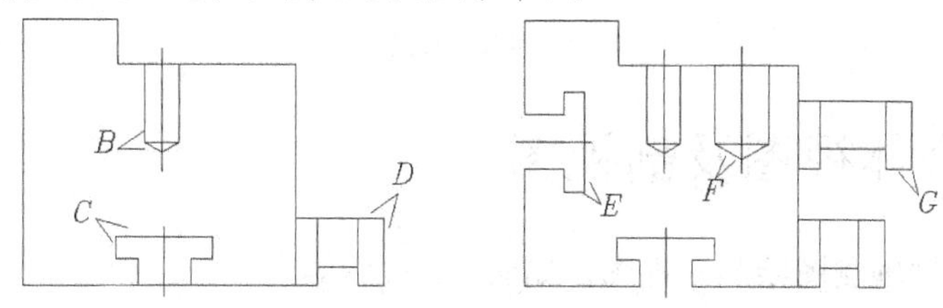

图5-33　绘制线框及编辑线框形成新图形

【练习5-12】：绘制图 5-34 所示的图形。

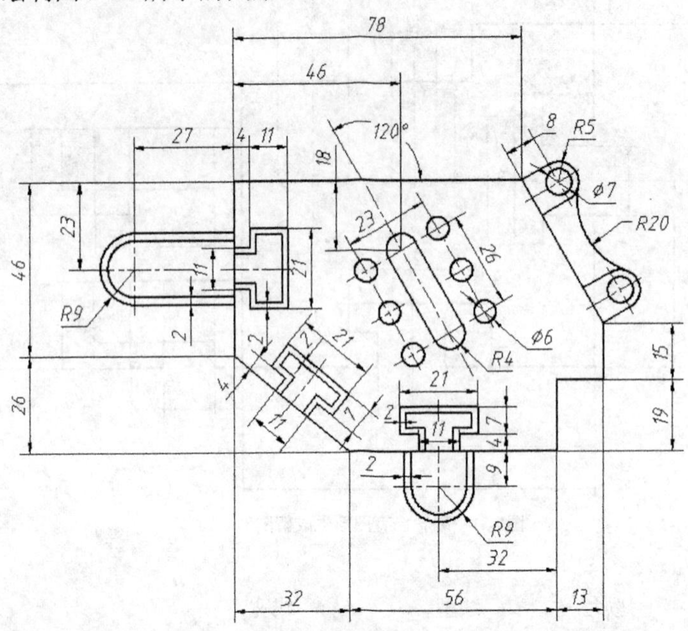

图5-34 编辑已有图形生成新图形（2）

主要作图步骤如图 5-35 所示。

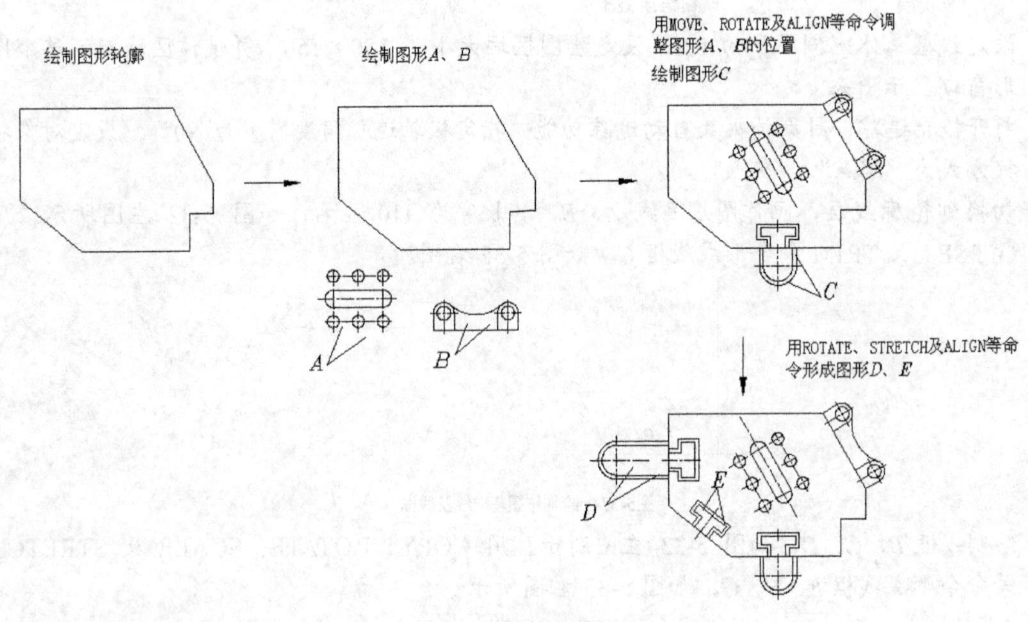

图5-35 主要绘图过程

5.7 绘制组合体视图及剖视图

【练习5-13】：根据轴测图绘制三视图，如图 5-36 所示。

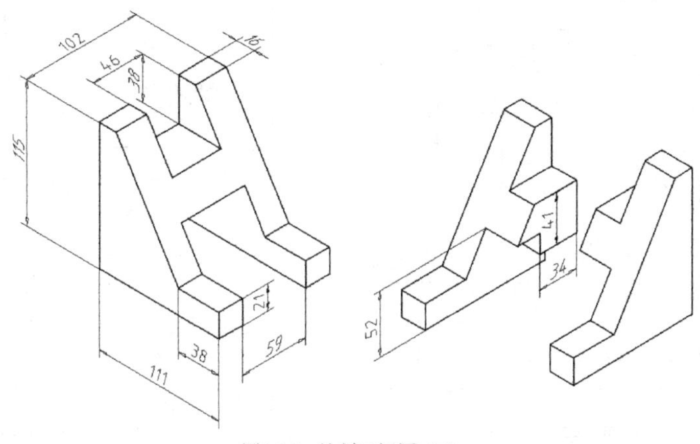

图5-36　绘制三视图（1）

1. 创建 3 个图层。

名称	颜色	线型	线宽
轮廓线层	绿色	Continuous	0.5
中心线层	红色	Center	默认
虚线层	黄色	Dashed	默认

2. 设定线型总体比例因子为 0.3。设定绘图区域大小为 170×170，并使该区域充满整个图形窗口显示出来。
3. 打开极轴追踪、对象捕捉及自动追踪功能。指定极轴追踪角度增量为 90°；设定对象捕捉方式为“端点”、“交点”。
4. 切换到轮廓线层，画两条作图基准线，如图 5-37 左图所示。用 OFFSET 及 TRIM 等命令绘制主视图，如图 5-37 右图所示。

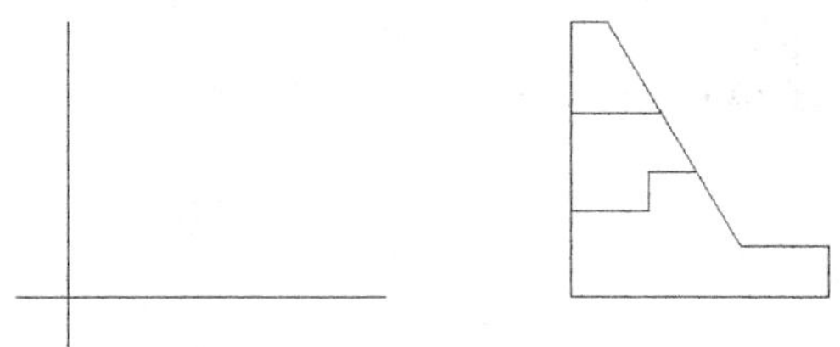

图5-37　绘制主视图

5. 绘制水平投影线及左视图对称线，如图 5-38 左图所示。用 OFFSET 及 TRIM 等命令绘制左视图，如图 5-38 右图所示。

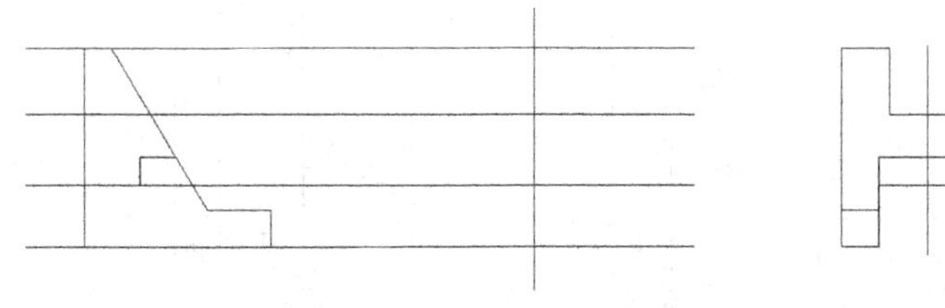

图5-38　绘制左视图

6. 将左视图复制到屏幕的适当位置，将其旋转 90°，然后用 XLINE 命令从主视图、左视图向俯视图画投影线，如图 5-39 所示。
7. 用 OFFSET 及 TRIM 等命令绘制俯视图细节，如图 5-40 所示。

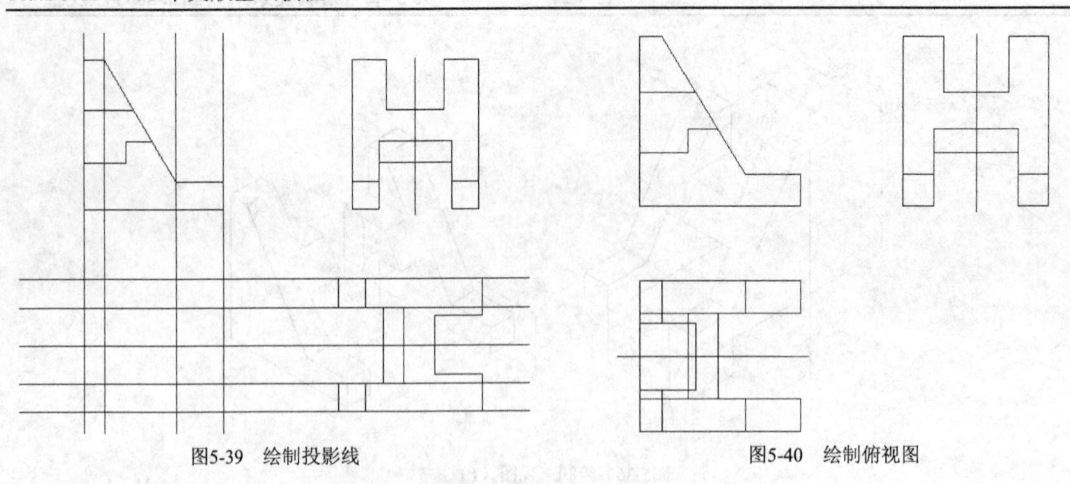

图5-39　绘制投影线　　　　图5-40　绘制俯视图

【练习5-14】：根据轴测图绘制三视图，如图 5-41 所示。

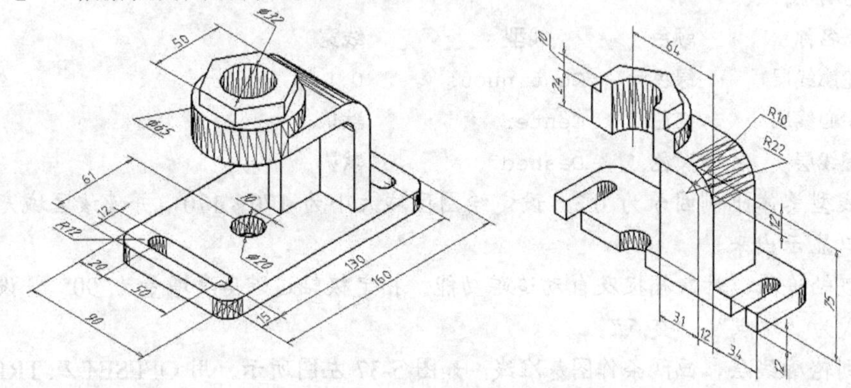

图5-41　绘制三视图（2）

主要作图步骤如图 5-42 所示。

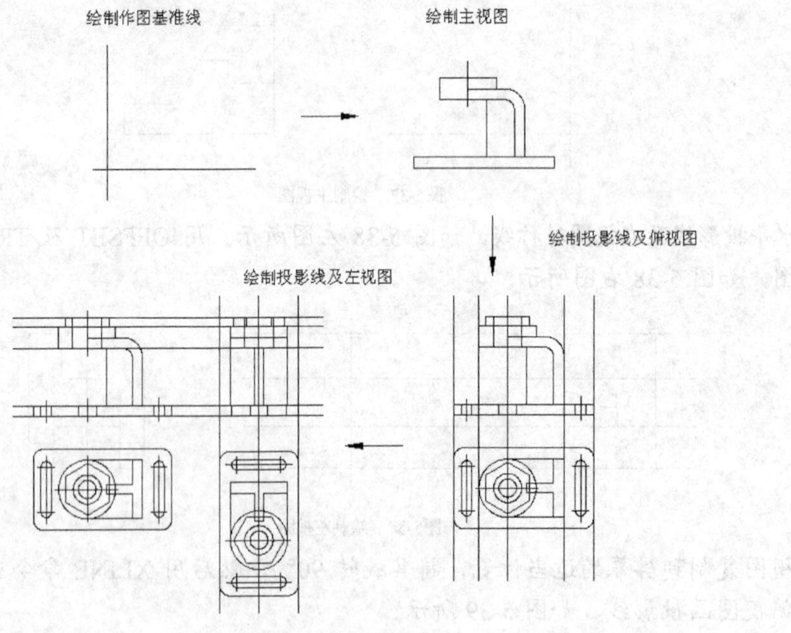

图5-42　主要绘图过程

【练习5-15】：根据轴测图及视图轮廓绘制视图及剖视图，如图 5-43 所示。主视图采用半剖方式。

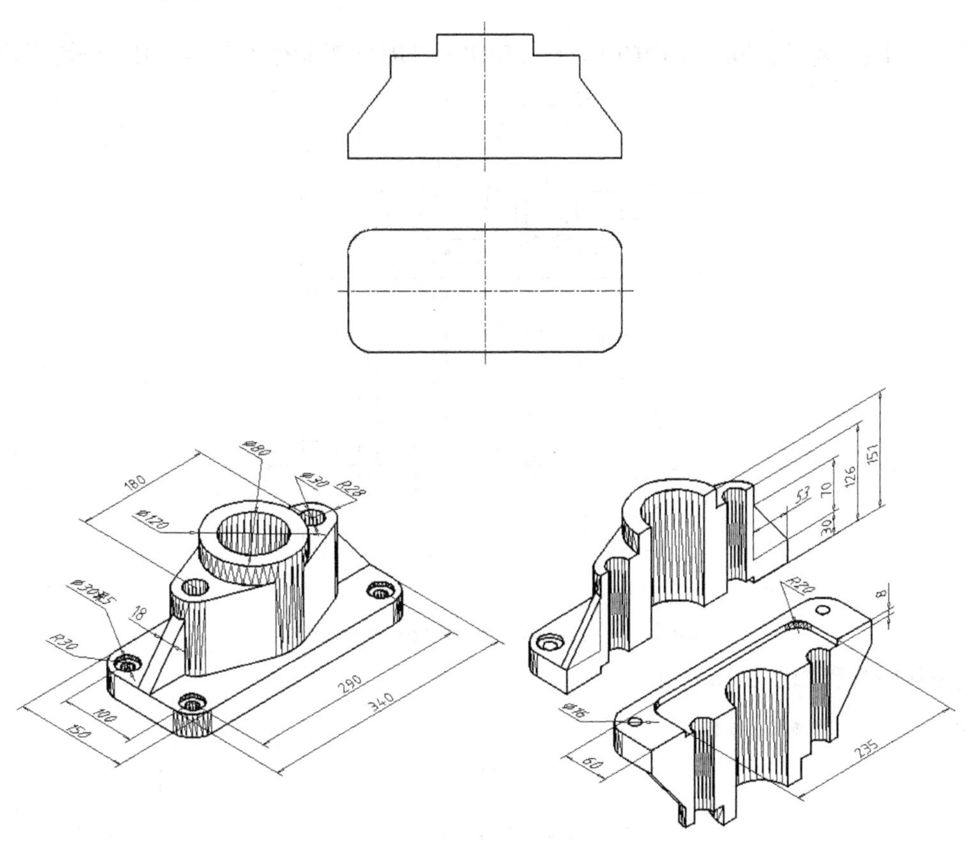

图5-43 绘制视图及剖视图

主要作图步骤如图 5-44 所示。

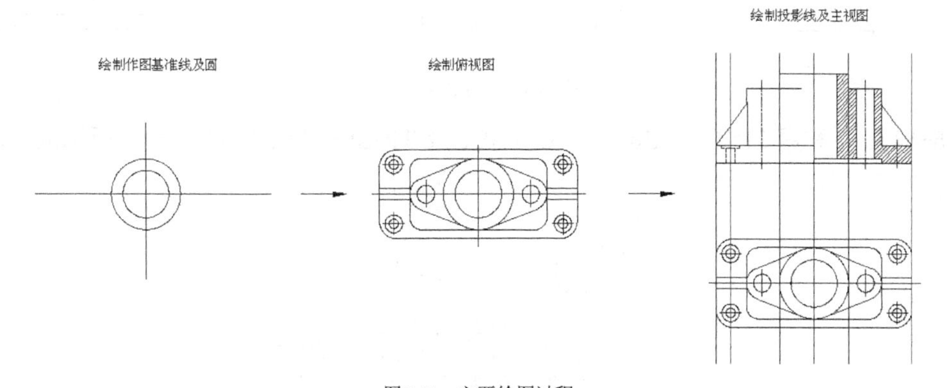

图5-44 主要绘图过程

5.8 上机练习

下面提供一些较复杂的平面绘图练习，通过这些练习来进一步提高绘图技能，并熟练掌握所学的绘图技巧。

5.8.1 平面绘图综合练习——绘制复杂平面图形

【练习5-16】：利用 LINE、CIRCLE、OFFSET 及 TRIM 等命令绘制图 5-45 所示的图形。

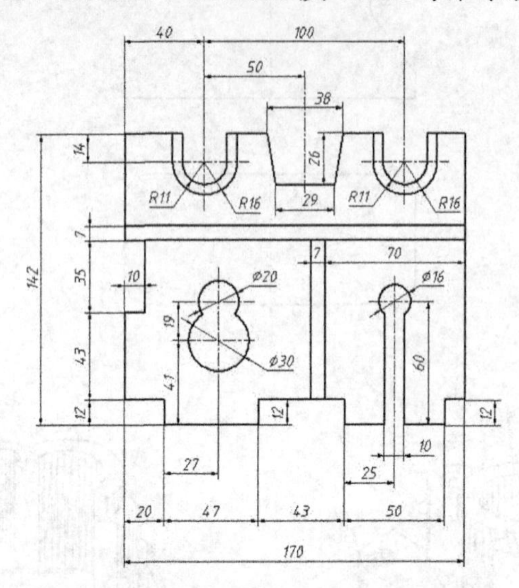

图5-45 用 LINE、OFFSET 及 TRIM 等命令绘图

主要作图步骤如图 5-46 所示。

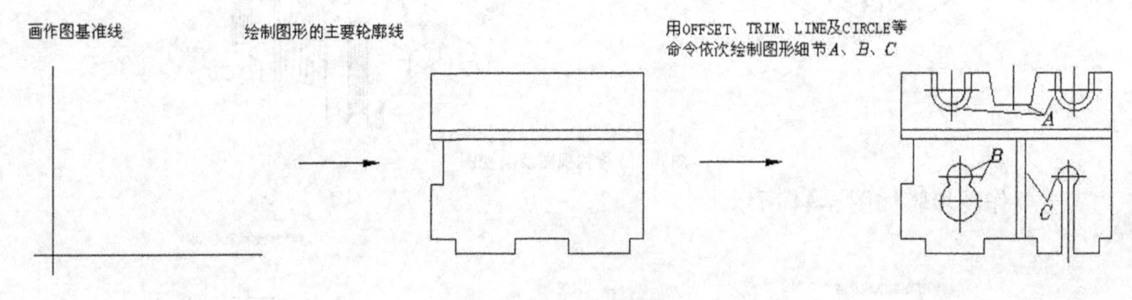

图5-46 主要作图步骤

【练习5-17】：利用 LINE、CIRCLE、OFFSET 及 TRIM 等命令绘制图 5-47 所示的图形。

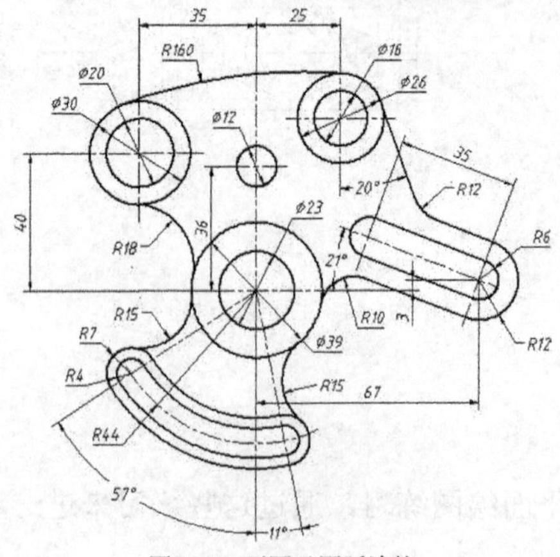

图5-47 画圆及圆弧连接

主要作图步骤如图 5-48 所示。

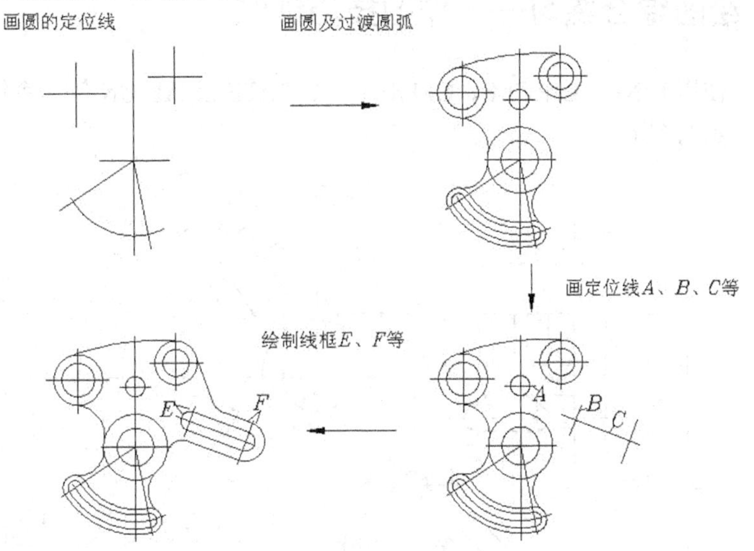

图5-48　主要作图步骤

【练习5-18】：利用 CIRCLE、OFFSET 及 ARRAY 等命令绘制图 5-49 所示的图形。

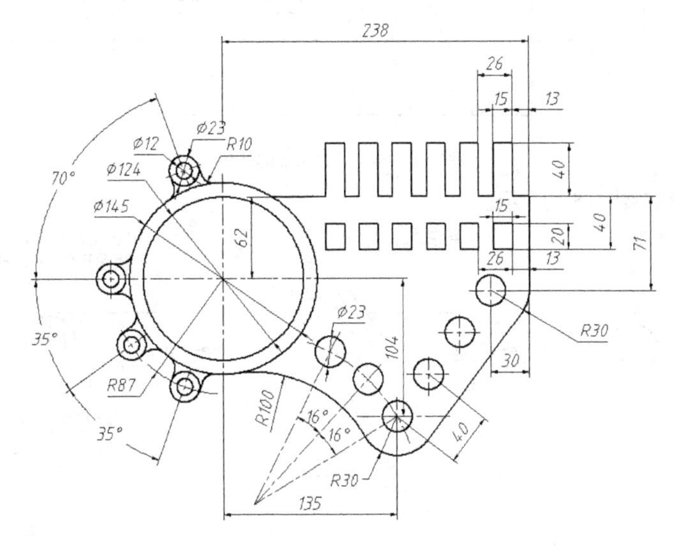

图5-49　创建矩形及环形阵列

主要作图步骤如图 5-50 所示。

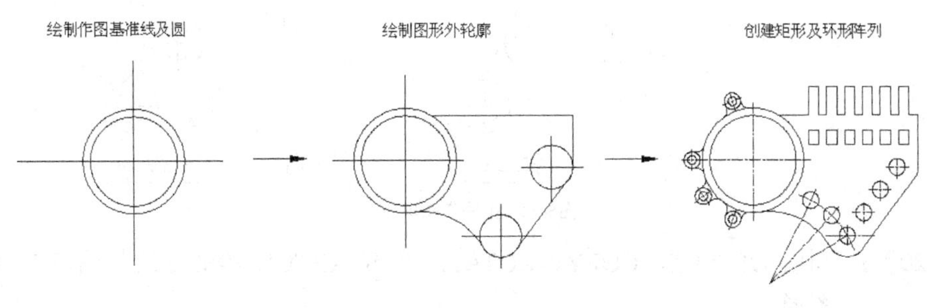

图5-50　主要作图步骤

5.8.2 平面绘图综合练习——作图技巧训练

【练习5-19】：使用 LINE、CIRCLE、OFFSET、ROTATE 及 ALIGN 等命令绘制图 5-51 所示的图形。

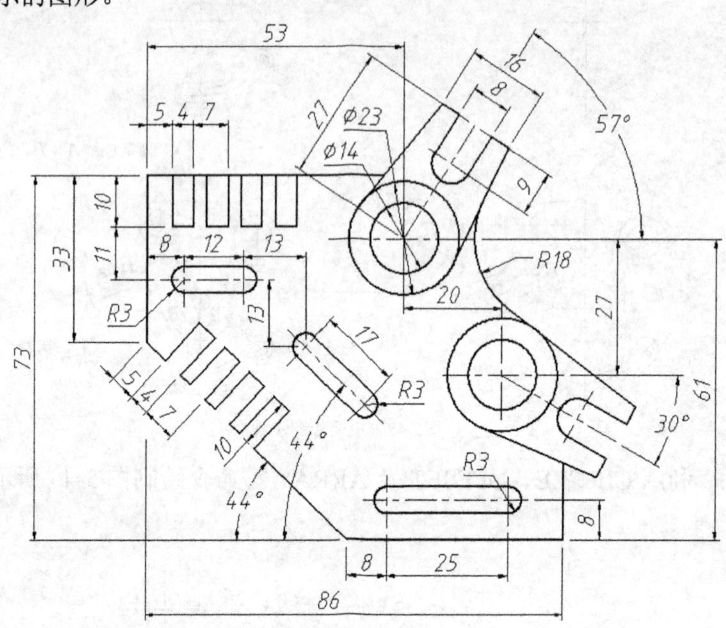

图5-51 绘制倾斜图形的技巧

主要作图步骤如图 5-52 所示。

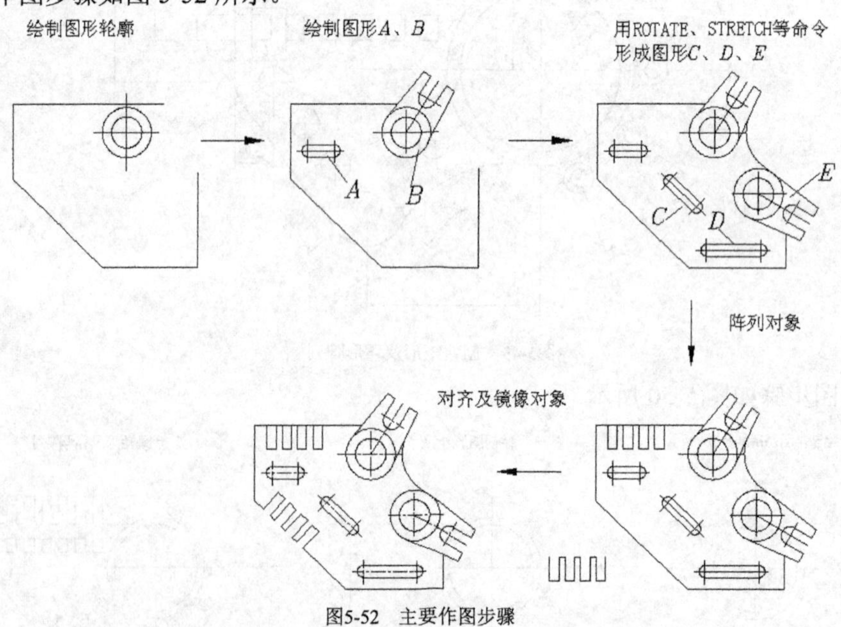

图5-52 主要作图步骤

【练习5-20】：利用 OFFSET、COPY、ROTATE 及 STRETCH 等命令绘制图 5-53 所示的图形。

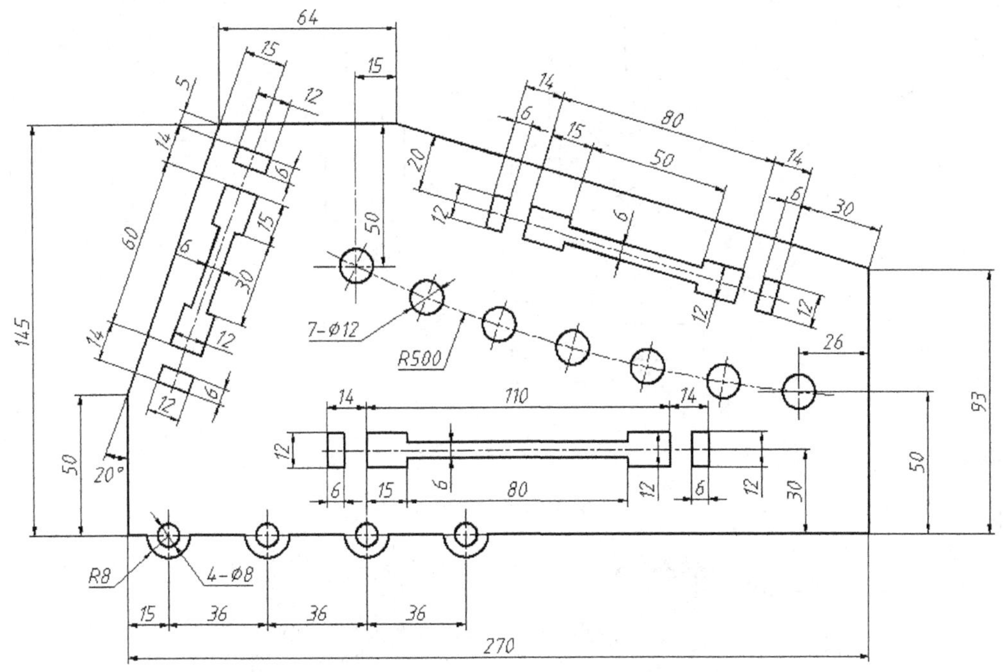

图5-53　用 COPY、ROTATE 及 STRETCH 等命令绘图

主要作图步骤如图 5-54 所示。

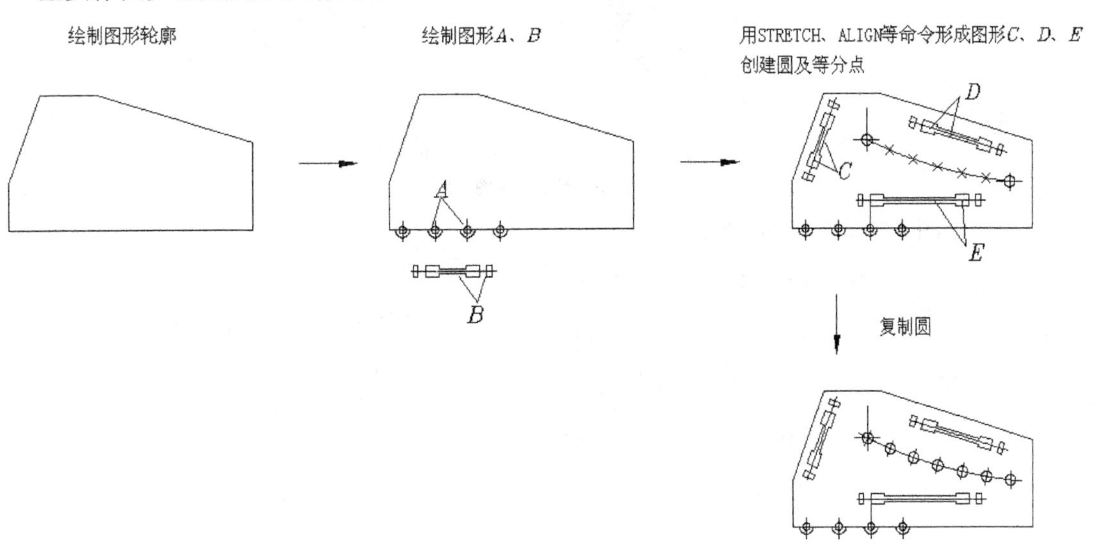

图5-54　主要作图步骤

5.8.3　绘制三视图

【练习5-21】：根据轴测图及视图轮廓绘制三视图，如图 5-55 所示。

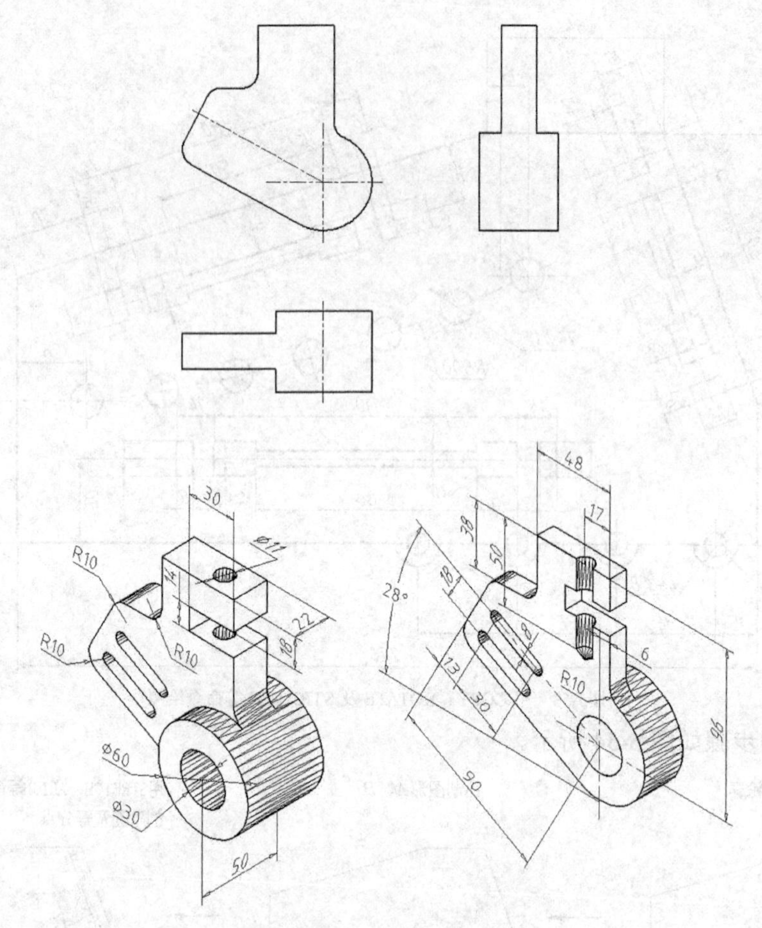

图5-55　绘制三视图（1）

主要作图步骤如图 5-56 所示。

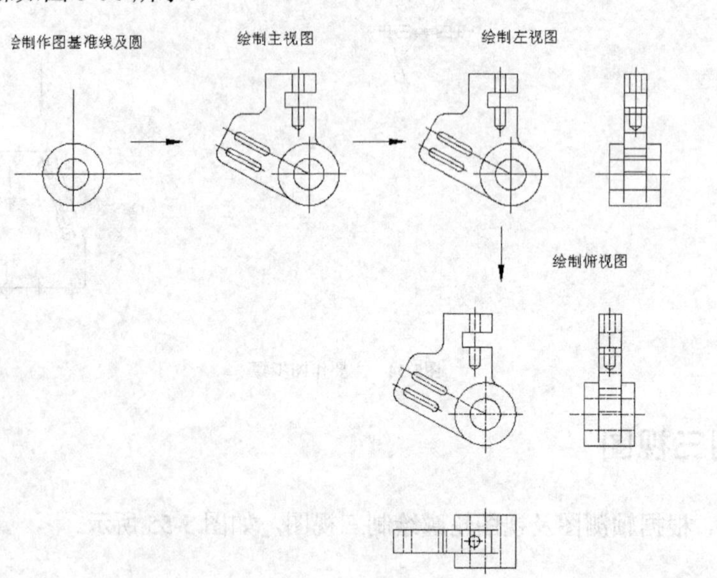

图5-56　主要作图步骤

【练习5-22】： 根据轴测图绘制三视图，如图 5-57 所示。

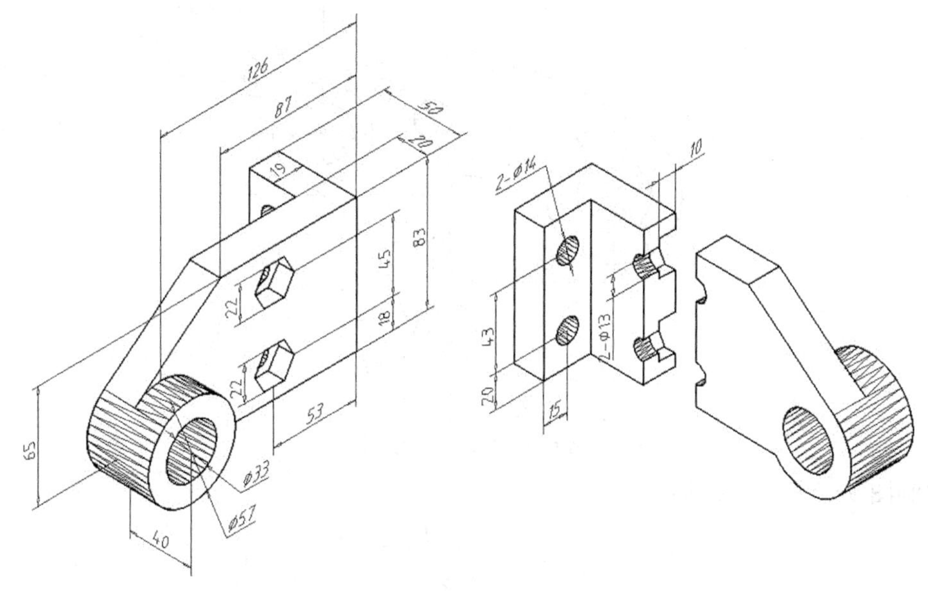

图5-57 绘制三视图（2）

主要作图步骤如图 5-58 所示。

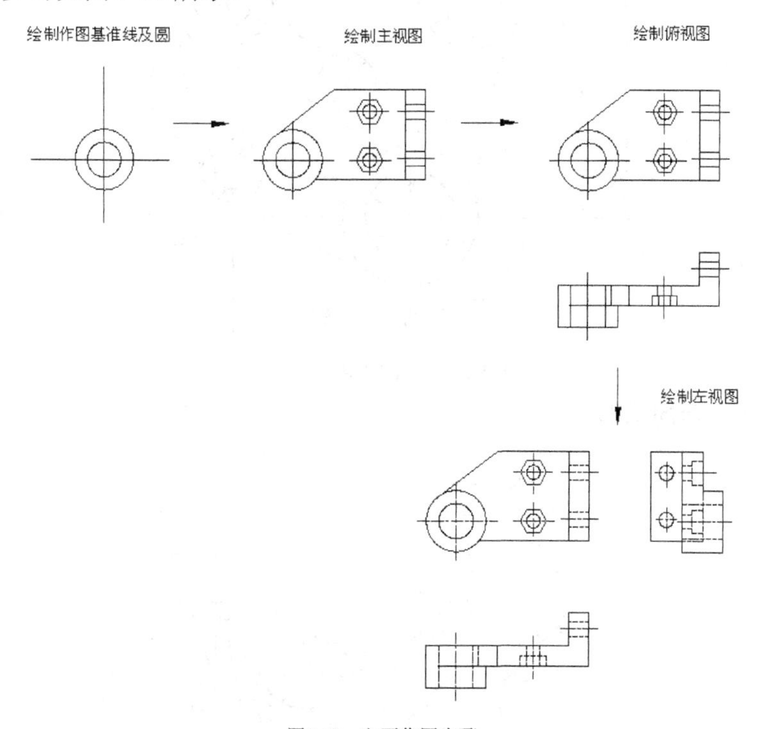

图5-58 主要作图步骤

5.9 习题

1. 绘制图 5-59 所示的图形。

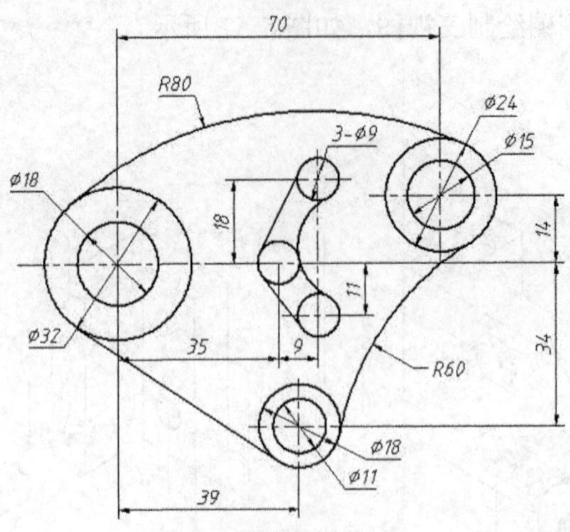

图5-59 绘制圆弧连接（1）

2. 绘制图 5-60 所示的图形。

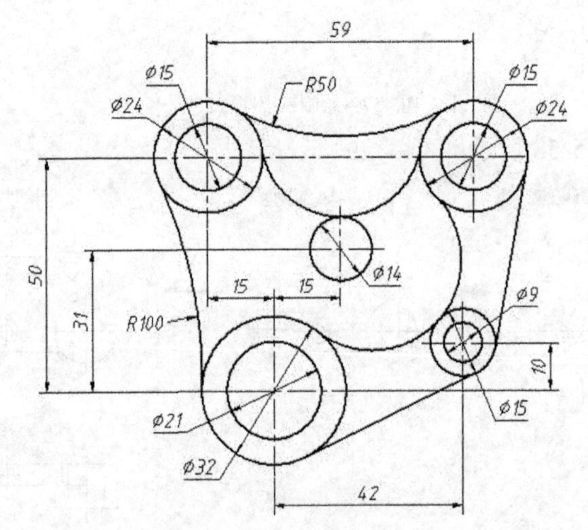

图5-60 绘制圆弧连接（2）

3. 绘制图 5-61 所示的图形。

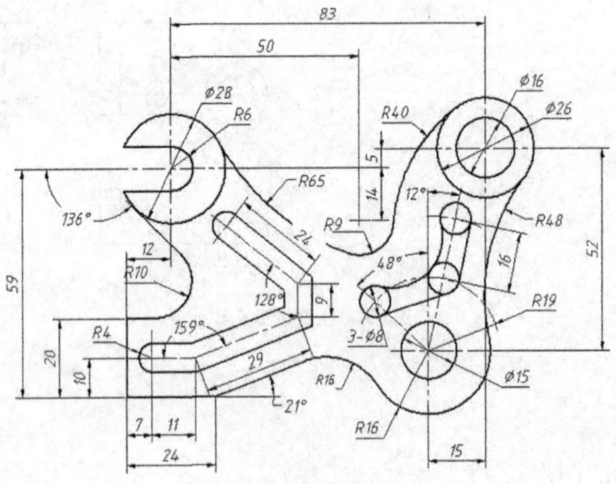

图5-61 绘制圆弧连接（3）

4. 绘制图 5-62 所示的图形。

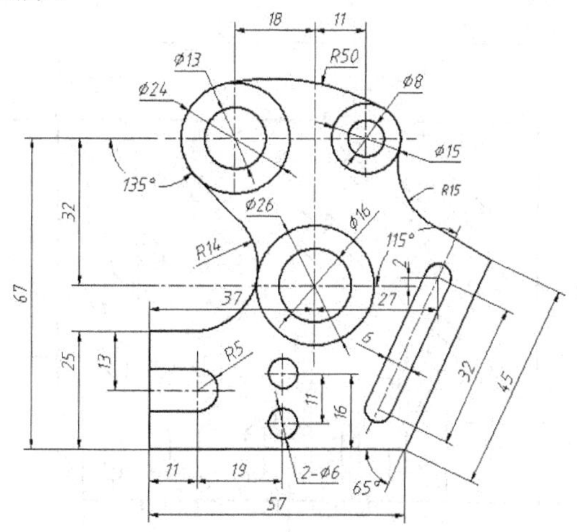

图5-62　绘制圆弧连接（4）

5. 绘制图 5-63 所示的图形。

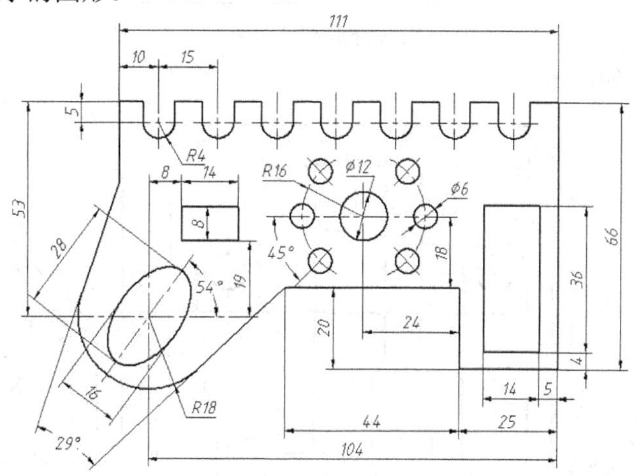

图5-63　创建矩形及环形阵列（1）

6. 绘制图 5-64 所示的图形。

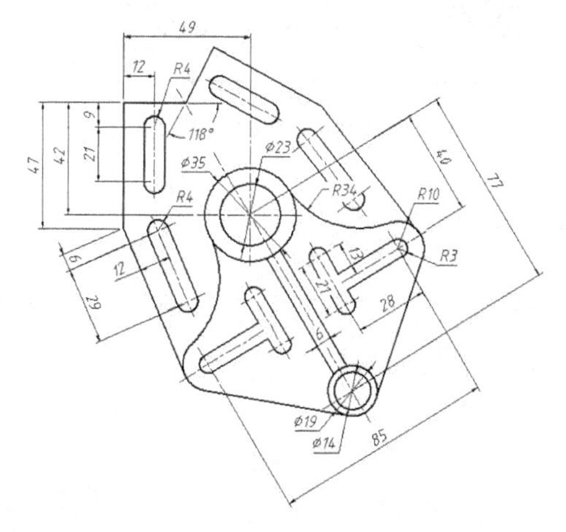

图5-64　绘制倾斜图形

7. 绘制图 5-65 所示的图形。

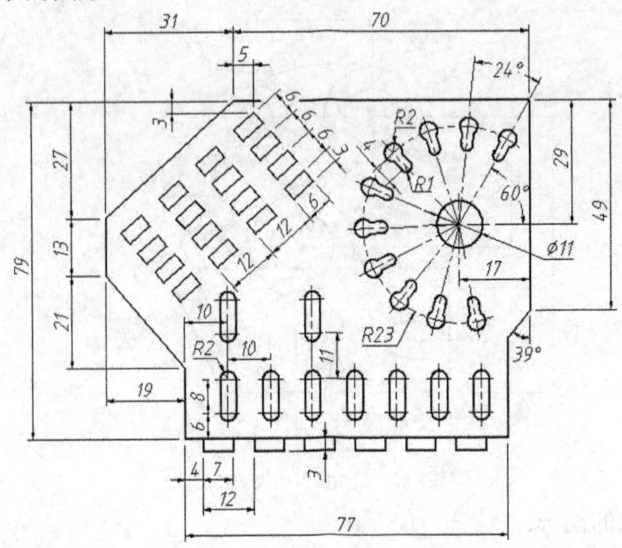

图5-65 创建矩形及环形阵列（2）

8. 绘制图 5-66 所示的图形。

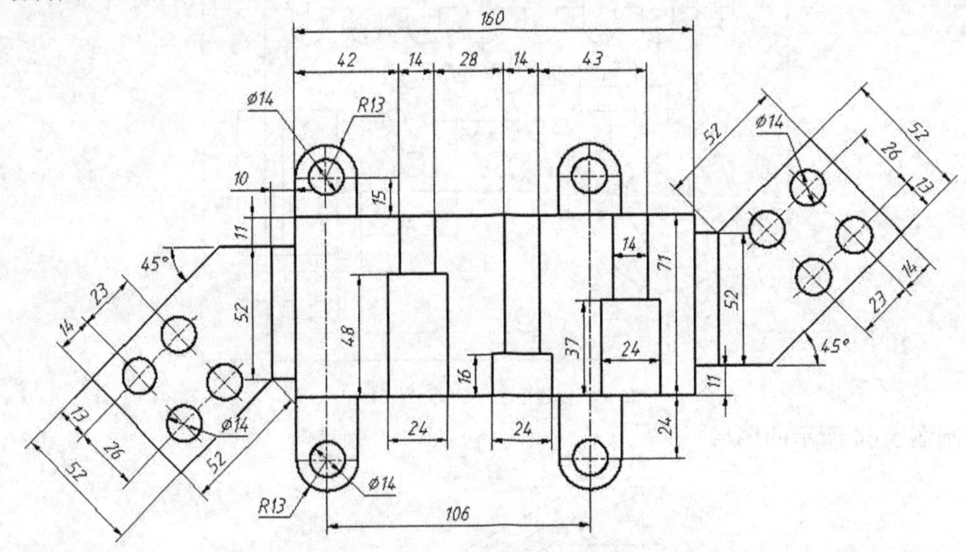

图5-66 利用已有对象生成新对象

第6章 参数化绘图

【学习目标】

- 添加、编辑几何约束。
- 添加、编辑尺寸约束。
- 利用变量及表达式约束图形。
- 参数化绘图的一般方法

6.1 几何约束

本节介绍添加及编辑几何约束的方法。

6.1.1 添加几何约束

几何约束用于确定二维对象间或对象上各点间的几何关系，如平行、垂直、同心或重合等。例如，可添加平行约束使两条线段平行，添加重合约束使两端点重合等。

可以通过【参数化】选项卡的【几何】面板来添加几何约束，约束的种类如表 6-1 所示。

表 6-1 几何约束的种类

几何约束按钮	名称	功能
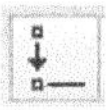	重合约束	使两个点或一个点和一条直线重合
	共线约束	使两条直线位于同一条无限长的直线上
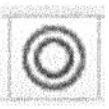	同心约束	使选定的圆、圆弧或椭圆保持同一中心点
	固定约束	使一个点或一条曲线固定到相对于世界坐标系（WCS）的指定位置和方向上
	平行约束	使两条直线保持相互平行
	垂直约束	使两条直线或多段线的夹角保持 90°
	水平约束	使一条直线或一对点与当前 UCS 的 x 轴保持平行
	竖直约束	使一条直线或一对点与当前 UCS 的 y 轴保持平行
	相切约束	使两条曲线保持相切或与其延长线保持相切

续表

几何约束按钮	名称	功能
	平滑约束	使一条样条曲线与其他样条曲线、直线、圆弧或多段线保持几何连续性
	对称约束	使两个对象或两个点关于选定直线保持对称
	相等约束	使两条直线或多段线具有相同长度，或使圆弧具有相同半径值
	自动约束	根据选择对象自动添加几何约束。单击【几何】面板右下角的箭头，打开【约束设置】对话框，通过【自动约束】选项卡设置添加各类约束的优先级及是否添加约束的公差值

在添加几何约束时，选择两个对象的顺序将决定对象怎样更新。通常，所选的第二个对象会根据第一个对象进行调整。例如，应用垂直约束时，选择的第二个对象将调整为垂直于第一个对象。

【练习6-1】： 绘制平面图形，图形尺寸任意，如图 6-1 左图所示。编辑图形，然后给图中对象添加几何约束，结果如图 6-1 右图所示。

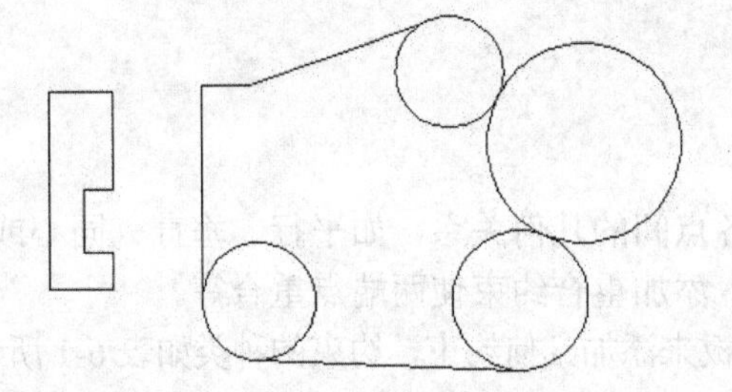

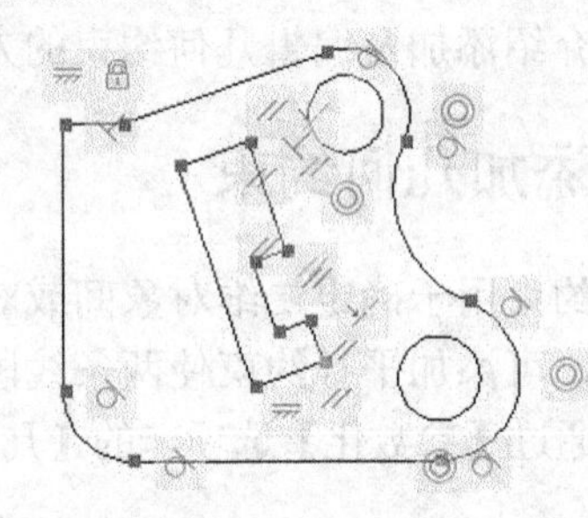

图6-1　添加几何约束

1. 绘制平面图形，图形尺寸任意，如图 6-2 左图所示。修剪多余线条，结果如图 6-2 右图所示。

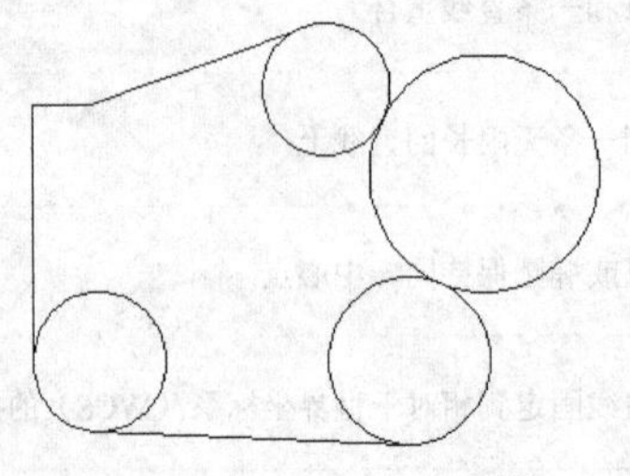

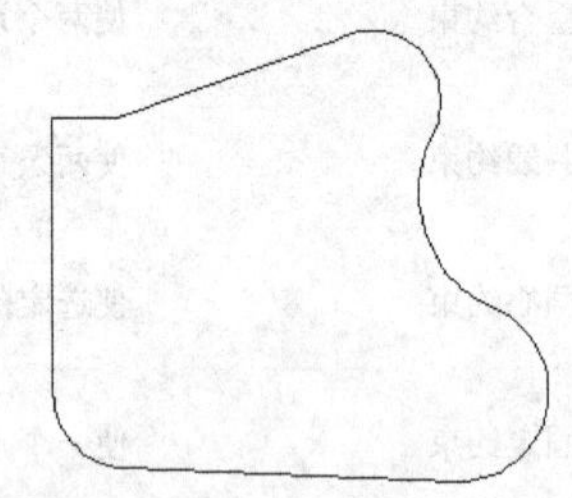

图6-2　绘制平面图形

2. 单击【几何】面板上的按钮（自动约束），然后选择所有图形对象，AutoCAD 自动对已选对象添加几何约束，如图 6-3 所示。
3. 添加以下约束。

(1) 固定约束：单击按钮，捕捉 *A* 点，如图 6-4 所示。
(2) 相切约束：单击按钮，先选择圆弧 *B*，再选线段 *C*。
(3) 水平约束：单击按钮，选择线段 *D*。
结果如图 6-4 所示。

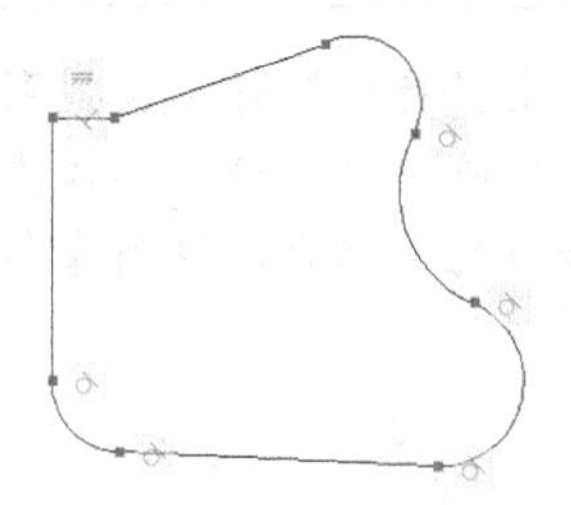

图6-3　自动添加几何约束

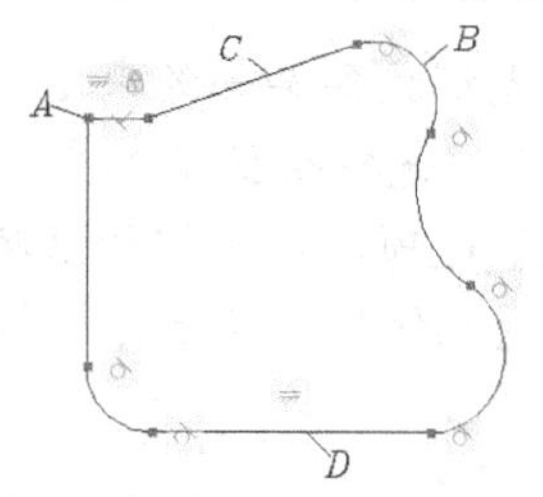

图6-4　动添固定、相切及水平约束

4. 绘制两个圆，如图 6-5 左图所示。给两个圆添加同心约束，结果如图 6-5 右图所示。指定圆弧圆心时，可利用“CEN”捕捉。

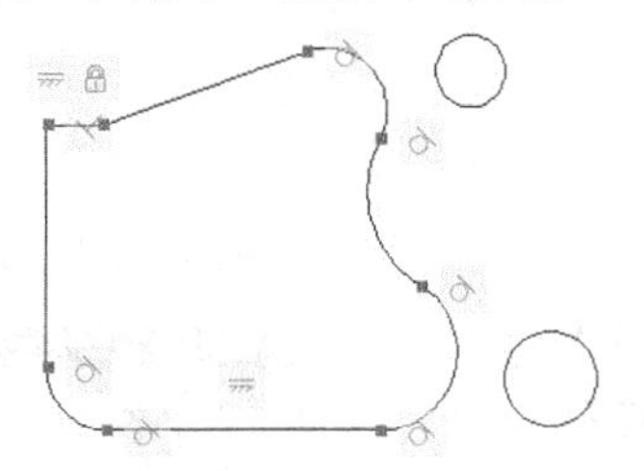

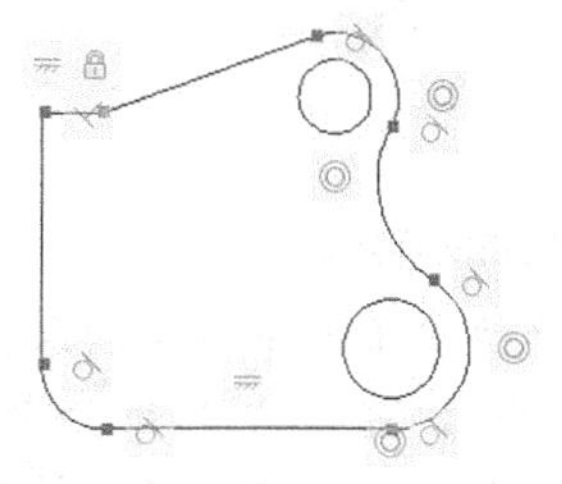

图6-5　添加同心约束

5. 绘制平面图形，图形尺寸任意，如图 6-6 左图所示。旋转及移动图形，结果如图 6-6 右图所示。
6. 为图形内部的线框添加自动约束，然后在线段 *E*、*F* 间加入平行约束，结果如图 6-7 所示。

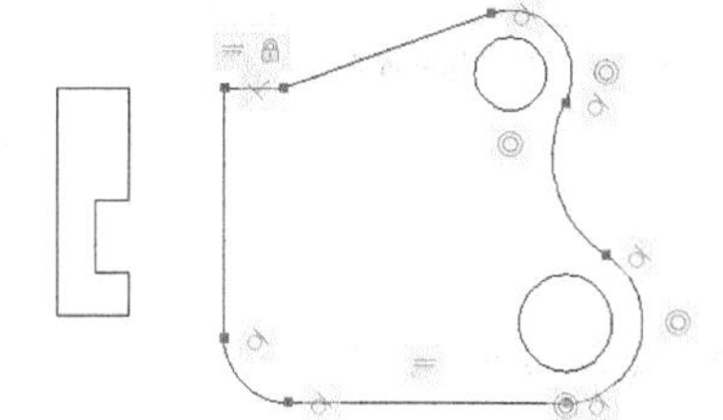

图6-6　绘制平面图形

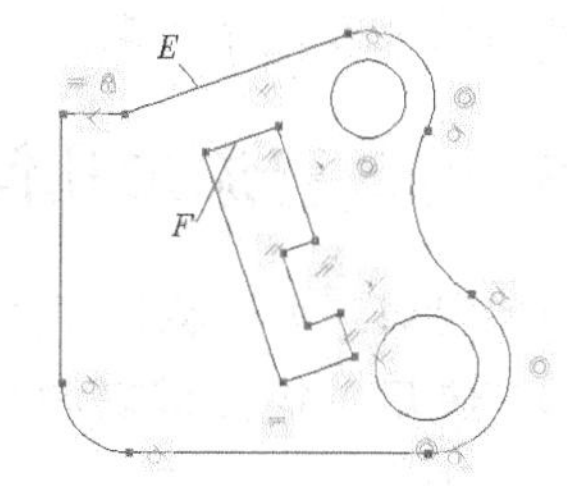

图6-7　添加约束

6.1.2　编辑几何约束

添加几何约束后，在对象的旁边出现约束图标。将光标移动到图标或图形对象上，AutoCAD 将亮显相关的对象及约束图标。对已加到图形中的几何约束可以进行显示、隐藏和删除等操作。

【练习6-2】： 编辑几何约束。

1. 绘制平面图形，并添加几何约束，如图 6-8 所示。图中两条长线段平行且相等；两条短线段垂直且相等。
2. 单击【参数化】选项卡中【几何】面板上的 全部隐藏 按钮，图形中的所有几何约束将全部隐藏。
3. 单击【参数化】选项卡中【几何】面板上的 全部显示 按钮，则图形中所有的几何约束将全部显示。

4. 将鼠标光标放到某一约束上，该约束将加亮显示，单击鼠标右键弹出快捷菜单，如图 6-9 所示。选择快捷菜单中的【删除】选项可以将该几何约束删除。选择快捷菜单的【隐藏】选项，该几何约束将被隐藏，要想重新显示该几何约束，运用【参数化】选项卡中【几何】面板上的显示按钮即可。

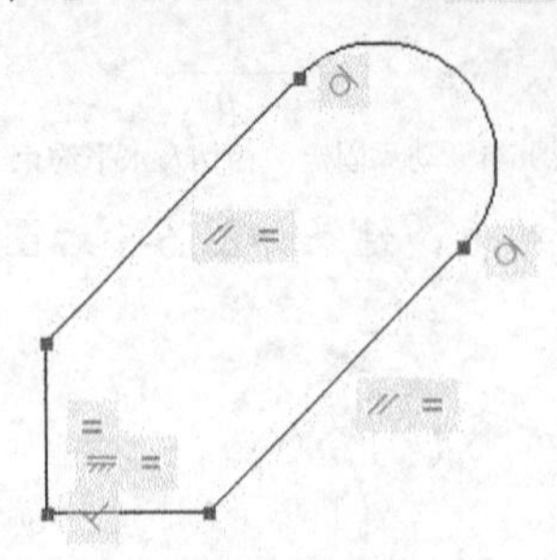

图6-8 绘制图形并添加约束

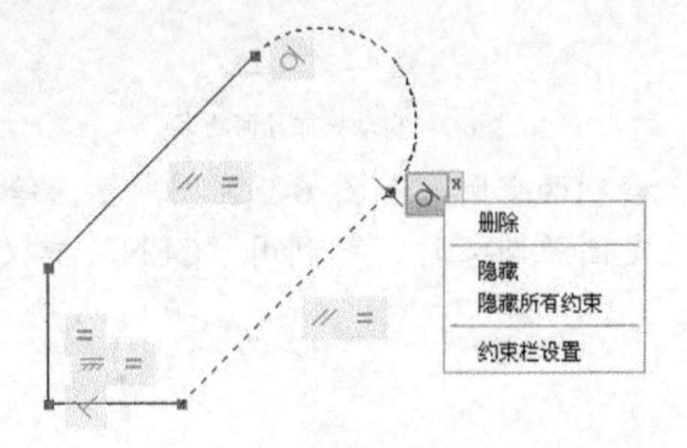

图6-9 编辑几何约束

5. 选择图 6-9 所示快捷菜单中的【约束栏设置】选项或单击【几何】面板右下角的箭头将弹出【约束设置】对话框，如图 6-10 所示。通过该对话框可以设置约束的类型，还可以设置约束栏图标的透明度。

6. 选择受约束的对象，单击【参数化】选项卡中【管理】面板上的按钮，将删除图形中所有几何约束和尺寸约束。

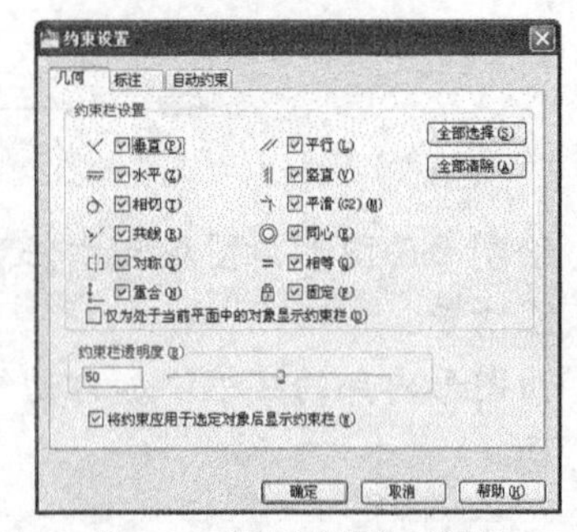

图6-10 【约束设置】对话框

6.1.3 修改已添加几何约束的对象

可通过以下方法编辑受约束的几何对象。

- 使用关键点编辑模式修改受约束的几何图形，该图形会保留应用的所有约束。
- 使用 MOVE、COPY、ROTATE 和 SCALE 等命令修改受约束的几何图形后，结果会保留应用于对象的约束。
- 在有些情况下，使用 TRIM、EXTEND 及 BREAK 等命令修改受约束的对象后，所加约束将被删除。

6.2 尺寸约束

本节介绍添加及编辑尺寸约束的方法。

6.2.1 添加尺寸约束

尺寸约束控制二维对象的大小、角度及两点间距离等，此类约束可以是数值，也可是变量及方程式。改变尺寸约束，则约束将驱动对象发生相应变化。

可通过【参数化】选项卡的【标注】面板来添加尺寸约束。约束种类、约束转换及显示如表 6-2 所示。

表 6-2　　　　尺寸约束的种类、转换及显示

按钮	名称	功能
	线性约束	约束两点之间的水平或竖直距离
	对齐约束	约束两点、点与直线、直线与直线间的距离
	半径约束	约束圆或者圆弧的半径
	直径约束	约束圆或者圆弧的直径
	角度约束	约束直线间的夹角、圆弧的圆心角或 3 个点构成的角度
	转换	（1） 将普通尺寸标注（与标注对象关联）转换为动态约束或注释性约束 （2） 使动态约束与注释性约束相互转换 （3） 利用“形式(F)”选项指定当前尺寸约束为动态约束或注释性约束
	显示	显示或隐藏图形内的动态约束

尺寸约束分为两种形式：动态约束和注释性约束。默认情况下是动态约束，系统变量 CCONSTRAINTFORM 为 0。若为 1，则默认尺寸约束为注释性约束。

- 动态约束：标注外观由固定的预定义标注样式决定（在第 7 章中将介绍标注样式），不能修改且不能被打印。在缩放操作过程中动态约束保持相同大小。
- 注释性约束：标注外观由当前标注样式控制，可以修改，也可打印。在缩放操作过程中注释性约束的大小发生变化。可把注释性约束放在同一图层上，设置颜色及改变可见性。

动态约束与注释性约束间可相互转换，选择尺寸约束，单击鼠标右键，弹出快捷菜单，选择【特性】选项，打开【特性】对话框，在【约束形式】下拉列表中指定尺寸约束要采用的形式。

【练习6-3】： 绘制平面图形，添加几何约束及尺寸约束，使图形处于完全约束状态，如图 6-11 所示。

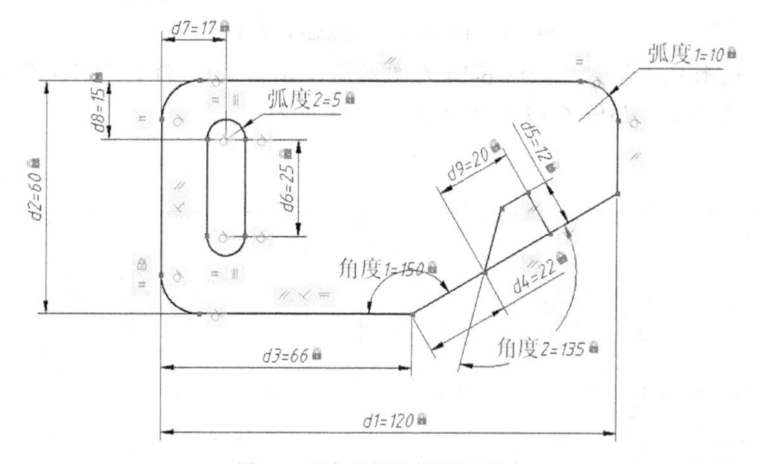

图6-11　添加几何约束及尺寸约束

1. 设定绘图区域大小为 200 × 200，并使该区域充满整个图形窗口显示出来。

2. 打开极轴追踪、对象捕捉及自动追踪功能，设定对象捕捉方式为“端点”、“交点”及“圆心”。
3. 绘制图形，图形尺寸任意，如图 6-12 左图所示。让 AutoCAD 自动约束图形，对圆心 *A* 施加固定约束，对所有圆弧施加相等约束，如图 6-12 右图所示。

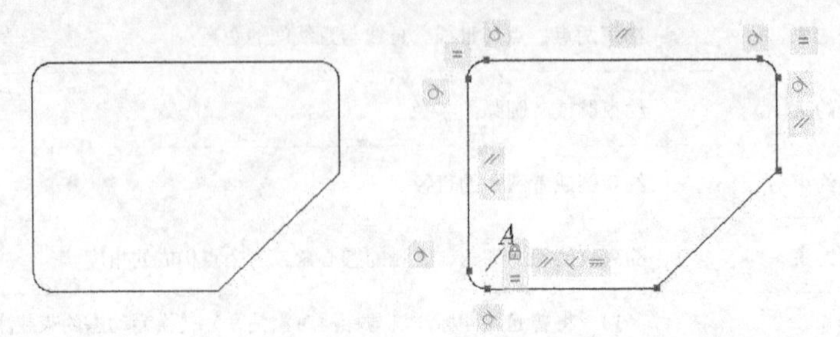

图6-12　自动约束图形及施加固定约束

4. 添加以下尺寸约束。

(1) 线性约束：单击按钮，指定 *B*、*C* 点，输入约束值，创建线性尺寸约束，如图 6-13 左图所示。

(2) 角度约束：单击按钮，选择线段 *D*、*E*，输入角度值，创建角度约束。

(3) 半径约束：单击按钮，选择圆弧，输入半径值，创建半径约束。

(4) 继续创建其余尺寸约束，结果如图 6-13 右图所示。添加尺寸约束的一般顺序是，先定形，后定位；先大尺寸，后小尺寸。

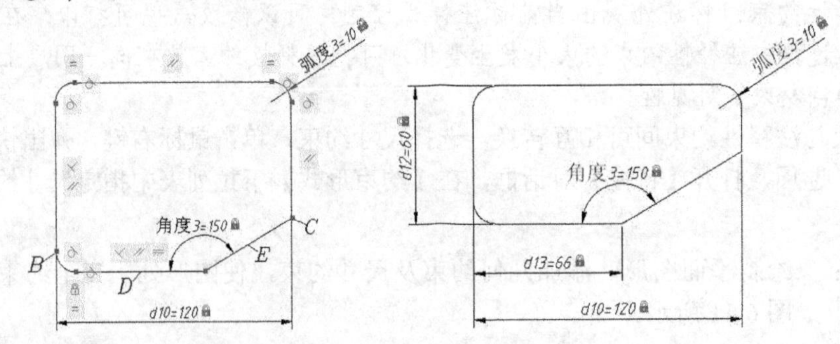

图6-13　自动约束图形及施加固定约束

5. 绘制图形，图形尺寸任意，如图 6-14 左图所示。让 AutoCAD 自动约束新图形，然后添加平行及垂直约束，如图 6-14 右图所示。

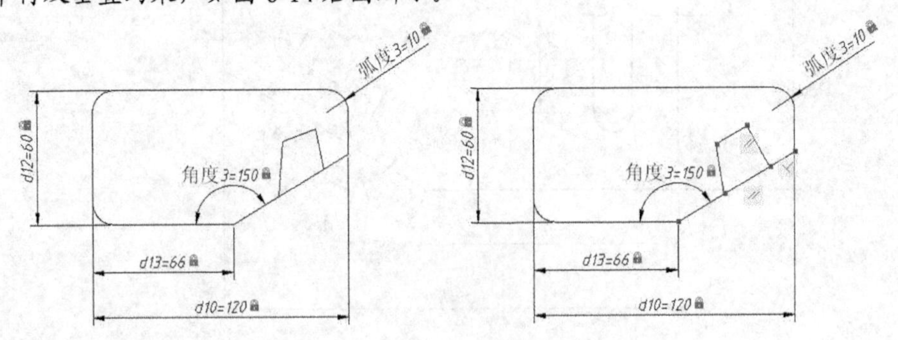

图6-14　自动约束图形及施加平行和垂直约束

6. 添加尺寸约束，如图 6-15 所示。

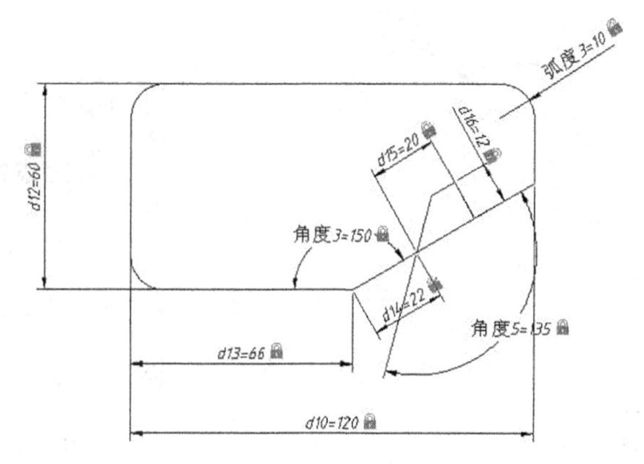

图6-15　加入尺寸约束

7. 绘制图形，图形尺寸任意，如图 6-16 左图所示。修剪多余线条，添加几何约束及尺寸约束，如图 6-16 右图所示。

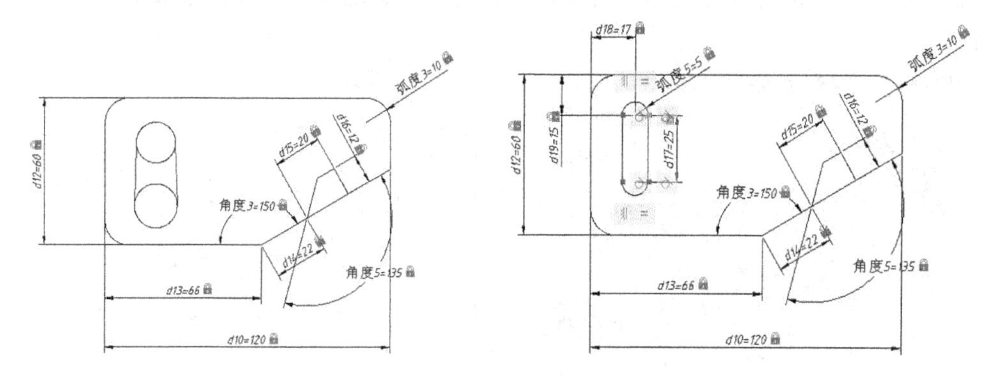

图6-16　绘制图形及添加约束

8. 保存图形，下一节将使用它。

6.2.2　编辑尺寸约束

对于已创建的尺寸约束，可采用以下方法进行编辑。

(1)　双击尺寸约束或利用 DDEDIT 命令编辑约束的值、变量名称或表达式。

(2)　选中尺寸约束，拖动与其关联的三角形关键点改变约束的值，同时驱动图形对象改变。

(3)　选中约束，单击鼠标右键，利用快捷菜单中相应选项编辑约束。

继续前面的练习，下面修改尺寸值及转换尺寸约束。

1. 将总长尺寸由 120 改为 100，“角度 3” 改为 130，结果如图 6-17 所示。
2. 单击【参数化】选项卡中【标注】面板上的按钮，图中所有尺寸约束将全部隐藏（默认下该按钮处于选中状态），再次单击该按钮所有尺寸约束又显示出来。
3. 选中所有尺寸约束，单击鼠标右键，弹出快捷菜单，选择【特性】选项，弹出【特性】对话框，如图 6-18 所示。在【约束形式】下拉列表中选择【注释性】选项，则动态尺寸约束转换为注释性尺寸约束。

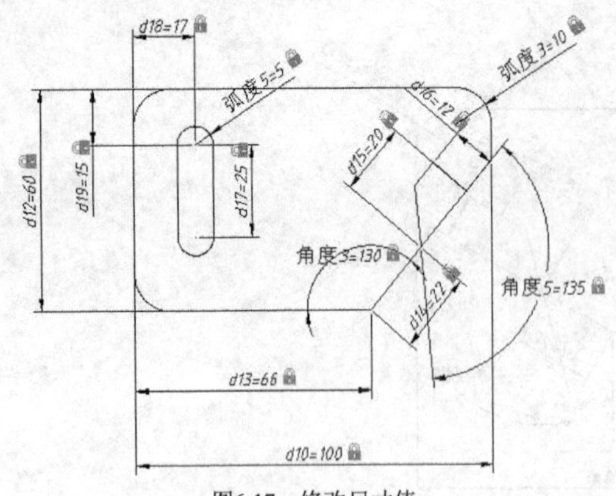

图6-17　修改尺寸值

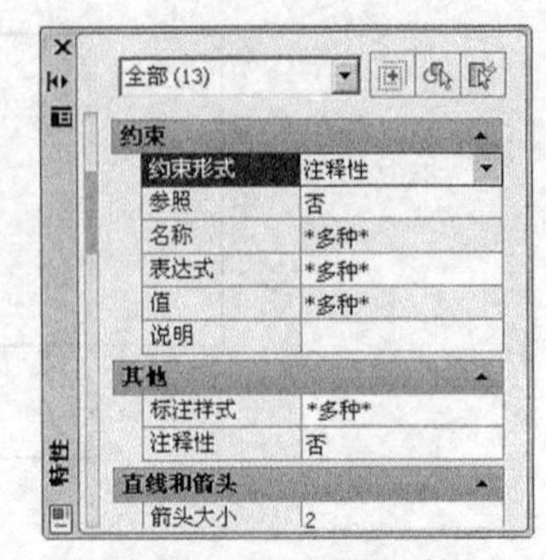

图6-18　【特性】对话框

4. 修改尺寸约束名称的格式。单击【标注】面板右下角的箭头，弹出【约束设置】对话框，如图 6-19 左图所示。在【标注】选项卡的【标注名称格式】下拉列表中选择【名称】选项，再取消对【为注释性约束显示锁定图标】选项的选择，结果如图 6-19 右图所示。

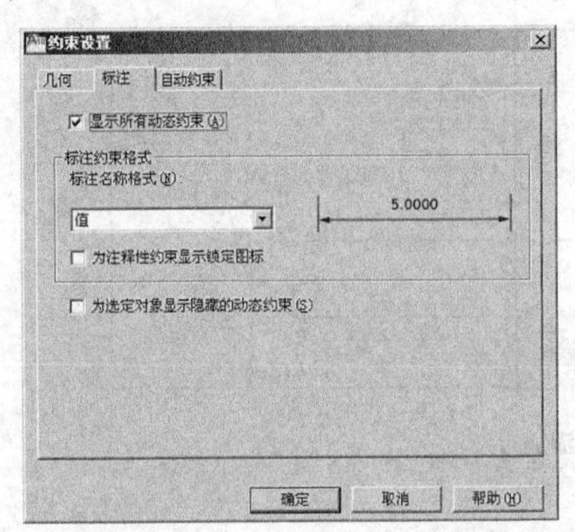

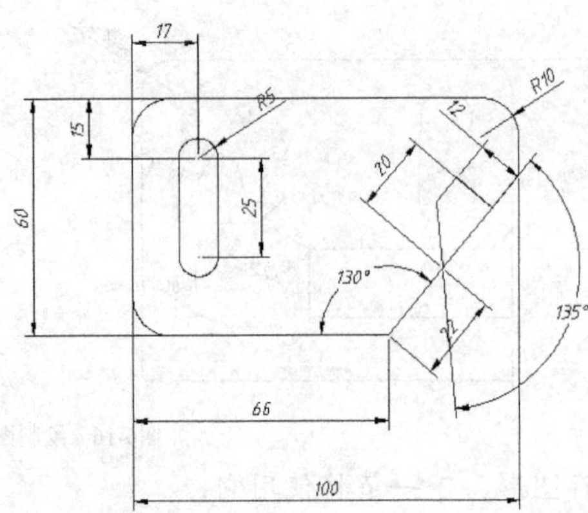

图6-19　修改尺寸约束名称的格式

6.2.3 用户变量及方程式

尺寸约束通常是数值形式，但也可采用自定义变量或数学表达式。单击【参数化】选项卡中【标注】面板上的 f_x 按钮，打开【参数管理器】对话框，如图 6-20 所示。此管理器显示所有尺寸约束及用户变量，利用它可轻松地对约束和变量进行管理。

- 单击尺寸约束的名称以亮显图形中的约束。
- 双击名称或表达式进行编辑。
- 单击鼠标右键并选择【删除】选项以删除标注约束或用户变量。
- 单击列标题名称对相应列进行排序。

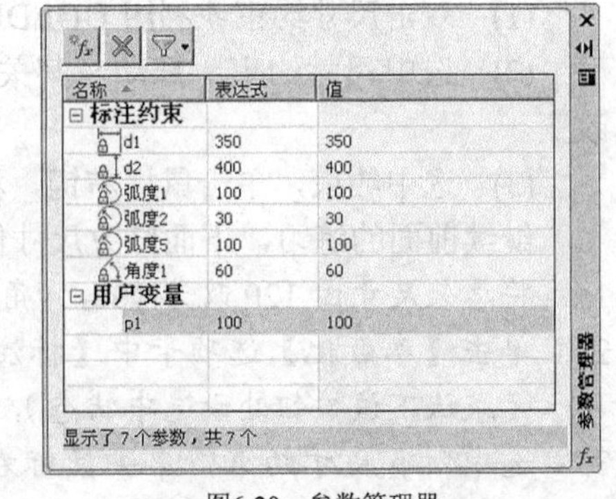

图6-20　参数管理器

尺寸约束或变量采用表达式时，常用的运算符及数学函数如表 6-3 及表 6-4 所示。

表 6-3　在表达式中使用的运算符

运算符	说明
+	加
-	减或取负值
*	乘
/	除
^	求幂
()	圆括号或表达式分隔符

表 6-4　表达式中支持的函数

函数	语法	函数	语法
余弦	cos(表达式)	反余弦	acos(表达式)
正弦	sin(表达式)	反正弦	asin(表达式)
正切	tan(表达式)	反正切	atan(表达式)
平方根	sqrt(表达式)	幂函数	pow(表达式 1;表达式 2)
对数，基数为 *e*	ln(表达式)	指数函数，底数为 e	exp(表达式)
对数，基数为 10	log(表达式)	指数函数，底数为 10	exp10(表达式)
将度转换为弧度	d2r(表达式)	将弧度转换为度	r2d(表达式)

【练习6-4】： 定义用户变量，以变量及表达式约束图形。

1. 指定当前尺寸约束为注释性约束，并设定尺寸格式为“名称”。
2. 绘制平面图形，添加几何约束及尺寸约束，使图形处于完全约束状态，如图 6-21 所示。
3. 单击【标注】面板上的 *fx* 按钮，打开【参数管理器】对话框，利用该管理器修改变量名称、定义用户变量及建立新的表达式等，如图 6-22 所示。单击 按钮可建立新的用户变量。
4. 利用【参数管理器】将矩形面积改为 3000，结果如图 6-23 所示。

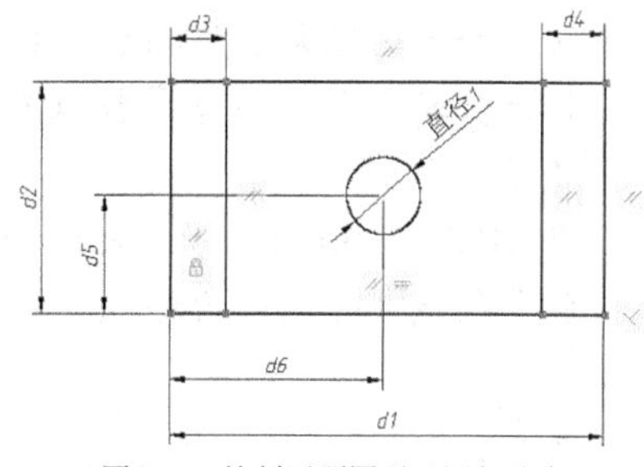

图6-21　绘制平面图形及添加约束

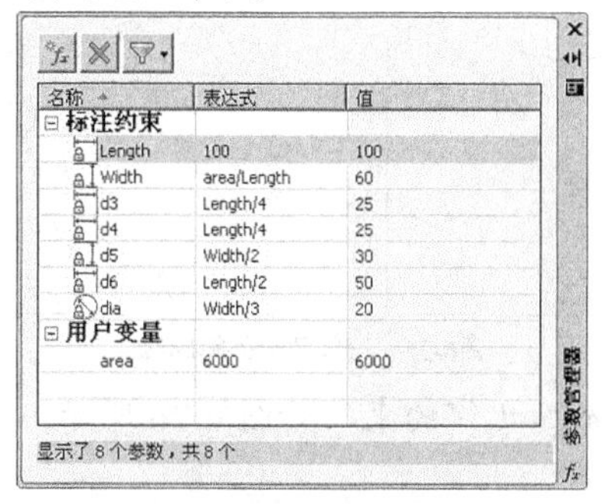

图6-22　参数管理器

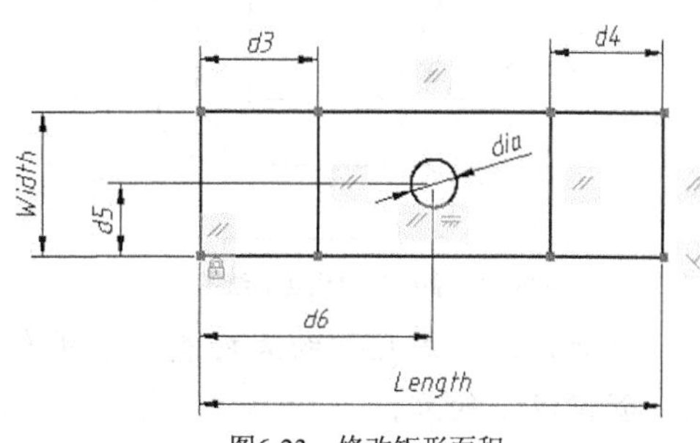

图6-23　修改矩形面积

6.3 参数化绘图的一般步骤

用 LINE、CIRCLE 及 OFFSET 等命令绘图时，必须输入准确的数据参数，绘制完成的图形才是精确无误的。若要改变图形的形状及大小，一般要重新绘制。利用 AutoCAD 的参数化功能绘图，创建的图形对象是可变的，其形状及大小由几何及尺寸约束控制。当修改这些约束后，图形就发生相应变化。

利用参数化功能绘图的步骤与采用一般绘图命令绘图是不同的，主要作图过程如下。

(1) 根据图样的大小设定绘图区域大小，并将绘图区充满图形窗口显示，这样就能了解随后绘制的草图轮廓的大小，而不至于使草图形状失真太大。

(2) 将图形分成由外轮廓及多个内轮廓组成，按先外后内的顺序绘制。

(3) 绘制外轮廓的大致形状，创建的图形对象其大小是任意的，相互间的位置关系如平行、垂直等是近似的。

(4) 根据设计要求对图形元素添加几何约束，确定它们间的几何关系。一般先让 AutoCAD 自动创建约束如重合、水平等，然后加入其他约束。为使外轮廓在 *xy* 坐标面的位置固定，应对其中某点施加固定约束。

(5) 添加尺寸约束确定外轮中各图形元素的精确大小及位置。创建的尺寸包括定形及定位尺寸，标注顺序一般为先大后小，先定形后定位。

(6) 采用相同的方法依次绘制各个内轮廓。

【练习6-5】：利用 AutoCAD 的参数化功能绘制平面图形，如图 6-24 所示。先画出图形的大致形状，然后给所有对象添加几何约束及尺寸约束，使图形处于完全约束状态。

1. 设定绘图区域大小为 800 × 800，并使该区域充满整个图形窗口显示出来。
2. 打开极轴追踪、对象捕捉及自动追踪功能，设定对象捕捉方式为“端点”、“交点”及“圆心”。
3. 用 LINE、CIRCLE 及 TRIM 等命令绘制图形，图形尺寸任意，如图 6-25 左图所示。修剪多余线条并倒圆角形成外轮廓草图，如图 6-25 右图所示。

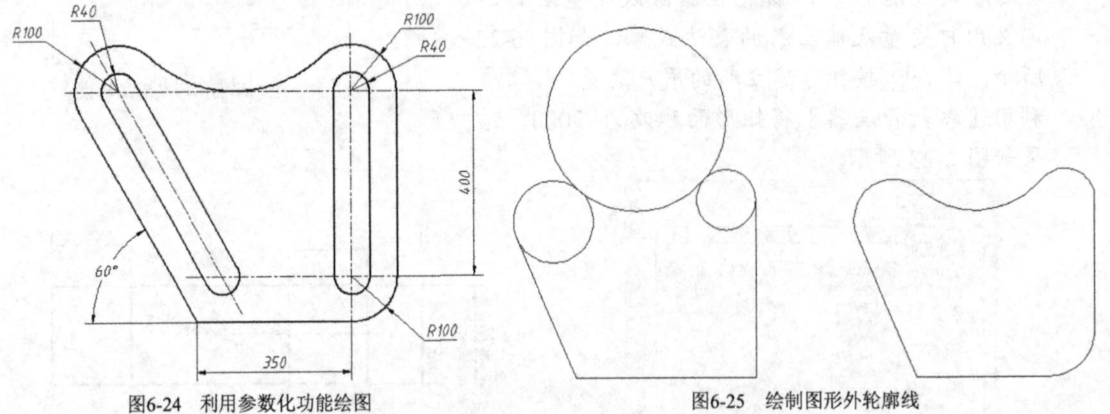

图6-24 利用参数化功能绘图　　图6-25 绘制图形外轮廓线

4. 启动自动添加几何约束功能，给所有图形对象添加几何约束，如图 6-26 所示。
5. 创建以下约束。

(1) 给圆弧 *A*、*B*、*C* 添加相等约束，使 3 个圆弧的半径相等，如图 6-27 左图所示。

(2) 对左下角点施加固定约束。

(3) 给圆心 D、F 及圆弧中点 E 添加水平约束，使 3 点位于同一条水平线上，如图 5-4 右图所示。操作时，可利用对象捕捉确定要约束的目标点。

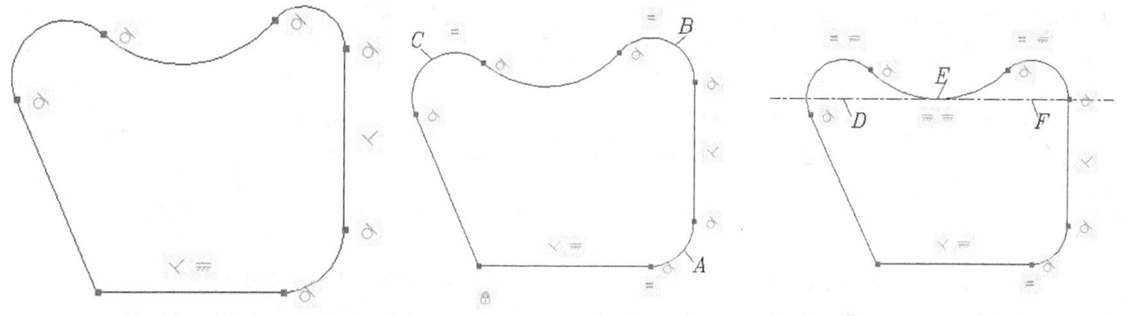

图6-26　自动添加几何约束　　　　图6-27　添加几何约束

6. 单击全部隐藏按钮，隐藏几何约束。标注圆弧的半径尺寸，然后标注其他尺寸，如图 6-28 左图所示。将角度值修改为 60°，结果如图 6-28 右图所示。

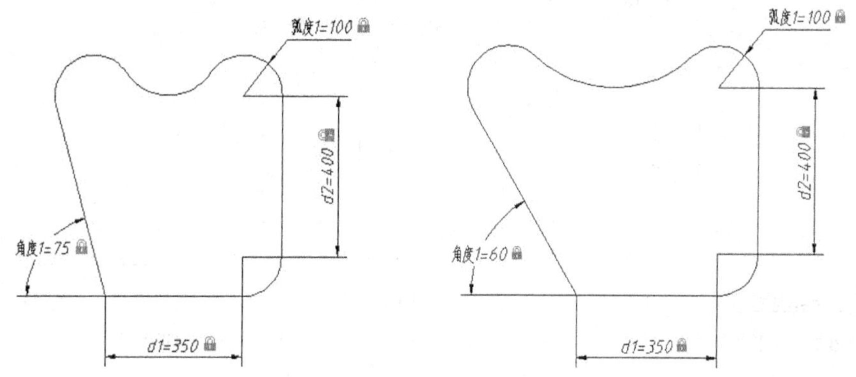

图6-28　添加尺寸约束

7. 绘制圆及线段，如图 6-29 左图所示。修剪多余线条并自动添加几何约束，如图 6-29 右图所示。

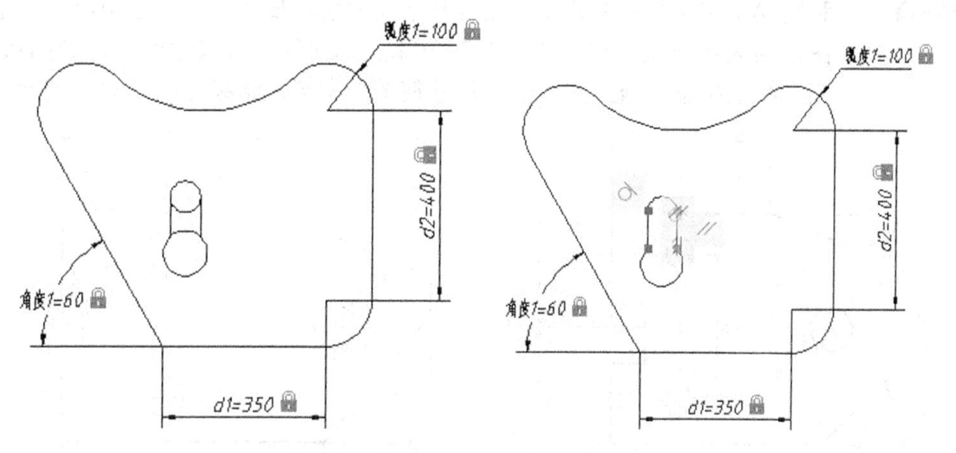

图6-29　绘制圆、线段及自动添加几何约束

8. 给圆弧 G、H 添加同心约束；给线段 I、J 添加平行约束等，如图 6-30 所示。

9. 复制线框，如图 6-31 左图所示。对新线框添加同心约束，如图 6-31 右图所示。

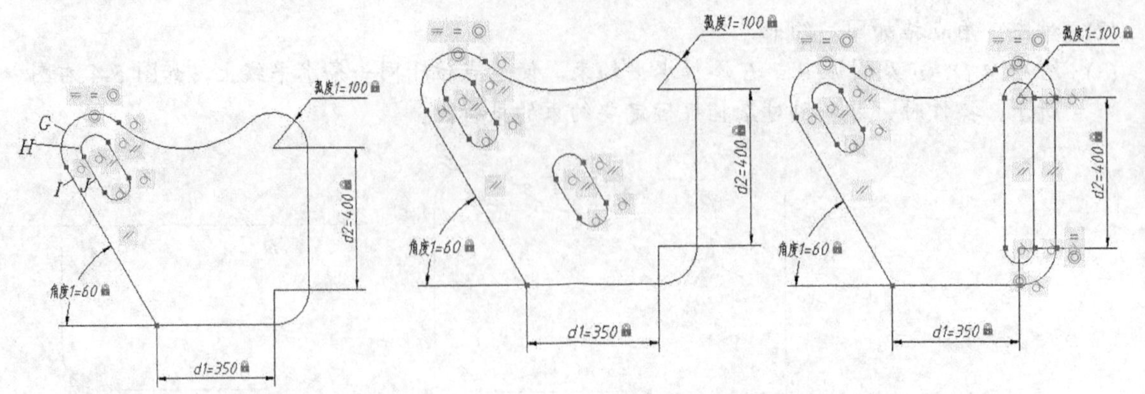

图6-30 添加同心及平行约束　　　　图6-31 复制对象并添加同心约束

10. 使圆弧 *L*、*M* 的圆心位于同一条水平线上，并让它们的半径相等，如图 6-32 所示。
11. 标注圆弧的半径尺寸 40，如图 6-33 左图所示。将半径值由 40 改为 30，结果如图 6-33 右图所示。

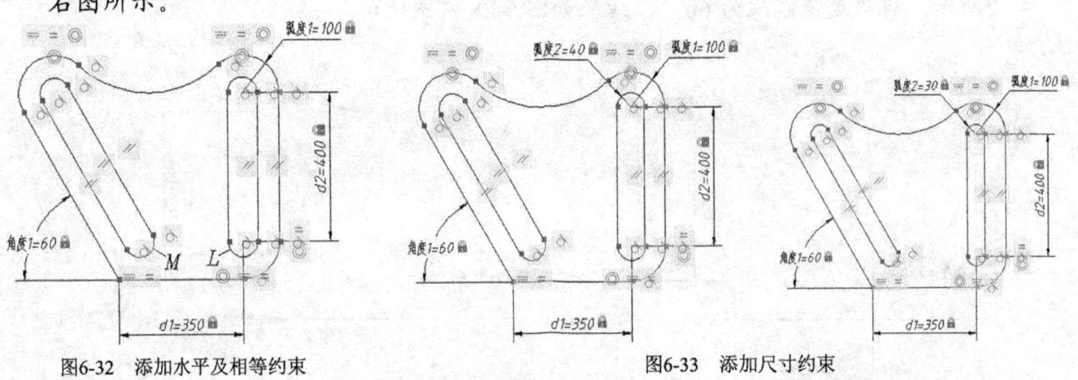

图6-32 添加水平及相等约束　　　　图6-33 添加尺寸约束

6.4 综合训练——利用参数化功能绘图

【练习6-6】： 利用 AutoCAD 的参数化功能绘制平面图形，如图 6-34 左图所示。先画出图形的大致形状，然后给所有对象添加几何约束及尺寸约束，使图形处于完全约束状态。修改其中部分尺寸使图形变形，结果如图 6-34 右图所示。

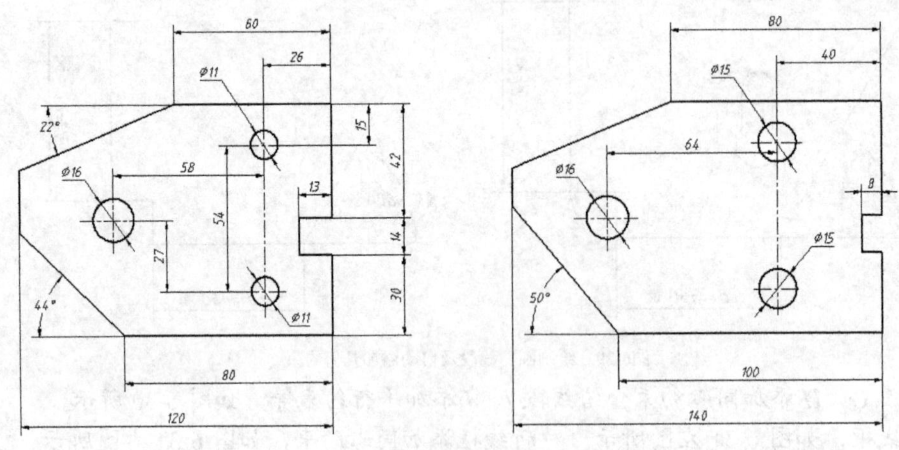

图6-34 利用参数化功能绘图（1）

【练习6-7】：利用 AutoCAD 的参数化功能绘制平面图形，如图 6-35 所示。先画出图形的大致形状，然后给所有对象添加几何约束及尺寸约束，使图形处于完全约束状态。

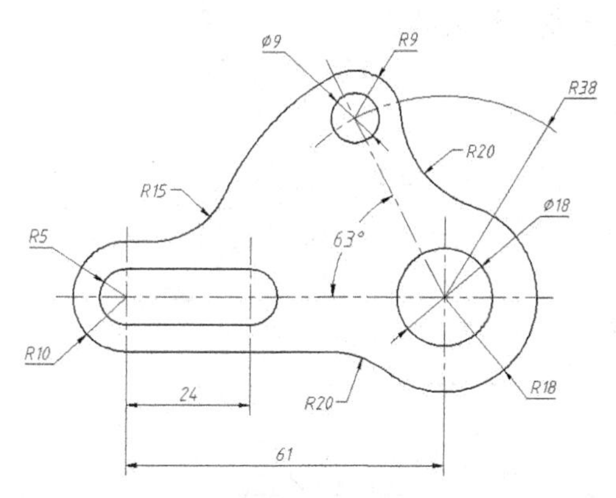

图6-35　利用参数化功能绘图（2）

【练习6-8】：绘制下面两个图形，尺寸任意，如图 6-36 所示。给所有对象添加几何约束及尺寸约束，使图形处于完全约束状态。

要点提示 创建阵列后绘制定位线（中心线），选择所有圆及定位线，启动自动添加约束功能创建几何约束。给定位线添加尺寸约束，修改尺寸值，则圆的位置发生变化。

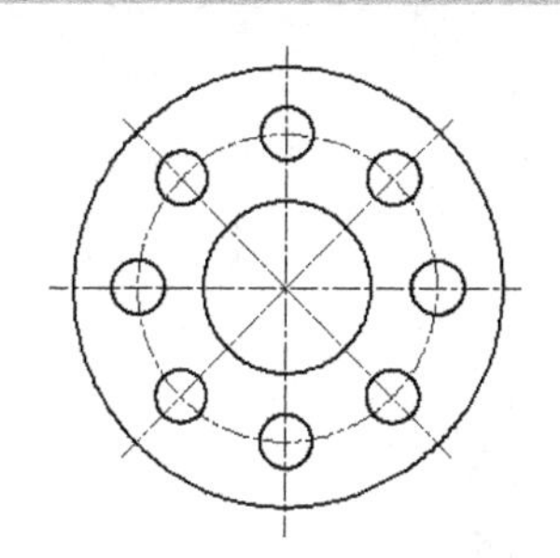

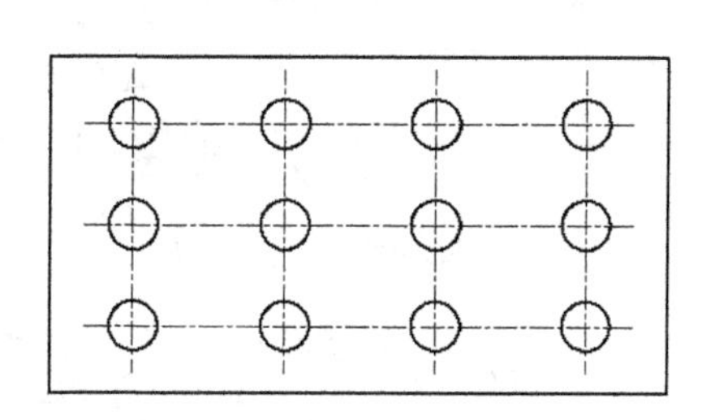

图6-36　利用参数化功能绘图（3）

【练习6-9】：利用 AutoCAD 的参数化功能绘制平面图形，如图 6-37 所示。给所有对象添加几何约束及尺寸约束，使图形处于完全约束状态。

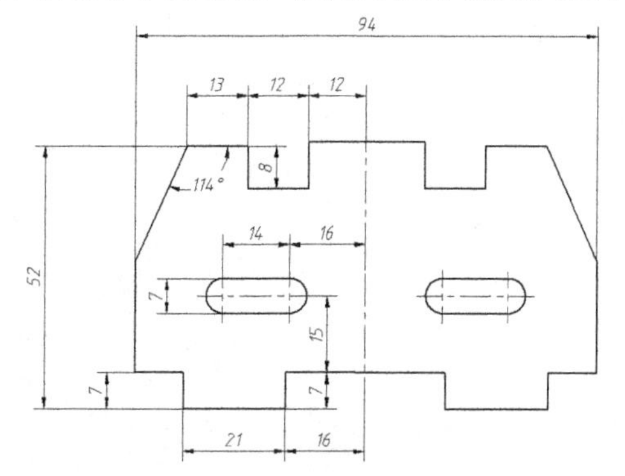

图6-37　利用参数化功能绘图（4）

6.5 习题

1. 利用 AutoCAD 的参数化功能绘制平面图形，如图 6-38 所示。给所有对象添加几何约束及尺寸约束，使图形处于完全约束状态。

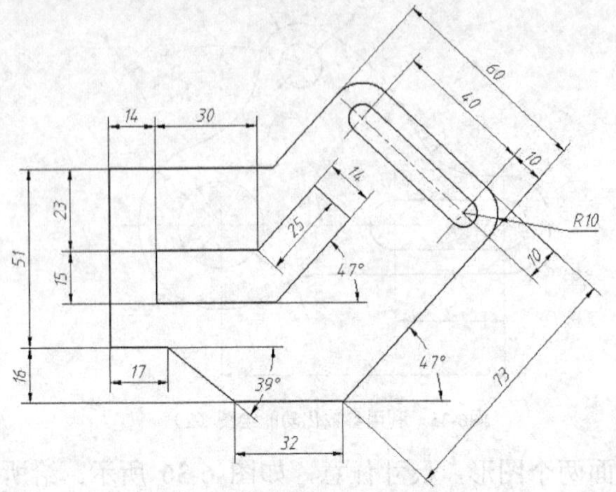

图6-38　利用参数化功能绘图（5）

2. 利用 AutoCAD 的参数化功能绘制平面图形，如图 6-39 所示。给所有对象添加几何约束及尺寸约束，使图形处于完全约束状态。

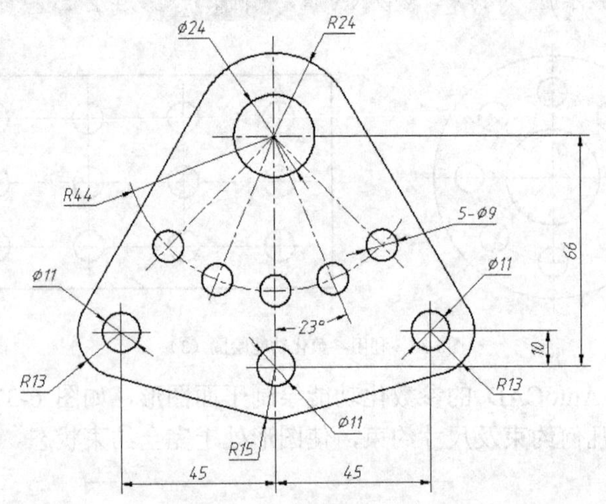

图6-39　利用参数化功能绘图（6）

第7章　书写文字及标注尺寸

【学习目标】

- 创建文字样式。
- 书写单行和多行文字。
- 编辑文字内容和属性。
- 创建标注样式。
- 标注直线型、角度型、直径及半径型尺寸等。
- 标注尺寸公差和形位公差。
- 编辑尺寸文字和调整标注位置。

7.1　书写文字的方法

在 AutoCAD 中有两类文字对象，一类是单行文字，另一类是多行文字，它们分别由 DTEXT 和 MTEXT 命令来创建。一般来讲，比较简短的文字项目，如标题栏信息、尺寸标注说明等，常常采用单行文字，而对带有段落格式的信息，如工艺流程、技术条件等，则常采用多行文字。

AutoCAD 生成的文字对象，其外观由与它关联的文字样式决定。默认情况下 Standard 文字样式是当前样式，用户也可根据需要创建新的文字样式。

本节内容主要包括创建文字样式、书写单行和多行文字等。

7.1.1　创建国标文字样式及书写单行文字

文字样式主要是控制与文本连接的字体文件、字符宽度、文字倾斜角度及高度等项目。用户可以针对每一种不同风格的文字创建对应的文字样式，这样在输入文本时就可用相应的文字样式来控制文本的外观。例如，用户可建立专门用于控制尺寸标注文字和设计说明文字外观的文字样式。

用 DTEXT 命令创建单行文字对象。发出此命令后，用户不仅可以设定文本的对齐方式和文字的倾斜角度，而且还能用十字光标在不同的地方选取点以定位文本的位置（系统变量 DTEXTED 不等于 0），该特性使用户只发出一次命令就能在图形的多个区域放置文本。

【练习7-1】：　创建国标文字样式及添加单行文字。

1. 打开附盘文件“dwg\第 7 章\7-1.dwg”。
2. 执行【格式】/【文字样式】命令，或单击【注释】面板上的 按钮，打开【文字样式】对话框，如图 7-1 所示。
3. 单击 新建(N)... 按钮，打开【新建文字样式】对话框，如图 7-2 所示。在【样式名】文本框中输入文字样式的名称“工程文字”。

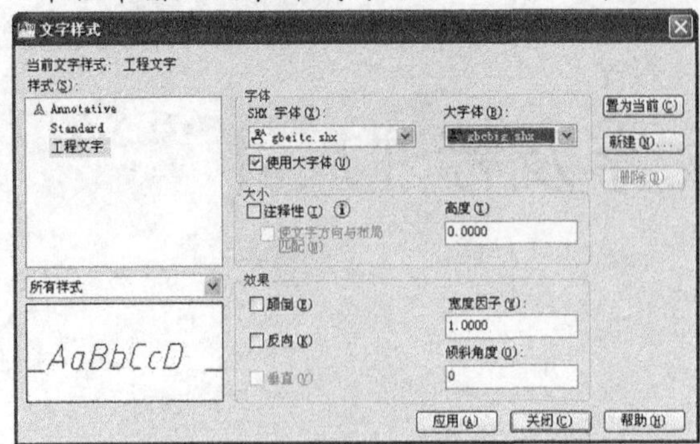

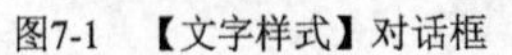

图7-1 【文字样式】对话框　　　　图7-2 【新建文字样式】对话框

4. 单击 确定 按钮，返回【文字样式】对话框，在【字体名】下拉列表中选择“gbeitc.shx”。再选择【使用大字体】复选项，然后在【大字体】下拉列表中选择“gbcbig.shx”，如图 7-1 所示。

> 要点提示　AutoCAD 提供了符合国标的字体文件。在工程图中，中文字体采用“gbcbig.shx”，该字体文件包含了长仿宋字。西文字体采用“gbeitc.shx”或“gbenor.shx”，前者是斜体西文，后者是正体。

5. 单击 应用(A) 按钮，然后关闭【文字样式】对话框。
6. 用 DTEXT 命令创建单行文字，如图 7-3 所示。

(1) 单击【注释】面板上的 A 单行文字 按钮或输入命令代号 DTEXT，启动创建单行文字命令。

```
命令: dtext
指定文字的起点或 [对正(J)/样式(S)]: //单击 A 点，如图 7-3 所示
指定高度 <3.0000>: 5                //输入文字高度
指定文字的旋转角度 <0>:              //按 Enter 键
横臂升降机构                          //输入文字
行走轮                                //在 B 点处单击一点，并输入文字
行走轨道                              //在 C 点处单击一点，并输入文字
行走台车                              //在 D 点处单击一点，输入文字并按 Enter 键
台车行走速度 5.72m/min                //输入文字并按 Enter 键
台车行走电机功率 3kW                  //输入文字
立架                                  //在 E 点处单击一点，并输入文字
配重系统                              //在 F 点处单击一点，输入文字并按 Enter 键
                                      //按 Enter 键结束
命令:DTEXT                            //重复命令
指定文字的起点或 [对正(J)/样式(S)]: //单击 G 点
指定高度 <5.0000>:                    //按 Enter 键
指定文字的旋转角度 <0>: 90            //输入文字旋转角度
设备总高 5500                         //输入文字并按 Enter 键
                                      //按 Enter 键结束
```

(2) 再在 H 点处输入“横臂升降行程 1500”，结果如图 7-3 所示。

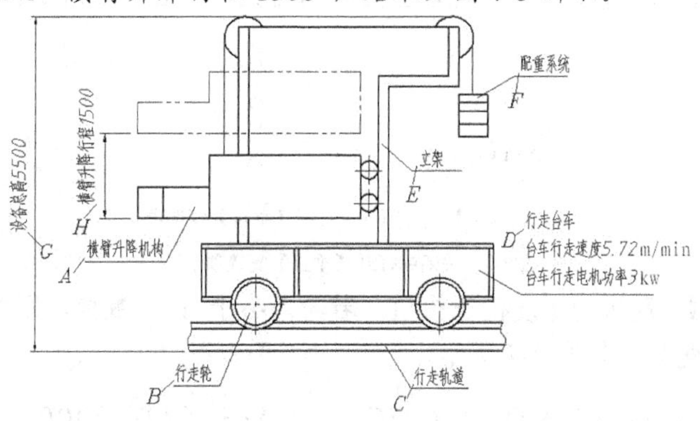

图7-3　创建单行文字

要点提示 如果发现图形中的文本没有正确地显示出来，多数情况是由于文字样式所连接的字体不合适。

【文字样式】对话框中的常用选项如下。

- 新建(N)... 按钮：单击此按钮，可以创建新文字样式。
- 删除(D) 按钮：在【样式】列表框中选择一个文字样式，再单击此按钮就可以将该文字样式删除。当前样式和正在使用的文字样式不能被删除。
- 【字体名】下拉列表：在此列表中罗列了所有的字体。带有双“T”标志的字体是 Windows 系统提供的“TrueType”字体，其他字体是 AutoCAD 自己的字体（*.shx），其中“gbenor.shx”和“gbeitc.shx”（斜体西文）字体是符合国标的工程字体。
- 【使用大字体】：大字体是指专为亚洲国家设计的文字字体。其中“gbcbig.shx”字体是符合国标的工程汉字字体，该字体文件还包含一些常用的特殊符号。由于“gbcbig.shx”中不包含西文字体定义，因而使用时可将其与“gbenor.shx”和“gbeitc.shx”字体配合使用。
- 【高度】：输入字体的高度。如果用户在该文本框中指定了文本高度，则当使用 DTEXT（单行文字）命令时，系统将不再提示“指定高度”。
- 【颠倒】：选中此复选项，文字将上下颠倒显示。该复选项仅影响单行文字，如图 7-4 所示。

AutoCAD 2000

关闭【颠倒】复选项　　　　打开【颠倒】复选项

图7-4　关闭或打开【颠倒】复选项

- 【反向】：选择该复选项，文字将首尾反向显示。该复选项仅影响单行文字，如图 7-5 所示。

AutoCAD 2000

关闭【反向】复选项　　　　打开【反向】复选项

图7-5　关闭或打开【反向】复选项

- 【垂直】: 选中该选项，文字将沿竖直方向排列，如图 7-6 所示。

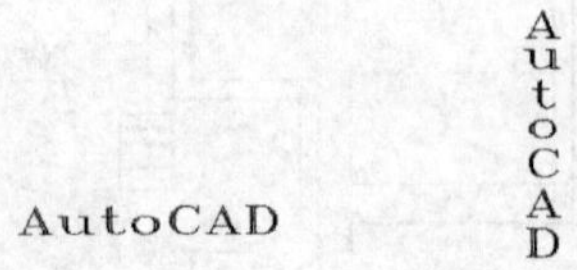

AutoCAD

A
u
t
o
C
A
D

关闭【垂直】复选项　　打开【垂直】复选项

图7-6　关闭或打开【垂直】复选项

- 【宽度因子】: 默认的宽度因子为 1。若输入小于 1 的数值，则文本将变窄，否则，文本变宽，如图 7-7 所示。

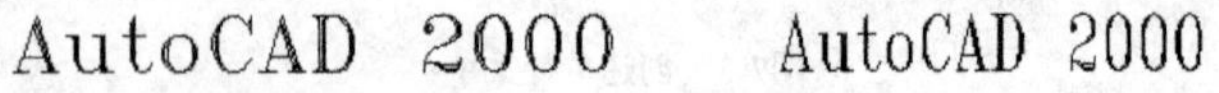

AutoCAD 2000　　AutoCAD 2000

宽度比例因子为 1.0　　宽度比例因子为 0.7

图7-7　调整宽度比例因子

- 【倾斜角度】: 该文本框用于指定文本的倾斜角度，角度值为正时向右倾斜，为负时向左倾斜，如图 7-8 所示。

AutoCAD 2000　　AutoCAD 2000

倾斜角度为 30º　　倾斜角度为 - 30º

图7-8　设置文字倾斜角度

DTEXT 命令的常用选项如下。

- 对正(J): 设定文字的对齐方式。
- 布满(F): “对正(J)” 选项的子选项。使用这个选项时，系统提示指定文本分布的起始点、结束点及文字高度。当用户选定两点并输入文本后，系统把文字压缩或扩展使其充满指定的宽度范围，如图 7-9 所示。

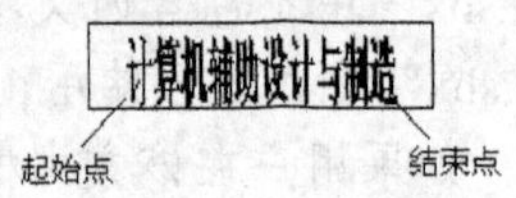

“调整（F）” 选项

图7-9　使文字充满指定的宽度范围

- 样式(S): 指定当前文字样式。

7.1.2　修改文字样式

修改文字样式也是在【文字样式】对话框中进行的，其过程与创建文字样式相似，这里不再重复。

修改文字样式时，用户应注意以下几点。

- 修改完成后，单击【文字样式】对话框中的 应用(A) 按钮，则修改生效，系统立即更新图样中与此文字样式关联的文字。
- 当改变文字样式连接的字体文件时，系统改变所有文字外观。
- 当修改文字的 “颠倒”、“反向” 及 “垂直” 特性时，系统将改变单行文字外观。而修改文字高度、宽度因子及倾斜角时，则不会引起已有单行文字外观的改变，但将影响此后创建的文字对象。

- 对于多行文字，只有【垂直】、【宽度因子】及【倾斜角】选项才影响其外观。

7.1.3 在单行文字中加入特殊符号

工程图中用到的许多符号都不能通过标准键盘直接输入，如文字的下划线、直径代号等。当用户利用 DTEXT 命令创建文字注释时，必须输入特殊的代码来产生特定的字符.这些代码及对应的特殊字符如表 7-1 所示。

表 7-1　　**特殊字符的代码**

代码	字符
%%o	文字的上划线
%%u	文字的下划线
%%d	角度的度符号
%%p	表示“±”
%%c	直径代号

使用表中代码生成特殊字符的样例如图 7-10 所示。

添加%%u特殊%%u字符	添加特殊字符
%%c100	ϕ100
%%p0.010	±0.010

图7-10　创建特殊字符

7.1.4 创建多行文字

MTEXT 命令可以创建复杂的文字说明。用 MTEXT 命令生成的文字段落称为多行文字，它可由任意数目的文字行组成，所有的文字构成一个单独的实体。使用 MTEXT 命令时，用户可以指定文本分布的宽度，但文字沿竖直方向可无限延伸。另外，用户还能设置多行文字中单个字符或某一部分文字的属性（包括文本的字体、倾斜角度和高度等）。

【练习7-2】：　用 MTEXT 命令创建多行文字，文字内容如图 7-11 所示。

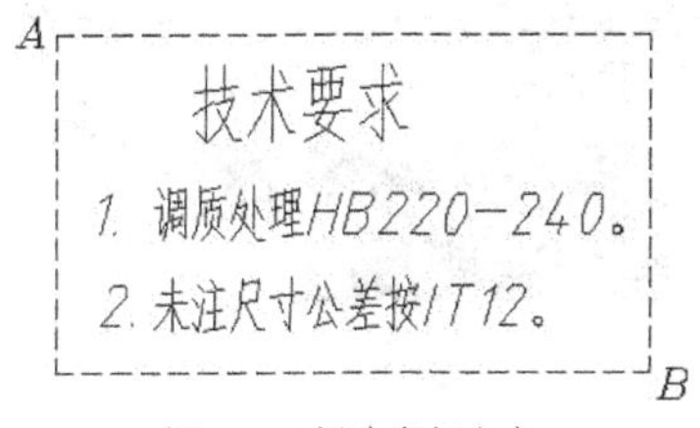

图7-11　创建多行文字

1. 设定绘图区域大小为 80×80，单击【视图】选项卡中【导航】面板上的 范围 按钮使绘图区域充满整个图形窗口显示出来。

2. 创建新文字样式，并使该样式成为当前样式。新样式名称为“文字样式-1”，与其相连的字体文件是“gbeitc.shx”和“gbcbig.shx”。
3. 单击【注释】面板上的 A 多行文字 按钮，AutoCAD 提示如下。

```
指定第一角点：                //在 A 点处单击一点，如图 7-11 所示
指定对角点：                  //在 B 点处单击一点
```

4. 系统弹出【文字编辑器】选项卡及文字编辑器。在【样式】面板的【文字高度】文本框中输入数值 3.5，然后在文字编辑器中输入文字，如图 7-12 所示。

文字编辑器顶部带标尺，利用标尺可设置首行文字及段落文字的缩进，还可设置制表位，操作方法如下。

- 拖动标尺上第一行的缩进滑块可改变所选段落第一行的缩进位置。
- 拖动标尺上第二行的缩进滑块可改变所选段落其余行的缩进位置。
- 标尺上显示了默认的制表位，要设置新的制表位，可用鼠标单击标尺。要删除创建的制表位，可用鼠标按住制表位，将其拖出标尺。

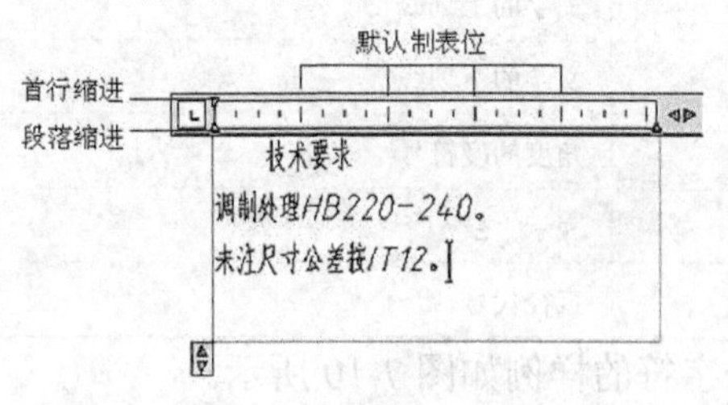

图7-12 输入文字

5. 选中文字“技术要求”，然后在【文字高度】文本框中输入数值 5，按 Enter 键，结果如图 7-13 所示。

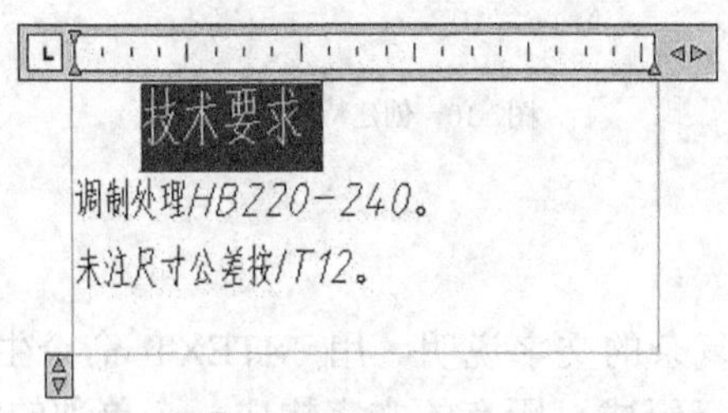

图7-13 修改文字高度

6. 选中其他文字，单击【段落】面板上的 以数字标记 按钮，选择【以数字标记】选项，再利用标尺上第二行的缩进滑块调整标记数字与文字间的距离，结果如图 7-14 所示。

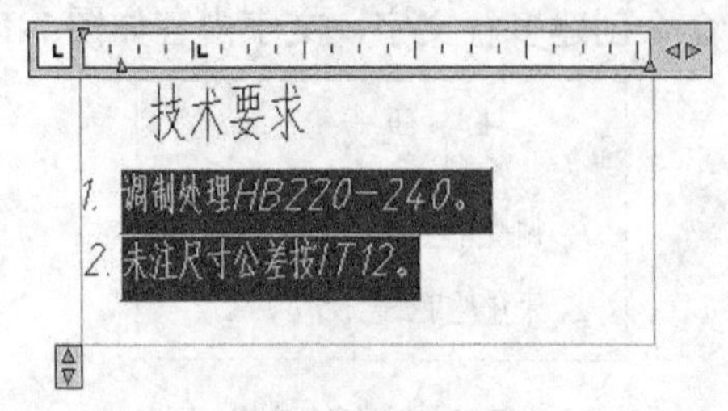

图7-14 添加数字编号

7. 单击【关闭】面板上的 按钮，结果如图 7-11 所示。

7.1.5 添加特殊字符

以下过程演示了如何在多行文字中加入特殊字符，文字内容如下。

蜗轮分度圆直径=Ø100

蜗轮蜗杆传动箱钢板厚度≥5

【练习7-3】： 添加特殊字符。

1. 设定绘图区域大小为 50 × 50，单击【视图】选项卡中【导航】面板上的 范围 按钮使绘图区域充满整个图形窗口显示出来。
2. 单击【注释】面板上的 多行文字 按钮，再指定文字分布宽度，AutoCAD 打开文字编辑器，在【格式】面板的【字体】下拉列表中选择“gbeitc,gbcbig”，在【样式】面板的【字体高度】框中输入数值 3.5，然后输入文字，如图 7-15 所示。
3. 在要插入直径符号的地方单击鼠标左键，然后单击鼠标右键，弹出快捷菜单，选择【符号】/【直径】选项，结果如图 7-16 所示。

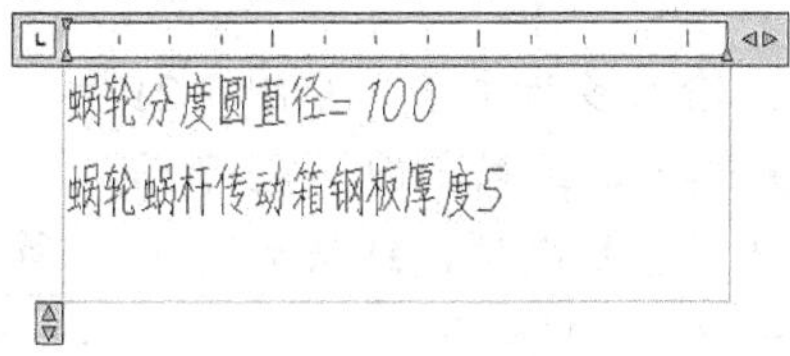

图7-15　输入文字

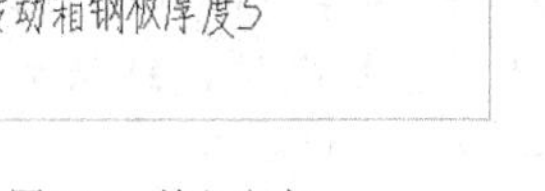

图7-16　插入直径符号

4. 在文本输入窗口中单击鼠标右键，弹出快捷菜单，选择【符号】/【其他】选项，打开【字符映射表】对话框，如图 7-17 所示。
5. 在对话框的【字体】下拉列表中选择“Symbol”字体，然后选取需要的字符“≥”，如图 7-18 所示。
6. 单击 选择(S) 按钮，再单击 复制(C) 按钮。
7. 返回【在位文字编辑器】，在需要插入“≥”符号的地方单击鼠标左键，然后单击鼠标右键，弹出快捷菜单，选择【粘贴】选项，结果如图 6-18 所示。

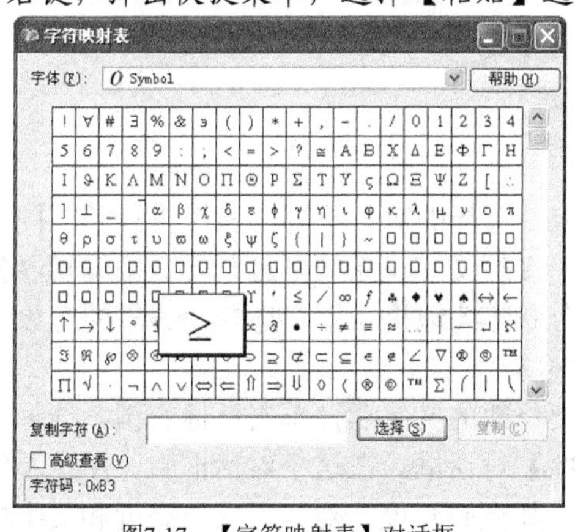

图7-17　【字符映射表】对话框

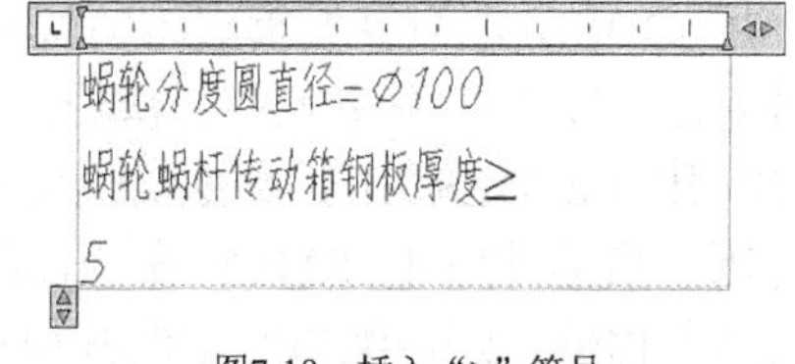

图7-18　插入“≥”符号

粘贴“≥”符号后，AutoCAD 将自动回车。

8. 把“≥”符号的高度修改为 3.5，再将鼠标光标放置在此符号的后面，按 Delete 键，结果如图 7-19 所示。
9. 单击【关闭】面板上的 按钮完成。

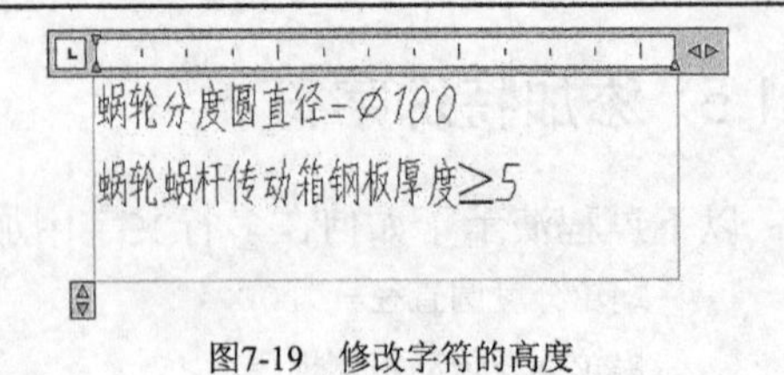

图7-19 修改字符的高度

7.1.6 创建分数及公差形式文字

下面使用多行文字编辑器创建分数及公差形式文字，文字内容如图 7-20 所示。

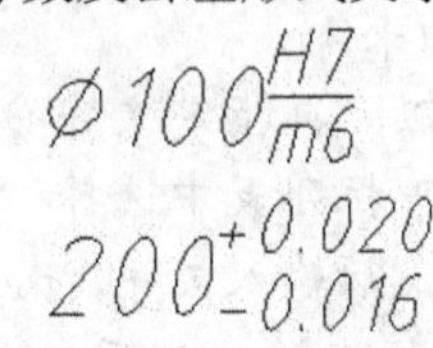

图7-20 创建分数及公差形式文字

【练习7-4】： 创建分数及公差形式文字。

1. 打开【文字编辑器】，设置字体为“gbeitc,gbcbig”，输入多行文字，如图 7-21 所示。
2. 选择文字“H7/m6”，单击鼠标右键，选择【堆叠】选项，结果如图 7-22 所示。
3. 选择文字“+0.020^-0.016”，单击鼠标右键，选择【堆叠】选项，结果如图 7-23 所示。

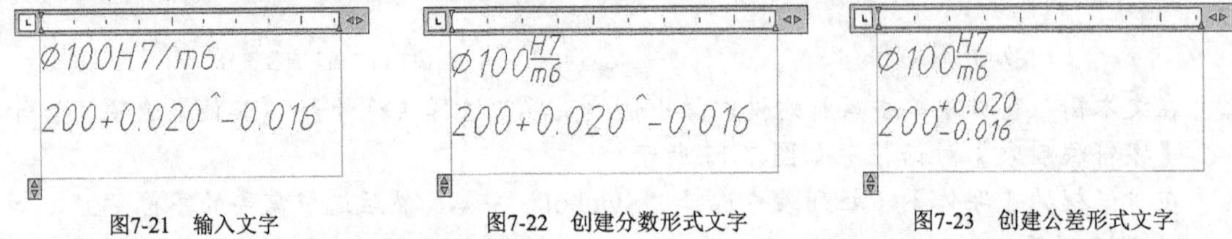

图7-21 输入文字　　图7-22 创建分数形式文字　　图7-23 创建公差形式文字

4. 单击【关闭】面板上的 按钮完成。

要点提示 通过堆叠文字的方法也可创建文字的上标或下标，输入方式为“上标^”、“^下标”。例如，输入“53^”，选中“3^”，单击鼠标右键，选择【堆叠】选项，结果为“5^3”。

7.1.7 编辑文字

编辑文字的常用方法有以下两种。

(1) 使用 DDEDIT 命令编辑单行或多行文字。选择的对象不同，系统将打开不同的对话框。对于单行文字，系统显示文本编辑框；对于多行文字，系统则打开【文字编辑器】对话框。用 DDEDIT 命令编辑文本的优点是，此命令连续地提示用户选择要编辑的对象，因而只要发出 DDEDIT 命令就能一次修改许多文字对象。

(2) 用 PROPERTIES 命令修改文本。选择要修改的文字后，单击鼠标右键，选择【特性】选项，启动 PROPERTIES 命令，打开【特性】对话框。在这个对话框中，用户不仅能修改文本的内容，还能编辑文本的其他许多属性，如倾斜角度、对齐方式、高度和文字样式等。

【练习7-5】： 打开附盘文件“dwg\第 7 章\7-5.dwg”，如图 7-24 左图所示，修改文字内容、字体及字高，结果如图 7-24 右图所示。右图中文字特性如下。

- “技术要求”：字高 5，字体“gbeitc,gbcbig”。
- 其余文字：字高 3.5，字体“gbeitc,gbcbig”。

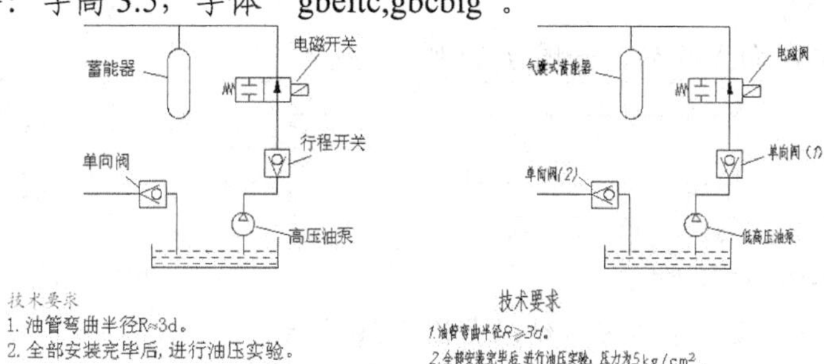

图7-24　编辑文字

1. 创建新文字样式，新样/名称为“工程文字”，与其相连的字体文件是“gbeitc.shx”和“gbcbig.shx”。
2. 执行【修改】/【对象】/【文字】/【编辑】命令，启动 DDEDIT 命令。用该命令修改“蓄能器”、“行程开关”等单行文字的内容，再用 PROPERTIES 命令将这些文字的高度修改为 3.5，并使其与样式“工程文字”相连，如图 7-25 左图所示。
3. 用 DDEDIT 命令修改“技术要求”等多行文字的内容，再改变文字高度，并使其采用“gbeitc,gbcbig”字体，如图 7-25 右图所示。

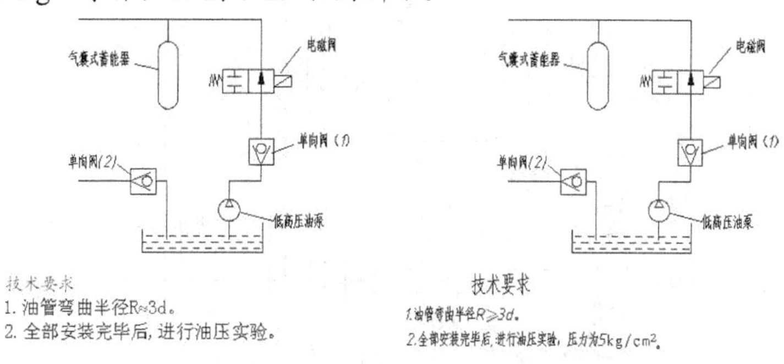

图7-25　修改文字内容及高度等

7.1.8 上机练习——填写明细表及创建单行、多行文字

【练习7-6】：　给表格中添加文字的技巧。

1. 打开附盘文件“dwg\第 7 章\7-6.dwg”。
2. 创建新文字样式，并使其成为当前样式。新样式名称为“工程文字”，与其相连的字体文件是“gbeitc.shx”和“gbcbig.shx”。
3. 用 DTEXT 命令在明细表底部第一行中书写文字“序号”，字高为 5，如图 7-26 所示。
4. 用 COPY 命令将“序号”由 *A* 点复制到 *B*、*C*、*D*、*E* 点，如图 7-27 所示。

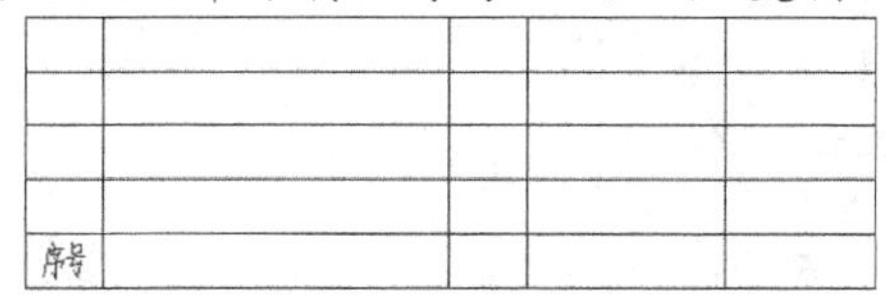

图7-26　书写文字“序号”

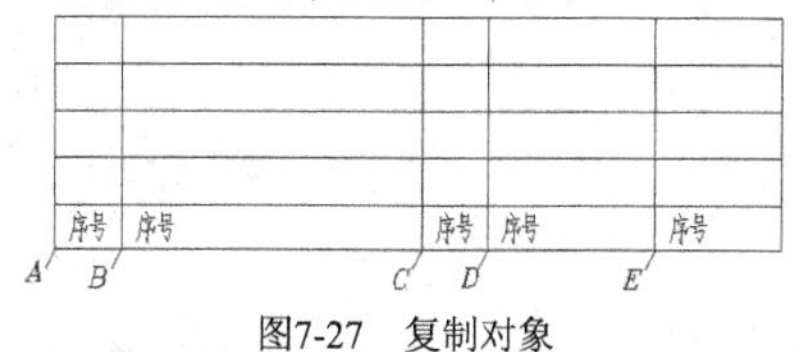

图7-27　复制对象

5. 用 DDEDIT 命令修改文字内容，再用 MOVE 命令调整“名称”、“材料”等的位置，结果如图 7-28 所示。
6. 把已经填写的文字向上阵列，如图 7-29 所示。

序号	名称	数量	材料	备注

图7-28 编辑文字内容

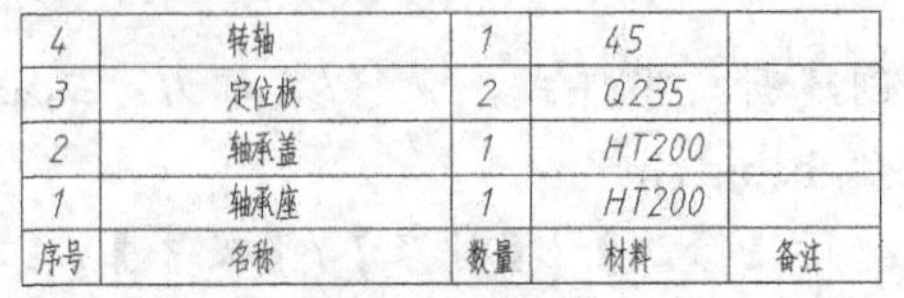

序号	名称	数量	材料	备注
序号	名称	数量	材料	备注
序号	名称	数量	材料	备注
序号	名称	数量	材料	备注
序号	名称	数量	材料	备注

图7-29 阵列文字

7. 用 DDEDIT 命令修改文字内容，结果如图 7-30 所示。
8. 把序号及数量数字移动到表格的中间位置，结果如图 7-31 所示。

4	转轴	1	45	
3	定位板	2	Q235	
2	轴承盖	1	HT200	
1	轴承座	1	HT200	
序号	名称	数量	材料	备注

图7-30 修改文字内容

4	转轴	1	45	
3	定位板	2	Q235	
2	轴承盖	1	HT200	
1	轴承座	1	HT200	
序号	名称	数量	材料	备注

图7-31 移动文字

【练习7-7】：打开附盘文件“7-7.dwg”，请在图中添加单行文字，如图 7-32 所示。文字字高为 3.5，字体采用“楷体”。

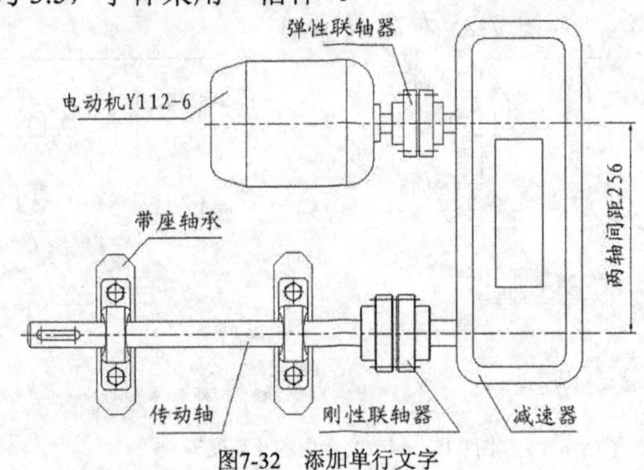

图7-32 添加单行文字

【练习7-8】：打开附盘文件“7-8.dwg”，请在图中添加单行文字，如图 7-33 所示。文字字高 5，中文字体采用“gbcbig.shx”，西文字体采用“gbenor.shx”。

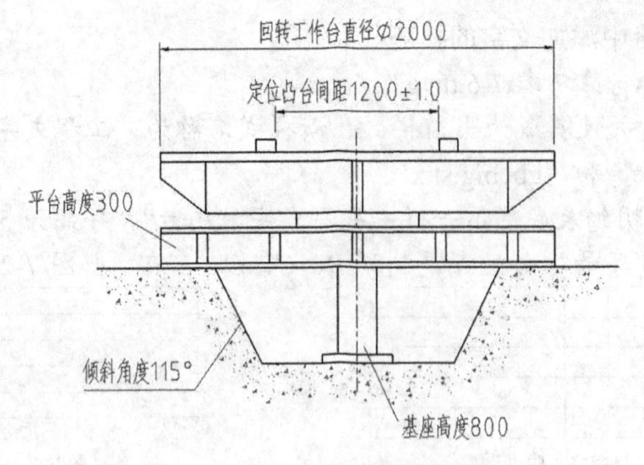

图7-33 在单行文字中加入特殊符号

【练习7-9】： 打开附盘文件“dwg\第 7 章\7-9.dwg”，请在图中添加多行文字，如图 7-34 所示。图中文字特性如下。

- “α”、“λ”、“δ”、“≈”、“≥”：字高为 4，字体为“symbol”。
- 其余文字：字高为 5，中文字体采用“gbcbig.shx”，西文字体采用“gbeitc.shx”。

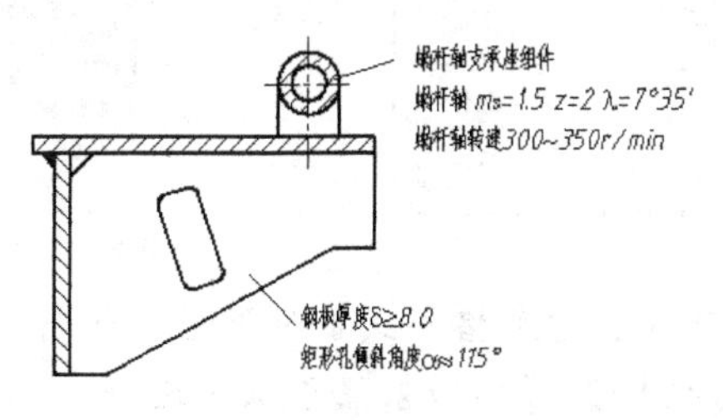

图7-34　添加多行文字

7.2 创建表格对象

在 AutoCAD 中，用户可以生成表格对象。创建该对象时，系统首先生成一个空白表格，随后可在该表中填入文字信息。表格的宽度、高度及表中文字可以很方便地被修改，还可按行、列方式删除表格单元或是合并表中相邻单元。

7.2.1 表格样式

表格对象的外观由表格样式控制。默认情况下，表格样式是“Standard”，但用户可以根据需要创建新的表格样式。“Standard”表格的外观如图 7-35 所示，第一行是标题行，第二行是表头行，其他行是数据行。

在表格样式中，用户可以设定表格单元文字的文字样式、字高、对齐方式及表格单元的填充颜色，还可设定单元边框的线宽和颜色，以及控制是否将边框显示出来。

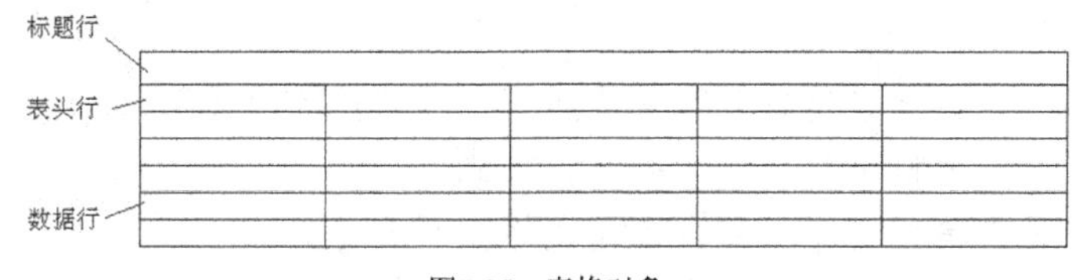

图7-35　表格对象

【练习7-10】： 创建新的表格样式。

1. 创建新文字样式，新样式名称为“工程文字”，与其相连的字体文件是“gbeitc.shx”和“gbcbig.shx”。
2. 执行【格式】/【表格样式】命令，打开【表格样式】对话框，如图 7-36 所示。利用该对话框用户就可以新建、修改及删除表格样式。
3. 单击 新建(N)... 按钮，弹出【创建新的表格样式】对话框，在【基础样式】下拉列表中选择新样式的原始样式“Standard”，该原始样式为新样式提供默认设置；在【新样式名】文本框中输入新样式的名称“表格样式-1”，如图 7-37 所示。

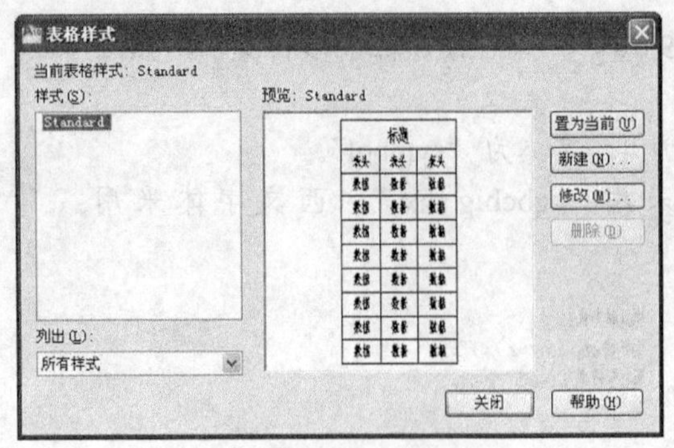

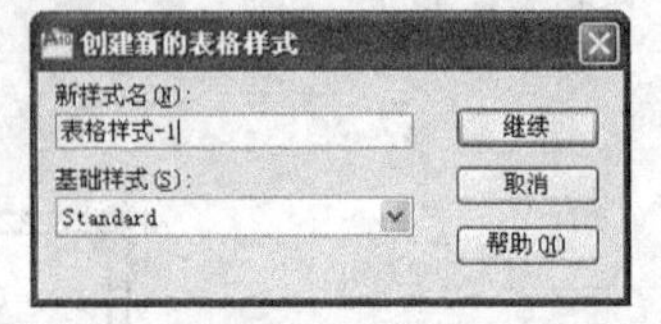

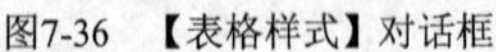
图7-36　【表格样式】对话框

图7-37　【创建新的表格样式】对话框

4. 单击 继续 按钮，打开【新建表格样式】对话框，如图 7-38 所示。在【单元样式】下拉列表中分别选取【数据】、【标题】、【表头】选项，在【文字】选项卡中指定文字样式为“工程文字”，字高为 3.5，在【常规】选项卡中指定文字对齐方式为“正中”。

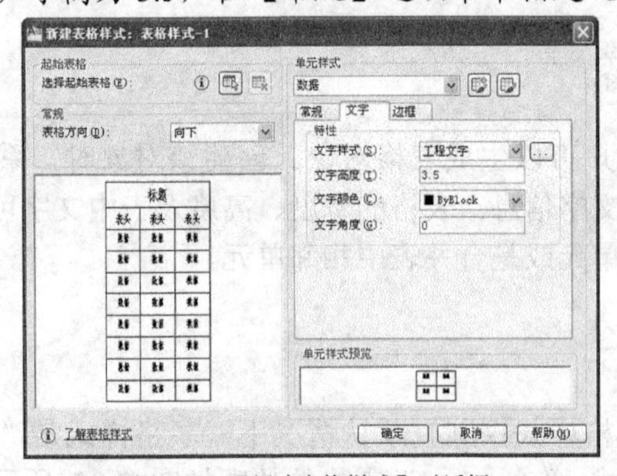

图7-38　【新建表格样式】对话框

5. 单击 确定 按钮，返回【表格样式】对话框；再单击 置为当前(U) 按钮，使新的表格样式成为当前样式。

【新建表格样式】对话框中常用选项的功能如下。

(1) 【常规】。

- 【填充颜色】：指定表格单元的背景颜色。默认值为“无”。
- 【对齐】：设置表格单元中文字的对齐方式。
- 【水平】：设置单元文字与左右单元边界之间的距离。
- 【垂直】：设置单元文字与上下单元边界之间的距离。

(2) 【文字】。

- 【文字样式】：选择文字样式。单击 ... 按钮，打开【文字样式】对话框，从中可创建新的文字样式。
- 【文字高度】：输入文字的高度。
- 【文字角度】：设定文字的倾斜角度。逆时针为正，顺时针为负。

(3) 【边框】。

- 【线宽】：指定表格单元的边界线宽。
- 【颜色】：指定表格单元的边界颜色。
- 田 按钮：将边界特性设置应用于所有单元。

- ▣按钮：将边界特性设置应用于单元的外部边界。
- ▣按钮：将边界特性设置应用于单元的内部边界。
- ▣、▣、▣及▣按钮：将边界特性设置应用于单元的底、左、上及右边界。
- ▣按钮：隐藏单元的边界。

(4)　【表格方向】。

- 【向下】：创建从上向下读取的表对象。标题行和表头行位于表的顶部。
- 【向上】：创建从下向上读取的表对象。标题行和表头行位于表的底部。

7.2.2　创建及修改空白表格

用 TABLE 命令创建空白表格，空白表格的外观由当前表格样式决定。使用该命令时，用户要输入的主要参数有行数、列数、行高及列宽等。

【练习7-11】： 创建图 7-39 所示的空白表格。

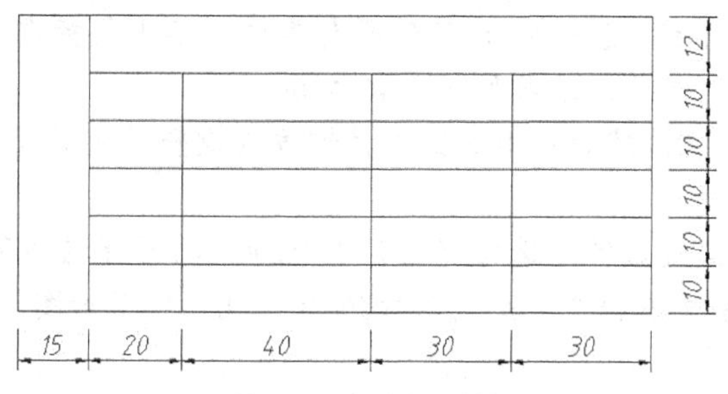

图7-39　创建空白表格

1. 单击【注释】面板上的▣按钮，打开【插入表格】对话框，在该对话框中输入创建表格的参数，如图 7-40 所示。
2. 单击确定按钮，再关闭文字编辑器，创建如图 7-41 所示的表格。

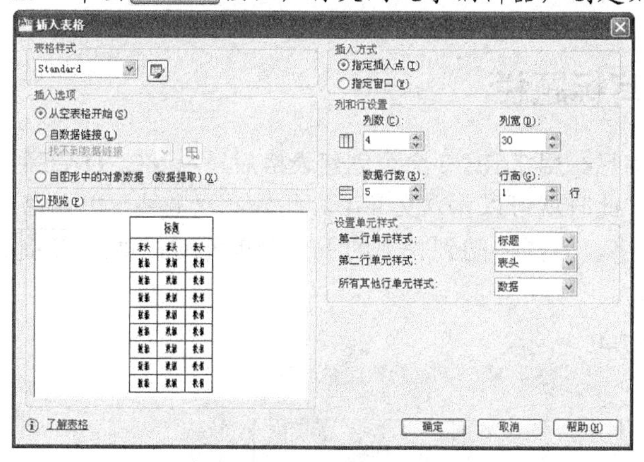

图7-40　【插入表格】对话框

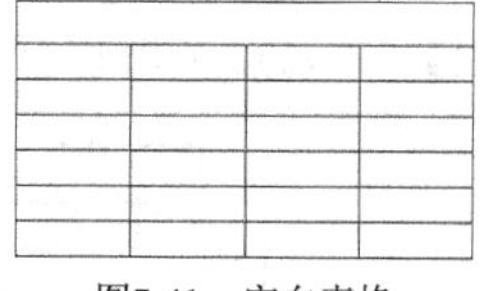

图7-41　空白表格

3. 在表格内按住左键拖动光标，选中第 1、2 行，弹出【表格】选项卡，单击选项卡中【行数】面板上的▣按钮，删除选中的两行，结果如图 7-42 所示。
4. 选中第 1 列的任一单元，单击鼠标右键，弹出快捷菜单，选择【列】/【在左侧插入】选项，插入新的一列，如图 7-43 所示。

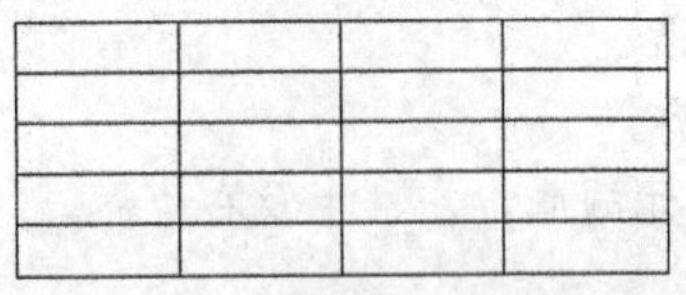

图7-42 删除第1、2行

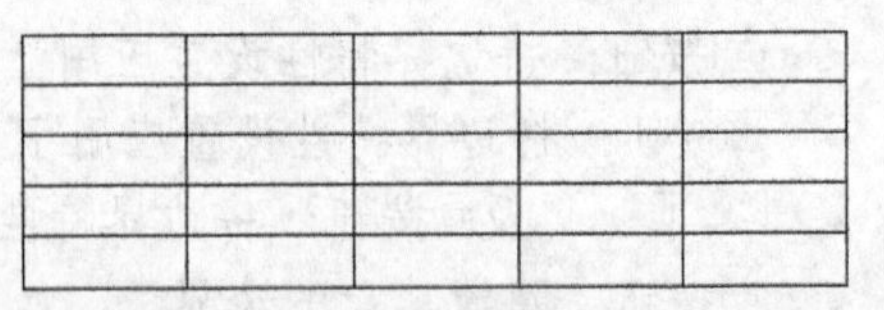

图7-43 插入新的一列

5. 选中第 1 行的任一单元，单击鼠标右键，弹出快捷菜单，选择【行】/【在上方插入】选项，插入新的一行，如图 7-44 所示。
6. 按住左键拖动光标，选中第 1 列的所有单元。单击鼠标右键，弹出快捷菜单，选择【合并】/【全部】选项，结果如图 7-45 所示。

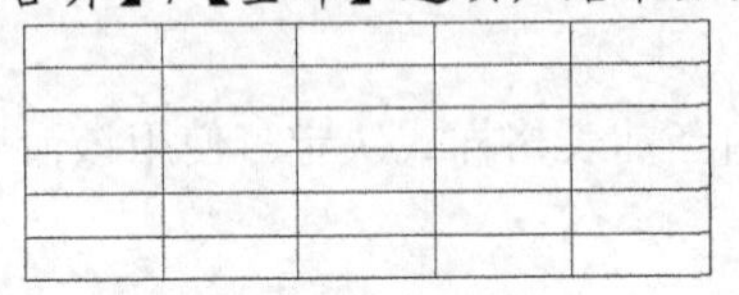

图7-44 插入新的一行

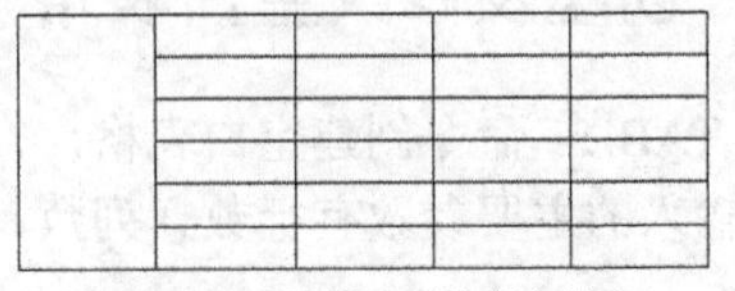

图7-45 合并第 1 列的所有单元

7. 按住左键拖动鼠标光标，选中第 1 行的所有单元。单击鼠标右键，弹出快捷菜单，选择【合并】/【全部】选项，结果如图 7-46 所示。
8. 分别选中单元 *A* 和 *B*，然后利用关键点拉伸方式调整单元的尺寸，结果如图 7-47 所示。
9. 选中单元 *C*，单击鼠标右键，选择【特性】选项，打开【特性】对话框，在【单元宽度】及【单元高度】文本框中分别输入数值 20、10，结果如图 7-48 所示。

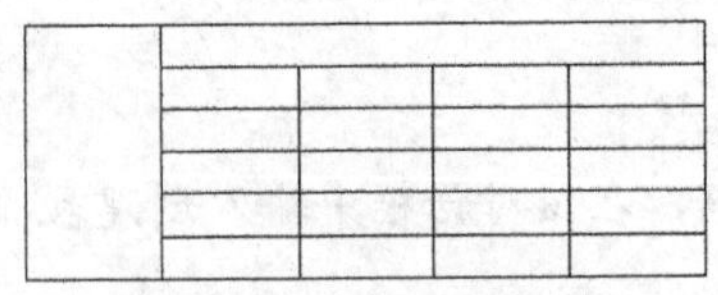

图7-46 合并第 1 行的所有单元

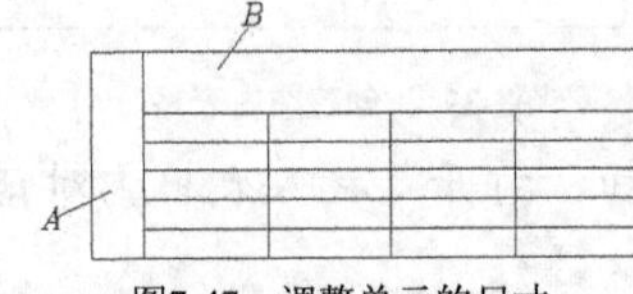

图7-47 调整单元的尺寸

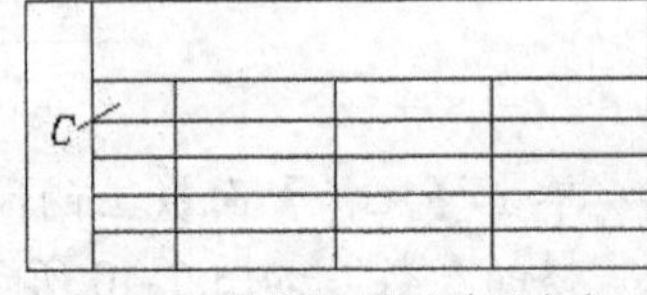

图7-48 调整单元的宽度及高度

10. 用类似的方法修改表格的其余尺寸。

7.2.3 用 TABLE 命令创建及填写标题栏

在表格单元中可以很方便地填写文字信息。用 TABLE 命令创建表格后，AutoCAD 会亮显表的第一个单元，同时打开文字编辑器，此时就可以输入文字了。此外，双击某一单元也能将其激活，从而可在其中填写或修改文字。当要移动到相邻的下一个单元时，就按 Tab 键，或是使用箭头键向左、右、上或下移动。

【练习7-12】：创建及填写标题栏，如图 7-49 所示。

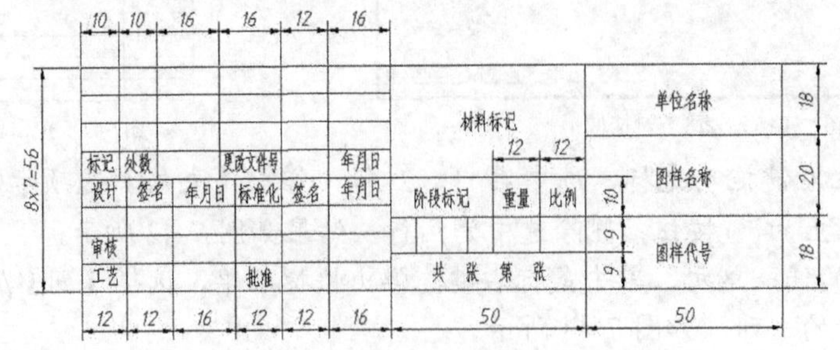

图7-49 创建标题栏

1. 创建新的表格样式，样式名为“工程表格”。设定表格单元中文字采用字体“gbeitc.shx”和“gbcbig.shx”，文字高度 5，对齐方式“正中”，其与单元边框的距离为 0.1。
2. 指定“工程表格”为当前样式，用 TABLE 命令创建 4 个表格，如图 7-50 左图所示。用 MOVE 命令将这些表格组合成标题栏，如图 7-50 右图所示。

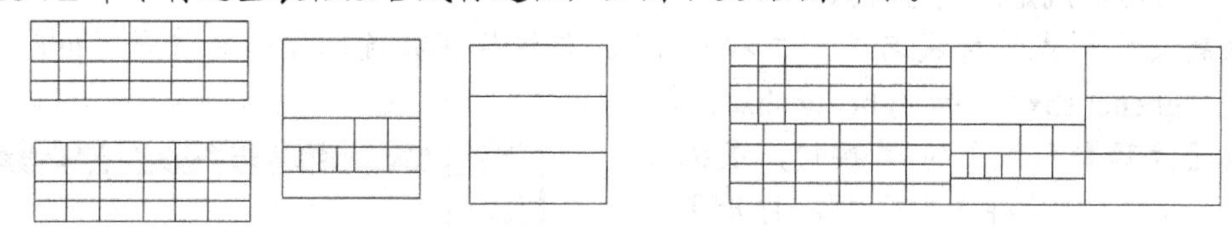

图7-50　创建 4 个表格并将其组合成标题栏

3. 双击表格的某一单元以激活它，在其中输入文字，按箭头键移动到其他单元继续填写文字，结果如图 7-51 所示。

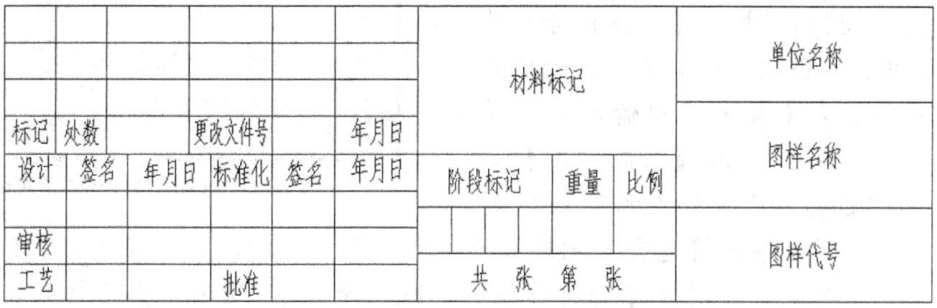

材料标记
单位名称
标记
处数
更改文件号
年月日
设计
签名
年月日
标准化
签名
年月日
阶段标记
重量
比例
图样名称
审核
工艺
批准
共　张　第　张
图样代号

图7-51　在表格中填写文字

要点提示 双击“更改文件号”单元，选择所有文字，然后在【格式】面板上的 0.7 文本框中输入文字的宽度比例因子 0.8，这样表格单元就有足够的宽度来容纳文字了。

7.3 标注尺寸的方法

AutoCAD 的尺寸标注命令很丰富，可以轻松地创建出各种类型的尺寸。所有尺寸与尺寸样式关联，通过调整尺寸样式，就能控制与该样式关联的尺寸标注的外观。下面通过一个实例介绍创建尺寸样式的方法和 AutoCAD 的尺寸标注命令。

【练习7-13】：打开附盘文件“dwg\第 7 章\7-13.dwg”，创建尺寸样式并标注尺寸，如图 7-52 所示。

100
85
59
25
3-Ø10
38
36
20
33
40.0°
R3
10
28
12
58.8°
112
20
18
61
Ø20
R10
32
15
15
15
24
26
73
36
26
180

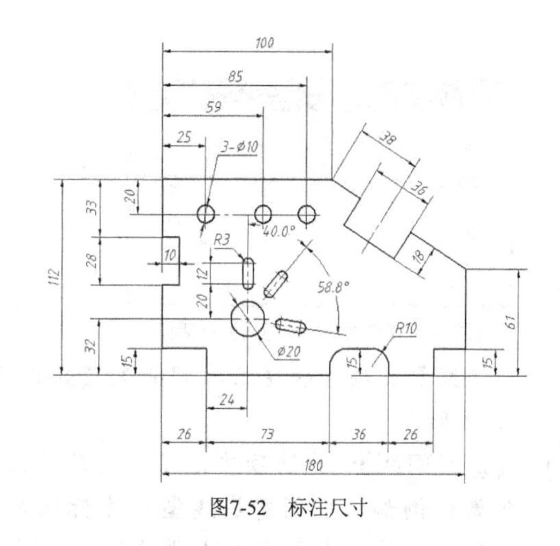

图7-52　标注尺寸

7.3.1 创建国标尺寸样式

尺寸标注是一个复合体，它以块的形式存储在图形中（在第 8 章中将讲解块的概念），其组成部分包括尺寸线、尺寸线两端起止符号（箭头或斜线等）、尺寸界线及标注文字等，所有这些组成部分的格式都由尺寸样式来控制。

在标注尺寸前，用户一般都要创建尺寸样式，否则，AutoCAD 将使用默认样式 ISO-25 生成尺寸标注。AutoCAD 中可以定义多种不同的标注样式并为之命名，标注时，用户只需指定某个样式为当前样式，就能创建相应的标注形式。

建立符合国标规定的尺寸样式。

1. 建立新文字样式，样式名为“工程文字”。与该样式相连的字体文件是“gbeitc.shx”（或“gbenor.shx”）和“gbcbig.shx”。
2. 单击【注释】面板上的按钮，或执行【格式】/【标注样式】命令，打开【标注样式管理器】对话框，如图 7-53 所示。通过这个对话框可以命名新的尺寸样式或修改样式中的尺寸变量。

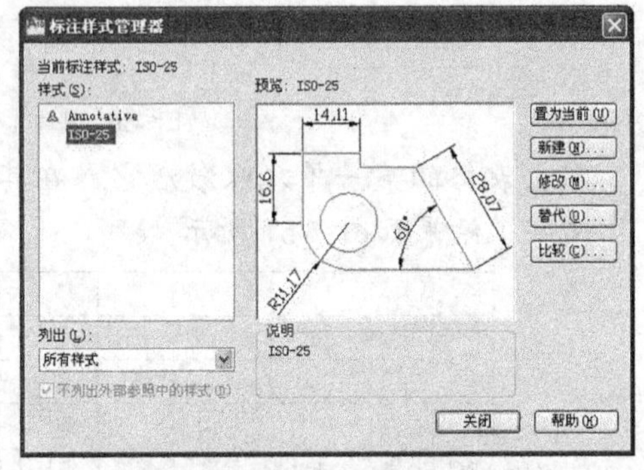

图7-53 【标注样式管理器】对话框

3. 单击 新建(N)... 按钮，打开【创建新标注样式】对话框，如图 7-54 所示。在该对话框的【新样式名】文本框中输入新的样式名称“工程标注”。在【基础样式】下拉列表中指定某个尺寸样式作为新样式的基础样式，则新样式将包含基础样式的所有设置。此外，还可在【用于】下拉列表中设定新样式对某一种类尺寸的特殊控制。默认情况下，【用于】下拉列表的选项是“所有标注”，是指新样式将控制所有类型尺寸。
4. 单击 继续 按钮，打开【新建标注样式】对话框，如图 7-55 所示。

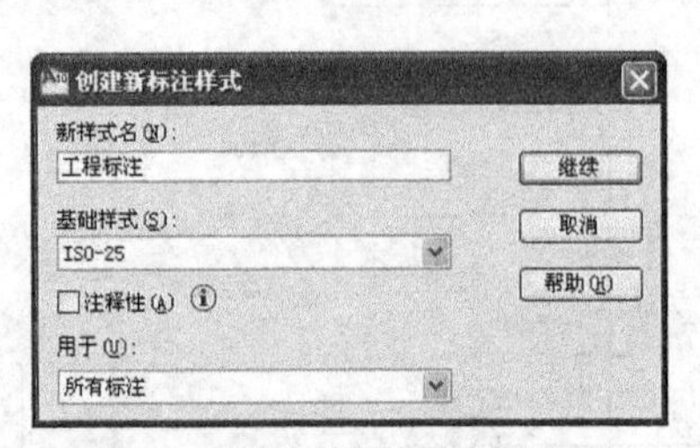

图7-54 【创建新标注样式】对话框

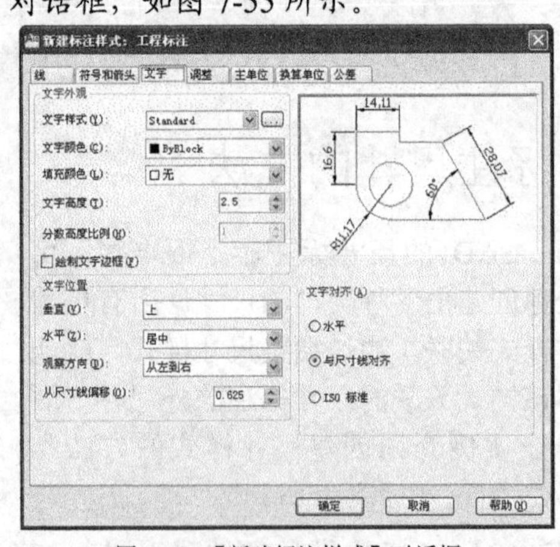

图7-55 【新建标注样式】对话框

5. 在【线】选项卡的【基线间距】、【超出尺寸线】和【起点偏移量】文本框中分别输入 7、2 和 0。

(1) 【基线间距】：此选项决定了平行尺寸线间的距离。例如，当创建基线型尺寸标注时，相邻尺寸线间的距离由该选项控制，如图 7-56 所示。

(2) 【超出尺寸线】：控制尺寸界线超出尺寸线的

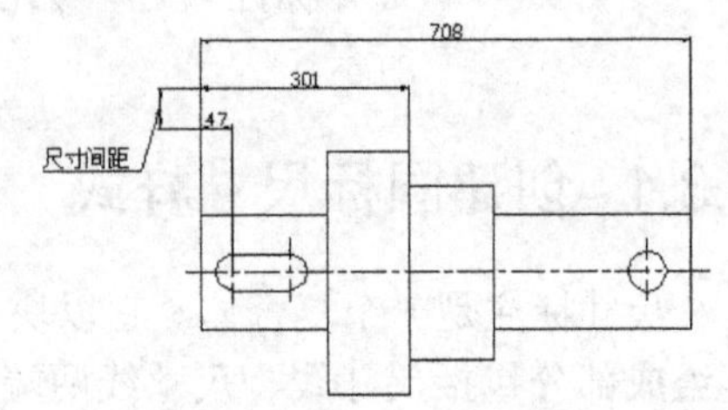

图7-56 控制尺寸线间的距离

距离，如图 7-57 所示。国标中规定，尺寸界线一般超出尺寸线 2mm ~ 3mm。

(3) 【起点偏移量】：控制尺寸界线起点与标注对象端点间的距离，如图 7-58 所示。

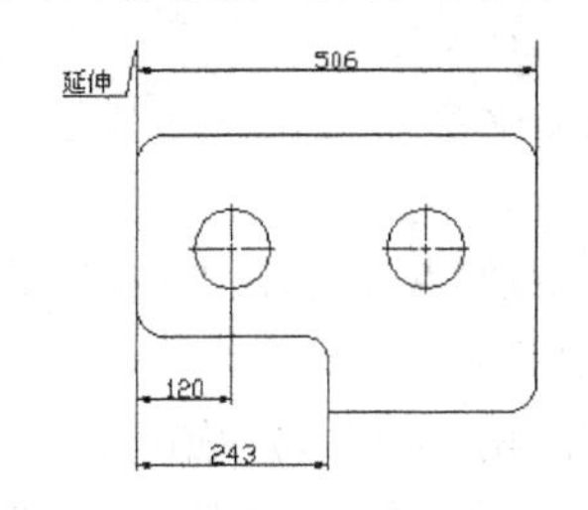

图7-57　设定尺寸界线超出尺寸线的长度

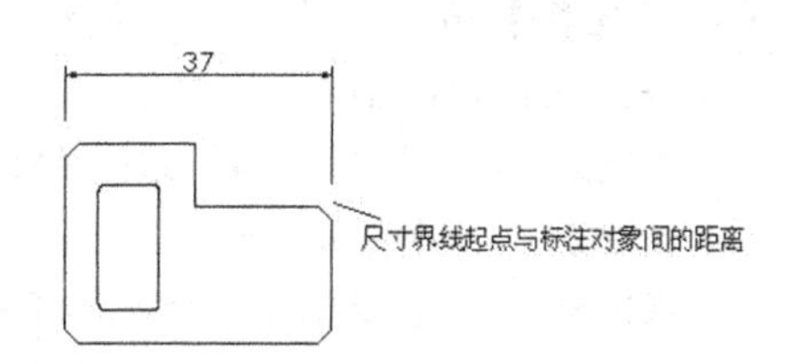

图7-58　控制尺寸界线起点与标注对象间的距离

6. 在【符号和箭头】选项卡的【第一个】下拉列表中选择【实心闭合】选项，在【箭头大小】文本框中输入 2，该值设定箭头的长度。
7. 在【文字】选项卡的【文字样式】下拉列表中选择"工程文字"，在【文字高度】、【从尺寸线偏移】文本框中分别输入"2.5"和"0.8"，在【文字对齐】分组框中选择【与尺寸线对齐】选项。

(1) 【文字样式】：在这个下拉列表中选择文字样式或单击其右边的[...]按钮，打开【文字样式】对话框，创建新的文字样式。

(2) 【从尺寸线偏移】：该选项设定标注文字与尺寸线间的距离。

(3) 【与尺寸线对齐】：使标注文本与尺寸线对齐。对于国标标注，应选择此选项。

8. 在【调整】选项卡的【使用全局比例】文本框中输入"2"。该比例值将影响尺寸标注所有组成元素的大小，如标注文字和尺寸箭头等，如图 7-59 所示。当用户欲以 1:2 的比例将图样打印在标准幅面的图纸上时，为保证尺寸外观合适，应设定标注的全局比例为打印比例的倒数，即 2。

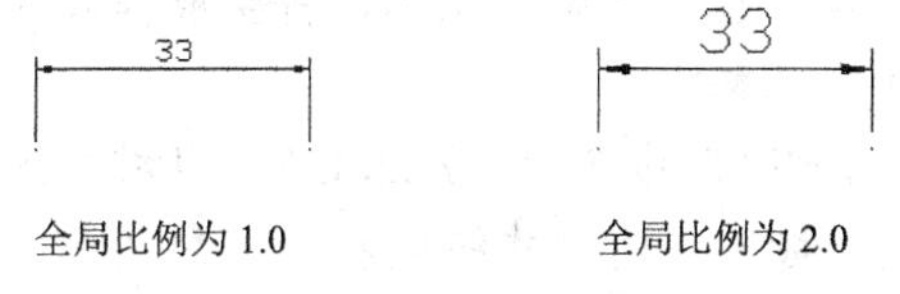

图7-59　全局比例对尺寸标注的影响

9. 进入【主单位】选项卡，在【线性标注】分组框的【单位格式】、【精度】和【小数分隔符】下拉列表中分别选择"小数"、"0.00"和"句点"；在【角度标注】分组框的【单位格式】和【精度】下拉列表中分别选择"十进制度数"、"0.0"。
10. 单击[确定]按钮得到一个新的尺寸样式，再单击[置为当前(U)]按钮使新样式成为当前样式。

7.3.2　创建长度型尺寸

标注长度尺寸一般可使用以下两种方法。

- 通过在标注对象上指定尺寸线起始点及终止点，创建尺寸标注。
- 直接选取要标注的对象。

DIMLINEAR 命令可以标注水平、竖直及倾斜方向尺寸。标注时，若要使尺寸线倾斜，则输入"R"选项，然后输入尺寸线倾角即可。

标注水平、竖直及倾斜方向尺寸

1. 创建一个名为“尺寸标注”的图层，并使该层成为当前层。
2. 打开对象捕捉，设置捕捉类型为“端点”、“圆心”和“交点”。
3. 单击【注释】面板上的[线性]按钮，启动 DIMLINEAR 命令。

```
令: _dimlinear
指定第一条延伸线原点或 <选择对象>:                    //捕捉端点 A，如图 7-60 所示
指定第二条延伸线原点:                                //捕捉端点 B
指定尺寸线位置或[多行文字(M)/文字(T)/角度(A)/水平(H)/垂直(V)/旋转(R)]:
                       //向左移动鼠标光标将尺寸线放置在适当位置，单击鼠标左键结束
命令:DIMLINEAR                                      //重复命令
指定第一条延伸线原点或 <选择对象>:                    按 Enter 键
选择标注对象:                                        //选择线段 C
指定尺寸线位置:       //向上移动鼠标光标将尺寸线放置在适当位置，单击鼠标左键结束
```

继续标注尺寸“180”和“61”，结果如图 7-60 所示。

DIMLINEAR 命令的选项。

- 多行文字(M)：使用该选项则打开多行文字编辑器，利用此编辑器用户可输入新的标注文字。

> **要点提示** 若修改了系统自动标注的文字，就会失去尺寸标注的关联性，即尺寸数字不随标注对象的改变而改变。

- 文字(T)：使用此选项可以在命令行上输入新的尺寸文字。
- 角度(A)：通过该选项设置文字的放置角度。
- 水平(H)/垂直(V)：创建水平或垂直型尺寸。用户也可通过移动鼠标光标指定创建何种类型尺寸。若左右移动鼠标光标，将生成垂直尺寸；上下移动鼠标光标，则生成水平尺寸。
- 旋转(R)：使用 DIMLINEAR 命令时，AutoCAD 自动将尺寸线调整成水平或竖直方向的。“旋转(R)”选项可使尺寸线倾斜一个角度，因此可利用这个选项标注倾斜的对象，如图 7-61 所示。

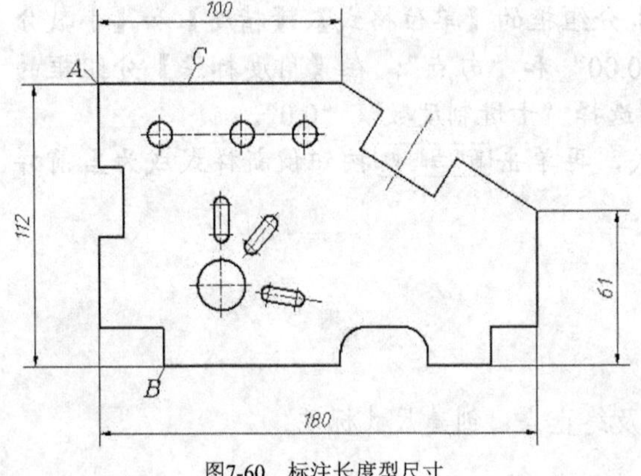

图7-60 标注长度型尺寸

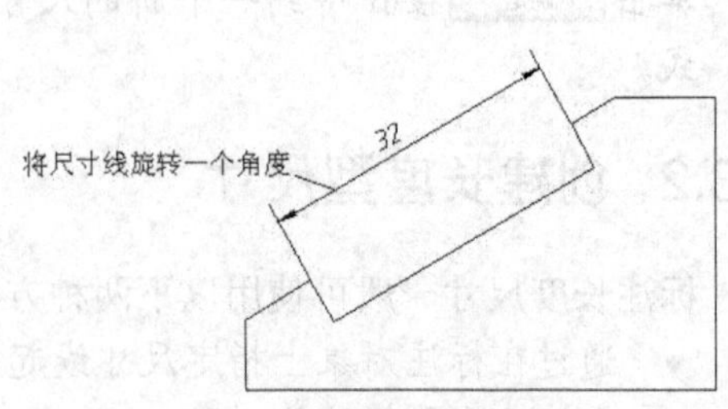

图7-61 使尺寸线倾斜一个角度

7.3.3 创建对齐尺寸标注

要标注倾斜对象的真实长度可使用对齐尺寸，对齐尺寸的尺寸线平行于倾斜的标注对象。如果用户是选择两个点来创建对齐尺寸，则尺寸线与两点的连线平行。

创建对齐尺寸。

1. 单击【注释】面板上的 对齐 按钮，启动 DIMALIGNED 命令。

```
命令: _dimaligned
指定第一条延伸线原点或 <选择对象>:                //捕捉 D 点，如图 7-62 所示
指定第二条延伸线原点: per 到                       //捕捉垂足 E
指定尺寸线位置或[多行文字(M)/文字(T)/角度(A)]:     //移动鼠标光标指定尺寸线的位置
命令:DIMALIGNED                                    //重复命令
指定第一条延伸线原点或 <选择对象>:                //捕捉 F 点
指定第二条延伸线原点:                              //捕捉 G 点
指定尺寸线位置或[多行文字(M)/文字(T)/角度(A)]:     //移动鼠标光标指定尺寸线的位置
```

结果如图 7-62 左图所示。

2. 选择尺寸“36”或“38”，再选中文字处的关键点，移动鼠标光标调整文字及尺寸线的位置。继续标注尺寸“18”，结果如图 7-62 右图所示。

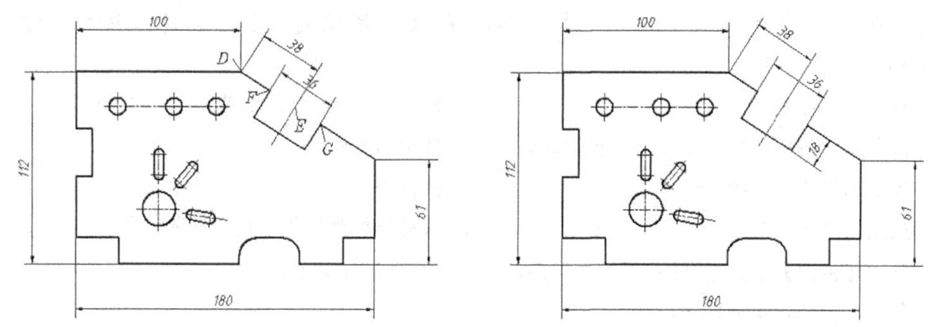

图7-62　标注对齐尺寸

DIMALIGNED 命令各选项功能请参见 7.3.2 小节。

7.3.4 创建连续型和基线型尺寸标注

连续型尺寸标注是一系列首尾相连的标注形式，而基线型尺寸是指所有的尺寸都从同一点开始标注，即公用一条尺寸界线。在创建这两种形式的尺寸时，应首先建立一个尺寸标注，然后发出标注命令。

创建连续型和基线型尺寸标注。

1. 利用关键点编辑方式向下调整尺寸“180”的尺寸线位置，然后标注连续尺寸，如图 7-63 所示。

```
命令: _dimlinear                      //标注尺寸“26”，如图 7-63 左图所示
指定第一条延伸线原点或 <选择对象>:    //捕捉 H 点
指定第二条延伸线原点:                 //捕捉 I 点
指定尺寸线位置:                       //移动鼠标光标指定尺寸线的位置
```

打开【标注】工具栏，单击该工具栏上的 按钮，启动创建连续标注命令。

```
命令: _dimcontinue
指定第二条延伸线原点或 [放弃(U)/选择(S)] <选择>: //捕捉 J 点
指定第二条延伸线原点或 [放弃(U)/选择(S)] <选择>: //捕捉 K 点
指定第二条延伸线原点或 [放弃(U)/选择(S)] <选择>: //捕捉 L 点
指定第二条延伸线原点或 [放弃(U)/选择(S)] <选择>: //按 Enter 键
选择连续标注:                                      //按 Enter 键结束
```

结果如图 7-63 左图所示。

2. 标注尺寸“15”、“33”、“28”等，结果如图 7-63 右图所示。

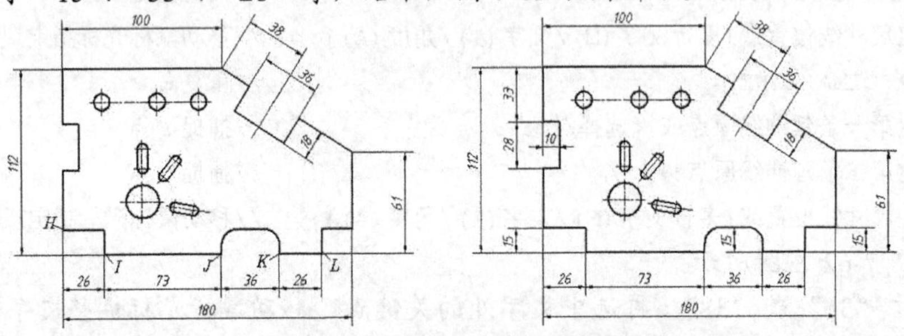

图7-63 创建连续型尺寸及调整尺寸线的位置

3. 利用关键点编辑方式向上调整尺寸“100”的尺寸线位置，然后创建基线型尺寸，如图 7-64 所示。

```
命令: _dimlinear                       //标注尺寸“25”，如图 7-64 左图所示
指定第一条延伸线原点或 <选择对象>:     //捕捉 M 点
指定第二条延伸线原点:                  //捕捉 N 点
指定尺寸线位置:                        //移动鼠标光标指定尺寸线的位置
```

单击【标注】工具栏上的 按钮，启动创建基线型尺寸命令。

```
命令: _dimbaseline
指定第二条延伸线原点或 [放弃(U)/选择(S)] <选择>: //捕捉 O 点
指定第二条延伸线原点或 [放弃(U)/选择(S)] <选择>: //捕捉 P 点
指定第二条延伸线原点或 [放弃(U)/选择(S)] <选择>: //按 Enter 键
选择基准标注:                                      //按 Enter 键结束
```

结果如图 7-64 左图所示。

4. 打开正交模式，用 STRETCH 命令将虚线矩形框 *Q* 内的尺寸线向左调整，然后标注尺寸“20”，结果如图 7-64 右图所示。

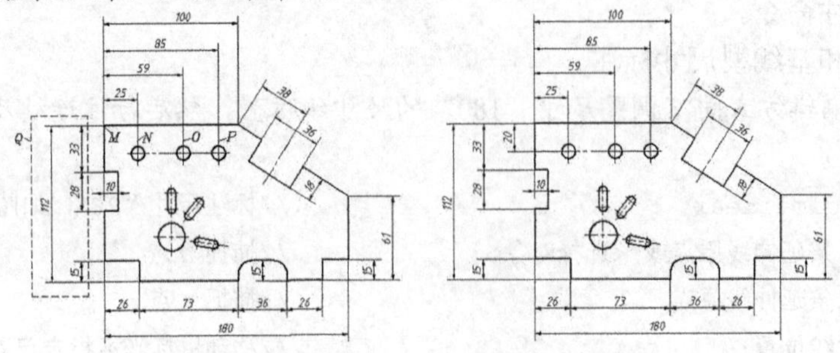

图7-64 创建基线型尺寸及调整尺寸线的位置

当用户创建一个尺寸标注后，紧接着启动基线或连续标注命令，则 AutoCAD 将以该尺寸的第一条尺寸界线为基准线生成基线型尺寸，或者以该尺寸的第二条尺寸界线为基准线建立连续型尺寸。若不想在前一个尺寸的基础上生成连续型或基线型尺寸，就按 Enter 键，AutoCAD 提示“选择连续标注:”或“选择基准标注:”，此时，选择某条尺寸界线作为建立新尺寸的基准线。

7.3.5 创建角度尺寸

国标规定角度数字一律水平书写，一般注写在尺寸线的中断处，必要时可注写在尺寸线上方或外面，也可画引线标注。

为使角度数字的放置形式符合国标，用户可采用当前尺寸样式的覆盖方式标注角度。

利用当前尺寸样式的覆盖方式标注角度。

1. 单击【注释】面板上的按钮，打开【标注样式管理器】对话框。
2. 单击 替代(O)... 按钮（注意不要使用 修改(M)... 按钮），打开【替代当前样式】对话框。选择【文字】选项卡，在【文字对齐】分组框中选择【水平】单选项，如图 7-65 所示。
3. 返回主窗口，标注角度尺寸，角度数字将水平放置，如图 7-66 所示。

```
单击【标注】工具栏上的按钮，启动标注角度命令。
命令: _dimangular
选择圆弧、圆、直线或 <指定顶点>:                      //选择线段 A
选择第二条直线:                                      //选择线段 B
指定标注弧线位置或 [多行文字(M)/文字(T)/角度(A)/象限点(Q)]:
                                                    //移动鼠标光标指定尺寸线的位置
命令: _dimcontinue                                  //启动连续标注命令
指定第二条延伸线原点或 [放弃(U)/选择(S)] <选择>:  //捕捉 C 点
指定第二条延伸线原点或 [放弃(U)/选择(S)] <选择>:  //按 Enter 键
选择连续标注:                                         //按 Enter 键结束
```

结果如图 7-66 所示。

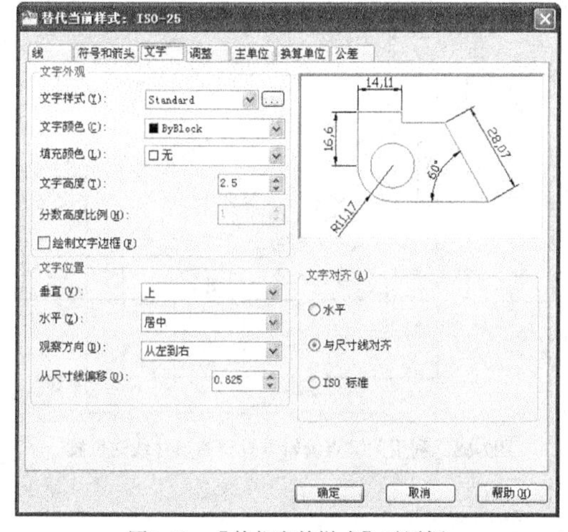

图7-65　【替代当前样式】对话框

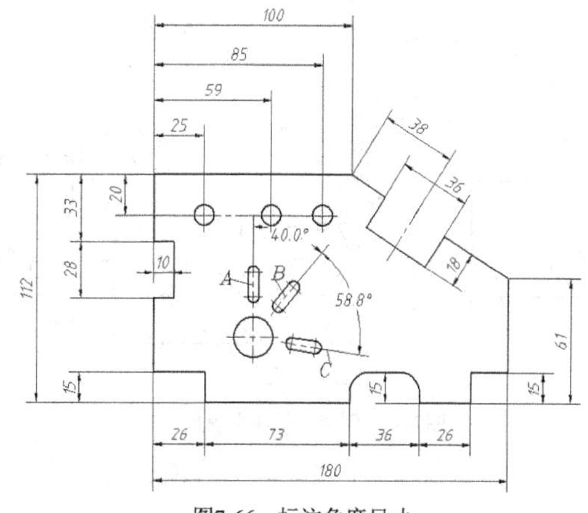

图7-66　标注角度尺寸

7.3.6 直径和半径型尺寸

在标注直径和半径尺寸时，AutoCAD 自动在标注文字前面加入“∅”或“R”符号。实际标注中，直径和半径型尺寸的标注形式多种多样，若通过当前样式的覆盖方式进行标注就非常方便。

上一节已设定尺寸样式的覆盖方式，使尺寸数字水平放置，下面继续标注直径和半径尺寸，这些尺寸的标注文字也将处于水平方向。

利用当前尺寸样式的覆盖方式标注直径和半径尺寸。

1. 创建直径和半径尺寸，如图 7-67 所示。

(1) 单击【标注】工具栏上的按钮，启动标注直径命令。

```
命令: _dimdiameter
选择圆弧或圆:                                    //选择圆 D
指定尺寸线位置或 [多行文字(M)/文字(T)/角度(A)]: t//使用“文字(T)”选项
输入标注文字 <10>: 3-%%C10                       //输入标注文字
指定尺寸线位置或 [多行文字(M)/文字(T)/角度(A)]://移动鼠标光标指定标注文字的位置
```

(2) 单击【标注】工具栏上的按钮，启动半径标注命令。

```
命令: _dimradius
选择圆弧或圆:                                       //选择圆弧 E
指定尺寸线位置或 [多行文字(M)/文字(T)/角度(A)]://移动鼠标光标指定标注文字的位置
```

(3) 继续标注直径尺寸“ϕ20”及半径尺寸“*R*3”，结果如图 7-67 所示。

2. 取消当前样式的覆盖方式，恢复原来的样式。单击按钮，进入【标注样式管理器】对话框，在此对话框的列表框中选择“工程标注”，然后单击 置为当前(U) 按钮，此时系统打开一个提示性对话框，继续单击 确定 按钮完成。

3. 标注尺寸“32”、“24”、“12”、“20”，然后利用关键点编辑方式调整尺寸线的位置，结果如图 7-68 所示。

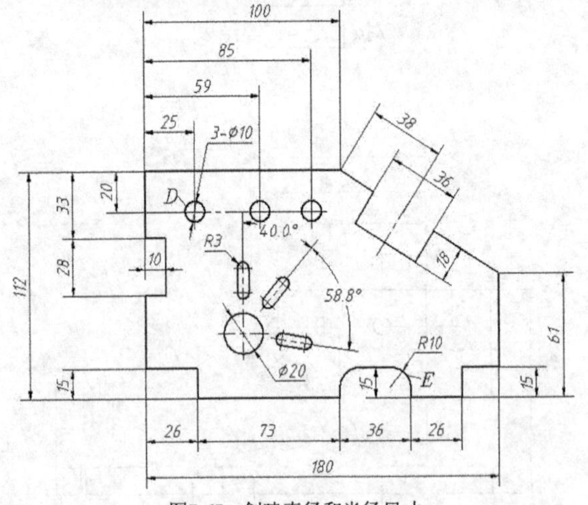

图7-67 创建直径和半径尺寸

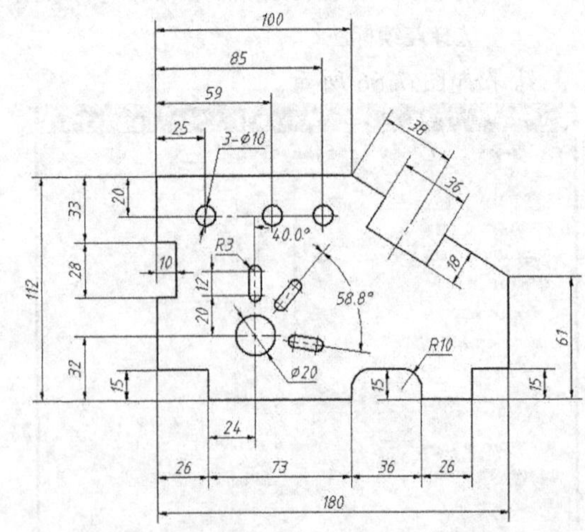

图7-68 利用关键点编辑方式调整尺寸线的位置

7.4 利用角度尺寸样式簇标注角度

在前面标注角度时采用了尺寸样式的覆盖方式进行标注，使标注数字水平放置。除采用此种方法创建角度尺寸外，还可利用角度尺寸样式簇标注角度。样式簇是已有尺寸样式（父样式）的子样式，该子样式用于控制某种特定类型尺寸的外观。

【练习7-14】：打开附盘文件“dwg\第 7 章\7-14.dwg”，利用角度尺寸样式簇标注角度，如图 7-69 所示。

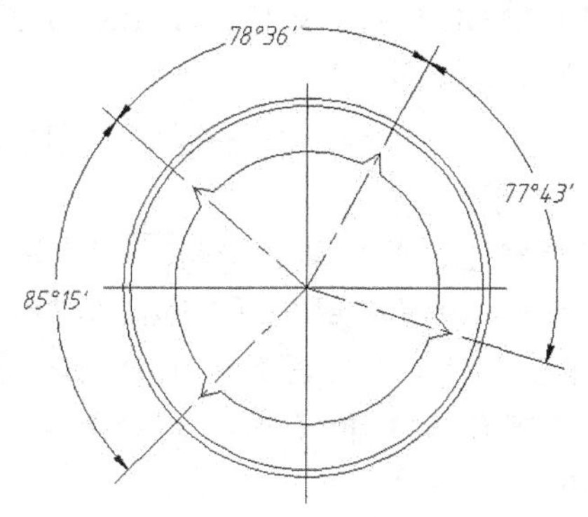

图7-69　标注角度

1. 单击【注释】面板上的按钮，打开【标注样式管理器】对话框，再单击 新建(N)... 按钮，打开【创建新标注样式】对话框，在【用于】下拉列表中选择【角度标注】选项，如图 7-70 所示。
2. 单击 继续 按钮，打开【新建标注样式】对话框，进入【文字】选项卡，在该选项卡【文字对齐】分组框中选中【水平】单选项，如图 7-71 所示。
3. 选择【主单位】选项卡，在【角度标注】分组框中设置【单位格式】为“度/分/秒”，【精度】为“0d00′ ”，单击 确定 按钮完成。
4. 返回 AutoCAD 主窗口，单击按钮，创建角度尺寸“85° 15′ ”，然后单击按钮创建连续标注，结果如图 7-69 所示。所有这些角度尺寸，其外观由样式簇控制。

图7-70　【创建新标注样式】对话框

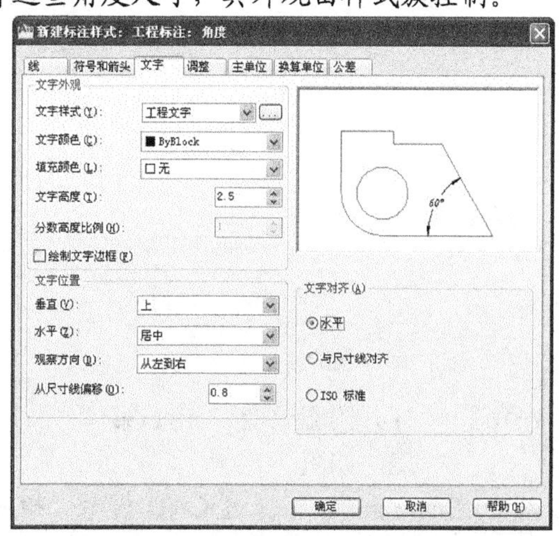

图7-71　【新建标注样式】对话框

7.5 标注尺寸公差及形位公差

创建尺寸公差的方法有两种。

- 利用尺寸样式的覆盖方式标注尺寸公差，公差的上、下偏差值可在【替代当前样式】对话框的【公差】选项卡中设置。
- 标注时，利用“多行文字(M)”选项打开多行文字编辑器，然后采用堆叠文字方式标注公差。

标注形位公差可使用 TOLERANCE 命令及 QLEADER 命令，前者只能产生公差框格，而后者既能形成公差框格又能形成标注指引线。

【练习7-15】：打开附盘文件“dwg\第 7 章\7-15.dwg”，利用当前样式覆盖方式标注尺寸公差，如图 7-72 所示。

1. 打开【标注样式管理器】对话框，然后单击 替代(O)... 按钮，打开【替代当前样式】对话框，再选择【公差】选项卡，弹出新的一页，如图 7-73 所示。
2. 在【方式】、【精度】和【垂直位置】下拉列表中分别选择“极限偏差”、“0.000”和“中”，在【上偏差】、【下偏差】和【高度比例】文本框中分别输入“0.039”、“0.015”和“0.75”，如图 7-73 所示。
3. 返回 AutoCAD 图形窗口，发出 DIMLINEAR 命令，AutoCAD 提示如下。

```
命令: _dimlinear
指定第一条延伸线原点或 <选择对象>:          //捕捉交点 A，如图 7-72 所示
指定第二条延伸线原点:                      //捕捉交点 B
指定尺寸线位置或[多行文字(M)/文字(T)/角度(A)/水平(H)/垂直(V)/旋转(R)]:
                                           //移动鼠标光标指定标注文字的位置
```

结果如图 7-72 所示。

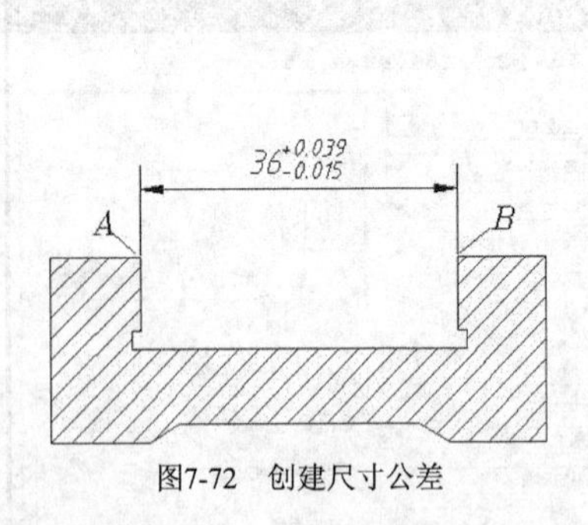

图7-72　创建尺寸公差

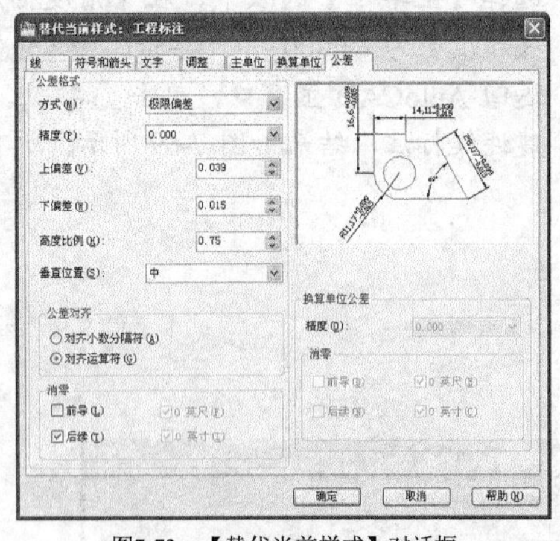

图7-73　【替代当前样式】对话框

【练习7-16】：打开附盘文件“dwg\第 7 章\7-16.dwg”，用 QLEADER 命令标注形位公差，如图 7-74 所示。

1. 输入 QLEADER 命令，AutoCAD 提示“指定第一个引线点或[设置(S)]<设置>: ”，直接按 Enter 键，打开【引线设置】对话框，在【注释】选项卡中选择【公差】单选项，如图 7-75 所示。

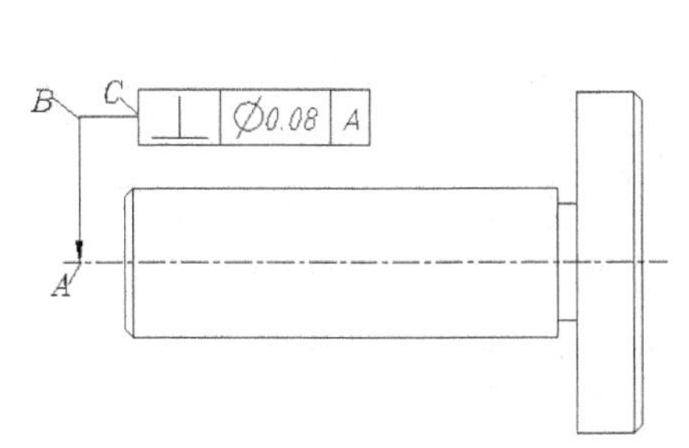

图7-74　标注形位公差

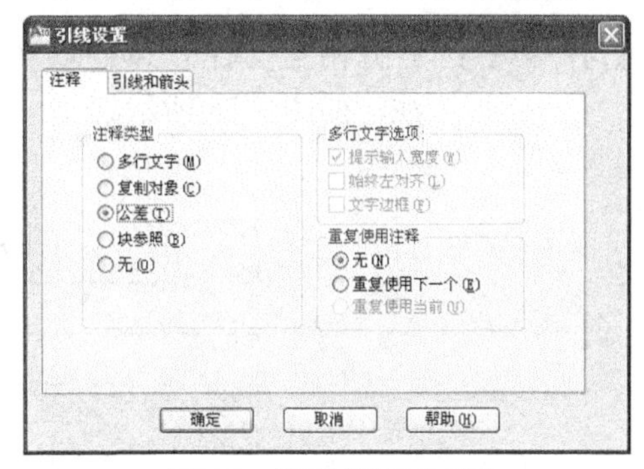

图7-75　【引线设置】对话框

2. 单击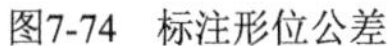按钮，AutoCAD 提示如下。

```
指定第一个引线点或 [设置(S)]<设置>: nea 到      //在轴线上捕捉点 A，如图 7-74 所示
指定下一点: <正交 开>                           //打开正交并在 B 点处单击一点
指定下一点:                                     //在 C 点处单击一点
```

AutoCAD 打开【形位公差】对话框，在此对话框中输入公差值，如图 7-76 所示。

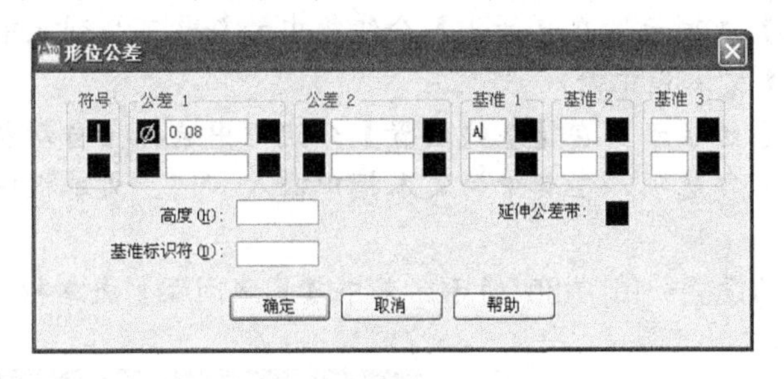

图7-76　【形位公差】对话框

3. 单击 确定 按钮，结果如图 7-74 所示。

7.6 引线标注

MLEADER 命令创建引线标注，它由箭头、引线、基线（引线与标注文字间的线）、多行文字或图块组成，如图 7-77 所示，其中箭头的形式、引线外观、文字属性及图块形状等由引线样式控制。

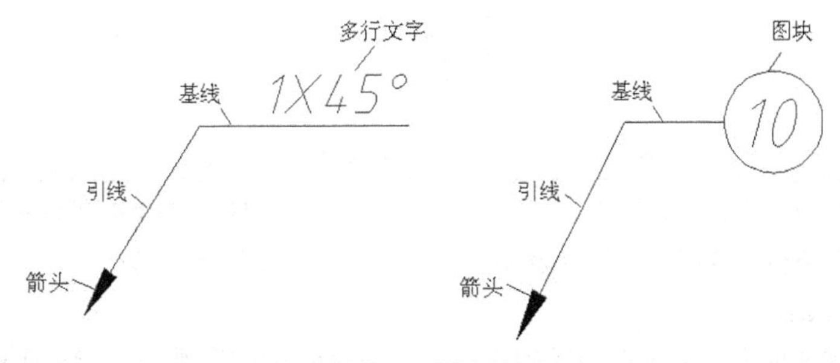

图7-77　引线标注

选中引线标注对象，利用关键点移动基线，则引线、文字和图块跟随移动。若利用关键点移动箭头，则只有引线跟随移动，基线、文字和图块不动。

【练习7-17】：打开附盘文件“dwg\第 7 章\7-17.dwg”，用 MLEADER 命令创建引线标注，如图 7-78 所示。

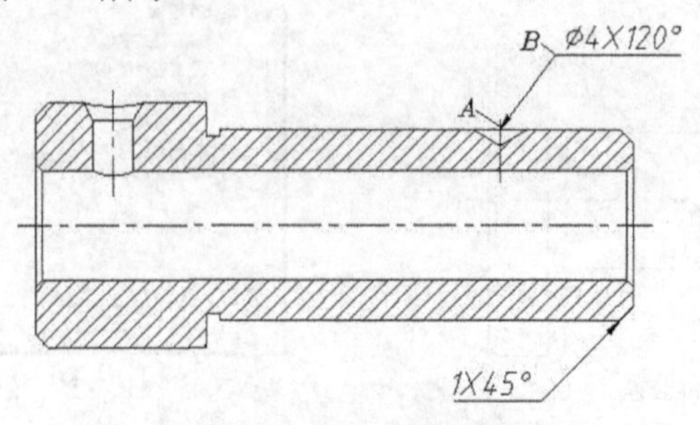

图7-78 创建引线标注

1. 单击【注释】面板上的按钮，打开【多重引线样式管理器】对话框，如图 7-79 所示，利用该对话框可新建、修改、重命名或删除引线样式。
2. 单击 修改(M)... 按钮，打开【修改多重引线样式】对话框，如图 7-80 所示。在该对话框中完成以下设置。

(1) 进入【引线格式】选项卡，在【箭头】分组框中的符号下拉列表中选择【实心闭合】选项，在【大小】文本框中输入“2”。

(2) 进入【引线结构】选项卡，在【基线设置】分组框中选择【自动包含基线】复选项和【设置基线距离】复选项，在其中的文本框中输入“1”。文本框中的数值表示基线的长度。

(3) 【内容】选项卡的设置如图 7-80 所示。其中【基线间距】文本框中的数值表示基线与标注文字间的距离。

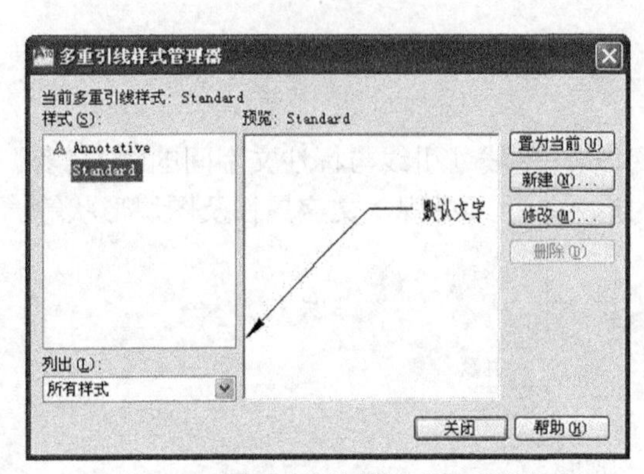

图7-79 【多重引线样式管理器】对话框

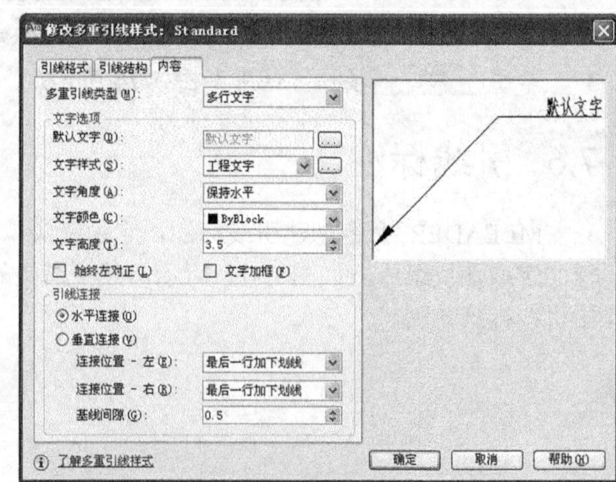

图7-80 【修改多重引线样式】对话框

3. 单击【注释】面板上的 多重引线 按钮，启动创建引线标注命令。

```
命令: _mleader
指定引线箭头的位置或 [引线基线优先(L)/内容优先(C)/选项(O)] <选项>:
                                    //指定引线起始点 A，如图 7-78 所示
指定引线基线的位置:                   //指定引线下一个点 B
                    //启动多行文字编辑器，然后输入标注文字“Ø4×120°”
```

重复命令，创建另一个引线标注，结果如图 7-78 所示。

要点提示 创建引线标注时，若文本或指引线的位置不合适，可利用关键点编辑方式进行调整。

7.7 编辑尺寸标注

编辑尺寸标注主要包括以下几方面。

- 修改标注文字。修改标注文字的最佳方法是使用 DDEDIT 命令。发出该命令后，用户可以连续地修改想要编辑的尺寸。
- 调整标注位置。关键点编辑方式非常适合于移动尺寸线和标注文字，进入这种编辑模式后，一般利用尺寸线两端或标注文字所在处的关键点来调整标注位置。
- 对于平行尺寸线间的距离可用 DIMSPACE 命令调整，该命令可使平行尺寸线按用户指定的数值等间距分布。
- 编辑尺寸标注属性。使用 PROPERTIES 命令可以非常方便地编辑尺寸标注属性。用户一次选取多个尺寸标注，启动 PROPERTIES 命令，AutoCAD 打开【特性】对话框，在此对话框中可修改标注字高、文字样式及总体比例等属性。
- 修改某一尺寸标注的外观。先通过尺寸样式的覆盖方式调整样式，然后利用【标注】工具栏上的工具去更新尺寸标注。

【练习7-18】：打开附盘文件“dwg\第 7 章\7-18.dwg”，如图 7-81 左图所示。修改标注文字内容及调整标注位置等，结果如图 7-81 右图所示。

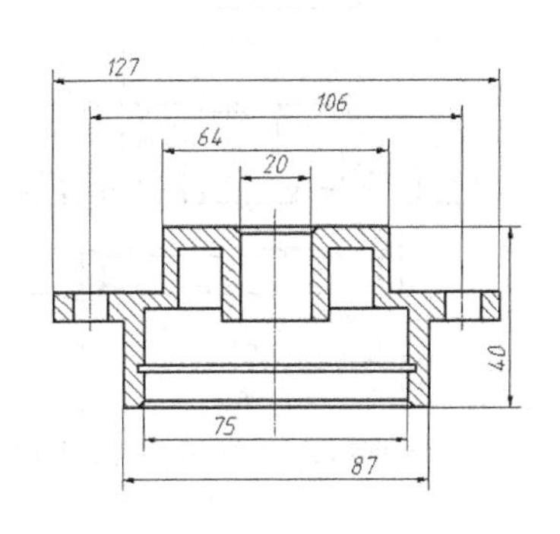

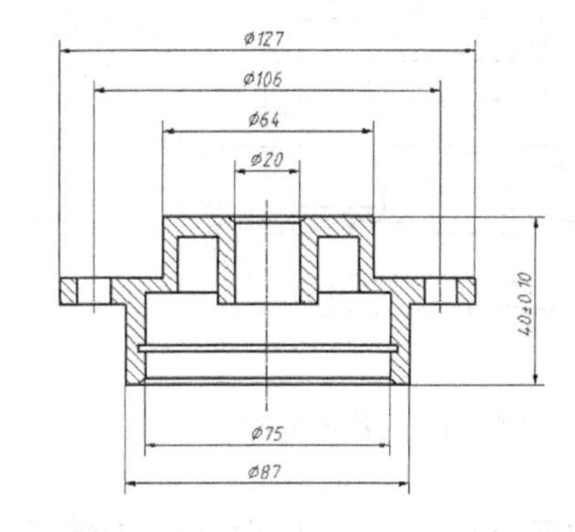

图7-81 编辑尺寸标注

1. 用 DDEDIT 命令将尺寸“40”修改为“40±0.10”。
2. 选择尺寸“40±0.10”，并激活文本所在处的关键点，AutoCAD 自动进入拉伸编辑模式。向右移动鼠标光标调整文本的位置，结果如图 7-82 所示。
3. 单击【标注】工具栏上的按钮，打开【标注样式管理器】对话框，再单击 替代(O)... 按钮，打开【替代当前样式】对话框，进入【主单位】选项卡，在【前缀】文本框中输入直径代号“%%C”。
4. 返回图形窗口，单击【标注】面板上的按钮，AutoCAD 提示“选择对象:”，选择尺

寸"127"及"106"等。按 Enter 键，结果如图 7-83 所示。

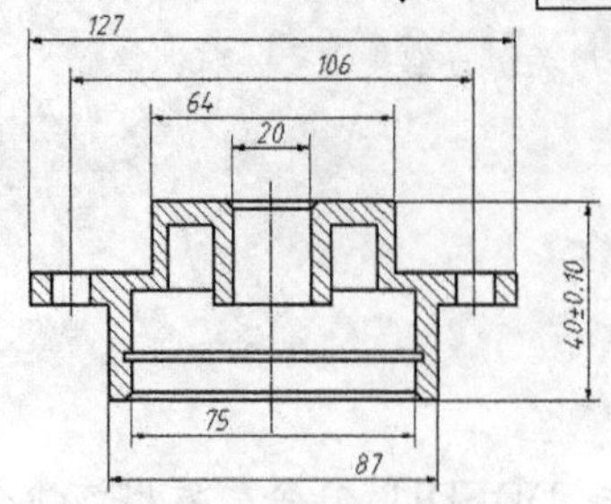

图7-82 修改标注文字内容

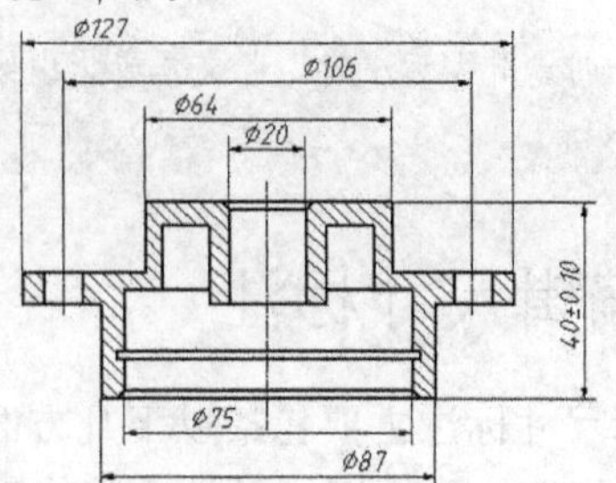

图7-83 更新尺寸标注

5. 调整平行尺寸线间的距离，如图 7-84 所示。

单击【标注】工具栏上的 按钮，启动 DIMSPACE 命令。

命令: _DIMSPACE

选择基准标注: //选择"Ø20"

选择要产生间距的标注:找到 1 个 //选择"Ø64"

选择要产生间距的标注:找到 1 个，总计 2 个 //选择"Ø106"

选择要产生间距的标注:找到 1 个，总计 3 个 //选择"Ø127"

选择要产生间距的标注: //按 Enter 键

输入值或 [自动(A)] <自动>: 12 //输入间距值并按 Enter 键

结果如图 7-84 所示。

6. 用 PROPERTIES 命令将所有标注文字的高度改为 3.5，然后利用关键点编辑方式调整部分标注文字的位置，结果如图 7-85 所示。

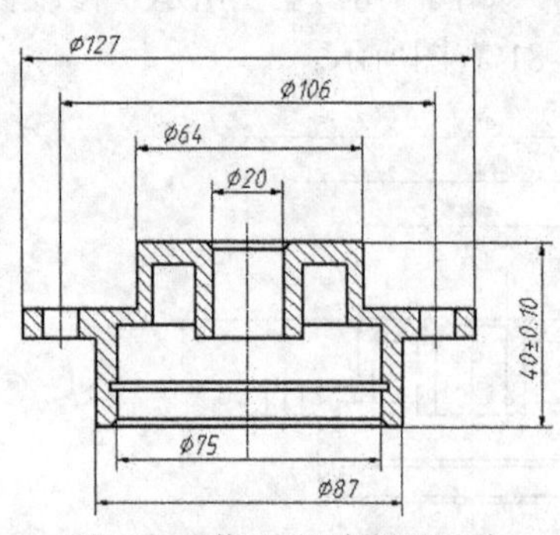

图7-84 调整平行尺寸线间的距离

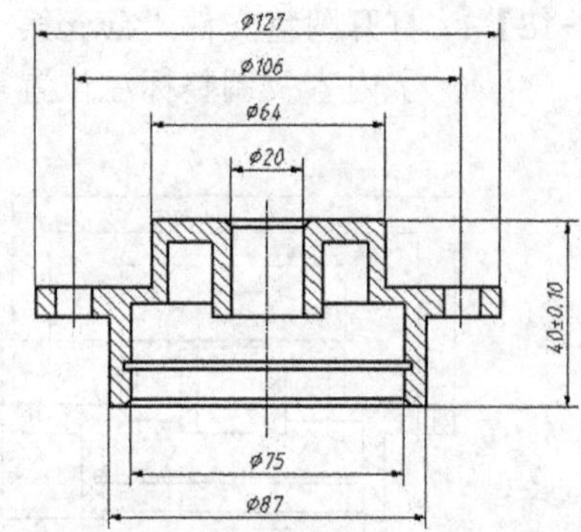

图7-85 修改标注文字的高度

7.8 上机练习——尺寸标注综合训练

以下提供平面图形及零件图的标注练习，练习内容包括标注尺寸、创建尺寸公差和形位公差、标注表面粗糙度及选用图幅等。

7.8.1 标注平面图形

【练习7-19】：打开附盘文件"dwg\第 7 章\7-19.dwg"，标注该图形，结果如图 7-86 所示。

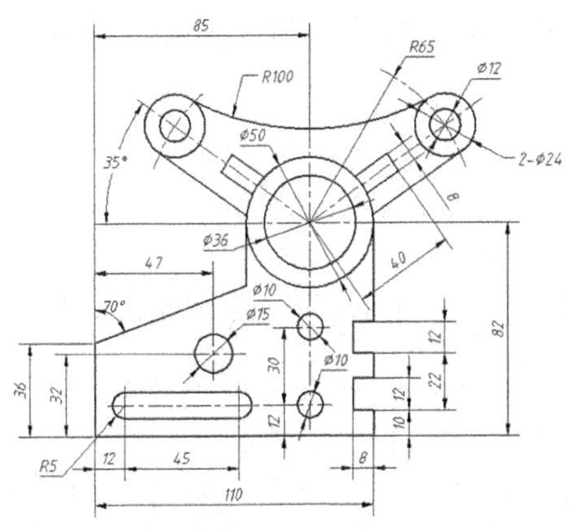

图7-86　标注平面图形（1）

1. 建立一个名为“标注层”的图层，设置图层颜色为绿色，线型为 Continuous，并使其成为当前层。
2. 创建新文字样式，样式名为“标注文字”。与该样式相连的字体文件是“gbeitc.shx”和“gbcbig.shx”。
3. 创建一个尺寸样式，名称为“国标标注”，对该样式作以下设置。

(1) 标注文本连接“标注文字”，文字高度等于 2.5，精度为 0.0，小数点格式是“句点”。
(2) 标注文本与尺寸线间的距离是 0.8。
(3) 箭头大小为 2。
(4) 尺寸界线超出尺寸线长度等于 2。
(5) 尺寸线起始点与标注对象端点间的距离为 0。
(6) 标注基线尺寸时，平行尺寸线间的距离为 6。
(7) 标注总体比例因子为 2。
(8) 使“国标标注”成为当前样式。

4. 打开对象捕捉，设置捕捉类型为端点和交点。标注尺寸，结果如图 7-86 所示。

【练习7-20】： 打开文件“dwg\第 7 章\7-20.dwg”，标注该图形，结果如图 7-87 所示。

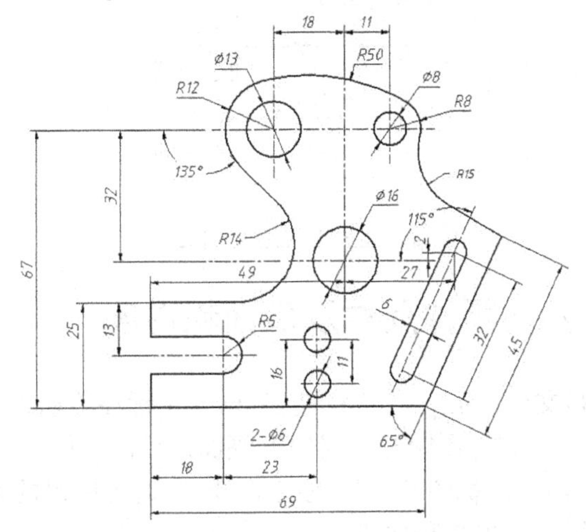

图7-87　标注平面图形（2）

【练习7-21】：打开附盘文件“dwg\第 7 章\7-21.dwg”，标注该图形，结果如图 7-88 所示。

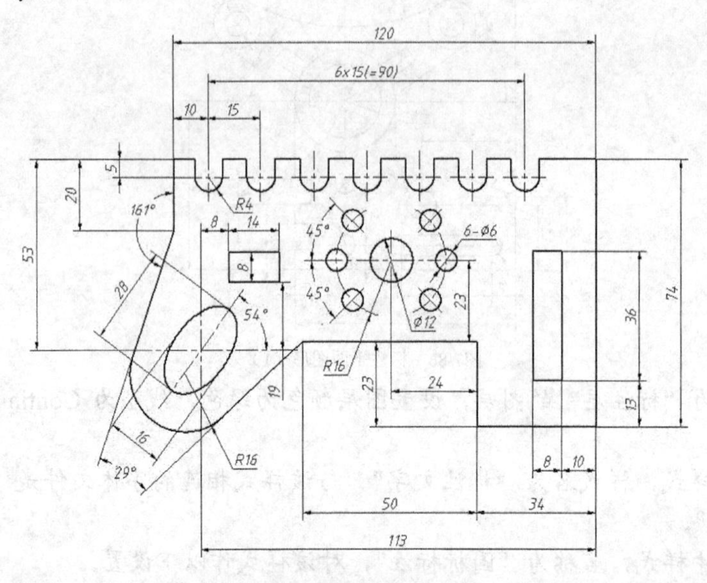

图7-88 标注平面图形（3）

【练习7-22】：打开附盘文件“dwg\第 7 章\7-22.dwg”，标注该图形，结果如图 7-89 所示。

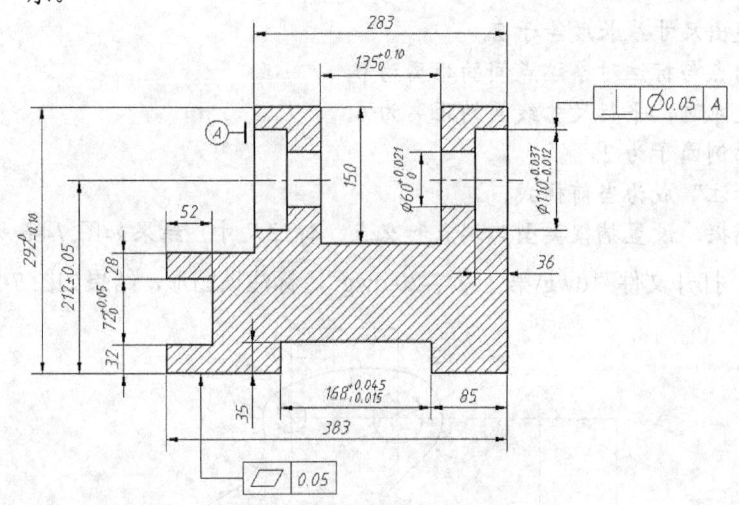

图7-89 创建尺寸公差及形位公差

7.8.2 插入图框、标注零件尺寸及表面粗糙度

【练习7-23】：打开附盘文件“dwg\第 7 章\7-23.dwg”，标注传动轴零件图，标注结果如图 7-90 所示。零件图图幅选用 A3 幅面，绘图比例 2:1，标注字高 2.5，字体“gbeitc.shx”，标注总体比例因子 0.5。这个练习的目的是使读者掌握零件图尺寸标注的步骤和技巧。

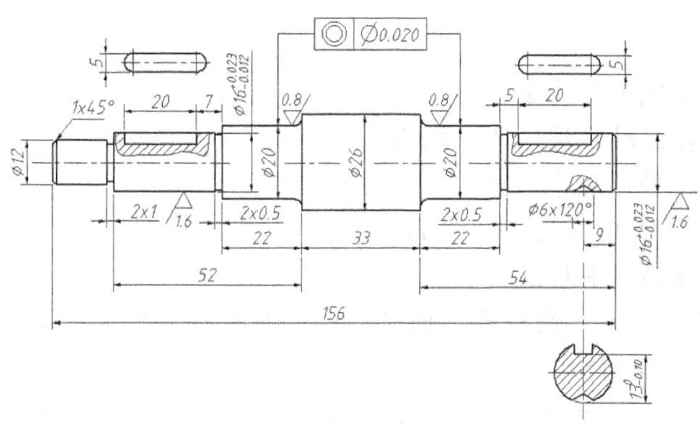

图7-90　标注传动轴零件图

1. 打开包含标准图框及表面粗糙度符号的图形文件“dwg\第 7 章\A3.dwg”，如图 7-91 所示。在图形窗口中单击鼠标右键，弹出快捷菜单，选择【带基点复制】选项，然后指定 A3 图框的右下角为基点，再选择该图框及表面粗糙度符号。

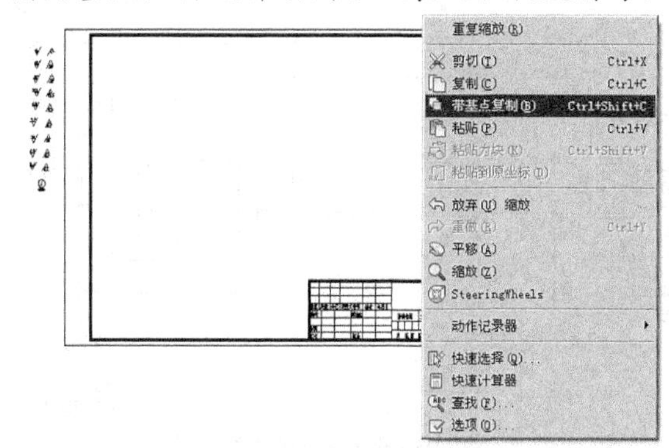

图7-91　复制图框

2. 切换到当前零件图，在图形窗口中单击鼠标右键，弹出快捷菜单，选择【粘贴】选项，把 A3 图框复制到当前图形中，如图 7-92 所示。

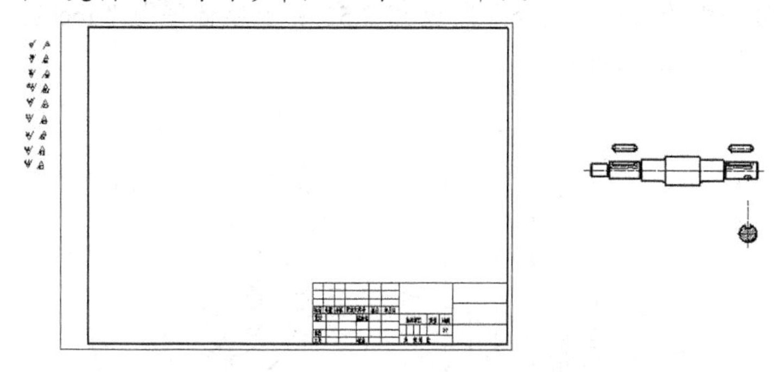

图7-92　粘贴图框

3. 用 SCALE 命令把 A3 图框和表面粗糙度符号缩小 50%。
4. 创建新文字样式，样式名为“标注文字”。与该样式相连的字体文件是“gbeitc.shx”和“gbcbig.shx”。
5. 创建一个尺寸样式，名称为“国标标注”，对该样式作以下设置。

(1) 标注文本连接“标注文字”，文字高度为 2.5，精度为 0.0，小数点格式是“句点”。

(2) 标注文本与尺寸线间的距离是 0.8。

(3) 箭头大小为 2。

(4) 尺寸界线超出尺寸线长度为 2。

(5) 尺寸线起始点与标注对象端点间的距离为 0。

(6) 标注基线尺寸时，平行尺寸线间的距离为 6。

(7) 使用全局比例因子为 0.5（绘图比例的倒数）。

(8) 使"国标标注"成为当前样式。

6. 用 MOVE 命令将视图放入图框内，创建尺寸，再用 COPY 及 ROTATE 命令标注表面粗糙度，结果如图 7-90 所示。

【练习7-24】：打开附盘文件"dwg\第 7 章\7-24.dwg"，标注微调螺杆零件图，标注结果如图 7-93 所示。图幅选用 A3，绘图比例为 2:1，尺寸文字字高为 3.5，技术要求中的文字字高分别为 5 和 3.5。中文字体采用"gbcbig.shx"，西文字体采用"gbeitc.shx"。

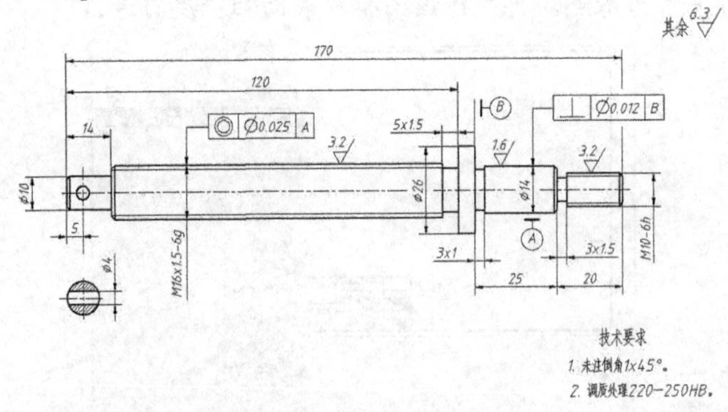

图7-93　微调螺杆零件图

【练习7-25】：打开附盘文件"dwg\第 7 章\7-25.dwg"，标注传动箱盖零件图，标注结果如图 7-94 所示。图幅选用 A3，绘图比例为 1:2.5，尺寸文字字高为 3.5，技术要求中的文字字高分别为 5 和 3.5。中文字体采用"gbcbig.shx"，西文字体采用"gbeitc.shx"。

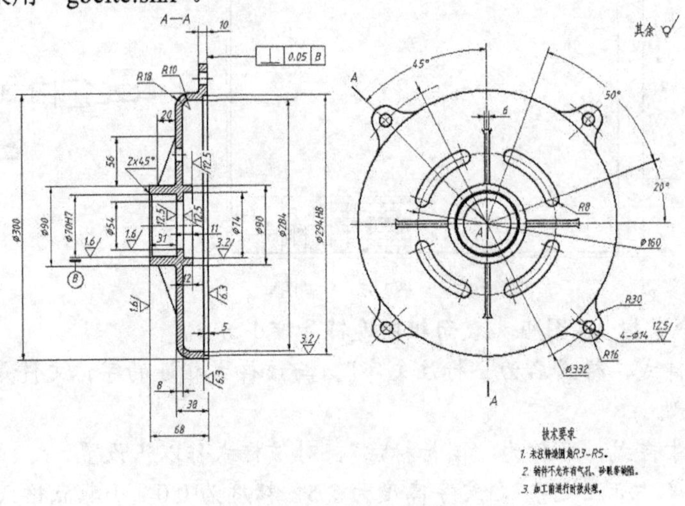

图7-94　标注传动箱盖零件图

【练习7-26】：打开附盘文件“dwg\第 7 章\7-26.dwg”，标注尾座零件图，标注结果如图 7-95 所示。图幅选用 A3，绘图比例为 1:1，尺寸文字字高为 3.5，技术要求中的文字字高分别为 5 和 3.5。中文字体采用“gbcbig.shx”，西文字体采用“gbeitc.shx”。

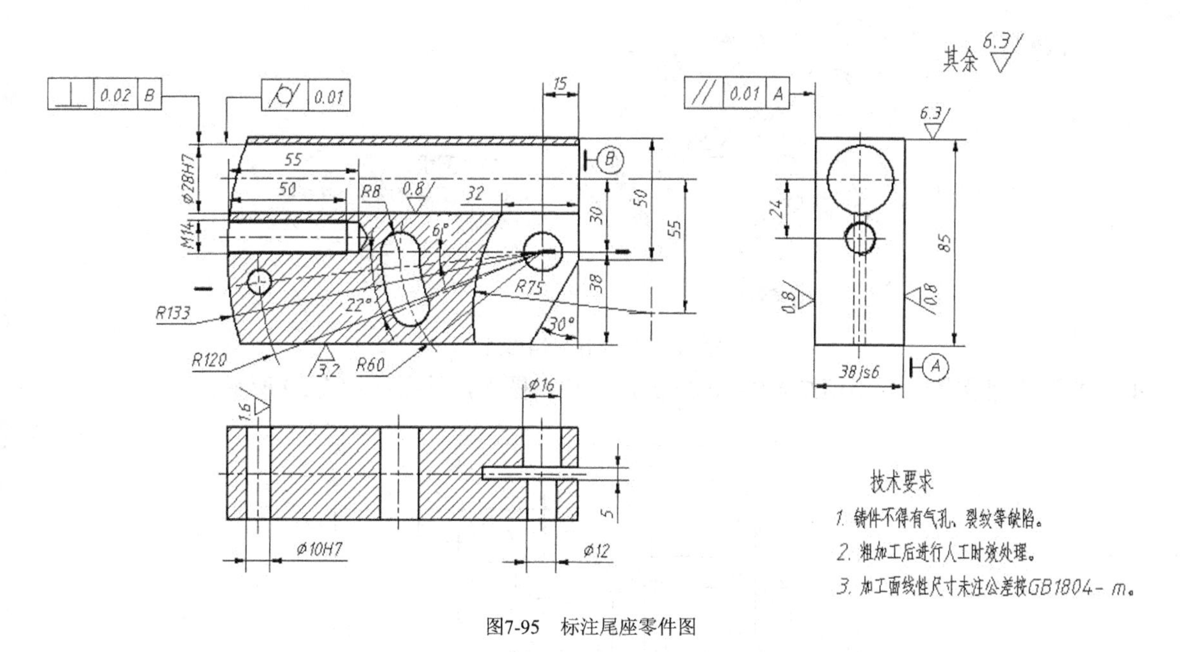

图7-95　标注尾座零件图

7.9　习题

1. 打开附盘文件“dwg\第 7 章\7-27.dwg”，在图中添加单行文字，如图 7-96 所示。文字字高设置为 3.5，中文字体采用“gbcbig.shx”，西文字体采用“gbeitc.shx”。
2. 打开附盘文件“dwg\第 7 章\7-28.dwg”，请在图中添加多行文字，如图 7-97 所示。图中文字特性如下。

(1) “弹簧总圈数……”及“加载到……”：文字字高设置为 5，中文字体采用“gbcbig.shx”，西文字体采用“gbeitc.shx”。

(2) “检验项目”：文字字高设置为 4，字体采用“黑体”。

(3) “检验弹簧……”：文字字高设置为 3.5，字体采用“楷体”。

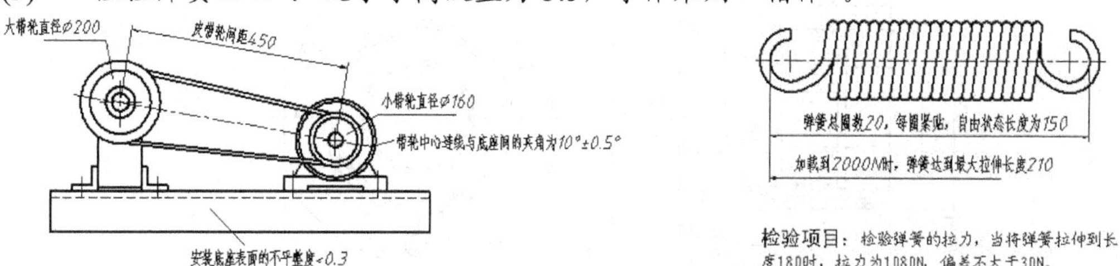

图7-96　书写单行文字　　　　图7-97　书写多行文字

3. 打开附盘文件“dwg\第 7 章\7-29.dwg”，请在图中添加单行及多行文字，如图 7-98 所示，图中文字特性如下。

(1) 单行文字字体为【宋体】，字高为“10”，其中部分文字沿 60° 方向书写，字体倾斜角度为 30° 。

(2) 多行文字字高为“12”，字体为【黑体】和【宋体】。

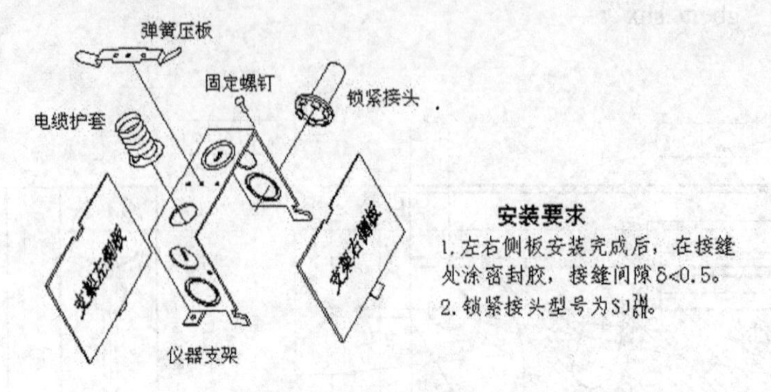

图7-98 书写单行及多行文字

4. 打开附盘文件“dwg\第 7 章\7-30.dwg”，标注该图形，结果如图 7-99 所示。

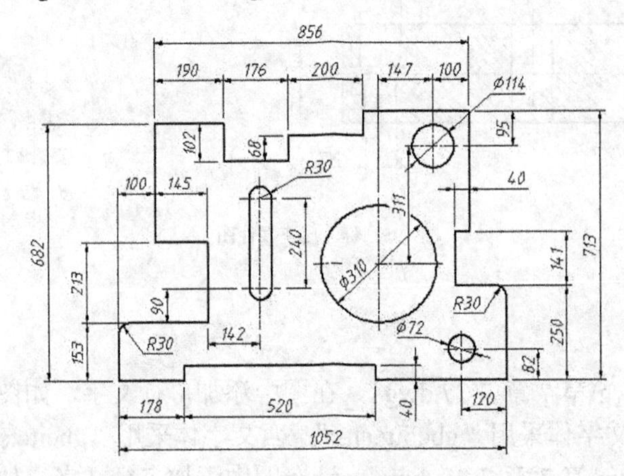

图7-99 标注平面图形

5. 打开附盘文件“dwg\第 7 章\7-31.dwg”，标注法兰盘零件图，结果如图 7-100 所示。零件图图幅选用 A3 幅面，绘图比例 1:1.5，标注字高 3.5，字体“gbeitc.shx”，标注总体比例因子 1.5。

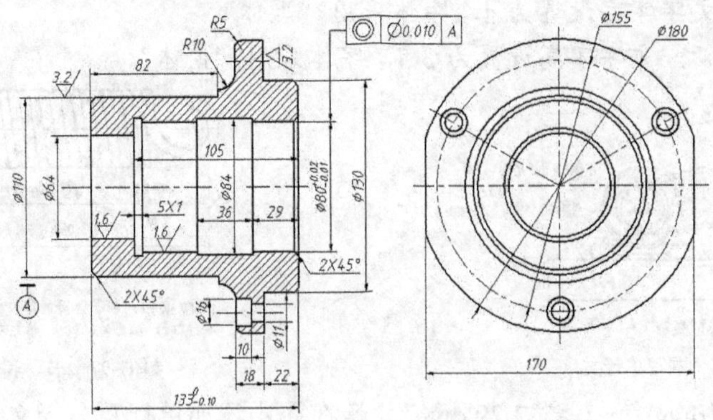

图7-100 标注法兰盘零件图

第8章　查询信息、块及外部参照

【学习目标】

- 查询距离、面积及周长等信息。
- 创建图块、插入图块。
- 创建参数化动态块。
- 创建及编辑块属性。
- 引用外部图形。
- 更新当前图形中的外部引用。

8.1　获取图形信息的方法

本节介绍获取图形信息的一些命令。

8.1.1　获取点的坐标

ID 命令用于查询图形对象上某点的绝对坐标，坐标值以"X, Y, Z"形式显示出来。对于二维图形，Z 坐标值为零。

【练习8-1】：　练习 ID 命令。

打开附盘文件"dwg\第 8 章\8-1.dwg"。单击【实用工具】面板上的按钮，启动 ID 命令，AutoCAD 提示如下。

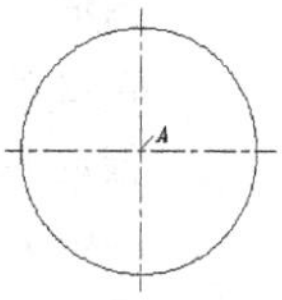

图8-1　查询点的坐标

```
命令: '_id 指定点: cen 于          //捕捉圆心 A，如图 8-1 所示
X = 1463.7504   Y = 1166.5606   Z = 0.0000   //AutoCAD 显示圆心坐标值
```

要点提示　ID 命令显示的坐标值与当前坐标系的位置有关。如果用户创建新坐标系，则 ID 命令测量的同一点坐标值也将发生变化。

8.1.2　测量距离

DIST 命令可测量图形对象上两点之间的距离。同时，还能计算出与两点连线相关的某些角度。

【练习8-2】：　练习 DIST 命令。

打开附盘文件"dwg\第 8 章\8-2.dwg"。单击【实用工具】面板上的按钮，启动 DIST 命令，AutoCAD 提示如下。

```
命令: '_dist 指定第一点: end 于              //捕捉端点 A，如图 8-2 所示
指定第二点: end 于                           //捕捉端点 B
```

```
距离 = 206.9383，XY 平面中的倾角 = 106，  与 XY 平面的夹角 = 0
X 增量 = -57.4979，  Y 增量 = 198.7900，   Z 增量 = 0.0000
```

DIST 命令显示的测量值的意义如下。

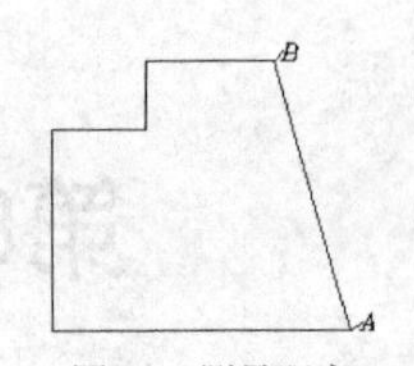

图8-2 测量距离

- 距离：两点间的距离。
- XY 平面中的倾角：两点连线在 *xy* 平面上的投影与 *x* 轴间的夹角。
- 与 XY 平面的夹角：两点连线与 *xy* 平面间的夹角。
- X 增量：两点的 *x* 坐标差值。
- Y 增量：两点的 *y* 坐标差值。
- Z 增量：两点的 *z* 坐标差值。

使用 DIST 命令时，两点的选择顺序不影响距离值，但影响该命令的其他测量值。

8.1.3 计算图形面积及周长

AREA 命令可以计算出圆、面域、多边形或是一个指定区域的面积及周长，还可以进行面积的加、减运算等。

【练习8-3】： 练习 AREA 命令。

打开附盘文件“dwg\第 8 章\8-3.dwg”。单击【实用工具】选项卡中【查询】面板上的按钮，启动 AREA 命令，AutoCAD 提示如下。

```
命令: _area
指定第一个角点或 [对象(O)/加(A)/减(S)]:          //捕捉交点 A，如图 8-3 所示
指定下一个角点或按 ENTER 键全选:               //捕捉交点 B
指定下一个角点或按 ENTER 键全选:               //捕捉交点 C
指定下一个角点或按 ENTER 键全选:               //捕捉交点 D
指定下一个角点或按 ENTER 键全选:               //捕捉交点 E
指定下一个角点或按 ENTER 键全选:               //捕捉交点 F
指定下一个角点或按 ENTER 键全选:               //按 Enter 键结束
面积 = 7567.2957，周长 = 398.2821
命令:                                          //重复命令
AREA
指定第一个角点或 [对象(O)/加(A)/减(S)]:          //捕捉端点 G
指定下一个角点或按 ENTER 键全选:               //捕捉端点 H
指定下一个角点或按 ENTER 键全选:               //捕捉端点 I
指定下一个角点或按 ENTER 键全选:               //按 Enter 键结束
面积 = 2856.7133，周长 = 256.3846
```

AREA 命令选项的主要功能如下。

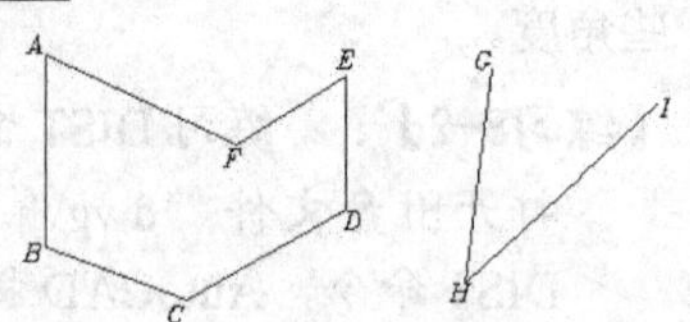

图8-3 计算图形面积及周长

(1) 对象(O)：求出所选对象的面积，有以下两种情况。

- 用户选择的对象是圆、椭圆、面域、正多边形、矩

形等闭合图形。

- 对于非封闭的多段线及样条曲线，AutoCAD 将假定有一条连线使其闭合，然后计算出闭合区域的面积，而所计算出的周长却是多段线或样条曲线的实际长度。

(2) 加(A)：进入“加”模式。该选项使用户可以将新测量的面积加入到总面积中。

(3) 减(S)：利用此选项可使 AutoCAD 把新测量的面积从总面积中扣除。

要点提示　可以将复杂的图形创建成面域，然后利用“对象(O)”选项查询面积及周长。

8.1.4 列出对象的图形信息

LIST 命令将列表显示对象的图形信息，这些信息随对象类型不同而不同，一般包括以下内容。

- 对象类型、图层及颜色等。
- 对象的一些几何特性，如线段的长度、端点坐标、圆心位置、半径大小、圆的面积及周长等。

【练习8-4】：　练习 LIST 命令。

打开附盘文件“dwg\第 8 章\8-4.dwg”。单击【特性】面板上的按钮，启动 LIST 命令，AutoCAD 提示如下。

```
命令: _list
选择对象: 找到 1 个          //选择圆，如图 8-4 所示
选择对象: //按 Enter 键结束，AutoCAD 打开【文本窗口】
圆          图层: 0  空间: 模型空间
句柄 = 1e9
圆心 点,  X=1643.5122  Y=1348.1237  Z=   0.0000
半径   59.1262   周长  371.5006  面积 10982.7031
```

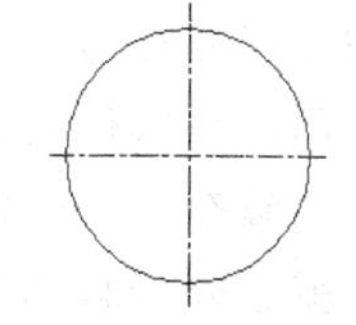

图8-4　列出对象的几何信息

可以将复杂的图形创建成面域，然后用 LIST 命令查询面积及周长等。

8.1.5 查询图形信息综合练习

【练习8-5】：　打开附盘文件“dwg\第 8 章\8-5.dwg”，如图 8-5 所示，计算该图形面积及周长。

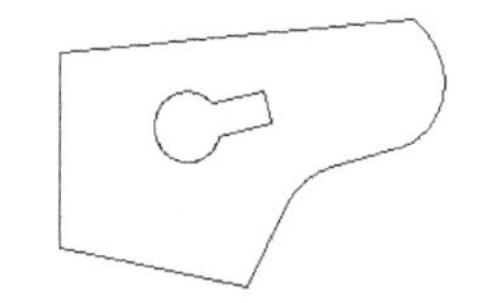

图8-5　计算面积及周长

1. 用 REGION 命令将图形外轮廓线框及内部线框创建成面域。
2. 用外轮廓线框构成的面域“减去”内部线框构成的面域。
3. 用 LIST 查询面域的面积和周长，结果为：面积等于 12825.2162，周长等于 643.8560。

【练习8-6】：　打开附盘文件“dwg\第 8 章\8-6.dwg”，如图 8-6 所示。试计算：

(1) 图形外轮廓线的周长。

(2) 线框 *A* 的周长及围成的面积。

(3) 3 个圆弧槽的总面积。

(4) 去除圆弧槽及内部异形孔后的图形总面积。

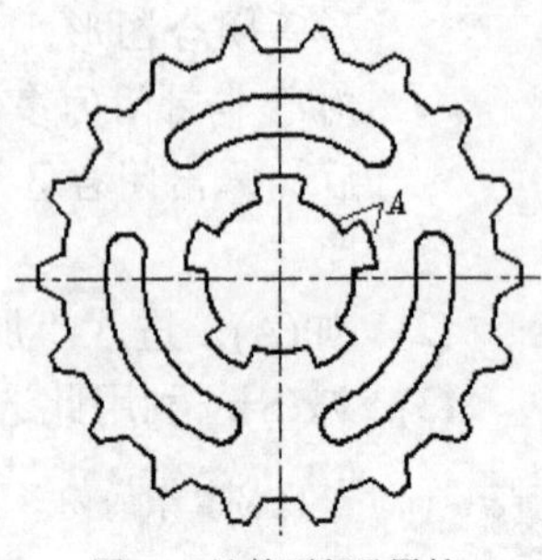

图8-6 计算面积及周长

1. 用 REGION 命令将图形外轮廓线围成的区域创建成面域，然后用 LIST 命令获取外轮廓线框的周长，数值为 758.56。
2. 把线框 *A* 围成的区域创建成面域，再用 LIST 命令查询该面域的周长和面积，数值分别为 292.91 和 3421.76。
3. 将 3 个圆弧槽创建成面域，然后利用 AREA 命令的“加(A)”选项计算 3 个槽的总面积，数值为 4108.50。
4. 用外轮廓线面域“减去” 3 个圆弧槽面域及内部异形孔面域，再用 LIST 命令查询图形总面积，数值为 17934.85。

8.2 图块

在机械工程中有大量反复使用的标准件，如轴承、螺栓、螺钉等。由于某种类型的标准件其结构形状是相同的，只是尺寸、规格有所不同，因而作图时，常事先将它们生成图块。这样，当用到标准件时只需插入已定义的图块即可。

8.2.1 定制及插入标准件块

用 BLOCK 命令可以将图形的一部分或整个图形创建成图块，用户可以给图块起名，并可定义插入基点。

用户可以使用 INSERT 命令在当前图形中插入块或其他图形文件。无论块或被插入的图形多么复杂，AutoCAD 都将它们作为一个单独的对象，如果用户需编辑其中的单个图形元素，就必须分解图块或文件块。

【练习8-7】： 创建及插入图块。

1. 打开附盘文件“dwg\第 8 章\8-7.dwg”，如图 8-7 所示。
2. 单击【常用】选项卡中【块】面板上的按钮，或输入 BLOCK 命令，AutoCAD 打开【块定义】对话框，在【名称】文本框中输入块名“螺栓”，如图 8-8 所示。

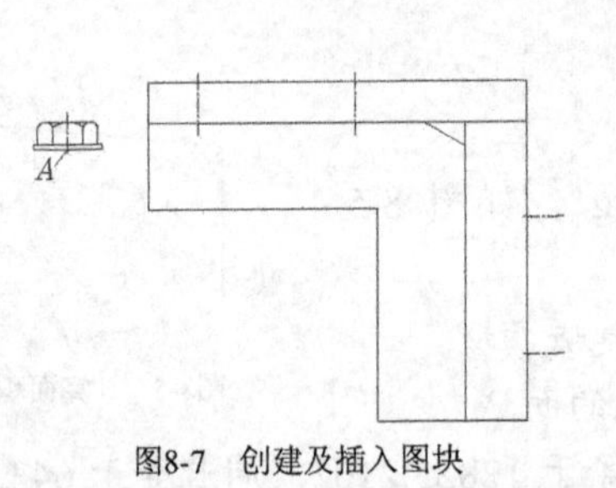

图8-7 创建及插入图块

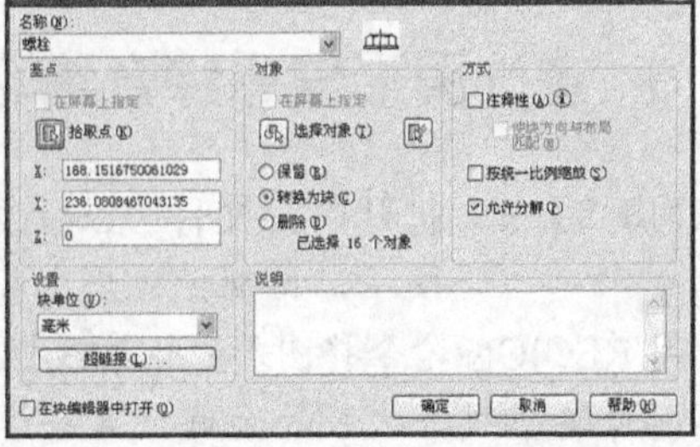

图8-8 【块定义】对话框

3. 选择构成块的图形元素。单击按钮（选择对象），AutoCAD 返回绘图窗口，并提示“选择对象”，选择“螺栓头及垫圈”，如图 8-7 所示。
4. 指定块的插入基点。单击按钮（拾取点），AutoCAD 返回绘图窗口，并提示“指定插入基点”，拾取 A 点，如图 8-7 所示。

5. 单击 确定 按钮，AutoCAD 生成图块。
6. 插入图块。单击【常用】选项卡【块】面板上的按钮，或输入 INSERT 命令，AutoCAD 打开【插入】对话框，在【名称】下拉列表中选择【螺栓】选项，并在【插入点】、【比例】及【旋转】分组框中选择【在屏幕上指定】复选项，如图 8-9 所示。
7. 单击 确定 按钮，AutoCAD 提示如下。

```
命令: _insert
指定插入点或 [基点(B)/比例(S)/X/Y/Z/旋转(R)]: int 于
                                        //指定插入点 B，如图 8-10 所示
输入 X 比例因子，指定对角点，或 [角点(C)/XYZ(XYZ)] <1>: 1
                                        //输入 x 方向缩放比例因子
输入 Y 比例因子或 <使用 X 比例因子>: 1   //输入 y 方向缩放比例因子
指定旋转角度 <0>: -90                    //输入图块的旋转角度
```

结果如图 8-10 所示。

要点提示　可以指定 x、y 方向的负缩放比例因子，此时插入的图块将作镜像变换。

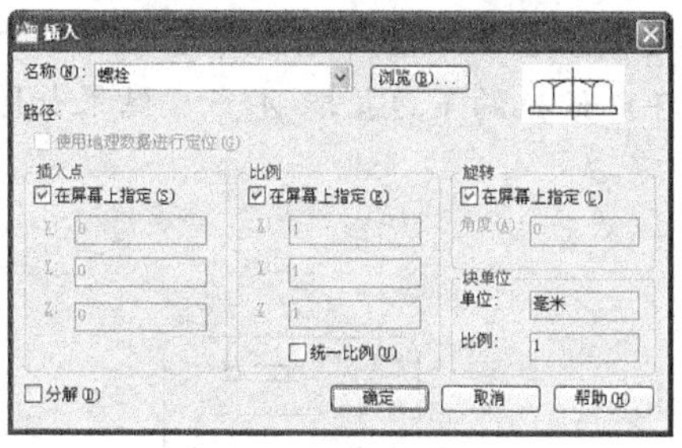

图8-9　【插入】对话框

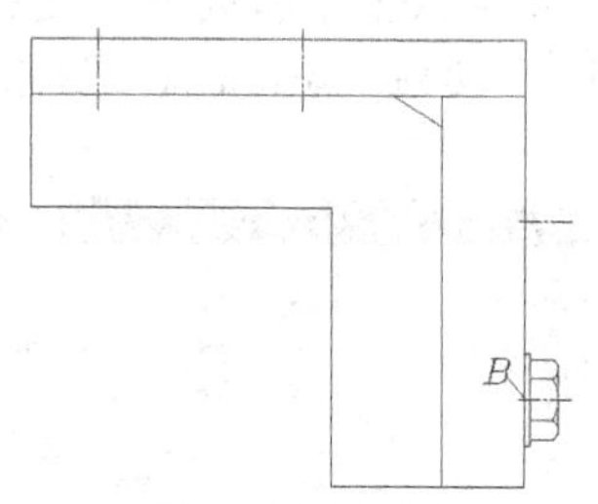

图8-10　插入图块

8. 插入其余图块。

【块定义】及【插入】对话框中常用选项的功能如表 8-1 所示。

表 8-1　常用选项的功能

对话框	选项	功能
【块定义】	【名称】	在此列表框中输入新建图块的名称
	【选择对象】	单击此按钮，AutoCAD 切换到绘图窗口，用户在绘图区中选择构成图块的图形对象
	【拾取点】	单击此按钮，AutoCAD 切换到绘图窗口，用户可直接在图形中拾取某点作为块的插入基点
	【保留】	AutoCAD 生成图块后，还保留构成块的源对象
	【转换为块】	AutoCAD 生成图块后，把构成块的原对象也转化为块
【插入】	【名称】	通过这个下拉列表，选择要插入的块。如果要将“.dwg”文件插入到当前图形中，就单击 浏览(B)... 按钮，然后选择要插入的文件
	【统一比例】	使块沿 x、y、z 方向的缩放比例都相同
	【分解】	AutoCAD 在插入块的同时分解块对象

8.2.2 创建及使用块属性

在 AutoCAD 中，可以使块附带属性。属性类似于商品的标签，包含了图块所不能表达的一些文字信息，如材料、型号及制造者等，存储在属性中的信息一般称为属性值。当用 BLOCK 命令创建块时，将已定义的属性与图形一起生成块，这样块中就包含属性了。当然，用户也能只将属性本身创建成一个块。

属性有助于用户快速产生关于设计项目的信息报表，或者作为一些符号块的可变文字对象。其次，属性也常用来预定义文本位置、内容或提供文本默认值等，例如把标题栏中的一些文字项目定制成属性对象，就能方便地填写或修改。

【练习8-8】： 在下面的练习中，将演示定义属性及使用属性的具体过程。

1. 打开附盘文件“dwg\第 8 章\8-8.dwg”。
2. 单击【常用】选项卡【块】面板上的按钮，或输入 ATTDEF 命令，AutoCAD 打开【属性定义】对话框，如图 8-11 所示。在【属性】分组框中输入下列内容。

   【标记】： 姓名及号码

   【提示】： 请输入您的姓名及电话号码

   【默认】： 李燕 2660732
3. 在【文字样式】下拉列表中选择“样式-1”，在【高度】文本框中输入数值“3”。单击 确定 按钮，AutoCAD 提示“指定起点:”，在电话机的下边拾取 *A* 点，结果如图 8-12 所示。

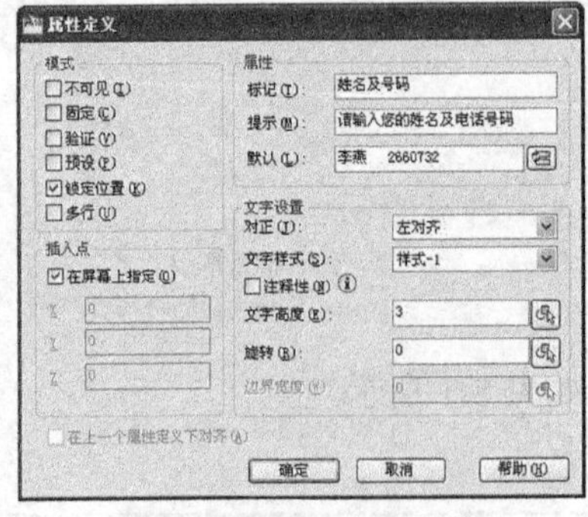

图8-11 【属性定义】对话框

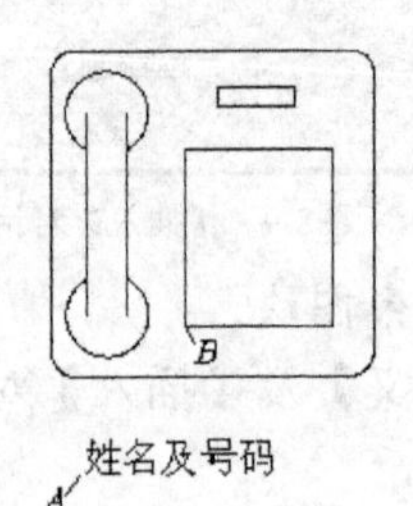

图8-12 定义属性

4. 将属性与图形一起创建成图块。单击【块】面板上的按钮，AutoCAD 打开【块定义】对话框，如图 8-13 所示。
5. 在【名称】文本框中输入新建图块的名称“电话机”，在【对象】分组框中选择【保留】单选项，如图 8-13 所示。
6. 单击按钮（选择对象），AutoCAD 返回绘图窗口，并提示“选择对象”，选择电话机及属性，如图 8-12 所示。

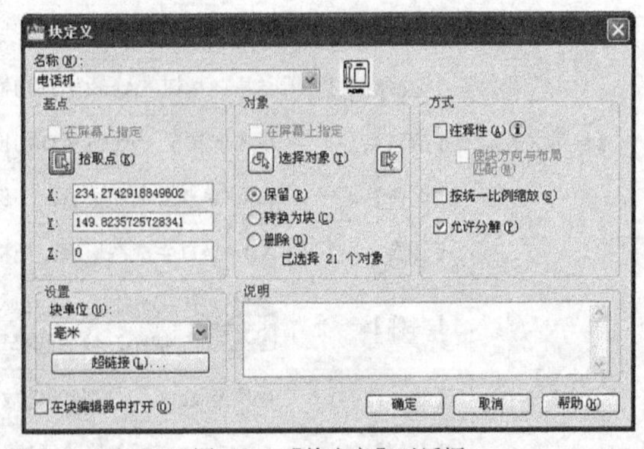

图8-13 【块定义】对话框

7. 指定块的插入基点。单击按钮（拾取点），AutoCAD 返回绘图窗口，并提示“指定插入基点”，拾取点 B，如图 8-12 所示。
8. 单击 确定 按钮，AutoCAD 生成图块。
9. 插入带属性的块。单击【块】面板上的按钮，AutoCAD 打开【插入】对话框，在【名称】下拉列表中选择【电话机】单选项，如图 8-14 所示。
10. 单击 确定 按钮，AutoCAD 提示如下。

指定插入点或 [基点(B)/比例(S)/X/Y/Z/旋转(R)]:　　　　//在屏幕的适当位置指定插入点

请输入您的姓名及电话号码 <李燕　2660732>: 张涛　5895926　　//输入属性值

结果如图 8-15 所示。

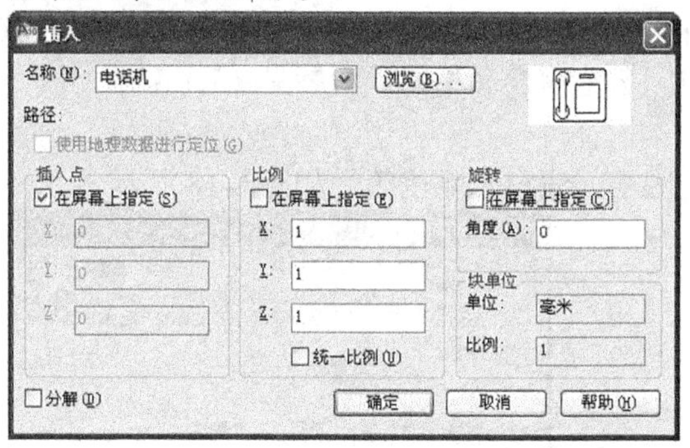

图8-14　【插入】对话框

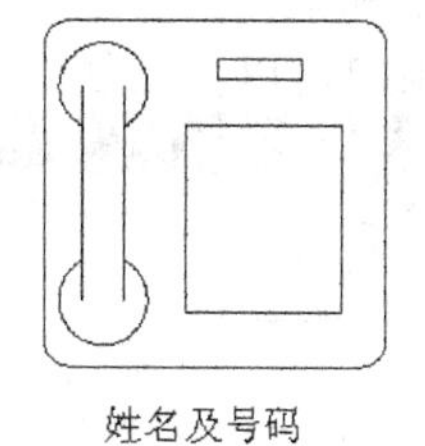

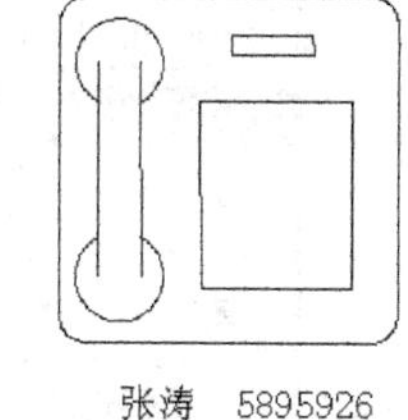

图8-15　插入带属性的图块

【属性定义】对话框（见图 8-11）中的常用选项功能如下。

- 【不可见】: 控制属性值在图形中的可见性。如果想使图中包含属性信息，但又不想使其在图形中显示出来，就选中此选项。有一些文字信息如零部件的成本、产地、存放仓库等，常不必在图样中显示出来，就可设定为不可见属性。
- 【固定】: 选中该选项，属性值将为常量。
- 【预设】: 该选项用于设定是否将实际属性值设置成默认值。若选中此选项，则插入块时，AutoCAD 将不再提示用户输入新属性值，实际属性值等于【默认】框中的默认值。
- 【对正】: 该下拉列表中包含了 10 多种属性文字的对齐方式，如调整、中心、中间、左、右等。这些选项功能与 DTEXT 命令对应选项功能相同。
- 【文字样式】: 从该下拉列表中选择文字样式。
- 【文字高度】: 在文本框中输入属性文字高度。
- 【旋转】: 设定属性文字的旋转角度。

8.2.3　编辑块的属性

若属性已被创建成为块，则用户可用 EATTEDIT 命令来编辑属性值及其他特性。

【练习8-9】：　练习 EATTEDIT 命令。

1. 打开附盘文件“dwg\第 8 章\8-9.dwg”。
2. 单击【块】面板上的按钮，启动 EATTEDIT 命令，AutoCAD 提示“选择块”，选择“垫圈 12”块，AutoCAD 打开【增强属性编辑器】对话框，如图 8-16 所示，在【值】

文本框中输入垫圈的数量。

3. 单击 应用(A) 按钮完成。

【增强属性编辑器】对话框中有 3 个选项卡：【属性】、【文字选项】及【特性】，它们有如下功能。

(1) 【属性】选项卡

在该选项卡中，AutoCAD 列出当前块对象中各个属性的标记、提示及值，如图 8-16 所示。选中某一属性，用户就可以在【值】文本框中修改属性的值。

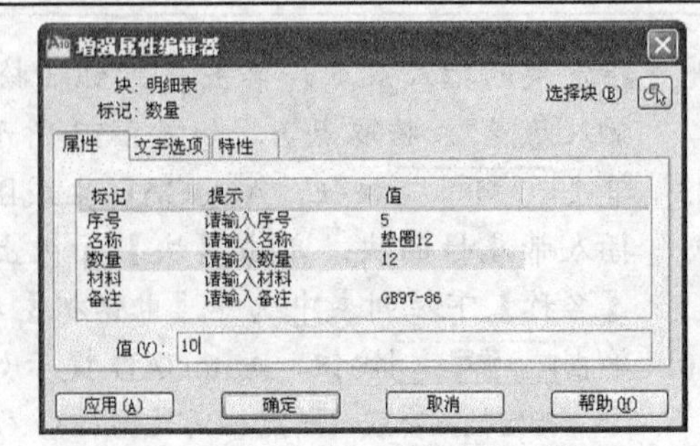

图8-16 【增强属性编辑器】对话框

(2) 【文字选项】选项卡

该选项卡用于修改属性文字的一些特性，如文字样式、字高等，如图 8-17 所示。选项卡中各选项的含义与【文字样式】对话框中同名选项含义相同，请参见 7.1.1 节。

(3) 【特性】选项卡

在该选项卡中用户可以修改属性文字的图层、线型及颜色等，如图 8-18 所示。

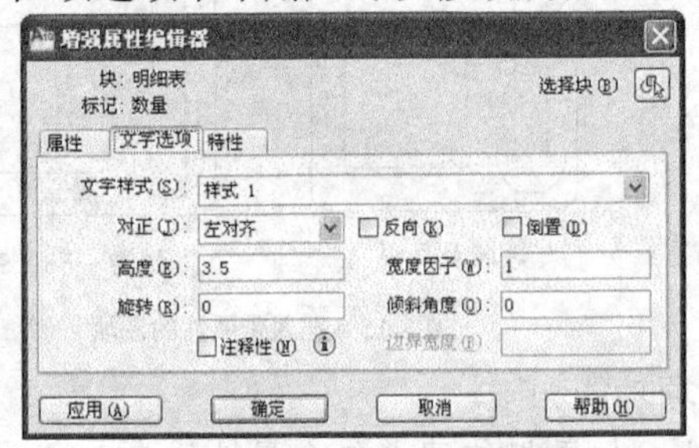

图8-17 【文字选项】选项卡

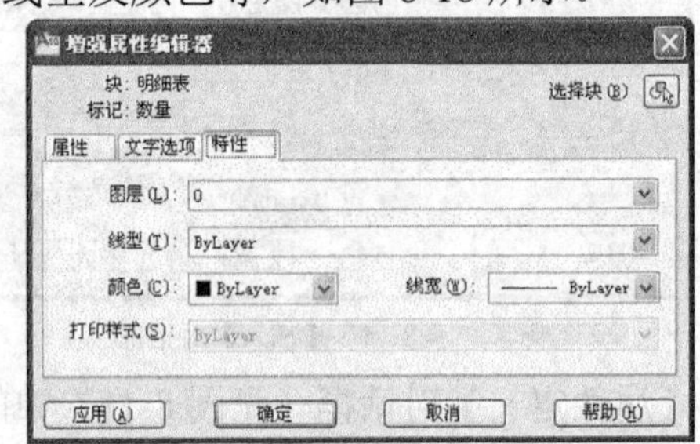

图8-18 【特性】选项卡

8.2.4 块及属性综合练习

【练习8-10】：此练习的内容包括创建块、属性及插入带属性的图块。

1. 绘制如图 8-19 所示的表格。
2. 创建属性项 *A*、*B*、*C*、*D*、*E*，各属性项字高为 3.5，字体为“gbcbig.shx”，如图 8-20 所示，包含的内容如表 8-2 所示。

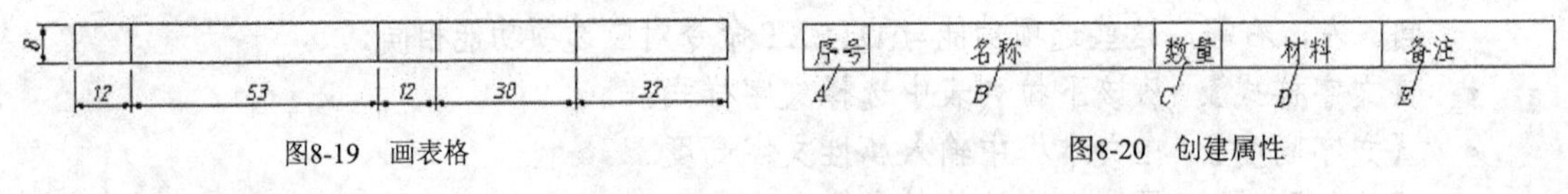

图8-19 画表格　　图8-20 创建属性

表 8-2 各属性项包含的内容

项目	标记	提示	值
属性 A	序号	请输入序号	1
属性 B	名称	请输入名称	
属性 C	数量	请输入数量	1
属性 D	材料	请输入材料	
属性 E	备注	请输入备注	

3. 用 BLOCK 命令将属性与图形一起定制成图块，块名为“明细表”，插入点设定在表格的左下角点。
4. 执行【修改】/【对象】/【属性】/【块属性管理器】命令，打开【块属性管理器】对话框，利用 下移(D) 按钮或 上移(U) 按钮调整属性项目的排列顺序，如图 3-46 所示。
5. 用 INSERT 命令插入图块“明细表”，并输入属性值，结果如图 8-22 所示。

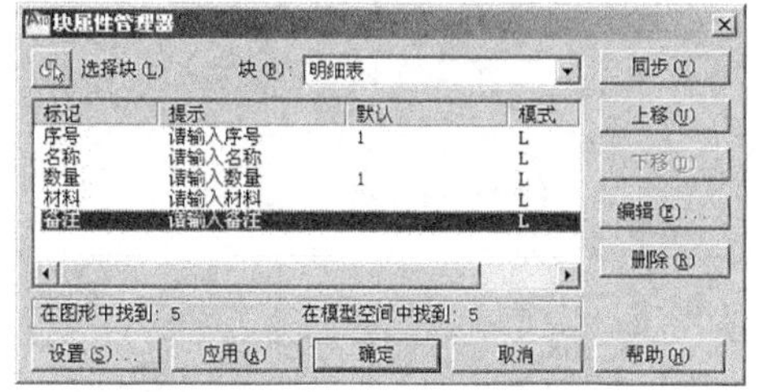

图8-21　调整属性项目的排列顺序

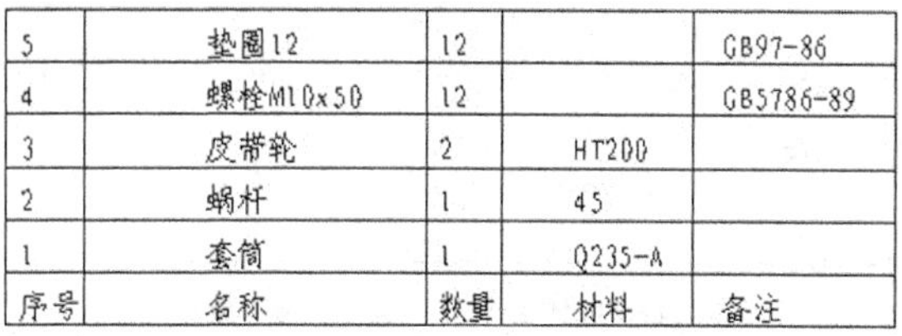

5	垫圈12	12		GB97-86
4	螺栓M10x50	12		GB5786-89
3	皮带轮	2	HT200	
2	蜗杆	1	45	
1	套筒	1	Q235-A	
序号	名称	数量	材料	备注

图8-22　插入图块

8.2.5　参数化的动态块

用 BLOCK 命令创建的图块是静态的，使用时不能改变其形状及大小（只能缩放）。动态块继承了普通图块的所有特性，但增加了动态性。创建此类图块时，可加入几何及尺寸约束，利用这些约束驱动块的形状及大小发生变化。

【练习8-11】：创建参数化动态块。

1. 单击【常用】选项卡中【块】面板上的按钮，打开【编辑块定义】对话框，输入块名“DB-1”。单击 确定 按钮，进入【块】编辑器。绘制平面图形，尺寸任意，如图 8-23 所示。

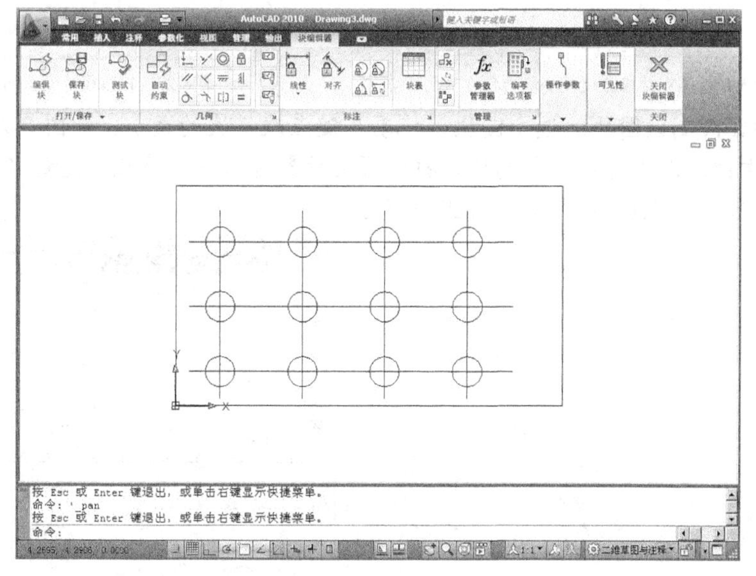

图8-23　绘制平面图形

2. 单击【管理】面板上的按钮，选择圆的定位线，利用“转换(C)”选项将定位线转化为构照几何对象，如图 8-24 所示。此类对象是虚线，只在块编辑器中显示，不在绘图窗口中显示。

3. 单击【几何】面板上的 按钮，选择所有对象，让系统自动添加几何约束，如图 8-25 所示。

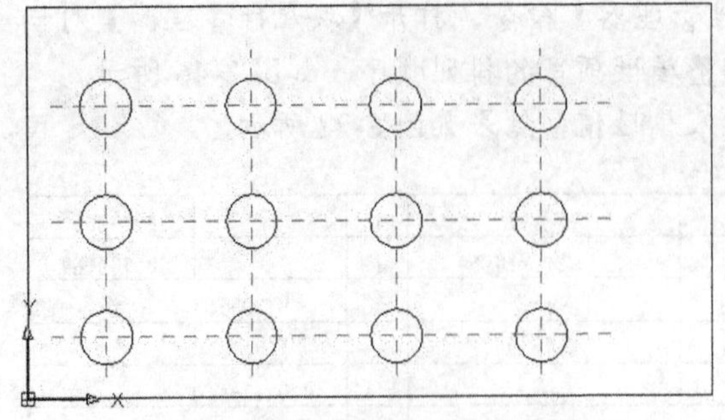
图8-24 将定位线转化为构照几何对象

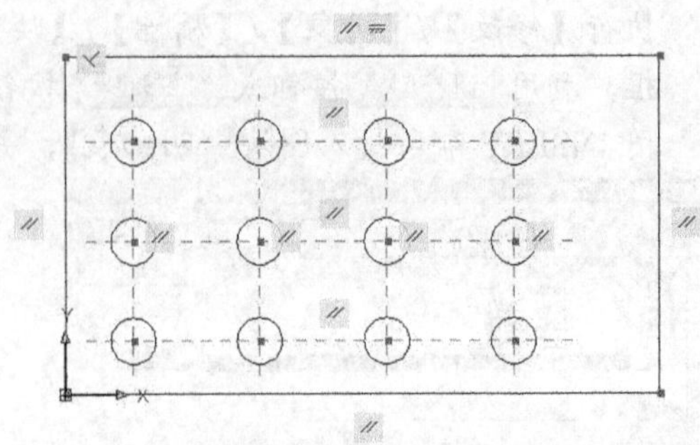
图8-25 自动添加几何约束

4. 给所有圆添加相等约束，然后加入尺寸约束并修改尺寸变量的名称，如图 8-26 所示。
5. 单击【管理】面板上的 *fx* 按钮，打开参数管理器，修改尺寸变量的值（不修改变量 *L*、*W* 及 *DIA* 的值），如图 8-27 所示。

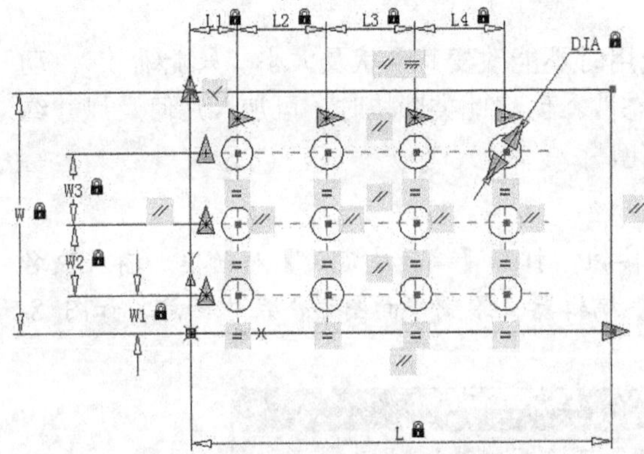

图8-26 加入尺寸约束并修改尺寸变量的名称

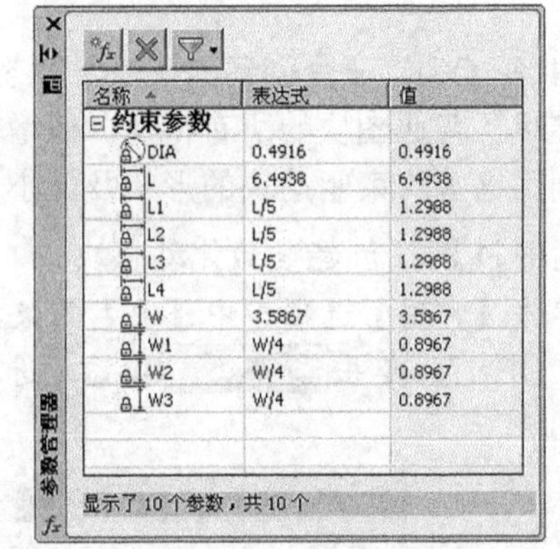

图8-27 修改尺寸变量的值

6. 单击 按钮，测试图块。选中图块，拖动关键点改变块的大小，如图 8-28 所示。
7. 单击鼠标右键，选择【特性】选项，打开【特性】对话框，将尺寸变量 *L*、*W*、*DIA* 的值修改为 18、6、1.1，结果如图 8-29 所示。

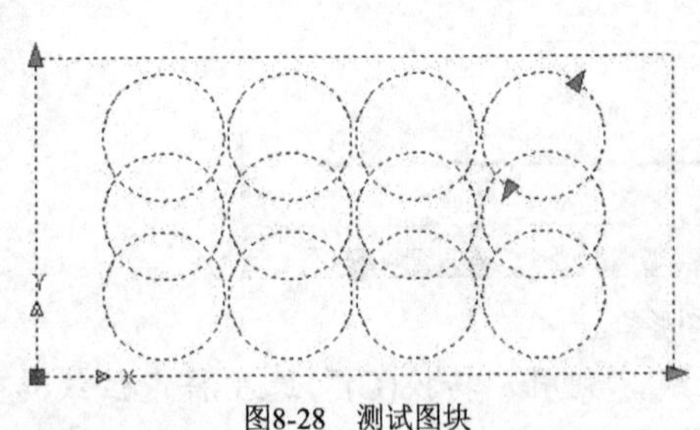
图8-28 测试图块

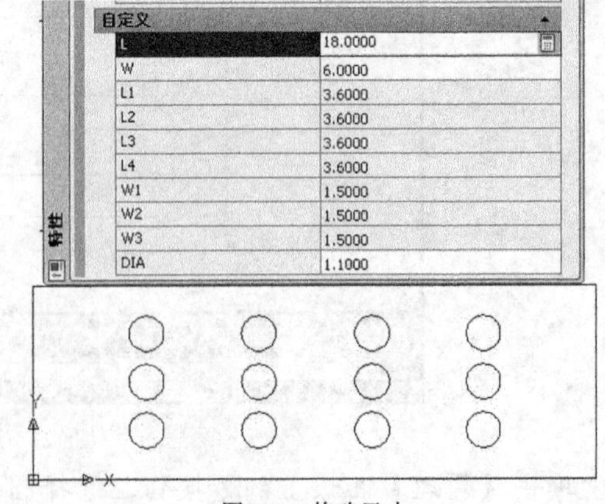

图8-29 修改尺寸

8. 单击 按钮，关闭测试窗口，返回块编辑器。单击 按钮，保存图块。

8.2.6 利用表格参数驱动动态块

在动态块中加入几何及尺寸约束后，就可通过修改尺寸值改变动态块的形状及大小。用户可事先将多个尺寸参数创建成表格，利用表格指定块的不同尺寸组。

【练习8-12】： 创建参数化动态块。

1. 单击【常用】选项卡中块面板上的按钮，打开【编辑块定义】对话框，输入块名“DB-2”。单击 确定 按钮，进入块编辑器。绘制平面图形，尺寸任意，如图 8-30 所示。

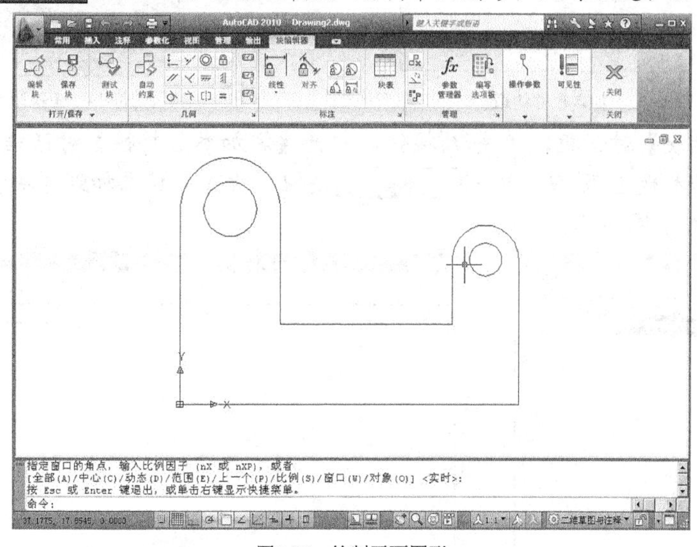

图8-30　绘制平面图形

2. 单击【几何】面板上的按钮，选择所有对象，让系统自动添加几何约束，如图 8-31 所示。
3. 添加相等约束使两个半圆弧及两个圆的大小相同；添加水平约束使两个圆弧的圆心在同一条水平线上，如图 8-32 所示。

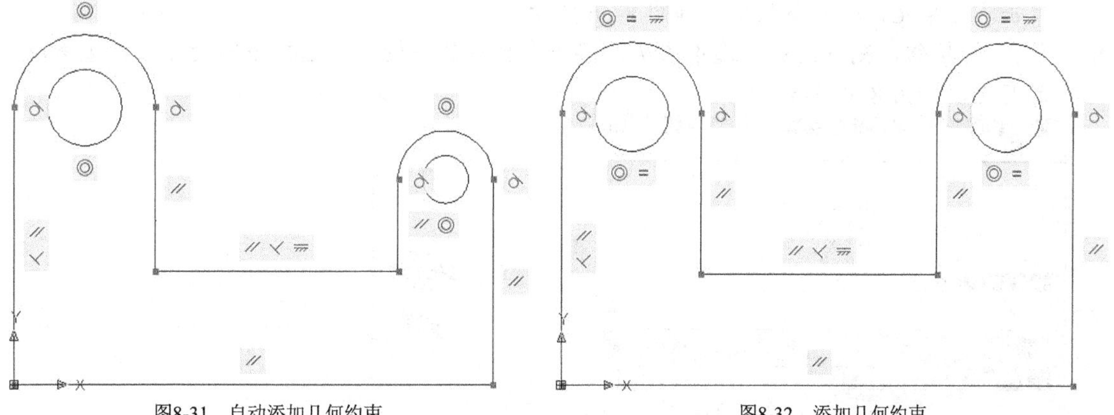

图8-31　自动添加几何约束　　　　图8-32　添加几何约束

4. 添加尺寸约束，修改尺寸变量的名称及相关表达式，如图 8-33 所示。
5. 双击【标注】面板上的按钮，指定块参数表放置的位置，打开【块特性表】对话框。单击该对话框的按钮，打开【新参数】对话框，如图 8-34 所示。输入新参数名

称“LxH”，设定新参数类型“字符串”。

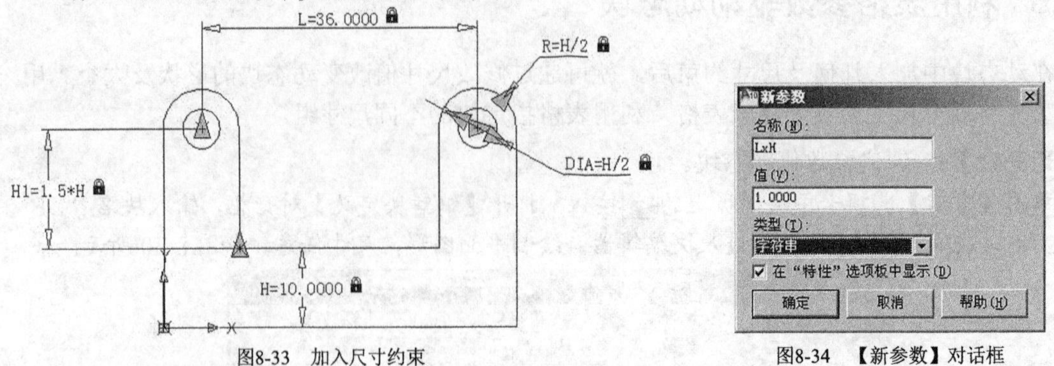

图8-33 加入尺寸约束　　　　图8-34 【新参数】对话框

6. 返回【块特性表】对话框，单击 按钮，打开【添加参数特性】对话框，如图 8-33 上图所示。选择参数 *L* 及 *H*，单击 确定 按钮，所选参数添加到【块特性表】对话框中，如图 8-35 下图所示。

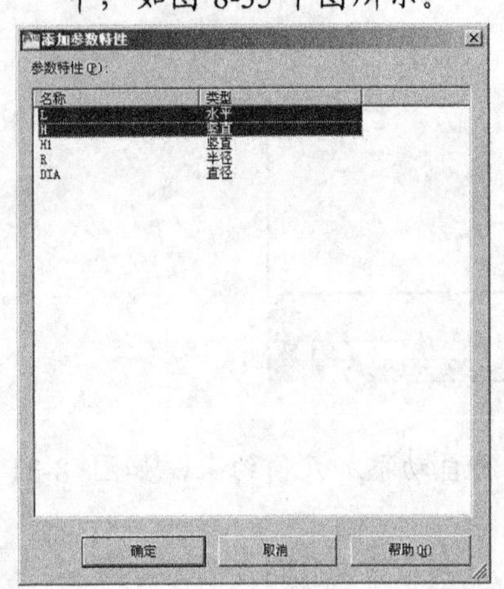

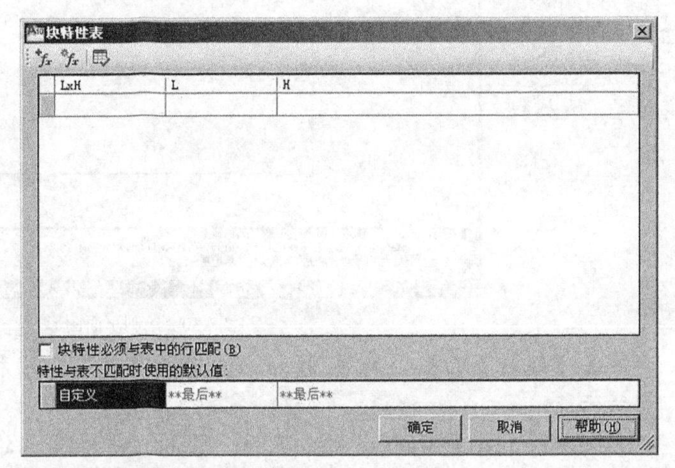

图8-35 将参数添加到【块特性表】对话框中

7. 双击表格单元，输入参数值，如图 8-36 所示。
8. 单击 按钮，测试图块。选中图块，单击参数表的关键点，选择不同的参数，查看块的变化，如图 8-37 所示。

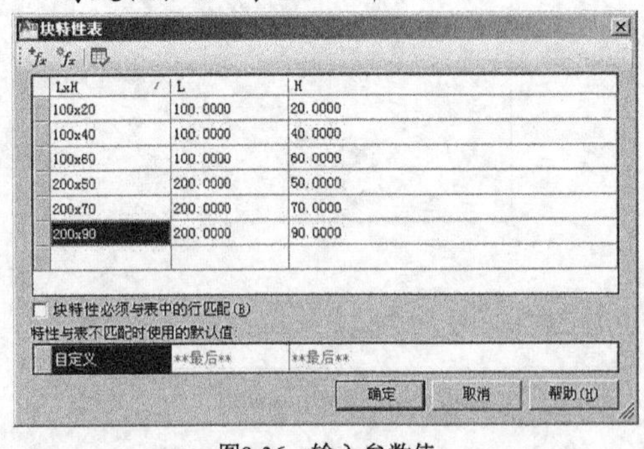

LxH	L	H
100x20	100.0000	20.0000
100x40	100.0000	40.0000
100x60	100.0000	60.0000
200x50	200.0000	50.0000
200x70	200.0000	70.0000
200x90	200.0000	90.0000

图8-36 输入参数值

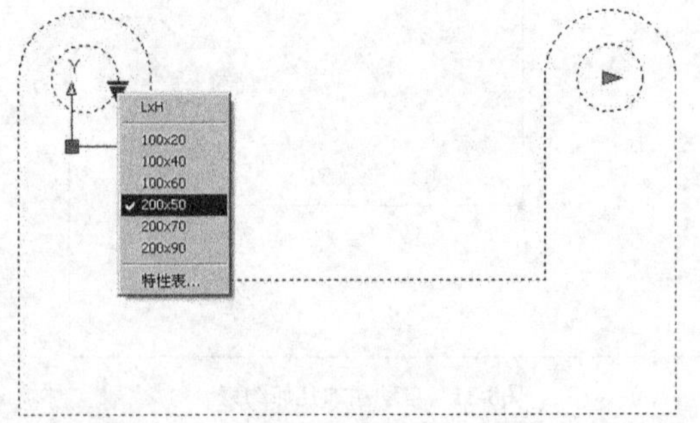

图8-37 测试图块

9. 关闭测试窗口，单击【标注】面板上的 按钮，打开【块特性表】对话框。按住列标题名称“L”，将其拖到第一列，如图 8-38 所示。
10. 单击 按钮，测试图块。选中图块，单击参数表的关键点，打开参数列表，目前的列表样式已发生变化，如图 8-39 所示。

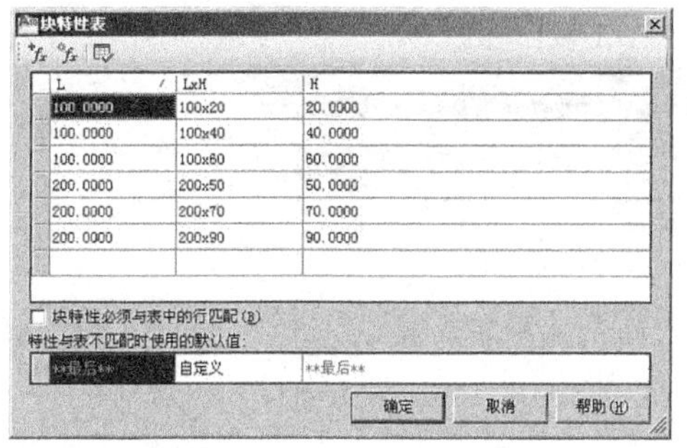

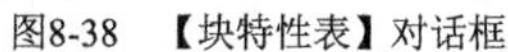
图8-38　【块特性表】对话框

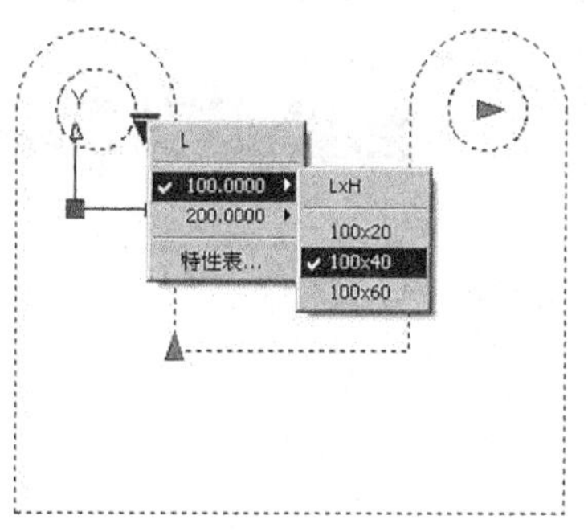

图8-39　测试图块

11. 单击 按钮，关闭测试窗口，返回【块】编辑器。单击 按钮，保存图块。

8.3 使用外部参照

当用户将其他图形以块的形式插入当前图样中时，被插入的图形就成为当前图样的一部分。用户可能并不想如此，而仅仅是要把另一个图形作为当前图形的一个样例，或者想观察一下正在绘制的图形与其他图形是否匹配，此时就可通过外部引用（也称 Xref）将其他图形文件放置到当前图形中。

Xref 能使用户方便地在自己的图形中以引用的方式看到其他图样，被引用的图并不成为当前图样的一部分，当前图形中仅记录了外部引用文件的位置和名称。

8.3.1 引用外部图形

引用外部“.dwg”图形文件的命令是 XATTACH，该命令可以加载一个或同时加载多个文件。

【练习8-13】： 练习 XATTACH 命令。

1. 创建一个新的图形文件。
2. 单击【插入】选项卡中【参照】面板上的按钮，启动 XATTACH 命令，打开【选择参照文件】对话框。通过此对话框选择文件“8-13-A.dwg”，再单击 打开(O) 按钮，弹出【外部参照】对话框，如图 8-40 所示。

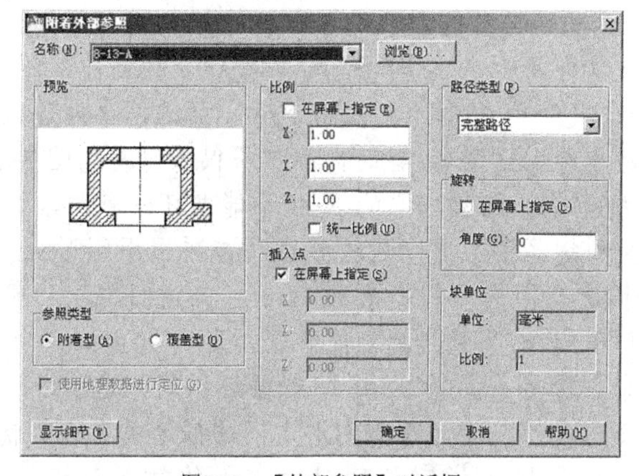

图8-40　【外部参照】对话框

3. 单击 确定 按钮，再按 AutoCAD 的提示指定文件的插入点。移动及缩放图形，结果如图 8-41 所示。

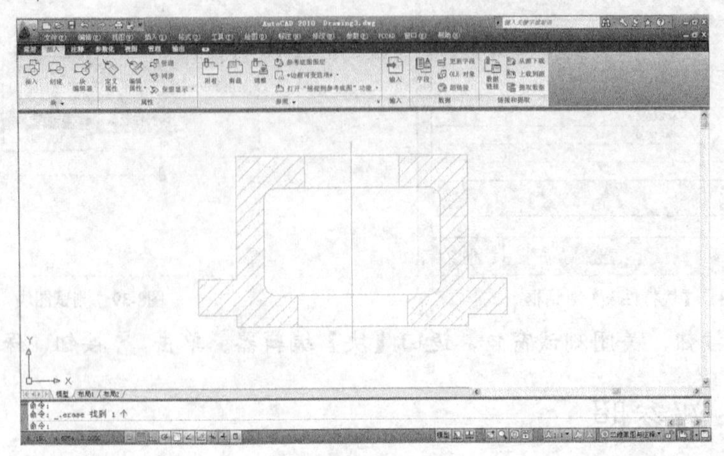

图8-41 插入图形

4. 用上述相同的方法引用图形文件“8-13-B.dwg”，再用 MOVE 命令把两个图形组合在一起，结果如图 8-42 所示。

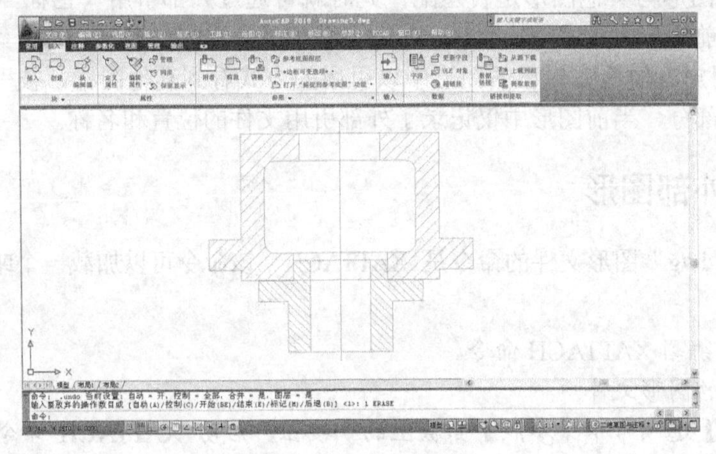

图8-42 插入并组合图形

【外部参照】对话框中各选项功能如下。

- 【名称】：该列表显示了当前图形中包含的外部参照文件名称。用户可在下拉列表中直接选取文件，也可单击 浏览(B)... 按钮查找其他参照文件。
- 【附着型】：图形文件 *A* 嵌套了其他的 Xref，而这些文件是以“附加型”方式被引用的。当新文件引用图形 *A* 时，用户不仅可以看到图形 *A* 本身，还能看到 A 图中嵌套的 Xref。附加方式的 Xref 不能循环嵌套，即如果图形 *A* 引用了图形 *B*，而 *B* 又引用了图形 *C*，则图形 *C* 不能再引用图形 *A*。
- 【覆盖型】：图形 *A* 中有多层嵌套的 Xref，但它们均以“覆盖型”方式被引用。当其他图形引用 *A* 图时，就只能看到图形 *A* 本身，而其包含的任何 Xref 都不会显示出来。覆盖方式的 Xref 可以循环引用，这使设计人员可以灵活地察看其他任何图形文件，而无需为图形之间的嵌套关系而担忧。
- 【插入点】：在此区域中指定外部参照文件的插入基点，可直接在【X】、

【Y】、【Z】文本框中输入插入点坐标，也可选择【在屏幕上指定】复选项，然后在屏幕上指定。

- 【比例】：在此区域中指定外部参照文件的缩放比例，可直接在【X】、【Y】、【Z】文本框中输入沿这 3 个方向的比例因子，也可选中【在屏幕上指定】复选项，然后在屏幕上指定。
- 【旋转】：确定外部参照文件的旋转角度，可直接在【角度】文本框中输入角度值，也可选择【在屏幕上指定】复选项，然后在屏幕上指定。

8.3.2　更新外部引用

当被引用的图形作了修改后，AutoCAD 并不自动更新当前图样中的 Xref 图形，用户必须重新加载以更新它。

继续前面的练习，下面修改引用图形，然后在当前图形中更新它。

1. 打开附盘文件“8-13-A.dwg”，用 STRETCH 命令将零件下部配合孔的直径尺寸增加 4，保存图形。
2. 切换到新图形文件。单击【插入】选项卡中【参照】面板右下角的按钮，打开【外部参照】对话框，如图 8-43 所示。在该对话框的文件列表框中选中“8-11-A.dwg”文件，单击鼠标右键，选取【重载】选项以加载外部图形。
3. 重新加载外部图形后，结果如图 8-44 所示。

图8-43　【外部参照】对话框

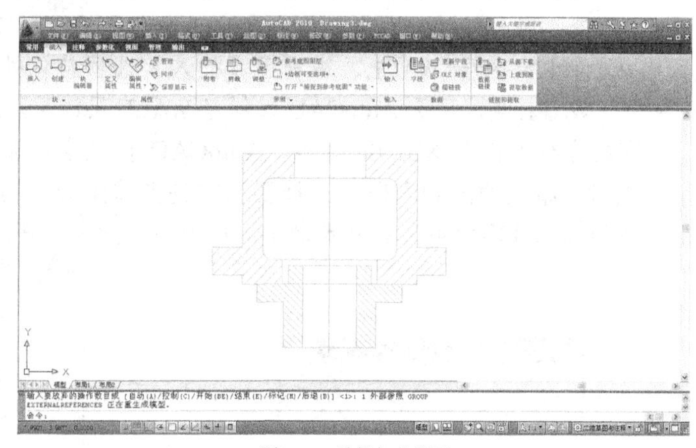

图8-44　重新加载图形

【外部参照】对话框中常用选项的功能如下。

- ：单击此按钮，AutoCAD 弹出【选择参照文件】对话框，用户通过该对话框选择要插入的图形文件。
- 附着（快捷菜单选项）：选择此选项，AutoCAD 弹出【外部参照】对话框，用户通过此对话框选择要插入的图形文件。
- 卸载：暂时移走当前图形中的某个外部参照文件，但在列表框中仍保留该文件的路径。
- 重载：在不退出当前图形文件的情况下更新外部引用文件。
- 拆离：将某个外部参照文件去除。

- 绑定：将外部参照文件永久地插入当前图形中，使之成为当前文件的一部分，详细内容见 8.3.3 节。

8.3.3 转化外部引用文件的内容为当前图样的一部分

由于被引用的图形本身并不是当前图形的内容，因此引用图形的命名项目，如图层、文本样式和尺寸标注样式等都以特有的格式表示出来。Xref 的命名项目表示形式为“Xref 名称|命名项目”，通过这种方式，AutoCAD 将引用文件的命名项目与当前图形的命名项目区别开来。

用户可以把外部引用文件转化为当前图形的内容，转化后 Xref 就变为图样中的一个图块。另外，也能把引用图形的命名项目，如图层、文字样式等转变为当前图形的一部分。通过这种方法，用户可以轻易地使所有图纸的图层、文字样式等命名项目保持一致。

在【外部参照】对话框（见图 8-43）中，选择要转化的图形文件，然后单击鼠标右键，弹出快捷菜单，选取【绑定】选项，打开【绑定外部参照】对话框，如图 8-45 所示。

对话框中有两个选项，其功能如下。

- 【绑定】：选取该单选项时，引用图形的所有命名项目的名称由“Xref 名称|命名项目”变为“Xref 名称N命名项目”。其中，字母 *N* 是可自动增加的整数，以避免与当前图样中的项目名称重复。
- 【插入】：使用该选项类似于先拆离引用文件，然后再以块的形式插入外部文件。当合并外部图形后，命名项目的名称前不加任何前缀。例如，外部引用文件中有图层 WALL，当利用【插入】选项转化外部图形时，若当前图形中无 WALL 层，那么 AutoCAD 就创建 WALL 层，否则继续使用原来的 WALL 层。

在命令行上输入 XBIND 命令，AutoCAD 打开【外部参照绑定】对话框，如图 8-46 所示。在对话框左边的列表框中选择要添加到当前图形中的项目，然后单击添加(A) ->按钮，把命名项加入【绑定定义】列表框中，再单击 确定 按钮完成。

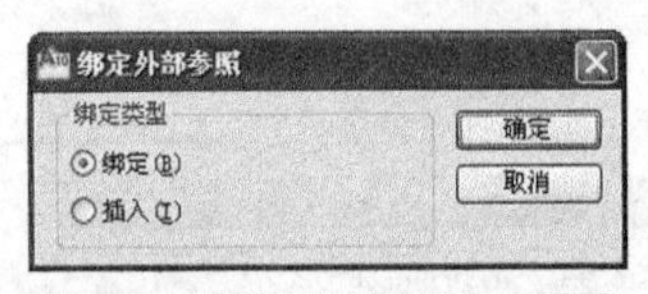

图8-45 【绑定外部参照】对话框

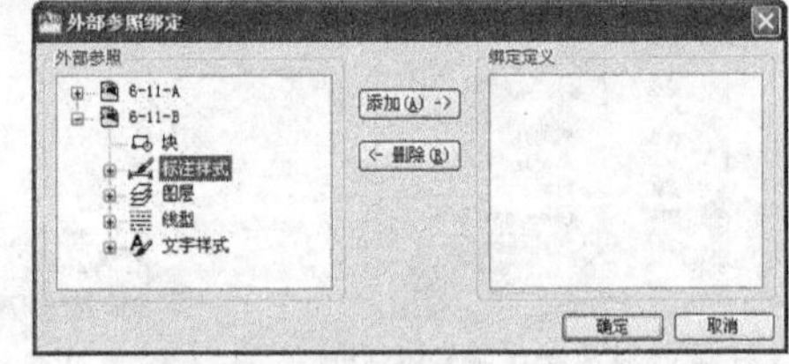

图8-46 【外部参照绑定】对话框

用户可以通过 Xref 连接一系列的库文件。如果想要使用库文件中的内容，就用 XBIND 命令将库文件中的有关项目（如尺寸样式、图块等）转化成当前图样的一部分。

8.4 习题

1. 打开附盘文件“8-14.dwg”，如图 8-47 所示。试计算图形面积及外轮廓线周长。
2. 打开附盘文件“8-15.dwg”，如图 8-48 所示。试计算图形面积及外轮廓线周长。

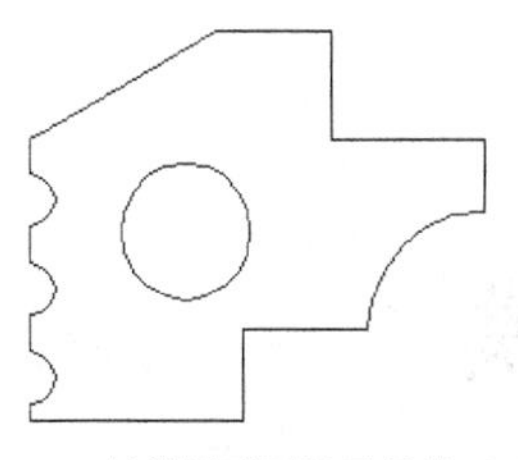

图8-47　计算图形面积及周长（1）

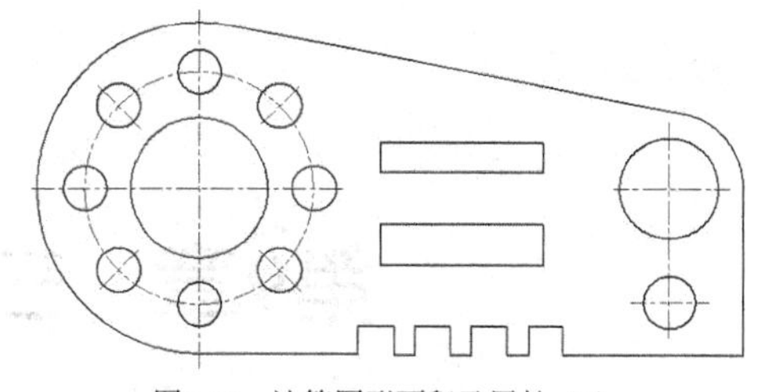

图8-48　计算图形面积及周长（2）

3.　下面这个练习的内容包括创建块、插入块、外部引用。

(1)　打开附盘文件“8-16.dwg”，如图 8-49 所示。将图形定义为图块，块名为“Block”，插入点在 *A* 点。

(2)　在当前文件中引用外部文件“8-17.dwg”，然后插入“Block”块，结果如图 8-50 所示。

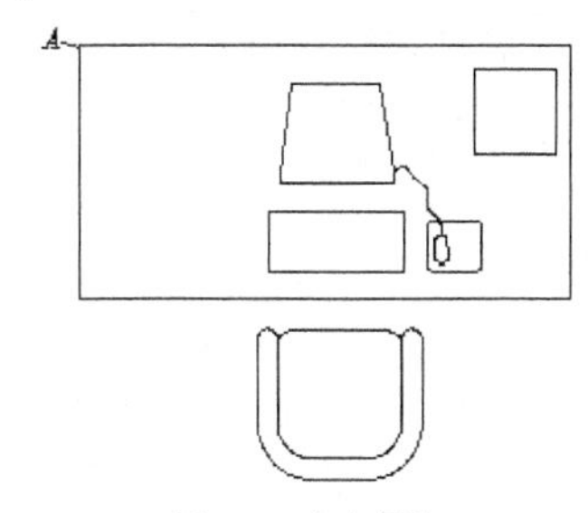

图8-49　定义图块

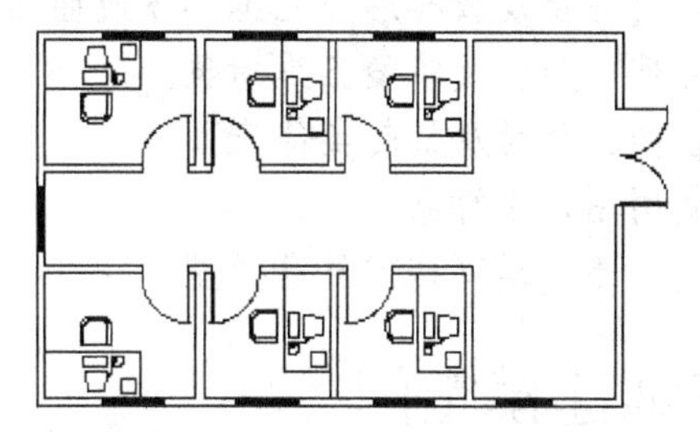

图8-50　插入图块

4.　下面这个练习的内容包括：引用外部图形、修改及保存图形、重新加载图形。

(1)　打开附盘文件“8-18-1.dwg”、“8-18-2.dwg”。

(2)　激活文件“8-18-1.dwg”，用 XATTACH 命令插入文件“8-18-2.dwg”，再用 MOVE 命令移动图形，使两个图形“装配”在一起，如图 8-51 所示。

(3)　激活文件“8-18-2.dwg”，如图 8-52 左图所示。用 STRETCH 命令调整上、下两孔的位置，使两孔间距离增加 40，如图 8-52 右图所示。

(4)　保存文件“8-18-2.dwg”。

(5)　激活文件“8-18-1.dwg”，用 XREF 命令重新加载文件“8-18-2.dwg”，结果如图 8-53 所示。

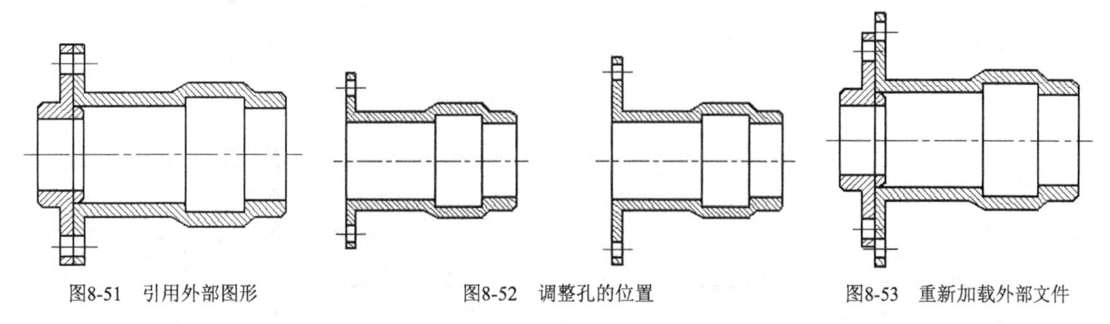

图8-51　引用外部图形　　图8-52　调整孔的位置　　图8-53　重新加载外部文件

第9章 三维建模

【学习目标】

- 观察三维模型。
- 创建长方体、球体及圆柱体等基本立体。
- 拉伸或旋转二维对象形成三维实体及曲面。
- 通过扫掠及放样形成三维实体或曲面。
- 阵列、旋转及镜像三维对象。
- 拉伸、移动及旋转实体表面。
- 使用用户坐标系。
- 利用布尔运算构建复杂模型。

9.1 三维建模空间

创建三维模型时可切换至 AutoCAD 三维工作空间。单击状态栏上的⚙按钮，弹出快捷菜单，选择【三维建模】选项，就切换至该空间。默认情况下，三维建模空间包含【建模】面板、【实体编辑】面板、【视图】面板及工具选项板等，如图 9-1 所示。这些面板及工具选项板的功能如下。

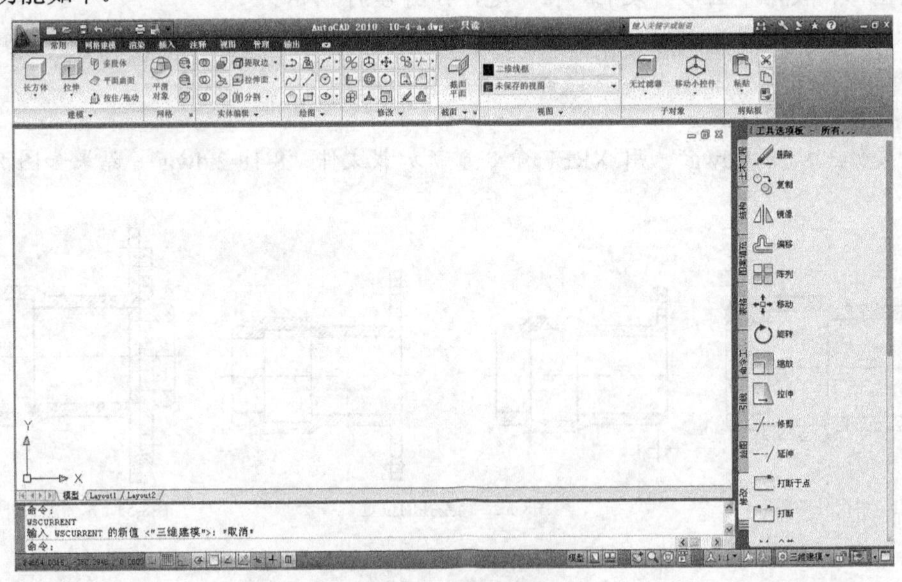

图9-1 三维建模空间

- 【建模】面板：包含创建基本立体、回转体及其他曲面立体等的命令按钮。
- 【实体编辑】面板：利用该面板中的命令按钮可对实体表面进行拉伸、旋转等操作。

- 【视图】面板：通过该面板中的命令按钮可设定观察模型的方向，形成不同的模型视图。
- 工具选项板：包含二维绘图及编辑命令，还提供了各类材质样例。

9.2 观察三维模型

三维建模过程中，常需要从不同方向观察模型。AutoCAD 提供了多种观察模型的方法，以下介绍常用的几种。

9.2.1 用标准视点观察模型

任何三维模型都可以从任意一个方向观察。进入三维建模空间，该空间【常用】选项卡中【视图】面板上的【视图控制】下拉列表提供了 10 种标准视点，如图 9-2 所示。通过这些视点就能获得 3D 对象的 10 种视图，如前视图、后视图、左视图及东南轴测图等。

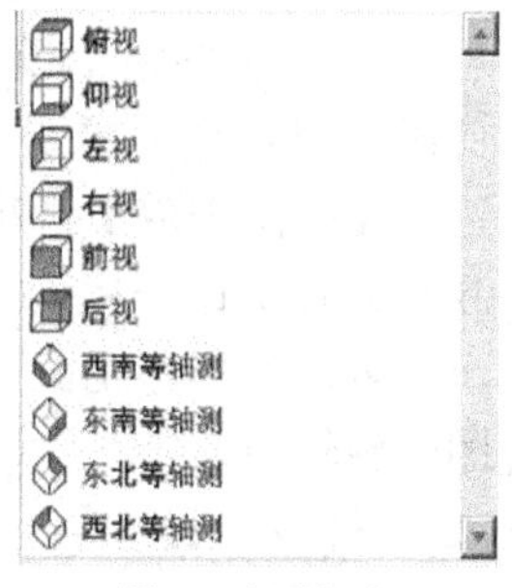

图9-2　标准视点

【练习9-1】： 利用标准视点观察图 9-3 所示的三维模型。

1. 打开附盘文件“dwg\第 9 章\9-1.dwg”，如图 9-3 所示。
2. 进入三维建模空间，选择【视图控制】下拉列表中的【前视】选项，然后发出消隐命令 HIDE，结果如图 9-4 所示，此图是三维模型的前视图。

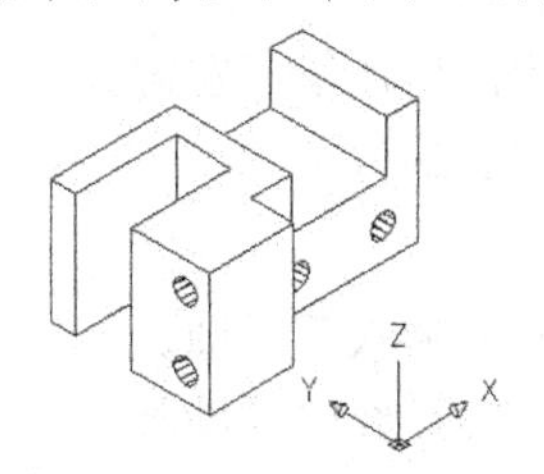

图9-3　利用标准视点观察模型

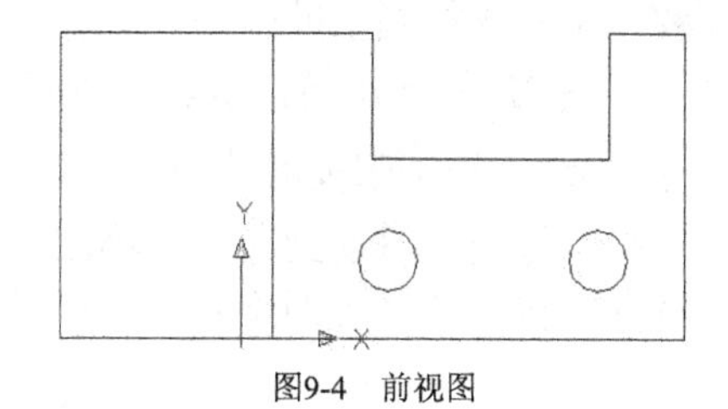

图9-4　前视图

3. 选择【视图控制】下拉列表的【左视】选项，然后发出消隐命令 HIDE，结果如图 9-5 所示，此图是三维模型的左视图。
4. 选择【视图控制】下拉列表的【东南等轴测】选项，然后发出消隐命令 HIDE，结果如图 9-6 所示，此图是三维模型的东南轴测视图。

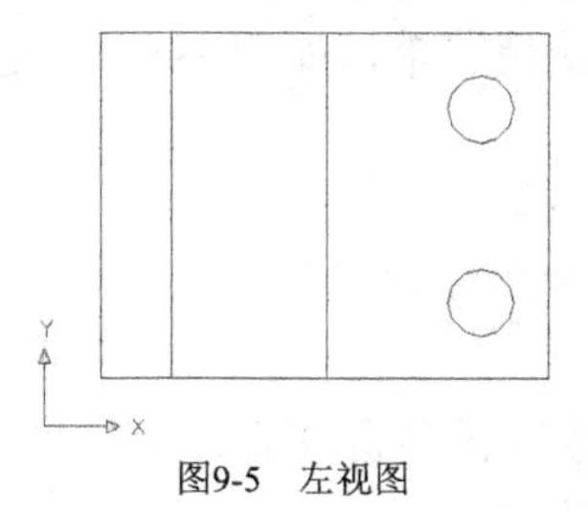

图9-5　左视图

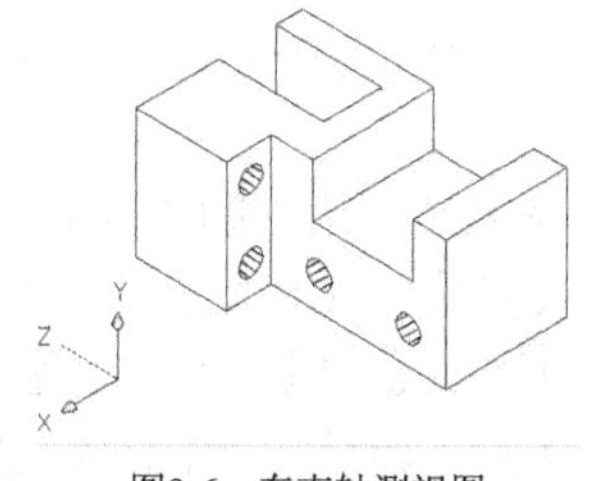

图9-6　东南轴测视图

9.2.2 三维动态旋转

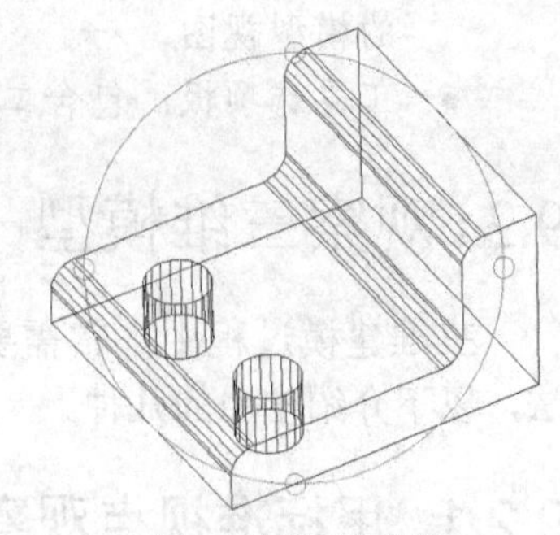
图9-7 三维动态旋转

单击【视图】选项卡中【导航】面板上的 按钮，启动三维动态旋转命令（3DFORBIT），此时，用户可通过单击并拖动鼠标的方法来改变观察方向，从而能够非常方便地获得不同方向的 3D 视图。使用此命令时，可以选择观察全部的对象或是模型中的一部分对象。AutoCAD 围绕待观察的对象形成一个辅助圆，该圆被 4 个小圆分成 4 等份，如图 9-7 所示。辅助圆的圆心是观察目标点，当用户按住鼠标左键并拖动时，待观察的对象的观察目标点静止不动，而视点绕着 3D 对象旋转，显示结果是视图在不断地转动。

当用户想观察整个模型的部分对象时，应先选择这些对象，然后启动 3DFORBIT 命令。此时，仅所选对象显示在屏幕上。若其没有处在动态观察器的大圆内，就单击鼠标右键，选取【范围缩放】选项。

3DFORBIT 命令启动后，AutoCAD 窗口中就出现一个大圆和 4 个均布的小圆，如图 9-7 所示。当鼠标光标移至圆的不同位置时，其形状将发生变化，不同形状的鼠标光标表明了当前视图的旋转方向。

一、 球形光标

鼠标光标位于辅助圆内时，就变为这种形状，此时可假想一个球体将目标对象包裹起来。单击并拖动光标，就使球体沿鼠标光标拖动的方向旋转，因而模型视图也就旋转起来。

二、 圆形光标

移动鼠标光标到辅助圆外，鼠标光标就变为这种形状，按住鼠标左键并将光标沿辅助圆拖动，就使 3D 视图旋转，旋转轴垂直于屏幕并通过辅助圆心。

三、 水平椭圆形光标

当把鼠标光标移动到左、右小圆的位置时，其形状就变为水平椭圆。单击并拖动鼠标就使视图绕着一个铅垂轴线转动，此旋转轴线经过辅助圆心。

四、 竖直椭圆形光标

将鼠标光标移动到上、下两个小圆的位置上时，鼠标光标就变为该形状。单击并拖动鼠标将使视图绕着一个水平轴线转动，此旋转轴线经过辅助圆心。

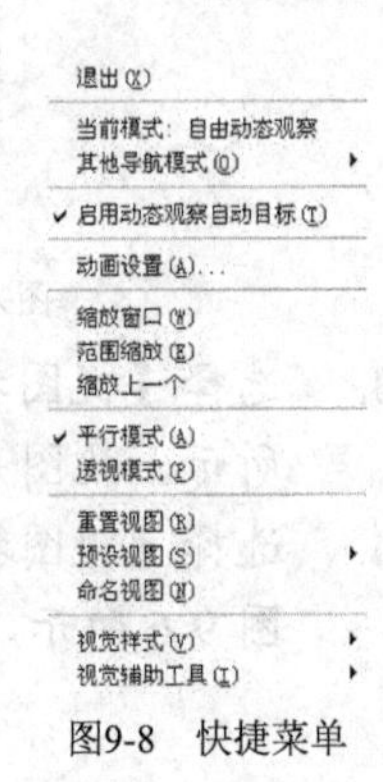

图9-8 快捷菜单

当 3DFORBIT 命令激活时，单击鼠标右键，弹出快捷菜单，如图 9-8 所示。

此菜单中常用选项的功能如下。

- 【其他导航模式】: 对三维视图执行平移和缩放等操作。
- 【缩放窗口】: 用矩形窗口选择要缩放的区域。
- 【范围缩放】: 将所有 3D 对象构成的视图缩放到图形窗口的大小。
- 【缩放上一个】: 动态旋转模型后再回到旋转前的状态。

- 【平行模式】：激活平行投影模式。
- 【透视模式】：激活透视投影模式，透视图与眼睛观察到的图像极为接近。
- 【重置视图】：将当前的视图恢复到激活 3DORBIT 命令时的视图。
- 【预设视图】：该选项提供了常用的标准视图，如前视图、左视图等。
- 【视觉样式】：提供了以下的模型显示方式。

  【三维隐藏】：用三维线框表示模型并隐藏不可见线条。

  【三维线框】：用直线和曲线表示模型。

  【概念】：着色对象，效果缺乏真实感，但可以清晰地显示模型细节。

  【真实】：对模型表面进行着色，显示已附着于对象的材质。

9.2.3 视觉样式

视觉样式用于改变模型在视口中的显示外观，它是一组控制模型显示方式的设置，这些设置包括面设置、环境设置及边设置等。面设置控制视口中面的外观，环境设置控制阴影和背景，边设置控制如何显示边。当选中一种视觉样式时，AutoCAD 在视口中按样式规定的形式显示模型。

AutoCAD 提供了以下 5 种默认视觉样式，可在【视图】面板的【视觉样式】下拉列表中进行选择，如图 9-9 所示。

- 二维线框：以线框形式显示对象，光栅图像、线型及线宽均可见，如图 9-10 所示。
- 三维线框。以线框形式显示对象，同时显示着色的 UCS 图标，光栅图像、线型及线宽可见，如图 9-10 所示。
- 三维隐藏：以线框形式显示对象并隐藏不可见线条，光栅图像及线宽可见，线型不可见，如图 9-10 所示。
- 概念：对模型表面进行着色，着色时采用从冷色到暖色的过渡而不是从深色到浅色的过渡。效果缺乏真实感，但可以很清晰地显示模型细节，如图 9-10 所示。
- 真实：对模型表面进行着色，显示已附着于对象的材质。光栅图象、线型及线宽均可见，如图 9-10 所示。

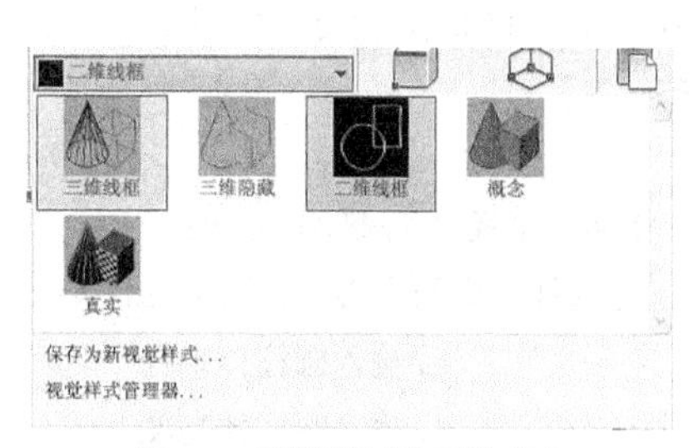

图9-9　【视觉样式】下拉列表

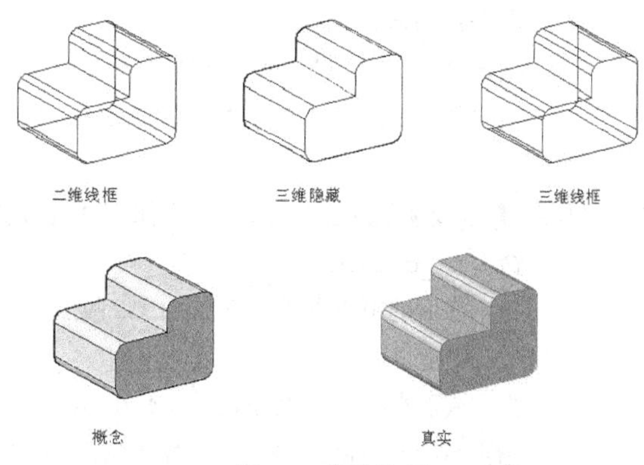

图9-10　视觉样式

9.3 创建三维基本立体

AutoCAD 能生成长方体、球体、圆柱体、圆锥体、楔形体及圆环体等基本立体。【建模】面板中包含了创建这些立体的命令按钮，表 9-1 列出了这些按钮的功能及操作时要输入的主要参数。

表 9-1　　创建基本立体的命令按钮

按钮	功能	输入参数
长方体	创建长方体	指定长方体的一个角点，再输入另一角点的相对坐标
球体	创建球体	指定球心，输入球半径
圆柱体	创建圆柱体	指定圆柱体底面的中心点，输入圆柱体半径及高度
圆锥体	创建圆锥体及圆锥台	指定圆锥体底面的中心点，输入锥体底面半径及锥体高度 指定圆锥台底面的中心点，输入锥台底面半径、顶面半径及锥台高度
楔体	创建楔形体	指定楔形体的一个角点，再输入另一对角点的相对坐标
圆环体	创建圆环	指定圆环中心点，输入圆环体半径及圆管半径
棱锥体	创建棱锥体及棱锥台	指定棱锥体底面边数及中心点，输入锥体底面半径及锥体高度 指定棱锥台底面边数及中心点，输入棱锥台底面半径、顶面半径及棱锥台高度

创建长方体或其他基本立体时，也可通过单击一点设定参数的方式进行绘制。当 AutoCAD 提示输入相关数据时，用户移动鼠标光标到适当位置，然后单击一点，在此过程中，立体的外观将显示出来，便于用户初步确定立体形状。绘制完成后，可用 PROPERTIES 命令显示立体尺寸，并可对其修改。

【练习9-2】： 创建长方体及圆柱体。

1. 进入三维建模工作空间。打开【视图】面板上的【视图控制】下拉列表，选择【东南等轴测】选项，切换到东南等轴测视图。再通过【视图】选项卡中【导航】面板上的【视觉样式】下拉列表设定当前模型显示方式为“二维线框”。
2. 单击【建模】面板上的长方体按钮，AutoCAD 提示如下。

```
命令: _box
指定第一个角点或 [中心(C)]:                    //指定长方体角点 A，如图 9-11 所示
指定其他角点或 [立方体(C)/长度(L)]: @100,200,300
                                              //输入另一角点 B 的相对坐标，如图 9-11 所示
```

3. 单击【建模】面板上的圆柱体按钮，AutoCAD 提示如下。

```
命令: _cylinder
指定底面的中心点或 [三点(3P)/两点(2P)/相切、相切、半径(T)/椭圆(E)]:
                                              //指定圆柱体底圆中心，如图 9-11 所示
指定底面半径或 [直径(D)] <80.0000>: 80                   //输入圆柱体半径
指定高度或 [两点(2P)/轴端点(A)] <300.0000>: 300          //输入圆柱体高度
```

结果如图 9-11 所示。

4. 改变实体表面网格线的密度。

命令: isolines

输入 ISOLINES 的新值 <4>: 40　　　　//设置实体表面网格线的数量

执行【视图】/【重生成】命令，重新生成模型，实体表面网格线变得更加密集。

5. 控制实体消隐后表面网格线的密度。

命令: facetres

输入 FACETRES 的新值 <0.5000>: 5　//设置实体消隐后的网格线密度

启动 HIDE 命令，结果如图 9-11 所示。

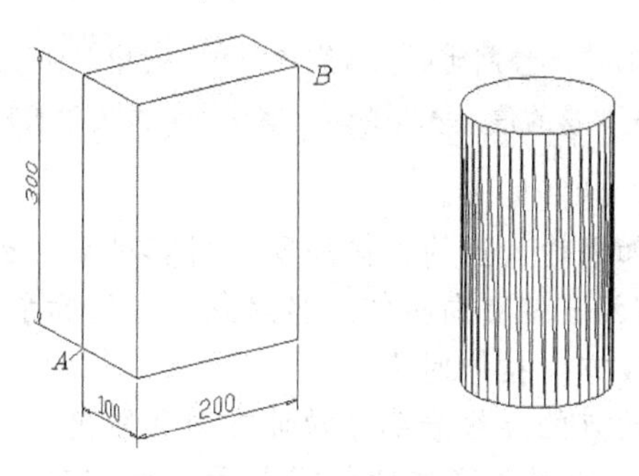

图9-11　创建长方体及圆柱体

9.4 将二维对象拉伸成实体或曲面

EXTRUDE 命令可以拉伸二维对象生成 3D 实体或曲面，若拉伸闭合对象，则生成实体，否则生成曲面。操作时，可指定拉伸高度值及拉伸对象的锥角，还可沿某一直线或曲线路径进行拉伸。

【练习9-3】：　练习 EXTRUDE 命令。

1. 打开附盘文件“dwg\第 9 章\9-3.dwg”，用 EXTRUDE 命令创建实体。
2. 将图形 *A* 创建成面域，再用 PEDIT 命令将连续线 *B* 编辑成一条多段线，如图 9-12 所示。
3. 用 EXTRUDE 命令拉伸面域及多段线，形成实体和曲面。进入三维建模空间，单击【建模】面板上的按钮，启动 EXTRUDE 命令。

```
命令: _extrude
选择要拉伸的对象: 找到 1 个                      //选择面域
选择要拉伸的对象:                                //按Enter键
指定拉伸的高度或 [方向(D)/路径(P)/倾斜角(T)] <262.2213>: 260
                                                 //输入拉伸高度
命令:EXTRUDE                                     //重复命令
选择要拉伸的对象: 找到 1 个                      //选择多段线
选择要拉伸的对象:                                //按Enter键
指定拉伸的高度或 [方向(D)/路径(P)/倾斜角(T)] <260.0000>: p
                                                 //使用“路径(P)”选项
选择拉伸路径或 [倾斜角]:                         //选择样条曲线 C
```

结果如图 9-12 右图所示。

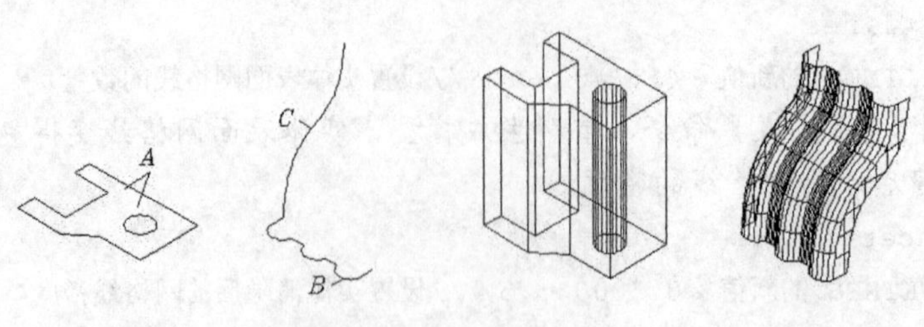

图9-12 拉伸面域及多段线

要点提示 系统变量 SURFU 和 SURFV 控制曲面上素线的密度。选中曲面，启动 PROPERTIES 命令，该命令将列出这两个系统变量的值，修改它们，曲面上素线的数量就发生变化。

EXTRUDE 命令各选项的功能如下。

- 指定拉伸的高度：如果输入正的拉伸高度，则使对象沿 z 轴正向拉伸。若输入负值，则 AutoCAD 沿 z 轴负向拉伸。当对象不在坐标系 xy 平面内时，将沿该对象所在平面的法线方向拉伸对象。
- 方向：指定两点，两点的连线表明了拉伸方向和距离。
- 路径：沿指定路径拉伸对象形成实体或曲面。拉伸时，路径被移动到轮廓的形心位置。路径不能与拉伸对象在同一个平面内，也不能具有较大曲率的区域，否则，有可能在拉伸过程中产生自相交情况。
- 倾斜角：当 AutoCAD 提示"指定拉伸的倾斜角度<0>:"时，输入正的拉伸倾角表示从基准对象逐渐变细地拉伸，而负角度值则表示从基准对象逐渐变粗地拉伸，如图 9-13 所示。用户要注意拉伸斜角不能太大，若拉伸实体截面在到达拉伸高度前已经变成一个点，那么 AutoCAD 将提示不能进行拉伸。

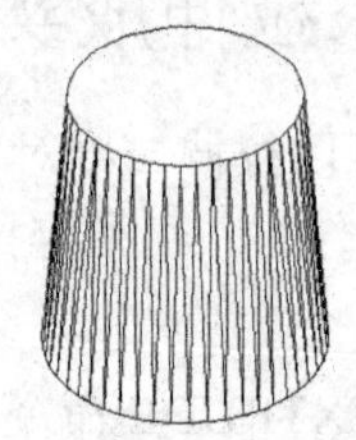

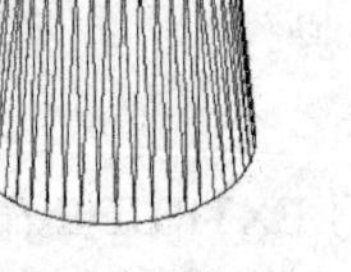

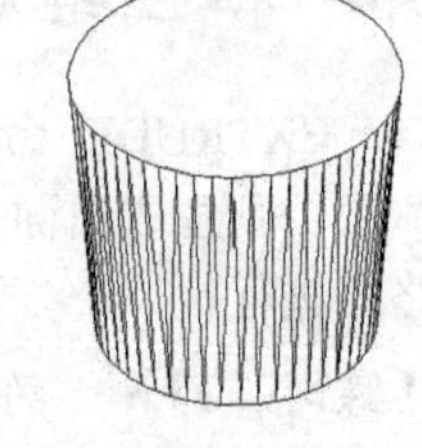

图9-13 指定拉伸斜角

9.5 旋转二维对象形成实体或曲面

REVOLVE 命令可以旋转二维对象生成 3D 实体，若二维对象是闭合的，则生成实体，否则生成曲面。用户通过选择直线、指定两点或 x、y 轴来确定旋转轴。

REVOLVE 命令可以旋转以下二维对象。

- 直线、圆弧和椭圆弧。
- 二维多段线和二维样条曲线。
- 面域和实体上的平面。

【练习9-4】： 练习 REVOLVE 命令。

打开附盘文件"dwg\第 9 章\9-4.dwg"，用 REVOLVE 命令创建实体。进入三维建模空间，单击【建模】面板上的按钮，启动 REVOLVE 命令。

```
命令: _revolve
```

```
选择要旋转的对象: 找到 1 个 //选择要旋转的对象，该对象是面域，如图 9-14 左图所示
选择要旋转的对象:                                               //按[Enter]键
指定轴起点或根据以下选项之一定义轴 [对象(O)/X/Y/Z] <对象>: //捕捉端点 A
指定轴端点:                                                     //捕捉端点 B
指定旋转角度或 [起点角度(ST)] <360>: st                 //使用“起点角度(ST)”选项
指定起点角度 <0.0>: -30                                         //输入回转起始角度
指定旋转角度 <360>: 210                                         //输入回转角度
```

再启动 HIDE 命令，结果如图 9-14 右图所示。

要点提示 若拾取两点指定旋转轴，则轴的正向是从第一点指向第二点，旋转角的正方向按右手螺旋法则确定。

REVOLVE 命令各选项的功能如下。

- 对象：选择直线或实体的线性边作为旋转轴，轴的正方向是从拾取点指向最远端点。
- X/Y/Z：使用当前坐标系的 x、y、z 轴作为旋转轴。
- 起点角度：指定旋转起始位置与旋转对象所在平面的夹角，角度的正向以右手螺旋法则确定。

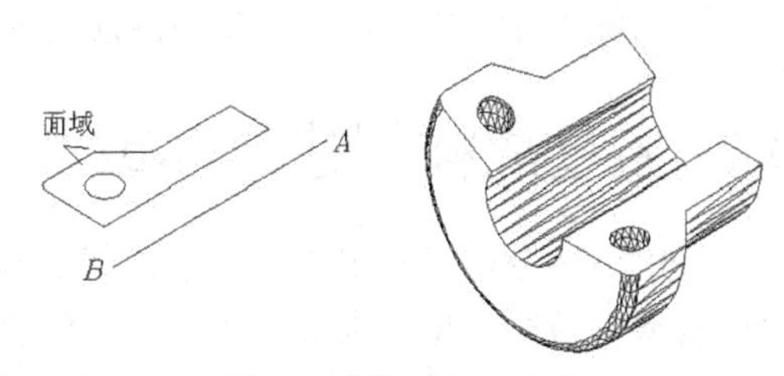

图9-14　旋转面域形成实体

9.6 通过扫掠创建实体或曲面

SWEEP 命令可以将平面轮廓沿二维或三维路径进行扫掠形成实体或曲面，若二维轮廓是闭合的，则生成实体，否则生成曲面。扫掠时，轮廓一般会被移动并被调整到与路径垂直的方向。默认情况下，轮廓形心将与路径起始点对齐，但也可指定轮廓的其他点作为扫掠对齐点。

【练习9-5】：　练习 SWEEP 命令。

1. 打开附盘文件“dwg\第 9 章\9-5.dwg”。
2. 利用 PEDIT 命令将路径曲线 A 编辑成一条多段线。
3. 用 SWEEP 命令将面域沿路径扫掠。进入三维建模空间，单击【建模】面板上的按钮，启动 SWEEP 命令。

```
命令: _sweep
选择要扫掠的对象: 找到 1 个           //选择轮廓面域，如图 9-15 左图所示
选择要扫掠的对象:                                   //按[Enter]键
选择扫掠路径或 [对齐(A)/基点(B)/比例(S)/扭曲(T)]: b  //使用“基点(B)”选项
指定基点: end 于                                    //捕捉 B 点
选择扫掠路径或 [对齐(A)/基点(B)/比例(S)/扭曲(T)]:    //选择路径曲线 A
```

再启动 HIDE 命令，结果如图 9-15 右图所示。

SWEEP 命令各选项的功能如下。

- 对齐：指定是否将轮廓调整到与路径垂直的方向或是保持原有方向。默认情况下，AutoCAD 将使轮廓与路径垂直。

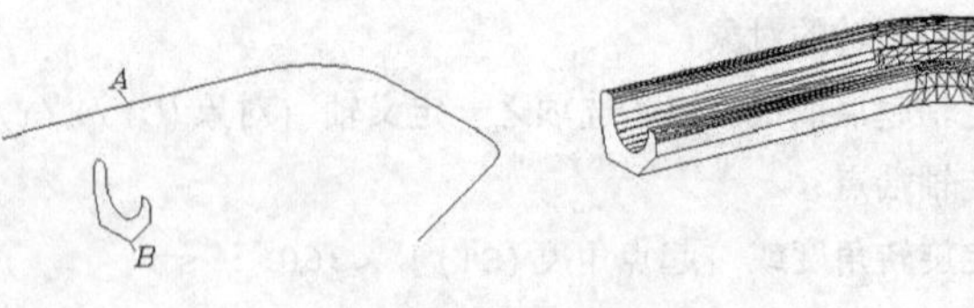

图9-15 将面域沿路径扫掠

- 基点：指定扫掠时的基点，该点将与路径起始点对齐。
- 比例：路径起始点处轮廓缩放比例为 1，路径结束处缩放比例为输入值，中间轮廓沿路径连续变化。与选择点靠近的路径端点是路径的起始点。
- 扭曲：设定轮廓沿路径扫掠时的扭转角度，角度值小于 360°。该选项包含“倾斜”子选项，可使轮廓随三维路径自然倾斜。

9.7 通过放样创建实体或曲面

LOFT 命令可对一组平面轮廓曲线进行放样形成实体或曲面，若所有轮廓是闭合的，则生成实体，否则，生成曲面，如图 9-16 所示。注意，放样时，轮廓线或是全部闭合或是全部开放，不能使用既包含开放轮廓又包含闭合轮廓的选择集。

放样实体或曲面中间轮廓的形状可利用放样路径控制，如图 9-16 左图所示。放样路径始于第一个轮廓所在的平面，终于最后一个轮廓所在的平面。导向曲线是另一种控制放样形状的方法，将轮廓上对应的点通过导向曲线连接起来，使轮廓按预定方式进行变化，如图 9-16 右图所示。轮廓的导向曲线可以有多条，每条导向曲线必须与各轮廓相交，始于第一个轮廓，止于最后一个轮廓。

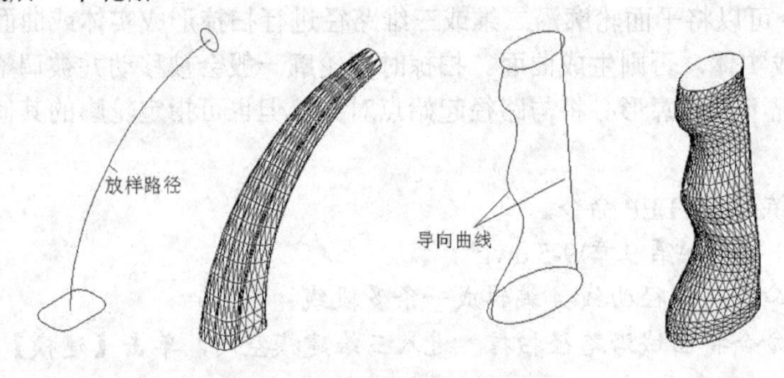

图9-16 通过放样创建实体或曲面

【练习9-6】： 练习 LOFT 命令。

1. 打开附盘文件“dwg\第 9 章\9-6.dwg”。
2. 利用 PEDIT 命令将线条 *A*、*D*、*E* 编辑成多段线，如图 9-17 所示。使用该命令时，应先将 UCS 的 *xy* 平面与连续线所在的平面对齐。
3. 用 LOFT 命令在轮廓 *B*、*C* 间放样，路径曲线是 *A*。进入三维建模空间，单击【建模】面板上的按钮，启动 LOFT 命令。

```
命令： _loft
按放样次序选择横截面：总计 2 个                //选择轮廓 B、C，如图 9-17 所示
```

按放样次序选择横截面：　　　　　　　　//按 Enter 键
输入选项 [导向(G)/路径(P)/仅横截面(C)] <仅横截面>: P
　　　　　　　　　　　　　　　　　　　//使用“路径(P)”选项
选择路径曲线：　　　　　　　　　　　　//选择路径曲线 *A*

结果如图 9-17 右图所示。

4. 用 LOFT 命令在轮廓 *F*、*G*、*H*、*I*、*J* 间放样，导向曲线是 *D*、*E*。

命令: _loft
按放样次序选择横截面:总计 5 个　　　　//选择轮廓 *F*、*G*、*H*、*I*、*J*
按放样次序选择横截面：　　　　　　　　//按 Enter 键
输入选项 [导向(G)/路径(P)/仅横截面(C)] <仅横截面>: G
　　　　　　　　　　　　　　　　　　　//使用“导向(G)”选项
选择导向曲线：总计 2 个　　　　　　　　//选择导向曲线 *D*、*E*
选择导向曲线：　　　　　　　　　　　　//按 Enter 键

结果如图 9-17 右图所示。

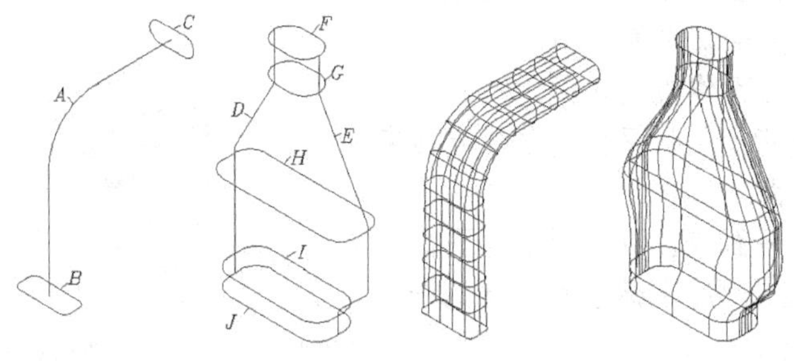

图9-17　利用放样生成实体

LOFT 命令常用选项的功能如下。

- 导向：利用连接各个轮廓的导向曲线控制放样实体或曲面的截面形状。
- 路径：指定放样实体或曲面的路径，路径要与各个轮廓截面相交。

9.8 利用平面或曲面切割实体

SLICE 命令可以根据平面或曲面切开实体模型，被剖切的实体可保留一半或两半都保留。保留部分将保持原实体的图层和颜色特性。剖切方法是先定义切割平面，然后选定需要的部分。用户可通过 3 点来定义切割平面，也可指定当前坐标系 *xy*、*yz*、*zx* 平面作为切割平面。

【练习9-7】：　练习 SLICE 命令。

打开附盘文件“dwg\第 9 章\9-7.dwg”，用 SLICE 命令切割实体。进入三维建模空间，单击【实体编辑】面板上的按钮，启动 SLICE 命令。

命令: _slice
选择要剖切的对象：找到 1 个　　　　　　//选择实体，如图 9-18 左图所示
选择要剖切的对象：　　　　　　　　　　//按 Enter 键
指定切面的起点或 [平面对象(O)/曲面(S)/Z 轴(Z)/视图(V)/XY/YZ/ZX/三点(3)] <三点>:
　　　　　　　　　　　　　　　　　　　//按 Enter 键，利用 3 点定义剖切平面

```
指定平面上的第一个点: end于                                      //捕捉端点 A
指定平面上的第二个点: mid于                                      //捕捉中点 B
指定平面上的第三个点: mid于                                      //捕捉中点 C
在所需的侧面上指定点或 [保留两个侧面(B)] <保留两个侧面>://在要保留的一侧单击一点
命令:SLICE                                                       //重复命令
选择要剖切的对象: 找到 1 个                                      //选择实体
选择要剖切的对象:                                                //按Enter键
指定 切面 的起点或 [平面对象(O)/曲面(S)/Z 轴(Z)/视图(V)/XY/YZ/ZX/三点(3)] <三
点>: s                                                           //使用“曲面(S)”选项
选择曲面:                                                        //选择曲面
选择要保留的实体或 [保留两个侧面(B)] <保留两个侧面>://在要保留的一侧单击一点
```

结果如图 9-18 右图所示。

SLICE 命令常用选项的功能如下。

- 平面对象：用圆、椭圆、圆弧或椭圆弧、二维样条曲线或二维多段线等对象所在平面作为剖切平面。
- 曲面：指定曲面作为剖切面。
- Z 轴：通过指定剖切平面的法线方向来确定剖切平面。
- 视图：剖切平面与当前视图平面平行。
- XY、YZ、ZX：用坐标平面 *xoy*、*yoz*、*zox* 剖切实体。

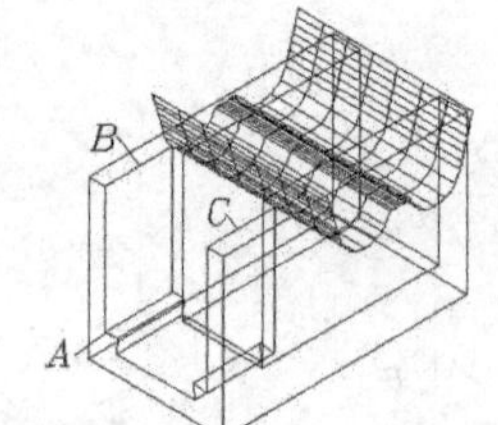

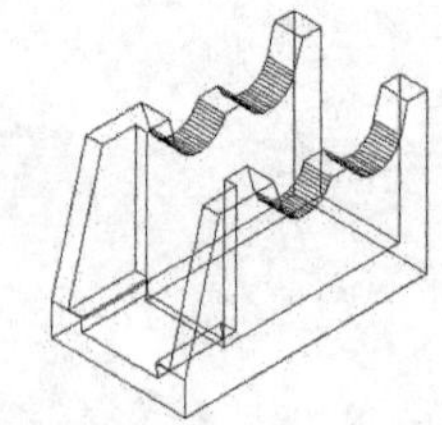

图9-18　切割实体

9.9 螺旋线及弹簧

HELIX 命令可创建螺旋线，该线可用作扫掠路径及拉伸路径。用 SWEEP 命令将圆沿螺旋线扫掠即可创建出弹簧的实体模型。

【练习9-8】：　练习 HELIX 命令。

1. 打开附盘文件“dwg\第 9 章\9-8.dwg”。
2. 用 HELIX 命令绘制螺旋线。进入三维建模空间，单击【绘图】面板上的按钮，启动 HELIX 命令。

```
命令: _Helix
指定底面的中心点:                                  //指定螺旋线底面中心点
指定底面半径或 [直径(D)] <40.0000>: 40             //输入螺旋线半径值
指定顶面半径或 [直径(D)] <40.0000>:                //按Enter键
指定螺旋高度或 [轴端点(A)/圈数(T)/圈高(H)/扭曲(W)] <100.0000>: h
                                                   //使用“圈高(H)”选项
指定圈间距 <20.0000>: 20                           //输入螺距
指定螺旋高度或 [轴端点(A)/圈数(T)/圈高(H)/扭曲(W)] <100.0000>: 100
                                                   //输入螺旋线高度
```

结果如图 9-19 左图所示。

3. 用 SWEEP 命令将圆沿螺旋线扫掠形成弹簧，再启动 HIDE 命令，结果如图 9-19 右图所示。

HELIX 命令各选项的功能如下。

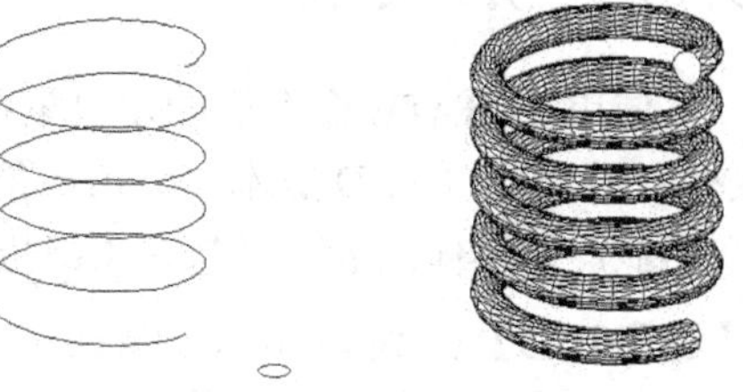
图9-19　创建弹簧

- 轴端点(A)：指定螺旋轴端点的位置。螺旋轴的长度及方向表明了螺旋线的高度及倾斜方向。
- 圈数(T)：输入螺旋线的圈数，数值小于 500。
- 圈高(H)：输入螺旋线螺距。
- 扭曲(W)：按顺时针或逆时针方向绘制螺旋线，以第 2 种方式绘制的螺旋线是右旋的。

9.10　3D 移动

可以使用 MOVE 命令在三维空间中移动对象，操作方式与在二维空间时一样，只不过当通过输入距离来移动对象时，必须输入沿 x、y、z 轴的距离值。

AutoCAD 提供了专门用来在三维空间中移动对象的命令 3DMOVE，该命令还能移动实体的面、边及顶点等子对象（按 Ctrl 键可选择子对象）。3DMOVE 命令的操作方式与 MOVE 命令类似，但前者使用起来更形象、直观。

【练习9-9】：　练习 3DMOVE 命令。

1. 打开附盘文件“dwg\第 9 章\9-9.dwg”。
2. 进入三维建模空间，单击【修改】面板上的按钮，启动 3DMOVE 命令，将对象 *A* 由基点 *B* 移动到第二点 *C*，再通过输入距离的方式移动对象 *D*，移动距离为“40, - 50”，结果如图 9-20 所示。
3. 重复命令，选择对象 *E*，按 Enter 键，AutoCAD 显示附着在鼠标光标上的移动工具，该工具 3 个轴的方向与当前坐标轴的方向一致，如图 9-21 左图所示。
4. 移动鼠标光标到 *F* 轴上，停留一会儿，显示出移动辅助线。单击鼠标左键确认，物体的移动方向被约束到与轴的方向一致。
5. 若将鼠标光标移动到两轴间的短线处，停住直至两条短线变成黄色，则表明移动被限制在两条短线构成的平面内。

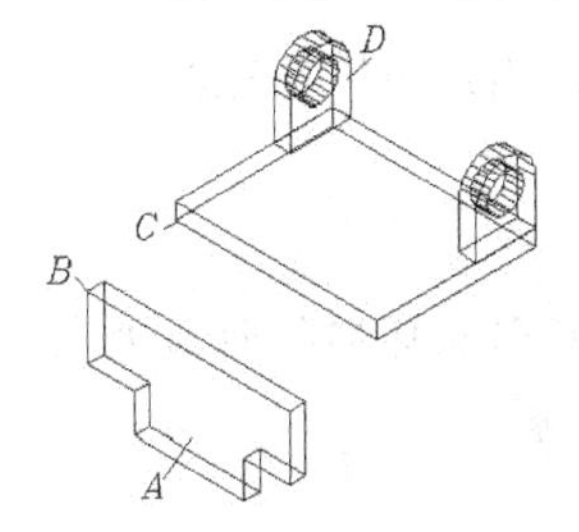

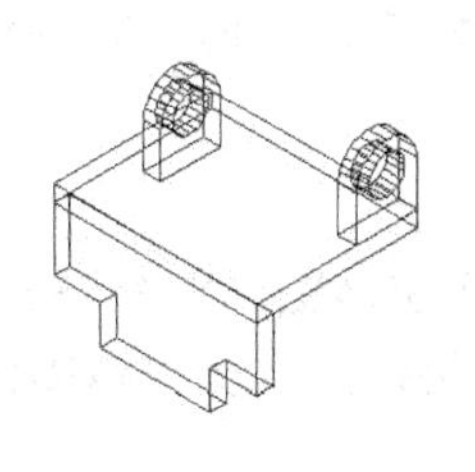
图9-20　移动对象

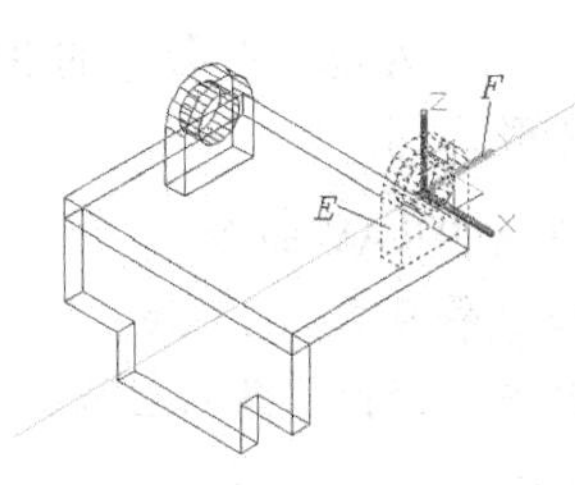

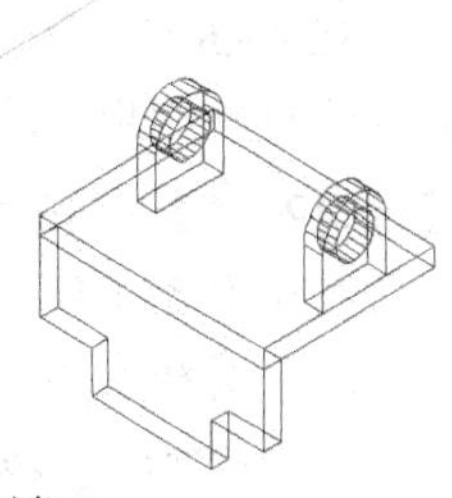
图9-21　移动对象 *E*

6. 移动方向确定后，输入移动距离 50，结果如图 9-21 右图所示。也可通过单击一点移动对象。

9.11 3D 旋转

使用 ROTATE 命令仅能使对象在 *xy* 平面内旋转，即旋转轴只能是 *z* 轴。3DROTATE 命令是 ROTATE 的 3D 版本，该命令能使对象绕 3D 空间中任意轴旋转。此外，ROTATE3D 命令还能旋转实体的表面（按住 Ctrl 键选择实体表面）。

【练习9-10】：练习 3DROTATE 命令。

1. 打开附盘文件"dwg\第 9 章\9-10.dwg"。
2. 进入三维建模空间，单击【视图】选项卡中【导航】面板上的按钮，启动 3DROTATE 命令，选择要旋转的对象，按 Enter 键，AutoCAD 显示附着在鼠标光标上的旋转工具，如图 9-22 左图所示，该工具包含表示旋转方向的 3 个辅助圆。
3. 移动鼠标光标到 *A* 点处，并捕捉该点，旋转工具就被放置在此点，如图 9-22 左图所示。
4. 将鼠标光标移动到圆 *B* 处，停住光标直至圆变为黄色，同时出现以圆为回转方向的回转轴，单击鼠标左键确认。回转轴与当前坐标系的坐标轴是平行的，且轴的正方向与坐标轴正向一致。
5. 输入回转角度值"-90°"，结果如图 9-22 右图所示。角度正方向按右手螺旋法则确定，也可单击一点指定回转起点，然后再单击一点指定回转终点。

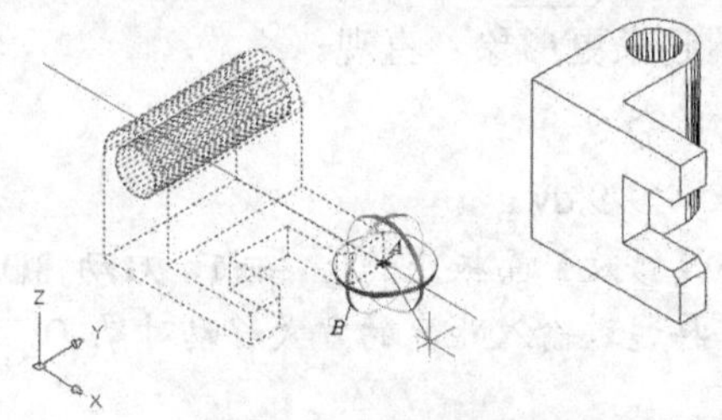

图9-22 旋转对象

使用 3DROTATE 命令时，回转轴与当前坐标系的坐标轴是平行的。若想指定某条线段为旋转轴，应先将 UCS 坐标系与线段对齐，然后把旋转工具放置在线段端点处，这样就能使旋转轴与线段重合。

9.12 3D 阵列

3DARRAY 命令是二维 ARRAY 命令的 3D 版本。通过这个命令，用户可以在三维空间中创建对象的矩形或环形阵列。

【练习9-11】：练习 3DARRAY 命令。

打开附盘文件"dwg\第 9 章\9-11.dwg"，用 3DARRAY 命令创建矩形及环形阵列。进入三维建模空间，单击【修改】面板上的按钮，启动 3DARRAY 命令。

```
命令: _3darray
选择对象: 找到 1 个                          //选择要阵列的对象，如图 9-23 所示
选择对象:                                   //按 Enter 键
输入阵列类型 [矩形(R)/环形(P)] <矩形>:        //指定矩形阵列
```

```
输入行数 (---) <1>: 2                    //输入行数，行的方向平行于 x 轴
输入列数 (|||) <1>: 3                    //输入列数，列的方向平行于 y 轴
输入层数 (...) <1>: 3                    //指定层数，层数表示沿 z 轴方向的分布数目
指定行间距 (---): 50          //输入行间距，如果输入负值，阵列方向将沿 x 轴反方向
指定列间距 (|||): 80          //输入列间距，如果输入负值，阵列方向将沿 y 轴反方向
指定层间距 (...): 120         //输入层间距，如果输入负值，阵列方向将沿 z 轴反方向
```

启动 HIDE 命令，结果如图 9-23 所示。

如果选择"环形(P)"选项，就能建立环形阵列，AutoCAD 提示如下。

```
输入阵列中的项目数目: 6                  //输入环形阵列的数目
指定要填充的角度 (+=逆时针, -=顺时针) <360>://按 Enter 键
        //输入环行阵列的角度值，可以输入正值或负值，角度正方向由右手螺旋法则确定
旋转阵列对象? [是(Y)/否(N)]<是>:         //按 Enter 键，则阵列的同时还旋转对象
指定阵列的中心点:                        //指定旋转轴的第一点 A，如图 9-24 所示
指定旋转轴上的第二点:                    //指定旋转轴的第二点 B
```

启动 HIDE 命令，结果如图 9-24 所示。

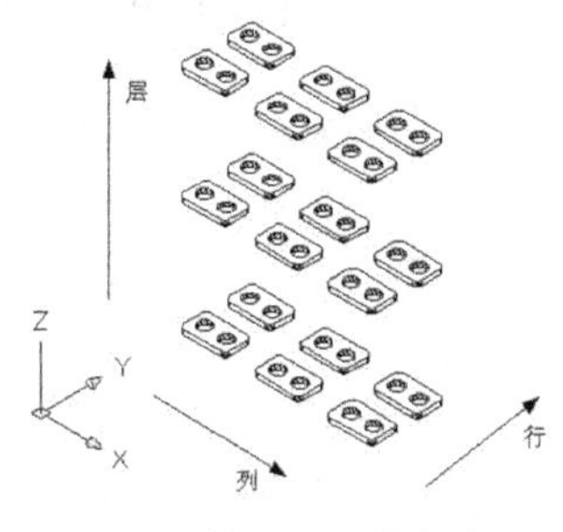

图9-23　三维阵列

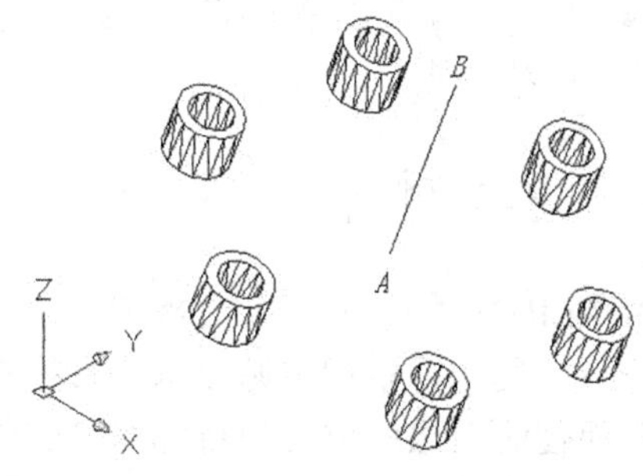

图9-24　环形阵列

环形阵列时，旋转轴的正方向是从第一个指定点指向第二个指定点，沿该方向伸出大拇指，则其他 4 个手指的弯曲方向就是旋转角的正方向。

9.13　3D 镜像

如果镜像线是当前坐标系 xy 平面内的直线，则使用常见的 MIRROR 命令就可对 3D 对象进行镜像复制。但若想以某个平面作为镜像平面来创建 3D 对象的镜像复制，就必须使用 MIRROR3D 命令。如图 9-25 所示，把 A、B、C 点定义的平面作为镜像平面，对实体进行镜像。

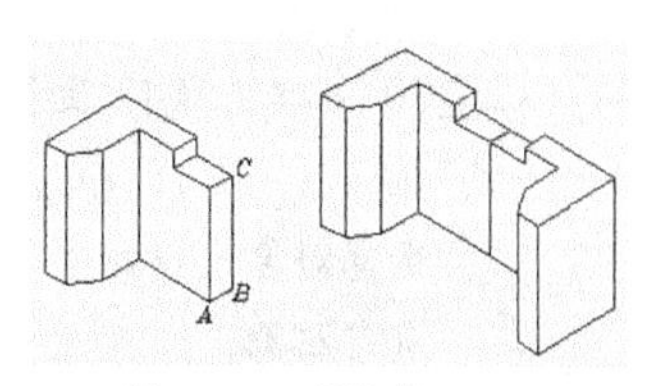

图9-25　三维镜像

【练习9-12】：练习 MIRROR3D 命令。

打开附盘文件"dwg\第 9 章\9-12.dwg"，用 MIRROR3D 命令创建对象的三维镜像。进入三维建模空间，单击【修改】面板上的%按钮，启动 MIRROR3D 命令。

```
命令: _mirror3d
选择对象: 找到 1 个                      //选择要镜像的对象
```

选择对象：　　　　　　　　　　　　　　　　　　　//按 Enter 键

指定镜像平面 (三点) 的第一个点或[对象(O)/最近的(L)/Z 轴(Z)/视图(V)/XY 平面(XY)/YZ 平面(YZ)/ZX 平面(ZX)/三点(3)]<三点>:

　　　　　　　　　　　　//利用 3 点指定镜像平面，捕捉第一点 *A*，如图 9-25 所示

在镜像平面上指定第二点：　　　　　　　　　　　//捕捉第二点 *B*

在镜像平面上指定第三点：　　　　　　　　　　　//捕捉第三点 *C*

是否删除源对象？[是(Y)/否(N)] <否>:　　　　//按 Enter 键不删除源对象

结果如图 9-25 右图所示。

MIRROR3D 命令有以下选项，利用这些选项就可以在三维空间中定义镜像平面。

- 对象：以圆、圆弧、椭圆及 2D 多段线等二维对象所在的平面作为镜像平面。
- 最近的：该选项指定上一次 MIRROR3D 命令使用的镜像平面作为当前镜像面。
- Z 轴：用户在三维空间中指定两个点，镜像平面将垂直于两点的连线，并通过第一个选取点。
- 视图：镜像平面平行于当前视区，并通过用户的拾取点。
- XY 平面/YZ 平面/ZX 平面：镜像平面平行于 *xy*、*yz* 或 *zx* 平面，并通过用户的拾取点。

9.14　3D 对齐

3DALIGN 命令在 3D 建模中非常有用，通过这个命令，用户可以指定源对象与目标对象的对齐点，从而使源对象的位置与目标对象的位置对齐。例如，用户利用 3DALIGN 命令让对象 *M*（源对象）的某一平面上的 3 点与对象 *N*（目标对象）的某一平面上的 3 点对齐，操作完成后，*M*、*N* 两对象将组合在一起，如图 9-26 所示。

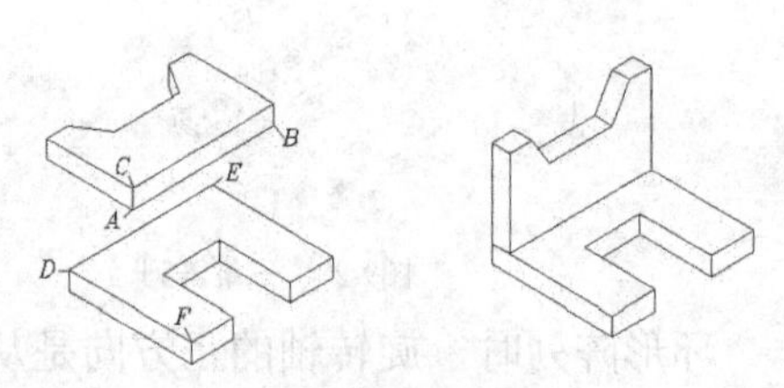

图9-26　三维对齐

【练习9-13】：练习 3DALIGN 命令。

打开附盘文件“dwg\第 9 章\9-13.dwg”，用 3DALIGN 命令对齐 3D 对象。进入三维建模空间，单击【修改】面板上的按钮，启动 3DALIGN 命令。

命令: _3dalign

选择对象: 找到 1 个　　　　　　　　　　　　//选择要对齐的对象

选择对象:　　　　　　　　　　　　　　　　　//按 Enter 键

指定基点或 [复制(C)]:　　　　　　　　　　　//捕捉源对象上的第一点 *A*，如图 9-26 左图所示

指定第二个点或 [继续(C)] <C>:　　　　　//捕捉源对象上的第二点 *B*

指定第三个点或 [继续(C)] <C>:　　　　　//捕捉源对象上的第三点 *C*

指定第一个目标点:　　　　　　　　　　　　　//捕捉目标对象上的第一点 *D*

指定第二个目标点或 [退出(X)] <X>:　　　//捕捉目标对象上的第二点 *E*

指定第三个目标点或 [退出(X)] <X>:　　　//捕捉目标对象上的第三点 *F*

结果如图 9-26 右图所示。

使用 3DALIGN 命令时，用户不必指定所有的 3 对对齐点。以下说明提供不同数量的对齐点时，AutoCAD 如何移动源对象。

- 如果仅指定一对对齐点，AutoCAD 就把源对象由第一个源点移动到第一目标点处。
- 若指定两对对齐点，则 AutoCAD 移动源对象后，将使两个源点的连线与两个目标点的连线重合，并让第一个源点与第一目标点也重合。
- 如果用户指定 3 点对齐点，那么命令结束后，3 个源点定义的平面将与 3 个目标点定义的平面重合在一起。选择的第一个源点要移动到第一个目标点的位置，前两个源点的连线与前两个目标点的连线重合。第 3 个目标点的选取顺序若与第 3 个源点的选取顺序一致，则两个对象平行对齐，否则是相对对齐。

9.15　3D 倒圆角及斜角

FILLET 和 CHAMFER 命令可以对二维对象倒圆角及斜角，它们的用法已在第 2 章中叙述过。对于三维实体，同样可用这两个命令创建圆角和斜角，但此时的操作方式与二维绘图时略有不同。

【练习9-14】：在 3D 空间使用 FILLET、CHAMFER 命令。

打开附盘文件“dwg\第 9 章\9-14.dwg”，用 FILLET、CHAMFER 命令给 3D 对象倒圆角及斜角。

```
命令: _fillet
选择第一个对象或 [放弃(U)/多段线(P)/半径(R)/修剪(T)/多个(M)]:
                                              //选择棱边 A，如图 9-27 所示
输入圆角半径 <10.0000>: 15                    //输入圆角半径
选择边或 [链(C)/半径(R)]:                     //选择棱边 B
选择边或 [链(C)/半径(R)]:                     //选择棱边 C
选择边或 [链(C)/半径(R)]:                     //按 Enter 键结束
命令: _chamfer
选择第一条直线或 [放弃(U)/多段线(P)/距离(D)/角度(A)/修剪(T)/ 方式(E)/多个(M)]:
                                          //选择棱边 E，如图 9-27 所示
基面选择...                               //平面 D 高亮显示，该面是倒角基面
输入曲面选择选项 [下一个(N)/当前(OK)] <当前>:   //按 Enter 键
指定基面的倒角距离 <15.0000>: 10              //输入基面内的倒角距离
指定其他曲面的倒角距离 <10.0000>: 30          //输入另一平面内的倒角距离
选择边或[环(L)]:                              //选择棱边 E
选择边或[环(L)]:                              //选择棱边 F
选择边或[环(L)]:                              //选择棱边 G
选择边或[环(L)]:                              //选择棱边 H
选择边或[环(L)]:                              //按 Enter 键结束
```

结果如图 9-27 所示。

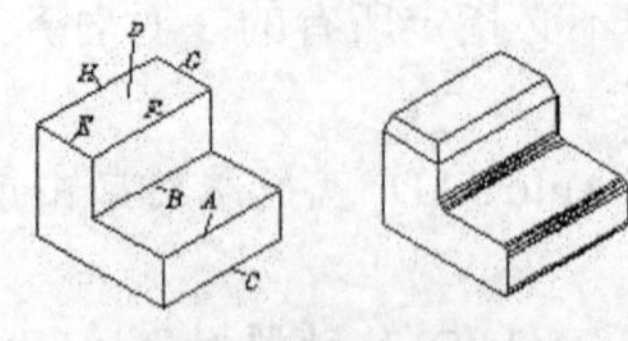

图9-27　倒圆角及斜角

9.16　编辑实体的表面

除了可对实体进行倒角、阵列、镜像及旋转等操作外，还能编辑实体模型的表面。常用的表面编辑功能主要包括拉伸面、旋转面和压印对象等。

9.16.1　拉伸面

AutoCAD 可以根据指定的距离拉伸面或将面沿某条路径进行拉伸。拉伸时，如果是输入拉伸距离值，那么还可输入锥角，这样将使拉伸所形成的实体锥化。图 9-28 所示为将实体表面按指定的距离、锥角及沿路径进行拉伸的结果。

【练习9-15】：拉伸面。

1. 打开附盘文件“dwg\第 9 章\9-15.dwg”，利用 SOLIDEDIT 命令拉伸实体表面。
2. 进入三维建模空间，单击【实体编辑】面板上的 拉伸面 按钮，AutoCAD 主要提示如下。

```
命令: _solidedit
选择面或 [放弃(U)/删除(R)]: 找到一个面。          //选择实体表面 A，如图 9-28 所示
选择面或 [放弃(U)/删除(R)/全部(ALL)]:             //按 Enter 键
指定拉伸高度或 [路径(P)]: 50                      //输入拉伸的距离
指定拉伸的倾斜角度 <0>: 5                         //指定拉伸的锥角
```

结果如图 9-28 所示。

“拉伸面”常用选项功能如下。

- 指定拉伸高度：输入拉伸距离及锥角来拉伸面。对于每个面规定其外法线方向是正方向，当输入的拉伸距离是正值时，面将沿其外法线方向拉伸，否则，将向相反方向拉伸。在指定拉伸距离后，AutoCAD 会提示输入锥角，若输入正的锥角值，则将使面向实体内部锥化，否则，将使面向实体外部锥化，如图 9-29 所示。

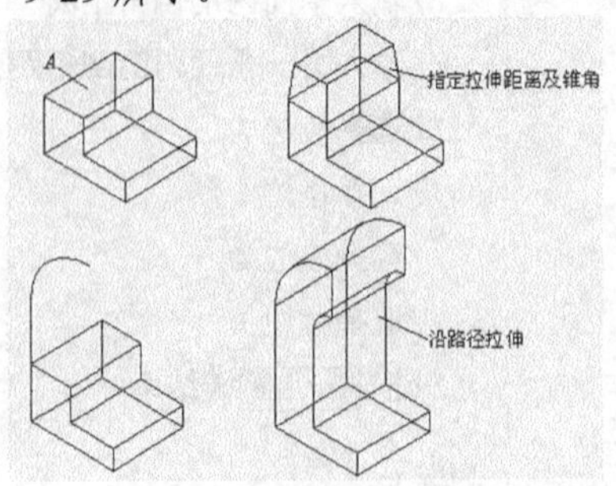

图9-28　拉伸实体表面

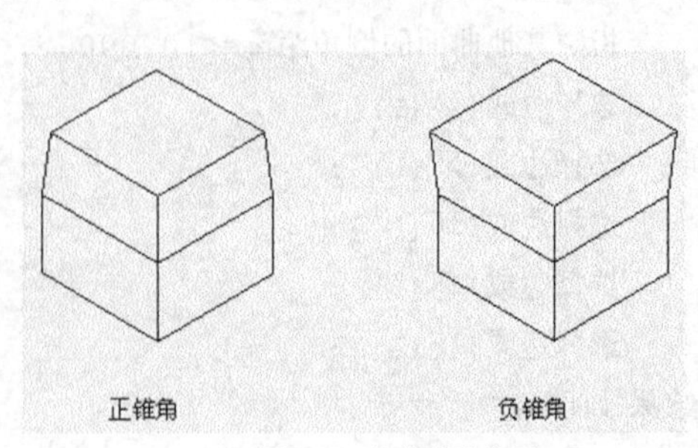

图9-29　拉伸并锥化面

- 路径(P)：沿着一条指定的路径拉伸实体表面。拉伸路径可以是直线、圆弧、多段线及 2D 样条线等，作为路径的对象不能与要拉伸的表面共面，并应避免路径曲线的某些局部区域有较高的曲率，否则，可能使新形成的实体在路径曲率较高处出现自相交的情况，从而导致拉伸失败。

要点提示　可用 PEDIT 命令的“合并(J)”选项将当前坐标系 *xy* 平面内的连续几段线条连接成多段线，这样就可以将其定义为拉伸路径了。

9.16.2　旋转面

通过旋转实体的表面就可改变面的倾斜角度，或将一些结构特征（如孔、槽等）旋转到新的方位。如图 9-30 所示，将 *A* 面的倾斜角修改为 120°，并把槽旋转 90°。

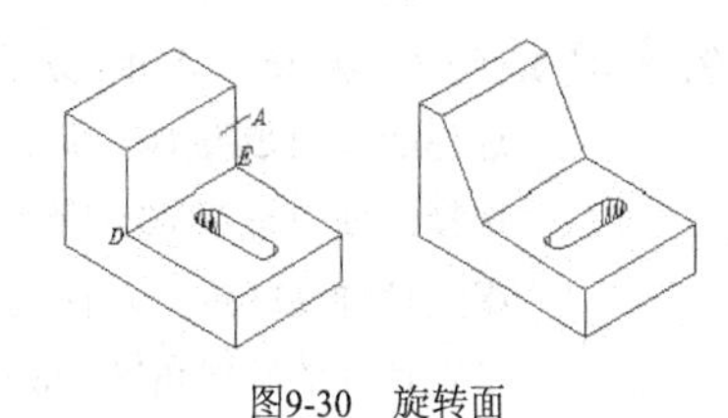

图9-30　旋转面

在旋转面时，用户可通过拾取两点、选择某条直线或设定旋转轴平行于坐标轴等方法来指定旋转轴，另外，应注意确定旋转轴的正方向。

【练习9-16】：旋转面。

1. 打开附盘文件“dwg\第 9 章\9-16.dwg”，利用 SOLIDEDIT 命令旋转实体表面。
2. 进入三维建模空间，单击【实体编辑】面板上的旋转面按钮，AutoCAD 主要提示如下。

```
命令: _solidedit
选择面或 [放弃(U)/删除(R)]: 找到一个面。  //选择表面 A
选择面或 [放弃(U)/删除(R)/全部(ALL)]:     //按 Enter 键
指定轴点或 [经过对象的轴(A)/视图(V)/X 轴(X)/Y 轴(Y)/Z 轴(Z)] <两点>:
                                         //捕捉旋转轴上的第一点 D，如图 9-30 所示
在旋转轴上指定第二个点:                   //捕捉旋转轴上的第二点 E
指定旋转角度或 [参照(R)]: -30             //输入旋转角度
```

结果如图 9-30 所示。

“旋转面”常用选项功能如下。

- 两点：指定两点来确定旋转轴，轴的正方向是由第一个选择点指向第二个选择点。
- X 轴(X)、Y 轴(Y)、Z 轴(Z)：旋转轴平行于 *x*、*y* 或 *z* 轴，并通过拾取点。旋转轴的正方向与坐标轴的正方向一致。

9.16.3　压印

压印（Imprint）可以把圆、直线、多段线、样条曲线、面域及实心体等对象压印到三维实体上，使其成为实体的一部分。用户必须使被压印的几何对象在实体表面内或与实体表面相交，压印操作才能成功。压印时，AutoCAD 将创建新的表面，该表面以被压印的几何图形

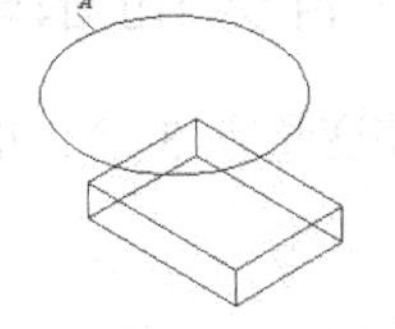

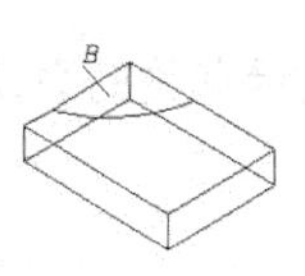

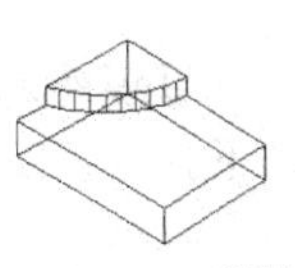
图9-31　压印

及实体的棱边作为边界，用户可以对生成的新面进行拉伸和旋转等操作。如图 9-31 所示，将圆压印在实体上，并将新生成的面向上拉伸。

【练习9-17】：压印。

1. 打开附盘文件“dwg\第 9 章\9-17.dwg”。进入三维建模空间，单击【实体编辑】面板上的压印按钮，AutoCAD 主要提示如下。

选择三维实体：　　//选择实体模型
选择要压印的对象：　　//选择圆 A，如图 9-31 所示
是否删除源对象？ <N>：y　　//删除圆 A
选择要压印的对象：　　//按 Enter 键

2. 单击拉伸面按钮，AutoCAD 主要提示如下。

选择面或 [放弃(U)/删除(R)]：找到一个面。　　//选择表面 B
选择面或 [放弃(U)/删除(R)/全部(ALL)]：　　//按 Enter 键
指定拉伸高度或 [路径(P)]：10　　//输入拉伸高度
指定拉伸的倾斜角度 <0>：　　//按 Enter 键

结果如图 9-31 所示。

9.16.4 抽壳

用户可以利用抽壳的方法将一个实体模型生成一个空心的薄壳体。在使用抽壳功能时，用户要先指定壳体的厚度，然后 AutoCAD 把现有的实体表面偏移指定的厚度值以形成新的表面，这样，原来的实体就变为一个薄壳体。如果指定正的厚度值，AutoCAD 就在实体内部创建新面，否则，在实体的外部创建新面。另外在抽壳操作过程中还能将实体的某些面去除，以形成开口的薄壳体，图 9-32 右图所示为把实体进行抽壳并去除其顶面的结果。

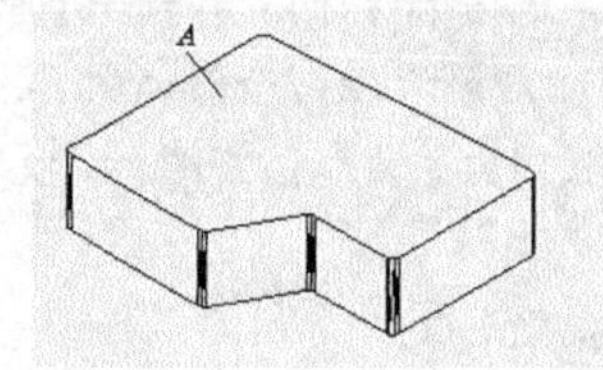

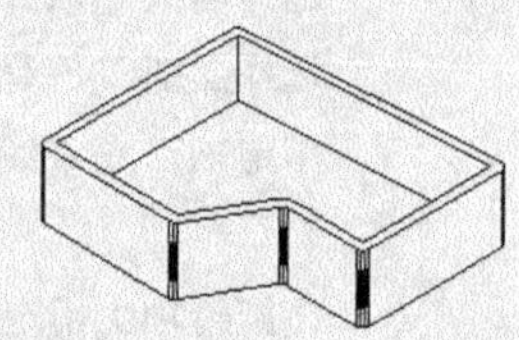

图9-32　抽壳

【练习9-18】：抽壳。

1. 打开附盘文件“dwg\第 9 章\9-18.dwg”，利用 SOLIDEDIT 命令创建一个薄壳体。
2. 进入三维建模空间，单击【实体编辑】面板上的抽壳按钮，AutoCAD 主要提示如下。

选择三维实体：　　//选择要抽壳的对象
删除面或 [放弃(U)/添加(A)/全部(ALL)]：找到一个面，已删除 1 个
　　//选择要删除的表面 A，如图 9-32 左图所示
删除面或 [放弃(U)/添加(A)/全部(ALL)]：　　//按 Enter 键
输入抽壳偏移距离：10　　//输入壳体厚度

结果如图 9-32 右图所示。

9.17 与实体显示有关的系统变量

与实体显示有关的系统变量有 3 个：ISOLINES、FACETRES 及 DISPSILH，分别介绍如下。

- ISOLINES：此变量用于设定实体表面网格线的数量，如图 9-33 所示。
- FACETRES：用于设置实体消隐或渲染后的表面网格密度。此变量值的范围为 0.01 ~ 10.0，值越大表明网格越密，消隐或渲染后表面越光滑，如图 9-34 所示。
- DISPSILH：用于控制消隐时是否显示出实体表面网格线。若此变量值为 0，则显示网格线，为 1 时，不显示网格线，如图 9-35 所示。

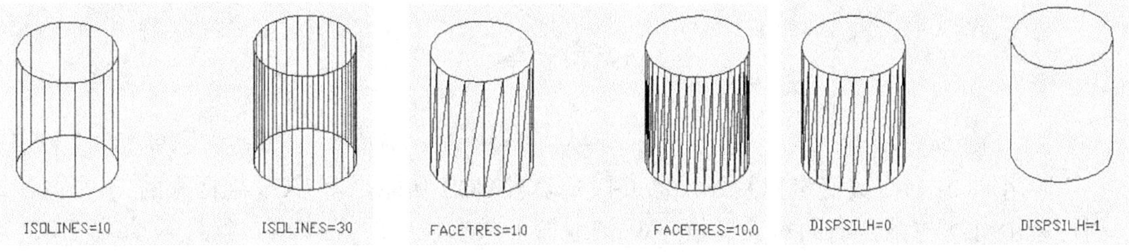

图9-33　ISOLINES 变量　　图9-34　FACETRES 变量　　图9-35　DISPSILH 变量

9.18　用户坐标系

默认情况下，AutoCAD 坐标系统是世界坐标系，该坐标系是一个固定坐标系。用户也可在三维空间中建立自己的坐标系（UCS），该坐标系是一个可变动的坐标系，坐标轴正向按右手螺旋法则确定。三维绘图时，UCS 坐标系特别有用，因为用户可以在任意位置、沿任意方向建立 UCS，从而使得三维绘图变得更加容易。

在 AutoCAD 中，多数 2D 命令只能在当前坐标系的 *xy* 平面或与 *xy* 平面平行的平面内执行。若用户想在 3D 空间的某一平面内使用 2D 命令，则应在此平面位置创建新的 UCS。

【练习9-19】：在三维空间中创建坐标系。

1. 打开附盘文件“dwg\第 9 章\9-19.dwg”。
2. 改变坐标原点。输入 UCS 命令，AutoCAD 提示如下。

```
命令: ucs
指定 UCS 的原点或 [面(F)/命名(NA)/对象(OB)/上一个(P)/视图(V)/世界(W)/X/Y/Z/Z轴(ZA)] <世界>:        //捕捉 A 点，如图 9-36 所示
指定 X 轴上的点或 <接受>:        //按 Enter 键
```

结果如图 9-36 所示。

3. 将 UCS 坐标系绕 *x* 轴旋转 90°。

```
命令:UCS
指定 UCS 的原点或 [面(F)/命名(NA)/对象(OB)/上一个(P)/视图(V)/世界(W)/X/Y/Z/Z轴(ZA)] <世界>: x        //使用“X”选项
指定绕 X 轴的旋转角度 <90>: 90        //输入旋转角度
```

结果如图 9-37 所示。

4. 利用三点定义新坐标系。

```
命令:UCS
指定 UCS 的原点或 [面(F)/命名(NA)/对象(OB)/上一个(P)/视图(V)/世界(W)/X/Y/Z/Z轴(ZA)] <世界>: end 于        //捕捉 B 点，如图 9-38 所示
```

```
在正 X 轴范围上指定点: end于                //捕捉 C 点
在 UCS XY 平面的正 Y 轴范围上指定点: end于   //捕捉 D 点
```

结果如图 9-38 所示。

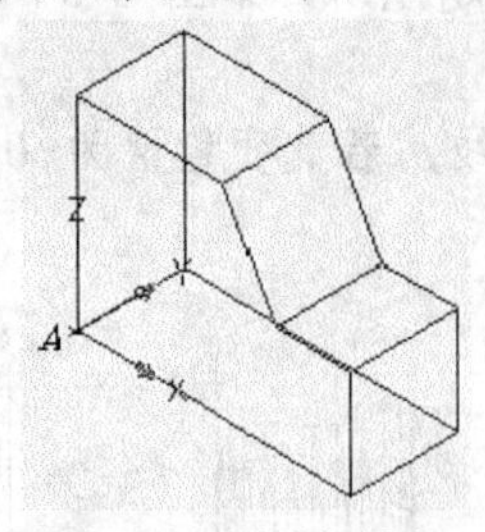

图9-36 改变坐标原点

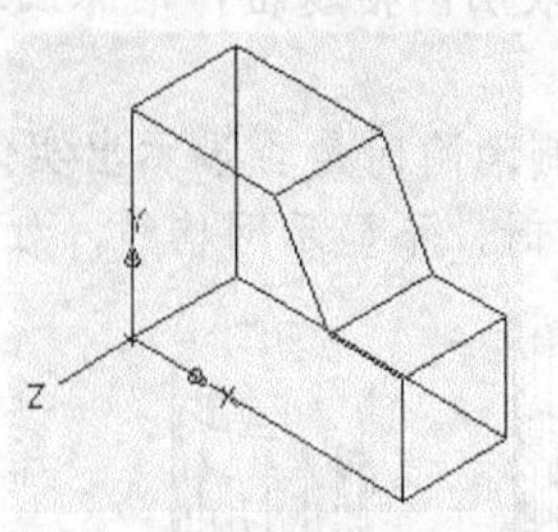

图9-37 将坐标系绕 x 轴旋转

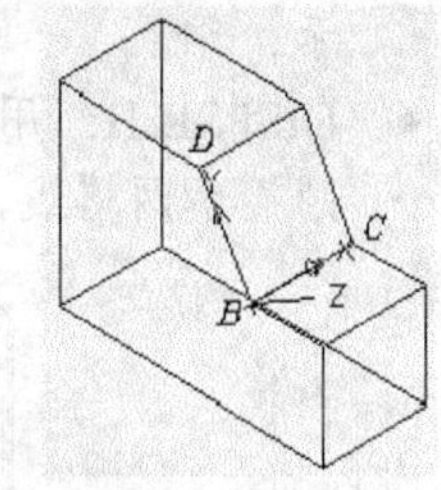

图9-38 利用三点定义坐标系

除用 UCS 命令改变坐标系外，也可打开动态 UCS 功能，使 UCS 坐标系的 *xy* 平面在绘图过程中自动与某一平面对齐。按 F6 键或按下状态栏中的按钮，就打开动态 UCS 功能。启动二维或三维绘图命令，将鼠标光标移动到要绘图的实体面，该实体面亮显，表明坐标系的 *xy* 平面临时与实体面对齐，绘制的对象将处于此面内。绘图完成后，UCS 坐标系又返回原来的状态。

9.19 利用布尔运算构建复杂实体模型

前面读者已经学习了如何生成基本三维实体及由二维对象转换得到三维实体。将这些简单实体放在一起，然后进行布尔运算就能构建复杂的三维模型。

布尔运算包括并集、差集和交集。

(1) 并集操作：UNION 命令将两个或多个实体合并在一起形成新的单一实体。操作对象既可以是相交的，也可是分离开的。

【练习9-20】：并集操作。

1. 打开附盘文件“dwg\第 9 章\9-20.dwg”，用 UNION 命令进行并运算。
2. 进入三维建模空间，单击【实体编辑】面板上的按钮或输入 UNION 命令，AutoCAD 提示如下。

```
命令: _union
选择对象: 找到 2 个          //选择圆柱体及长方体，如图 9-39 左图所示
选择对象:                    //按 Enter 键
```

结果如图 9-39 右图所示。

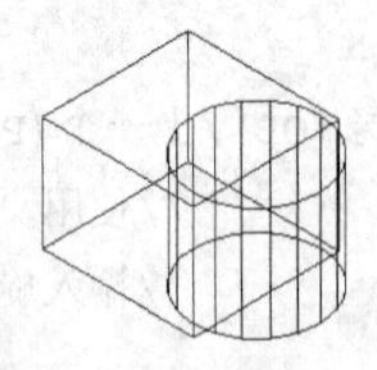

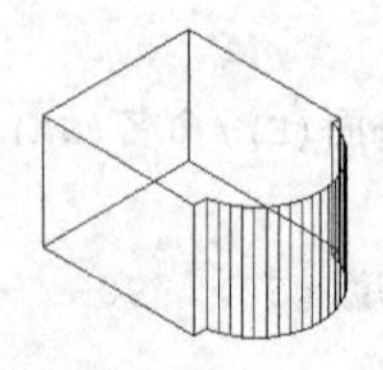

图9-39 并集操作

(2) 差集操作：SUBTRACT 命令将实体构成的一个选择集从另一选择集中减去。操作时，用户首先选择被减对象，构成第一选择集，然后选择要减去的对象，构成第二选择集，操作结果是第一选择集减去第二选择集后形成的新对象。

【练习9-21】： 差集操作。

1. 打开附盘文件“dwg\第 9 章\9-21.dwg”，用 SUBTRACT 命令进行差运算。
2. 进入三维建模空间，单击【实体编辑】面板上的按钮或输入 SUBTRACT 命令，AutoCAD 提示如下。

```
命令: _subtract
选择对象: 找到 1 个                    //选择长方体，如图 9-40 左图所示
选择对象:                              //按 Enter 键
选择对象: 找到 1 个                    //选择圆柱体
选择对象:                              //按 Enter 键
```

结果如图 9-40 右图所示。

(3) 交集操作：INTERSECT 命令创建由两个或多个实体重叠部分构成的新实体。

【练习9-22】： 交集操作。

1. 打开附盘文件“dwg\第 10 章\9-22.dwg”，用 INTERSECT 命令进行交运算。
2. 进入三维建模空间，单击【实体编辑】面板上的按钮或键入 INTERSECT 命令，AutoCAD 提示如下。

```
命令: _intersect
选择对象:                              //选择圆柱体和长方体，如图 9-41 左图所示
选择对象:                              //按 Enter 键
```

结果如图 9-41 右图所示。

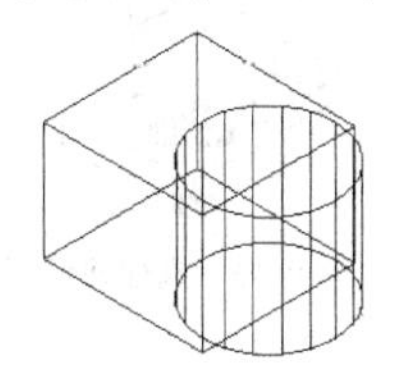
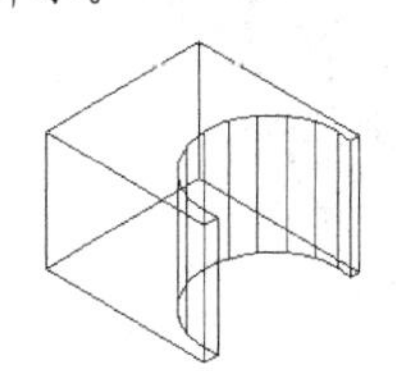

图9-40　差集操作

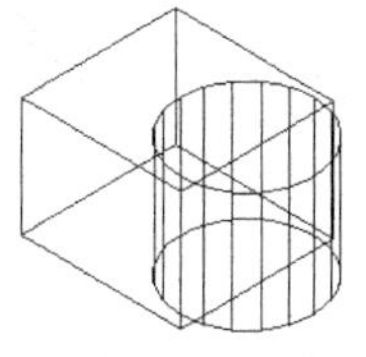
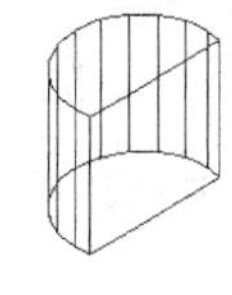

图9-41　交集操作

【练习9-23】： 下面绘制图 9-42 所示支撑架的实体模型，通过这个例子演示三维建模的过程。

1. 创建一个新图形。
2. 执行【视图】/【三维视图】/【东南等轴测】命令，切换到东南轴测视图。在 *xy* 平面绘制底板的轮廓形状，并将其创建成面域，如图 9-43 所示

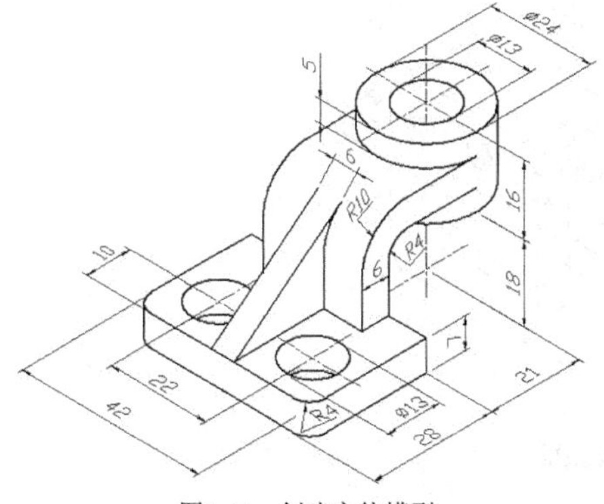

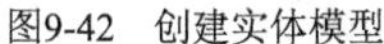
图9-42　创建实体模型

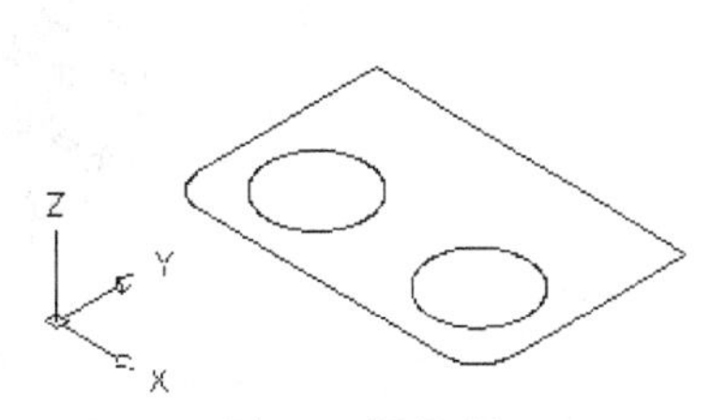

图9-43　创建面域

3. 拉伸面域形成底板的实体模型，如图 9-44 所示。
4. 建立新的用户坐标系，在 *xy* 平面内绘制弯板及三角形筋板的二维轮廓，并将其创建成面域，如图 9-45 所示。
5. 拉伸面域 *A*、*B*，形成弯板及筋板的实体模型，如图 9-46 所示。

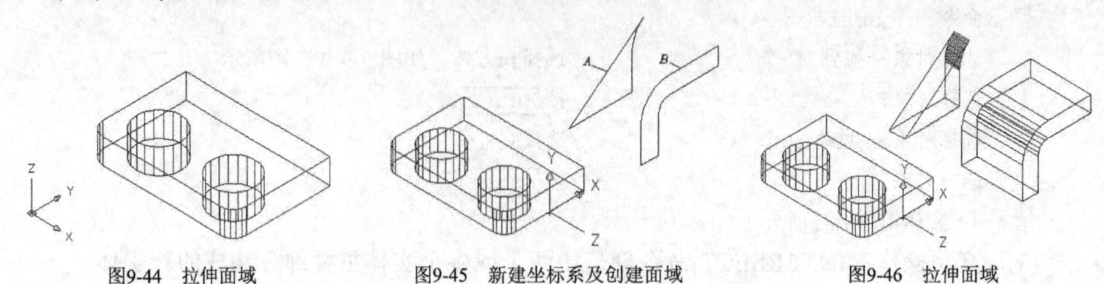

图9-44 拉伸面域　　图9-45 新建坐标系及创建面域　　图9-46 拉伸面域

6. 用 MOVE 命令将弯板及筋板移动到正确的位置，如图 9-47 所示。
7. 建立新的用户坐标系，如图 9-48 左图所示，再绘制两个圆柱体，如图 9-48 右图所示。
8. 合并底板、弯板、筋板及大圆柱体，使其成为单一实体，然后从该实体中去除小圆柱体，结果如图 9-49 所示。

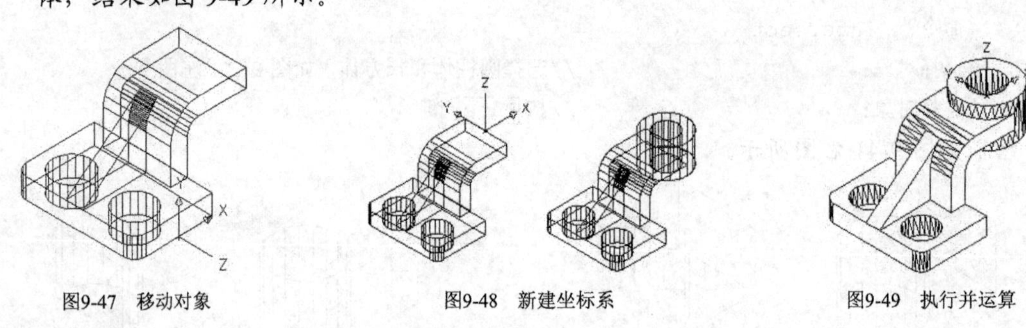

图9-47 移动对象　　图9-48 新建坐标系　　图9-49 执行并运算

9.20 实体建模综合练习

【练习9-24】：绘制图 9-50 所示立体的实体模型。

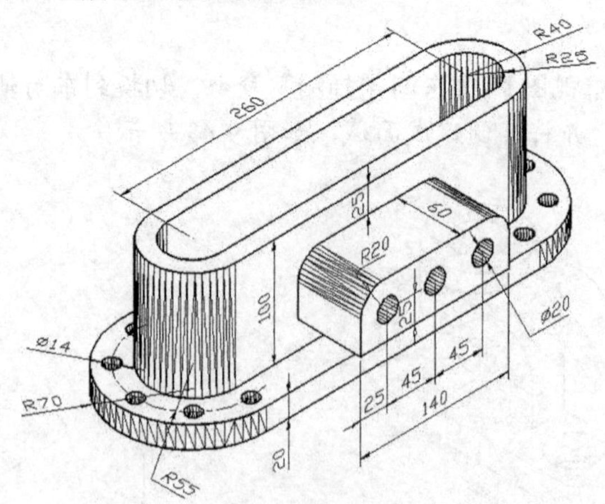

图9-50 创建实体模型（1）

主要作图步骤如图 9-51 所示。

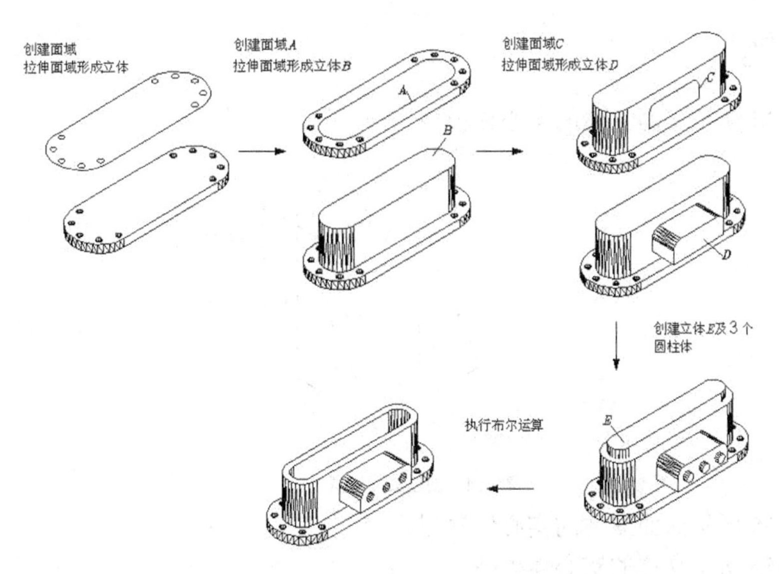

图9-51　主要作图步骤（1）

【练习9-25】： 绘制图 9-52 所示立体的实体模型

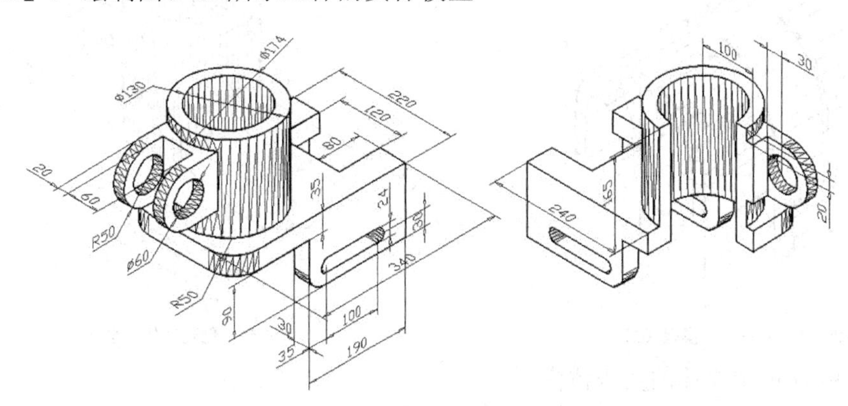

图9-52　创建实体模型（2）

主要作图步骤如图 9-53 所示。

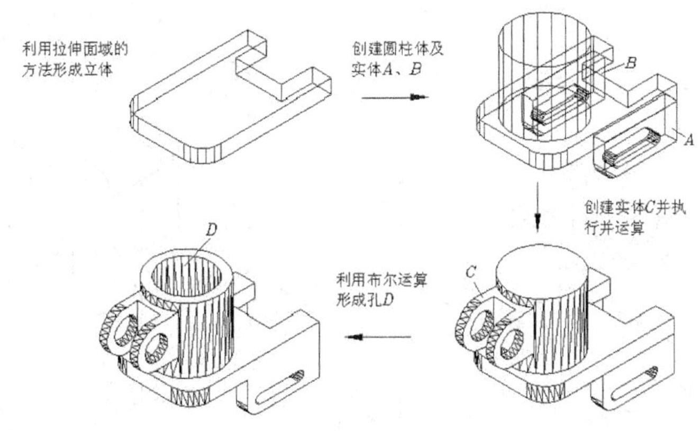

图9-53　主要作图步骤（2）

9.21 习题

1. 绘制图 9-54 所示平面立体的实心体模型。

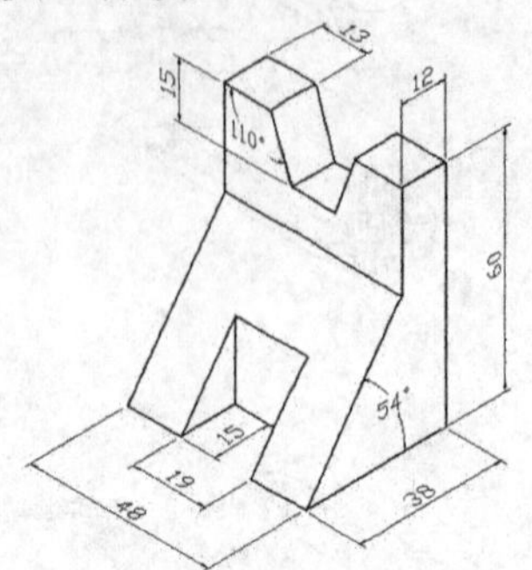

图9-54 创建实体模型（1）

2. 绘制图 9-55 所示曲面立体的实心体模型。
3. 绘制图 9-56 所示立体的实心体模型。

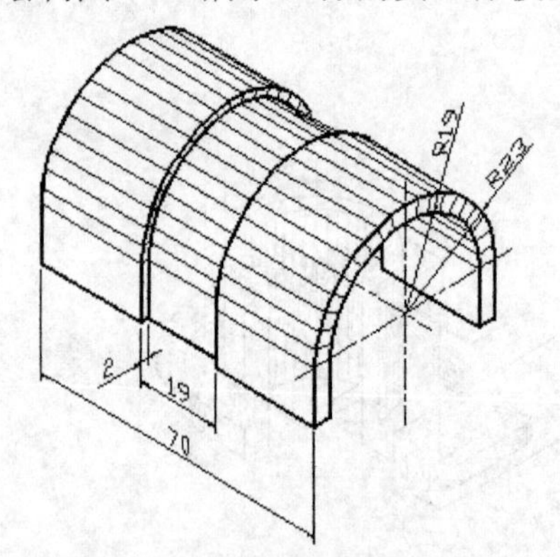

图9-55 创建实体模型（2）

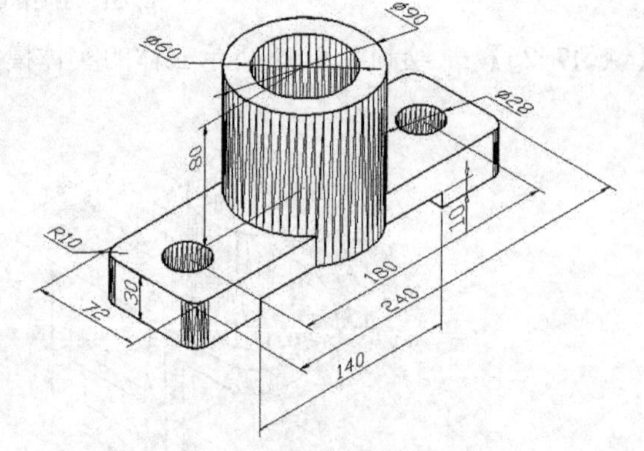

图9-56 创建实体模型（3）

4. 绘制图 9-57 所示立体的实心体模型。
5. 绘制图 9-58 所示立体的实心体模型。

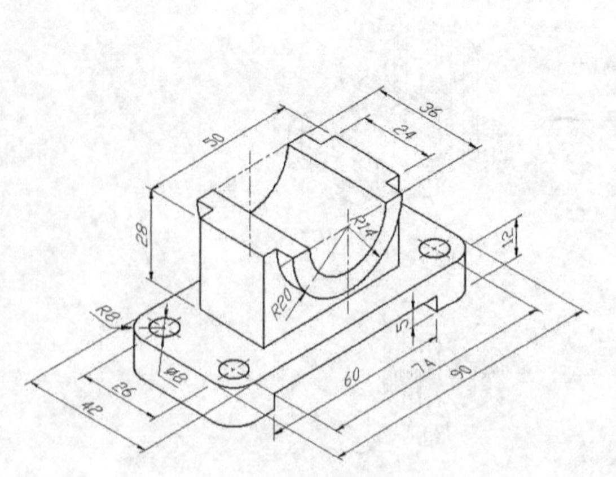

图9-57 创建实体模型（4）

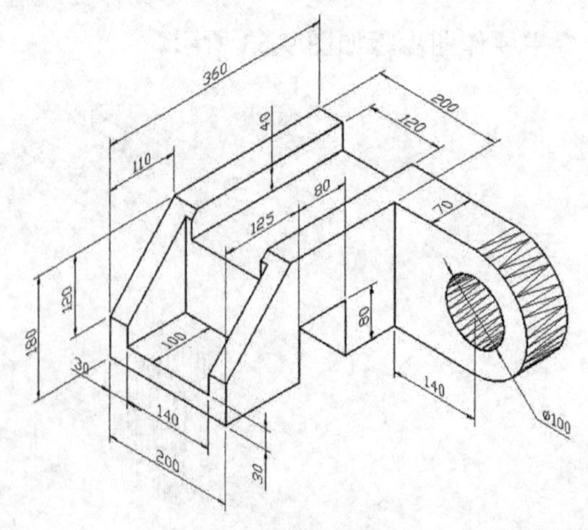

图9-58 创建实体模型（5）

第10章　打印图形

【学习目标】

- 输出图形的完整过程。
- 选择打印设备，对当前打印设备的设置进行简单修改。
- 选择图纸幅面和设定打印区域。
- 调整打印方向、位置和设定打印比例。
- 将小幅面图纸组合成大幅面图纸进行打印。

10.1　打印图形的过程

在模型空间中将工程图样布置在标准幅面的图框内，再标注尺寸及书写文字后，就可以输出图形了。输出图形的主要过程如下。

(1) 指定打印设备，可以是 Windows 系统打印机或是在 AutoCAD 中安装的打印机。

(2) 选择图纸幅面及打印份数。

(3) 设定要输出的内容。例如，可指定将某一矩形区域的内容输出，或是将包围所有图形的最大矩形区域输出。

(4) 调整图形在图纸上的位置及方向。

(5) 选择打印样式，详见 10.2.2 小节。若不指定打印样式，则按对象原有属性进行打印。

(6) 设定打印比例。

(7) 预览打印效果。

【练习10-1】：从模型空间打印图形。

1. 打开附盘文件“dwg\第 10 章\10-1.dwg”。
2. 执行【文件】/【绘图仪管理器】命令，打开【Plotters】窗口，利用该窗口的“添加绘图仪向导”配置一台绘图仪“DesignJet 450C C4716A”。
3. 执行【文件】/【打印】命令，打开【打印-模型】对话框，如图 10-1 所示。在该对话框中完成以下设置。

图10-1　【打印】对话框

(1) 在【打印机/绘图仪】分组框的

【名称（M）】下拉列表中选择打印设备“DesignJet 450C C4716A”。

(2) 在【图纸尺寸】下拉列表中选择 A2 幅面图纸。

(3) 在【打印份数】分组框的文本框中输入打印份数。

(4) 在【打印范围】下拉列表中选择【范围】选项。

(5) 在【打印比例】分组框中设置打印比例 1:5。

(6) 在【打印偏移】分组框中指定打印原点为（80,40）。

(7) 在【图形方向】分组框中设定图形打印方向为“横向”。

(8) 在【打印样式表】分组框的下拉列表中选择打印样式“monochrome.ctb”（将所有颜色打印为黑色）。

4. 单击 预览(P)... 按钮，预览打印效果，如图 10-2 所示。若满意，单击 按钮开始打印。否则，按 Esc 键返回【打印】对话框，重新设定打印参数。

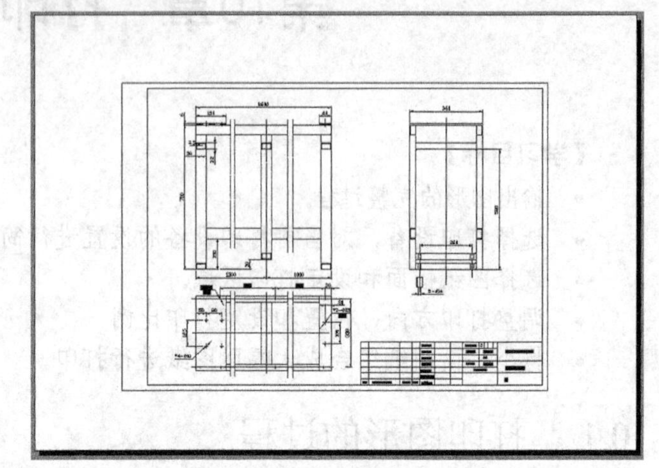

图10-2 打印预览

10.2 设置打印参数

在 AutoCAD 中，用户可使用内部打印机或 Windows 系统打印机输出图形，并能方便地修改打印机设置及其他打印参数。选择菜单命令【文件】/【打印】，AutoCAD 打开【打印-模型】对话框，如图 10-3 所示。在该对话框中可配置打印设备及选择打印样式，还能设定图纸幅面、打印比例及打印区域等参数。以下介绍该对话框的主要功能。

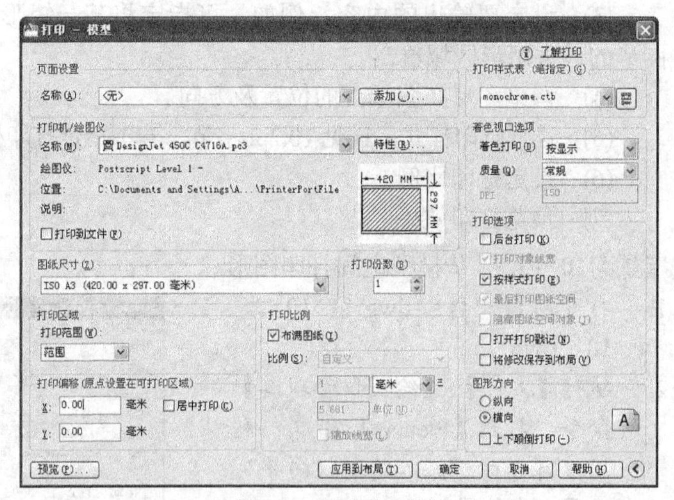

图10-3 【打印】对话框

10.2.1 选择打印设备

在【打印机/绘图仪】的【名称】下拉列表中，用户可选择 Windows 系统打印机或 AutoCAD 内部打印机（“.pc3”文件）作为输出设备。请注意，这两种打印机名称前的图标是不一样的。当用户选定某种打印机后，【名称】下拉列表下面将显示被选中设备的名称、连接端口以及其他有关打印机的注释信息。

如果用户想修改当前打印机设置，可单击特性(R)...按钮，打开【绘图仪配置编辑器】对话框，如图 10-4 所示。在该对话框中用户可以重新设定打印机端口及其他输出设置，如打印介质、图形、物理笔配置、自定义特性、校准及自定义图纸尺寸等。

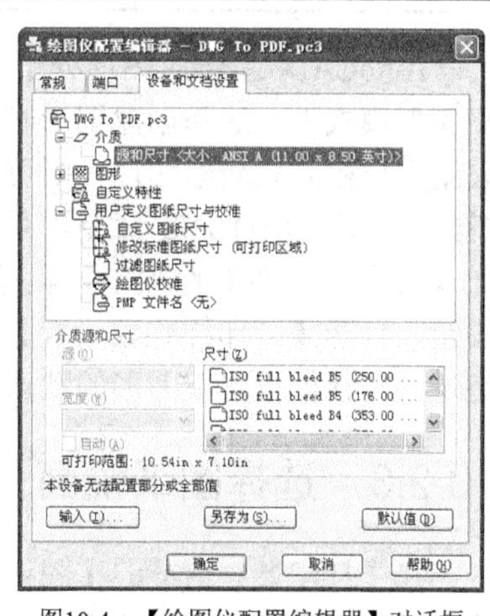

图10-4　【绘图仪配置编辑器】对话框

【绘图仪配置编辑器】对话框包含【常规】、【端口】和【设备和文档设置】3 个选项卡，各选项卡功能如下。

- 【常规】：该选项卡包含了打印机配置文件（".pc3"文件）的基本信息，如配置文件名称、驱动程序信息和打印机端口等。用户可在此选项卡的【说明】区域中加入其他注释信息。
- 【端口】：通过此选项卡用户可修改打印机与计算机的连接设置，如选定打印端口、指定打印到文件和后台打印等。
- 【设备和文档设置】：在该选项卡中用户可以指定图纸来源、尺寸和类型，并能修改颜色深度及打印分辨率等。

10.2.2　使用打印样式

在【打印-模型】对话框【打印样式表（笔指定）】分组框的【名称】下拉列表中选择打印样式，如图 10-5 所示。打印样式是对象的一种特性，如同颜色和线型一样。它用于修改打印图形的外观，若为某个对象选择了一种打印样式，则输出图形后，对象的外观由样式决定。AutoCAD 提供了几百种打印样式，并将其组合成一系列打印样式表。

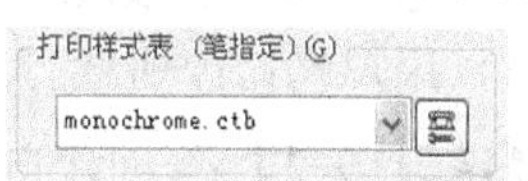

图10-5　使用打印样式

打印样式表有以下两种类型。

- 颜色相关打印样式表：颜色相关打印样式表以".ctb"为文件扩展名保存。该表以对象颜色为基础，共包含 255 种打印样式，每种 ACI 颜色对应一个打印样式，样式名分别为"颜色 1"、"颜色 2"等。用户不能添加或删除颜色相关打印样式，也不能改变它们的名称。若当前图形文件与颜色相关打印样式表相连，则系统自动根据对象的颜色分配打印样式。用户不能选择其他打印样式，但可以对已分配的样式进行修改。
- 命名相关打印样式表：命名相关打印样式表以".stb"为文件扩展名保存。该表包括一系列已命名的打印样式，可修改打印样式的设置及其名称，还可添加新的样式。若当前图形文件与命名相关打印样式表相连，则用户可以不考虑对象颜色，直接给对象指定样式表中的任意一种打印样式。

在【名称】下拉列表中包含了当前图形中所有打印样式表，用户可选择其中之一。用户若要修改打印样式，就单击此下拉列表右边的按钮，打开【打印样式表编辑器】对话框。利用该对话框可查看或改变当前打印样式表中的参数。

要点提示　执行【文件】/【打印样式管理器】命令，打开"plot styles"文件夹。该文件夹中包含打印样式文件及创建新打印样式快捷方式，单击此快捷方式就能创建新打印样式。

AutoCAD 新建的图形处于“颜色相关”模式或“命名相关”模式下，这和创建图形时选择的样板文件有关。若是采用无样板方式新建图形，则可事先设定新图形的打印样式模式。发出 OPTIONS 命令，系统打开【选项】对话框，进入【打印和发布】选项卡，再单击 打印样式表设置(S)... 按钮，打开【打印样式表设置】对话框，如图 10-6 所示。通过该对话框设置新图形的默认打印样式模式。

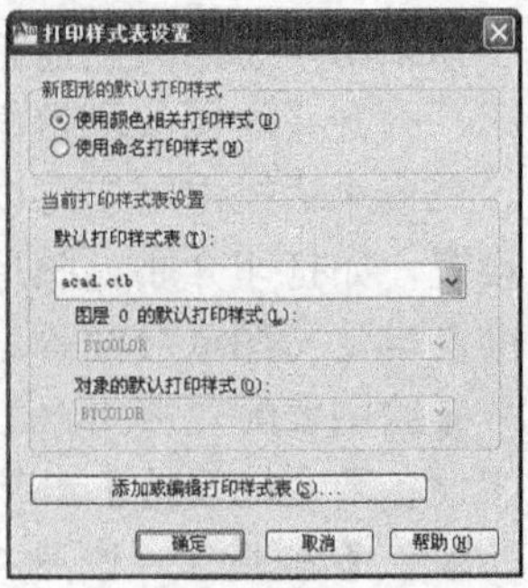

图10-6 【打印样式表设置】对话框

10.2.3 选择图纸幅面

在【打印】对话框的【图纸尺寸】下拉列表中指定图纸大小，如图 10-7 所示。【图纸尺寸】下拉列表中包含了选定打印设备可用的标准图纸尺寸。当选择某种幅面图纸时，该列表右上角出现所选图纸及实际打印范围的预览图像（打印范围用阴影表示出来，可在【打印区域】分组框中设定）。将鼠标光标移到图像上面，在鼠标光标位置处就显示出精确的图纸尺寸及图纸上可打印区域的尺寸。

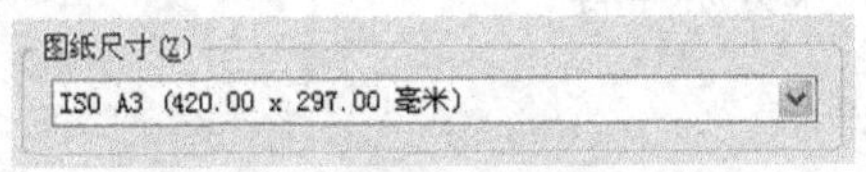

图10-7 【图纸尺寸】下拉列表

除了从【图纸尺寸】下拉列表中选择标准图纸外，用户也可以创建自定义的图纸。此时，用户需修改所选打印设备的配置。

【练习10-2】：创建自定义图纸。

1. 在【打印】对话框的【打印机/绘图仪】分组框中单击 特性(R)... 按钮，打开【绘图仪配置编辑器】对话框，在【设备和文档设置】选项卡中选择【自定义图纸尺寸】选项，如图 10-8 所示。
2. 单击 添加(A)... 按钮，打开【自定义图纸尺寸】对话框，如图 10-9 所示。
3. 不断单击 下一步(N) > 按钮，并根据 AutoCAD 的提示设置图纸参数，最后单击 完成(F) 按钮结束。

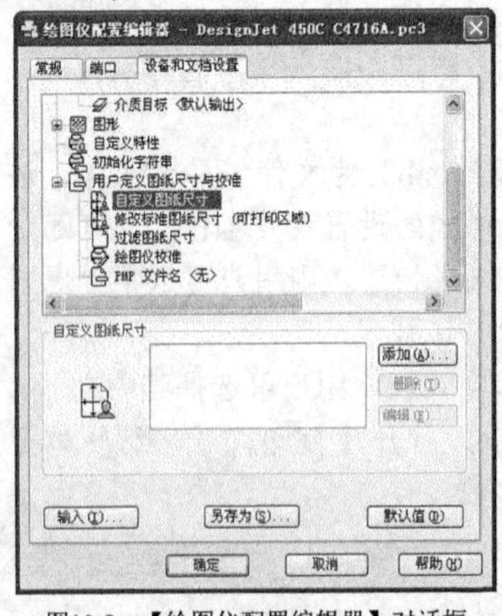

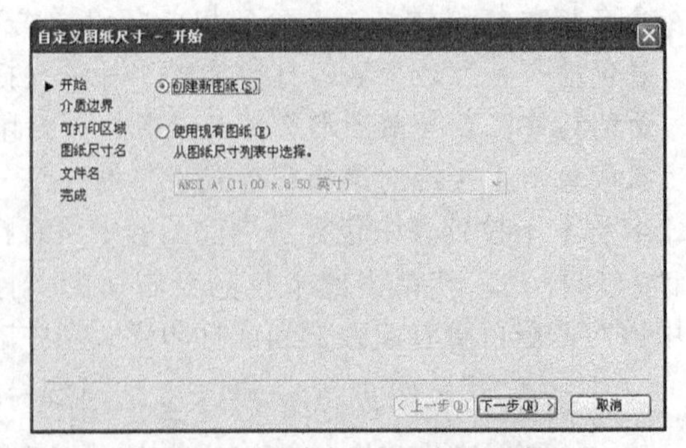

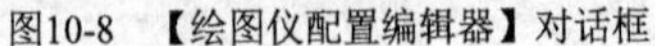

图10-8 【绘图仪配置编辑器】对话框　　图10-9 【自定义图纸尺寸】对话框

4. 返回【打印】对话框，AutoCAD 将在【图纸尺寸】下拉列表中显示自定义图纸尺寸。

10.2.4　设定打印区域

在【打印】对话框的【打印区域】分组框中设置要输出的图形范围，如图 10-10 所示。

该分组框中的【打印范围】下拉列表中包含 4 个选项，下面利用图 10-11 所示图样讲解它们的功能。

图10-10　【打印区域】分组框中的选项

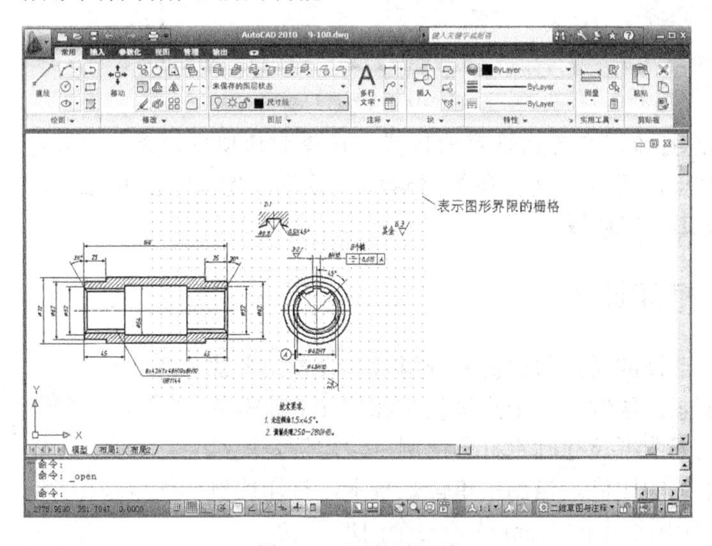

图10-11　设置打印区域

要点提示　在【草图设置】对话框中关闭选项“显示超出界线的栅格”，才出现图 10-11 所示的栅格。

- 【图形界限】：从模型空间打印时，【打印范围】下拉列表将列出【图形界限】选项。选取该选项，系统就把设定的图形界限范围（用 LIMITS 命令设置图形界限）打印在图纸上，结果如图 10-12 所示。从图纸空间打印时，【打印范围】下拉列表将列出【布局】选项。选取该选项，系统将打印虚拟图纸可打印区域内的所有内容。
- 【范围】：打印图样中所有图形对象，结果如图 10-13 所示。

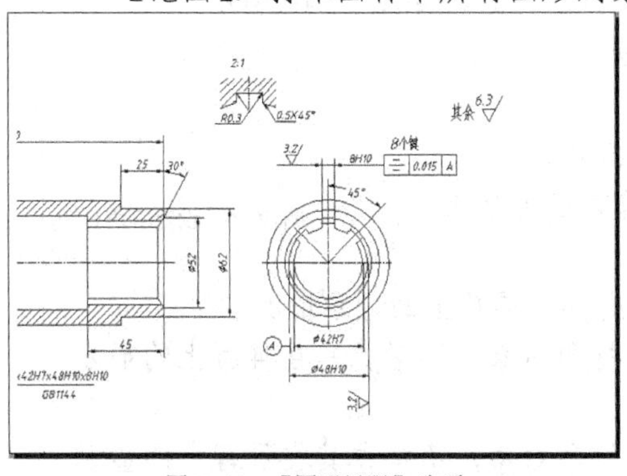

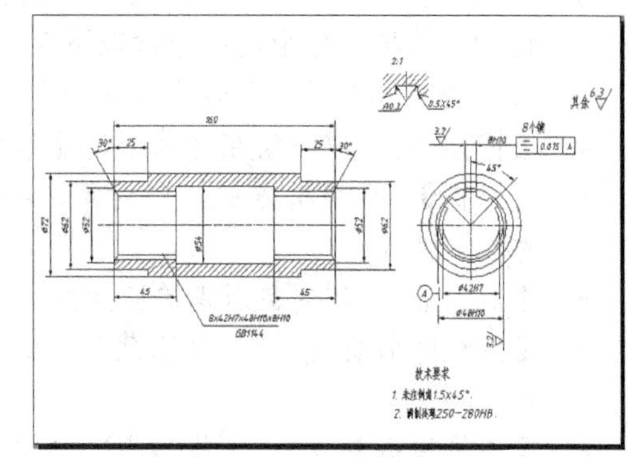

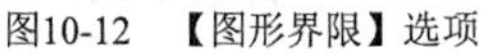
图10-12　【图形界限】选项

图10-13　【范围】选项

- 【显示】：打印整个图形窗口，打印结果如图 10-14 所示。

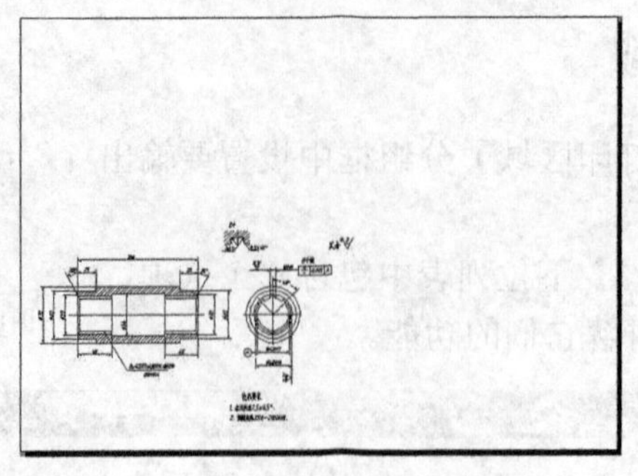

图10-14 【显示】选项

- 【窗口】：打印用户自己设定的区域。选择此选项后，系统提示指定打印区域的两个角点，同时在【打印】对话框中显示 窗口(O)< 按钮，单击此按钮，可重新设定打印区域。

10.2.5 设定打印比例

在【打印】对话框的【打印比例】分组框中设置出图比例，如图 10-15 所示。绘制阶段用户根据实物按 1:1 比例绘图，出图阶段需依据图纸尺寸确定打印比例，该比例是图纸尺寸单位与图形单位的比值。当测量单位是毫米，打印比例设定为 1:2 时，表示图纸上的 1mm 代表两个图形单位。

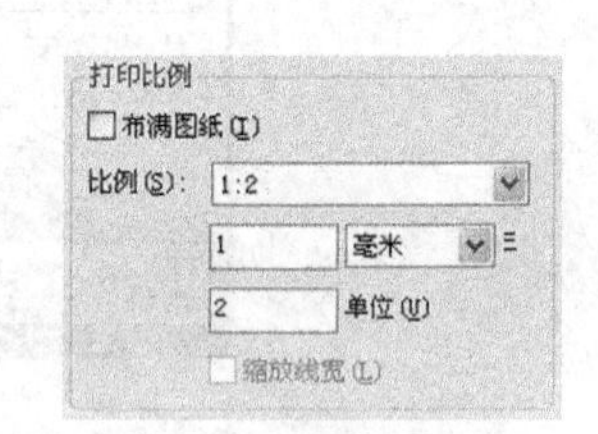

图10-15 【打印比例】中的选项

【比例】下拉列表包含了一系列标准缩放比例值。此外，还有【自定义】选项，该选项使用户可以自己指定打印比例。

从模型空间打印时，【打印比例】的默认设置是【布满图纸】。此时，系统将缩放图形以充满所选定的图纸。

10.2.6 设定着色打印

“着色打印”用于指定着色图及渲染图的打印方式，并可设定它们的分辨率。在【打印】对话框的【着色视口选项】分组框中设置着色打印方式，如图 10-16 所示。

【着色视口选项】分组框中包含以下 3 个选项。

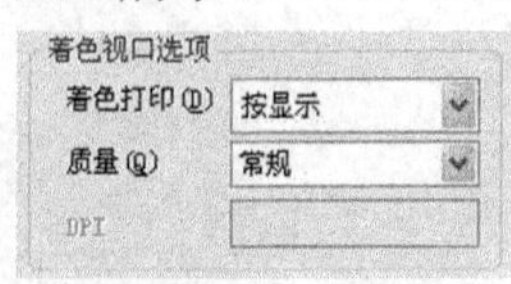

图10-16 设定着色打印

(1) 【着色打印】下拉列表中的常用选项如下。

- 【按显示】：按对象在屏幕上的显示进行打印。
- 【线框】：按线框方式打印对象，不考虑其在屏幕上的显示情况。
- 【消隐】：打印对象时消除隐藏线，不考虑其在屏幕上的显示情况。
- 【三维隐藏】：按“三维隐藏”视觉样式打印对象，不考虑其在屏幕上的显示方式。
- 【三维线框】：按“三维线框”视觉样式打印对象，不考虑其在屏幕上的显示方式。
- 【概念】：按“概念”视觉样式打印对象，不考虑其在屏幕上的显示方式。

- 【真实】：按“真实”视觉样式打印对象，不考虑其在屏幕上的显示方式。
- 【渲染】：按渲染方式打印对象，不考虑其在屏幕上的显示方式。

(2)　【质量】下拉列表中的常用选项如下。

- 【草稿】：将渲染及着色图按线框方式打印。
- 【预览】：将渲染及着色图的打印分辨率设置为当前设备分辨率的四分之一，DPI 的最大值为“150”。
- 【常规】：将渲染及着色图的打印分辨率设置为当前设备分辨率的二分之一，DPI 的最大值为“300”。
- 【演示】：将渲染及着色图的打印分辨率设置为当前设备的分辨率，DPI 的最大值为“600”。
- 【最大】：将渲染及着色图的打印分辨率设置为当前设备的分辨率。
- 【自定义】：将渲染及着色图的打印分辨率设置为【DPI】文本框中用户指定的分辨率，最大可为当前设备的分辨率。

(3)　【DPI】文本框。

设定打印图像时每英寸的点数，最大值为当前打印设备分辨率的最大值。只有当在【质量】下拉列表中选择了【自定义】选项后，此选项才可用。

10.2.7　调整图形打印方向和位置

图形在图纸上的打印方向通过【图形方向】分组框中的选项调整，如图 10-17 所示。该分组框包含一个图标，此图标表明图纸的放置方向，图标中的字母代表图形在图纸上的打印方向。

【图形方向】包含以下 3 个选项。

- 【纵向】：图形在图纸上的放置方向是水平的。
- 【横向】：图形在图纸上的放置方向是竖直的。
- 【反向打印】：使图形颠倒打印，此选项可与【纵向】和【横向】结合使用。

图形在图纸上的打印位置由【打印偏移】确定，如图 10-18 所示。默认情况下，AutoCAD 从图纸左下角打印图形。打印原点处在图纸左下角位置，坐标是（0,0），用户可在【打印偏移】分组框中设定新的打印原点，这样图形在图纸上将沿 x 轴和 y 轴移动。

图10-17　【图形方向】分组框中的选项

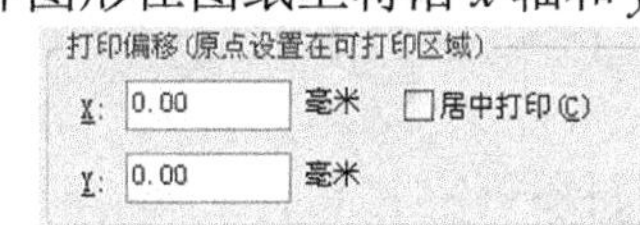

图10-18　【打印偏移】分组框中的选项

该分组框包含以下 3 个选项。

- 【居中打印】：在图纸正中间打印图形（自动计算 x 和 y 的偏移值）。
- 【X】：指定打印原点在 x 方向的偏移值。
- 【Y】：指定打印原点在 y 方向的偏移值。

要点提示　如果用户不能确定打印机如何确定原点，可试着改变一下打印原点的位置并预览打印结果，然后根据图形的移动距离推测原点位置。

10.2.8 预览打印效果

打印参数设置完成后，用户可通过打印预览观察图形的打印效果。如果不合适可重新调整，以免浪费图纸。

单击【打印-模型】对话框下面的 预览(P)... 按钮，AutoCAD 显示实际的打印效果。由于系统要重新生成图形，因此对于复杂图形需耗费较多时间。

预览时，鼠标光标变成“🔍+”，可以进行实时缩放操作。查看完毕后，按 Esc 或 Enter 键返回【打印】对话框。

10.2.9 保存打印设置

用户选择打印设备并设置打印参数后（图纸幅面、比例和方向等），可以将所有这些保存在页面设置中，以便以后使用。

在【打印-模型】对话框【页面设置】分组框的【名称】下拉列表中显示了所有已命名的页面设置。若要保存当前页面设置就单击该下拉列表右边的 添加(.)... 按钮，打开【添加页面设置】对话框，如图 10-19 所示。在该对话框的【新页面设置名】文本框中输入页面名称，然后单击 确定(O) 按钮，存储页面设置。

用户也可以从其他图形中输入已定义的页面设置。在【页面设置】分组框的【名称】下拉列表中选取【输入】选项，打开【从文件选择页面设置】对话框，选择并打开所需的图形文件，打开【输入页面设置】对话框，如图 10-20 所示。该对话框显示图形文件中包含的页面设置，选择其中之一，单击 确定(O) 按钮完成。

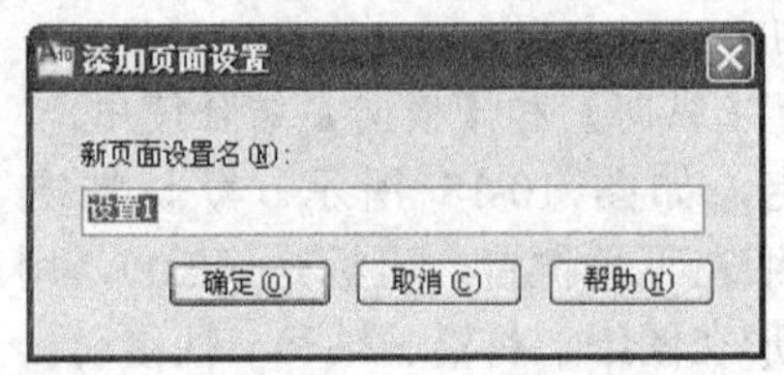

图10-19 【添加页面设置】对话框

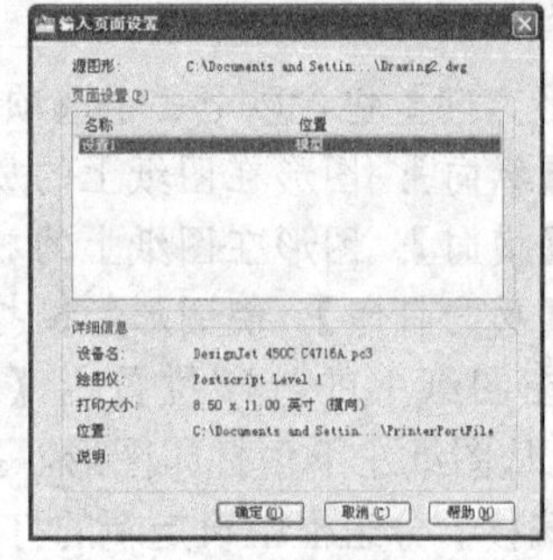

图10-20 【输入页面设置】对话框

10.3 打印图形实例

前面几节介绍了许多有关打印方面的知识，下面本书通过一个实例演示打印图形的全过程。

【练习10-3】：打印图形。

1. 打开附盘文件“dwg\第 10 章\10-3.dwg”。
2. 执行【文件】/【打印】命令，打开【打印-模型】对话框，如图 10-21 所示。
3. 如果想使用以前创建的页面设置，就在【页面设置】分组框的【名称】下拉列表中选择它，或从其他文件中输入。
4. 在【打印机/绘图仪】分组框的【名称】下拉列表中指定打印设备。若要修改打印机特性，可单击下拉列表右边的 特性(R)... 按钮，打开【绘图仪配置编辑器】对话框。通过该对话框用户可修改打印机端口和介质类型，还可自定义图纸大小。

5. 在【打印份数】分组框的文本框中输入打印份数。
6. 如果要将图形输出到文件，则应在【打印机/绘图仪】分组框中选择【打印到文件】选项。此后，当用户单击【打印】对话框中的 确定(O) 按钮时，AutoCAD 就打开【浏览打印文件】对话框，通过此对话框指定输出文件名称及地址。
7. 继续在【打印】对话框中作以下设置。

(1) 在【图纸尺寸】下拉列表中选择 A3 图纸。
(2) 在【打印范围】下拉列表中选择【范围】选项。
(3) 设定打印比例 1∶1.5。
(4) 设定图形打印方向为【横向】。
(5) 指定打印原点为（50，60）。
(6) 在【打印样式表】分组框的下拉列表中选择打印样式“monochrome.ctb”（将所有颜色打印为黑色）。

8. 单击 预览(P)... 按钮，预览打印效果，如图 10-22 所示。若满意，按 Esc 键返回【打印】对话框，再单击 确定(O) 按钮开始打印。

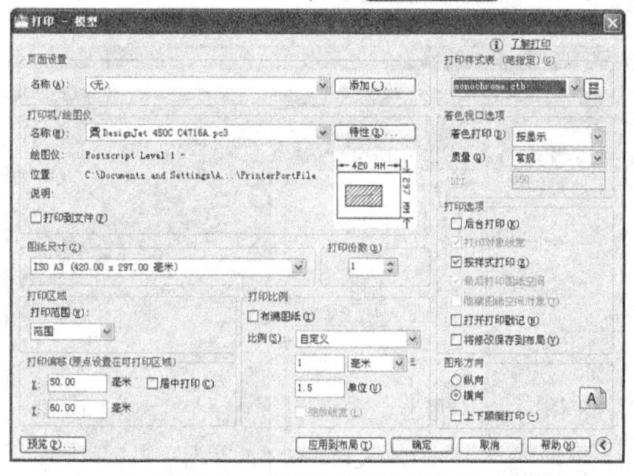

图10-21　【打印-模型】对话框

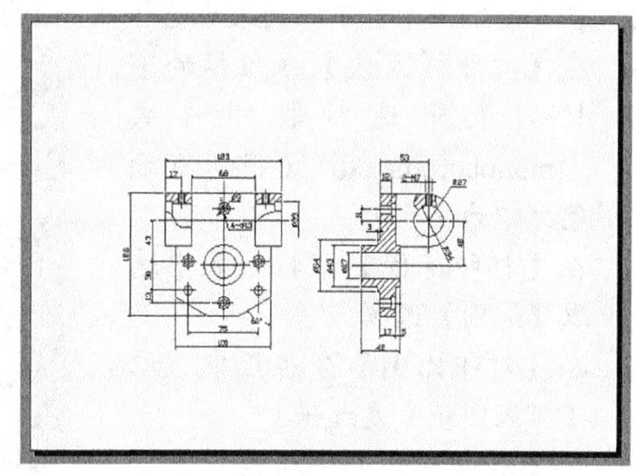

图10-22　预览打印效果

10.4　将多张图纸布置在一起打印

为了节省图纸，用户常常需要将几个图样布置在一起打印，具体方法如下。

【练习10-4】：附盘文件“dwg\第 10 章\10-4-A.dwg”和“10-4-B.dwg”都采用 A2 幅面图纸，绘图比例分别为（1∶3）、（1∶4），现将它们布置在一起输出到 A1 幅面的图纸上。

1. 创建一个新文件。
2. 执行【插入】/【DWG 参照】命令，打开【选择参照文件】对话框，找到图形文件“10-4-A.dwg”。单击 打开(O) 按钮，打开【外部参照】对话框，利用该对话框插入图形文件。插入时的缩放比例为 1∶1。
3. 用 SCALE 命令缩放图形，缩放比例为 1∶3（图样的绘图比例）。
4. 用与第 2、3 步相同的方法插入文件“10-4-B.dwg”，插入时的缩放比例为 1∶1。插入图样后，用 SCALE 命令缩放图形，缩放比例为 1:4。

5. 用 MOVE 命令调整图样位置，让其组成 A1 幅面图纸，如图 10-23 所示。
6. 执行【文件】/【打印】命令，打开【打印-模型】对话框，如图 10-24 所示。在该对话框中作以下设置。

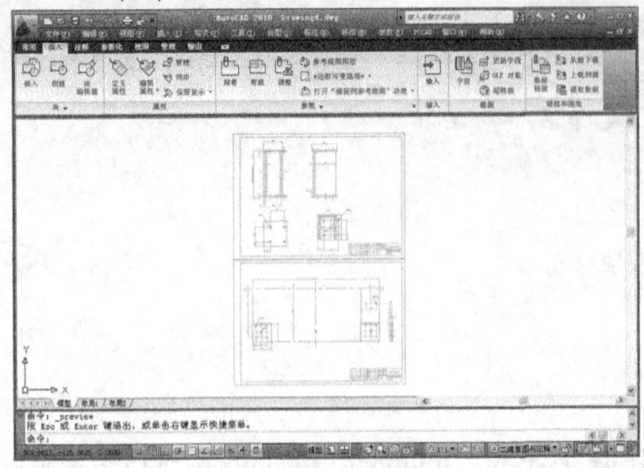

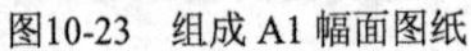

图10-23　组成 A1 幅面图纸

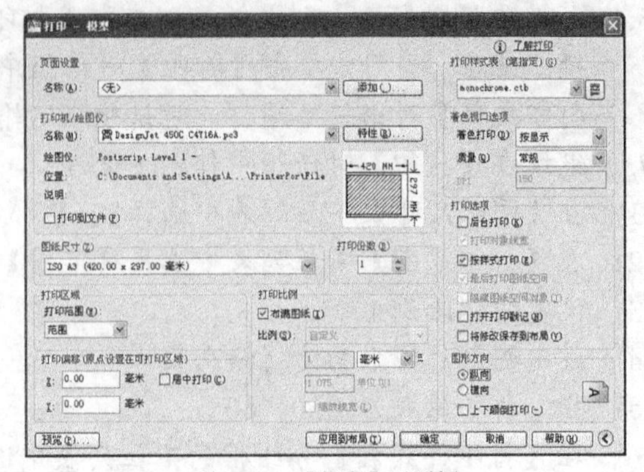

图10-24　【打印】对话框

(1) 在【打印机/绘图仪】分组框的【名称（M）】下拉列表中选择打印设备“DesignJet 450C C4716A”。
(2) 在【图纸尺寸】下拉列表中选择 A1 幅面图纸。
(3) 在【打印样式表】分组框的下拉列表中选择打印样式“monochrome.ctb”（将所有颜色打印为黑色）。
(4) 在【打印范围】下拉列表中选取【范围】选项。
(5) 在【打印比例】分组框中选取【布满图纸】复选项。
(6) 在【图形方向】分组框中选取【纵向】单选项。

7. 单击 预览(P)... 按钮，预览打印效果，如图 10-25 所示。若满意，单击按钮开始打印。

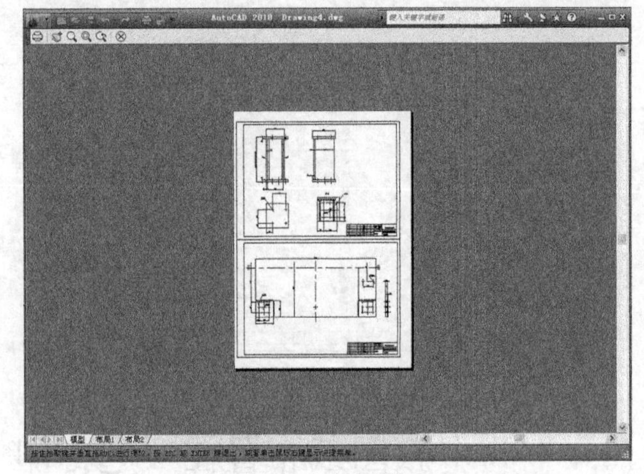

图10-25　打印预览

10.5　思考题

1. 打印图形时，一般应设置哪些打印参数？如何设置？
2. 打印图形的主要过程是什么？
3. 当设置完打印参数后，应如何保存以便再次使用？
4. 从模型空间出图时，怎样将不同绘图比例的图纸放在一起打印？
5. 打印样式有哪两种类型？它们的作用是什么？

第11章 AutoCAD 证书考试练习题

为满足参加绘图员考试的读者的需要，本章根据劳动和社会保障部职业技能鉴定考试的要求，安排了一定数量的练习题，使读者可以在考前对所学 AutoCAD 知识进行综合演练。

【练习11-1】：绘制几何图案，如图 11-1 所示。

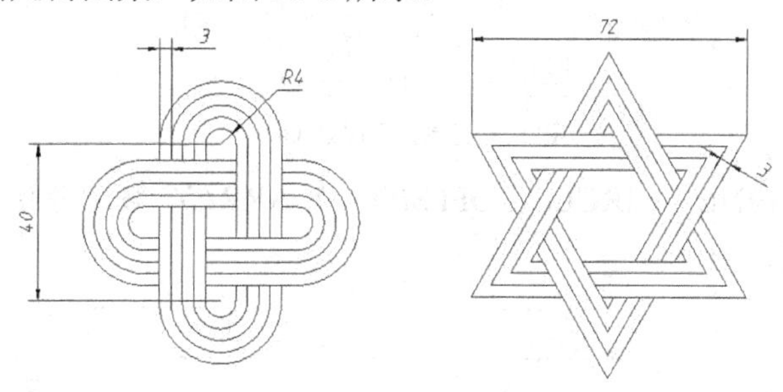

图11-1 绘制几何图案（1）

【练习11-2】：绘制几何图案，如图 11-2 所示，图中填充对象为 ANSI38。

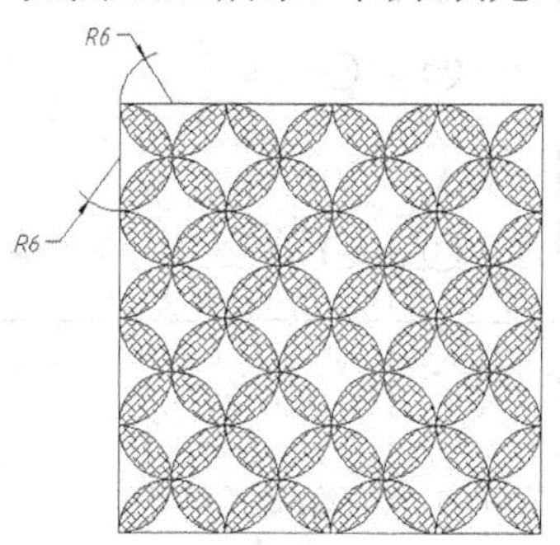

图11-2 绘制几何图案（2）

【练习11-3】：绘制几何图案，如图 11-3 所示。

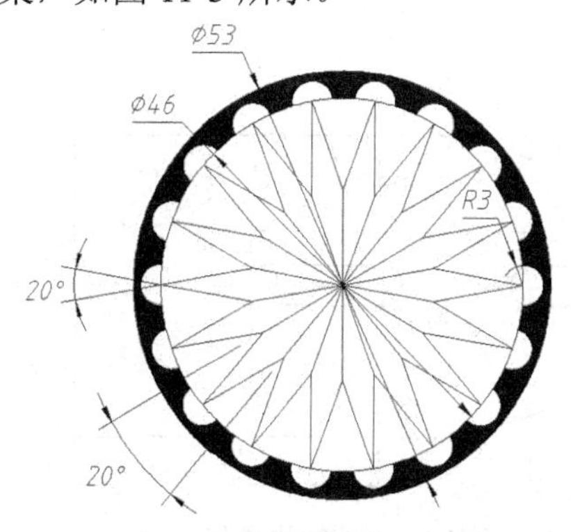

图11-3 绘制几何图案（3）

【练习11-4】：绘制几何图案，如图 11-4 所示。

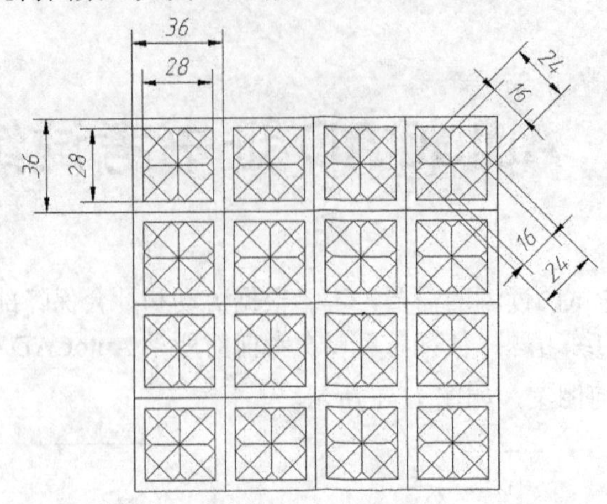

图11-4 绘制几何图案（4）

【练习11-5】：利用 LINE、CIRCLE、OFFSET 及 ARRAY 等命令绘制图 11-5 所示的图形。

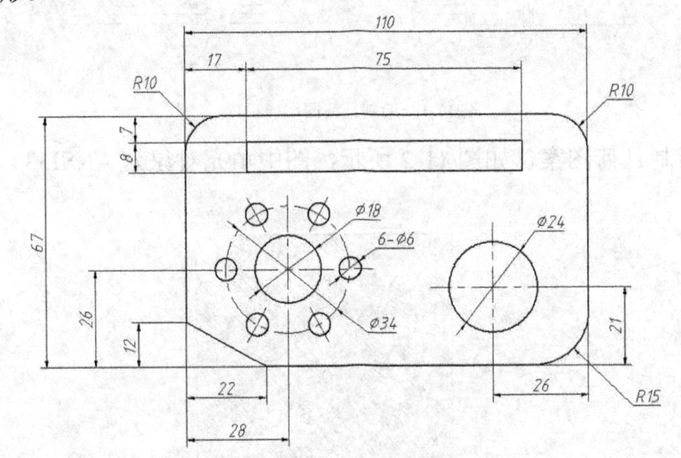

图11-5 平面绘图综合练习（1）

【练习11-6】：利用 LINE、CIRCLE、OFFSET 及 MIRROR 等命令绘制图 11-6 所示的图形。

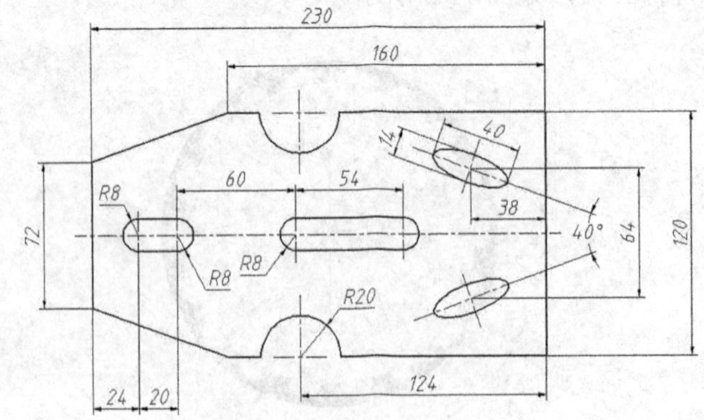

图11-6 平面绘图综合练习（2）

【练习11-7】：利用 LINE、CIRCLE、OFFSET 及 ARRAY 等命令绘制图 11-7 所示的图形。

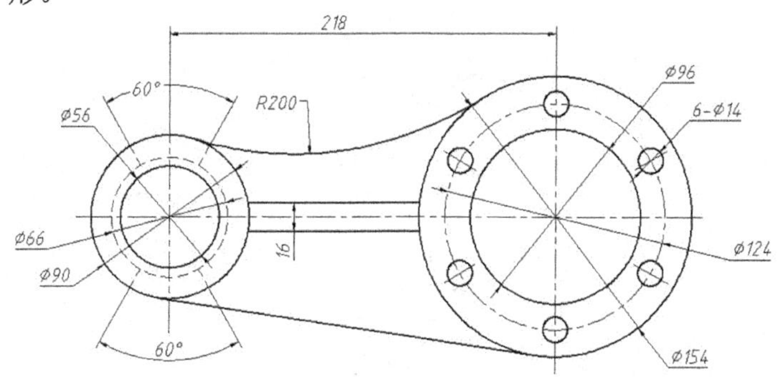

图11-7　平面绘图综合练习（3）

【练习11-8】：用 LINE、CIRCLE 及 COPY 等命令绘制图 11-8 所示的图形。

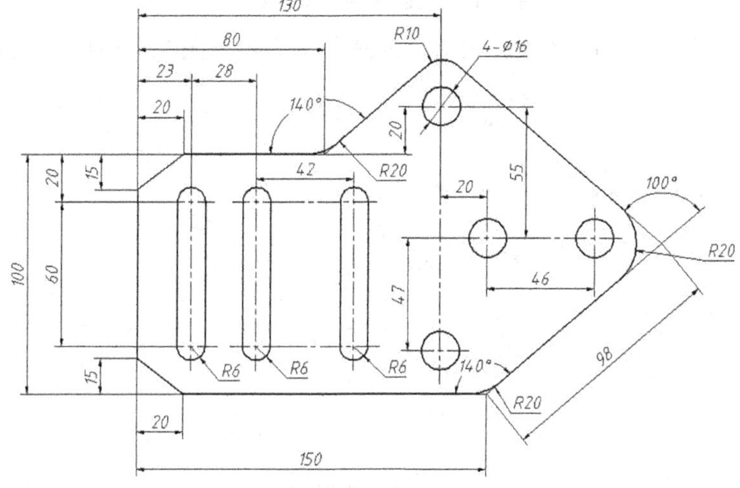

图11-8　平面绘图综合练习（4）

【练习11-9】：用 LINE、CIRCLE 及 TRIM 等命令绘制图 11-9 所示的图形。

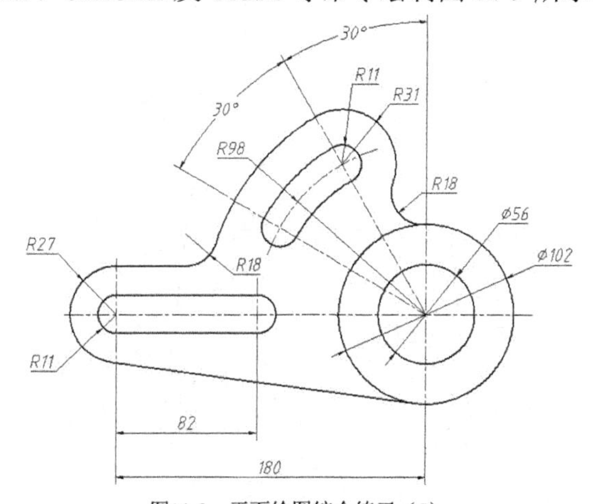

图11-9　平面绘图综合练习（5）

【练习11-10】：用 LINE、CIRCLE 及 TRIM 等命令绘制图 11-10 所示的图形。

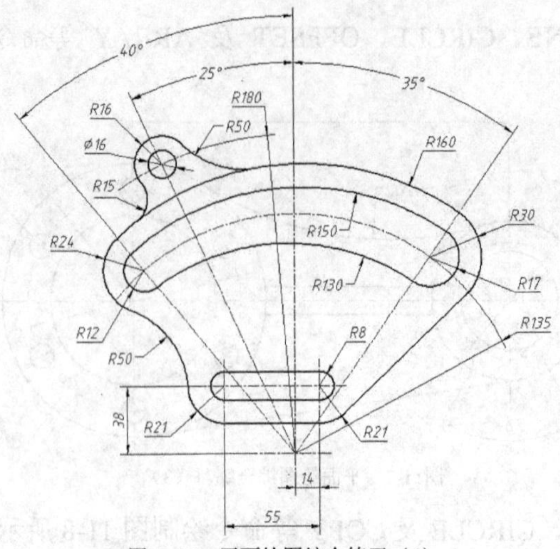

图11-10 平面绘图综合练习（6）

【练习11-11】： 利用 LINE、CIRCLE 及 TRIM 等命令绘制图 11-11 所示的图形。

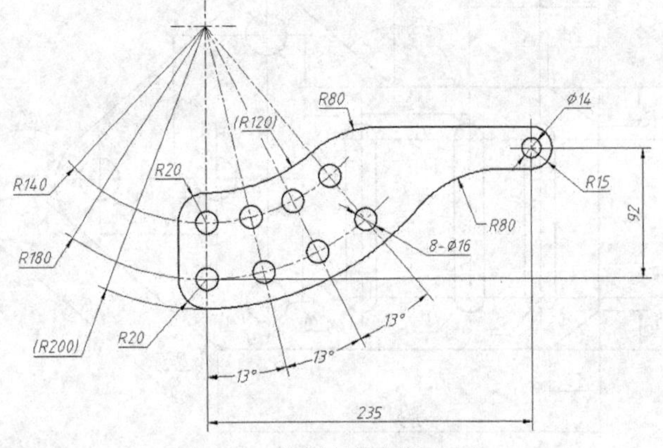

图11-11 平面绘图综合练习（7）

【练习11-12】： 利用 LINE、CIRCLE、TRIM 及 ARRAY 等命令绘制图 11-12 所示的图形。

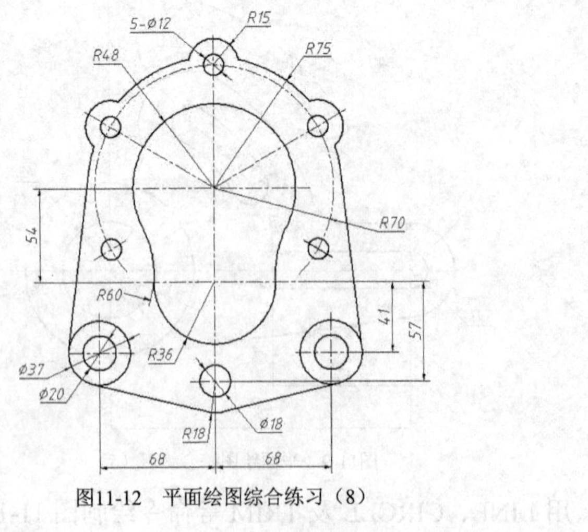

图11-12 平面绘图综合练习（8）

【练习11-13】：打开附盘文件“11-13.dwg”，如图 11-13 所示。根据主视图、俯视图画出左视图。

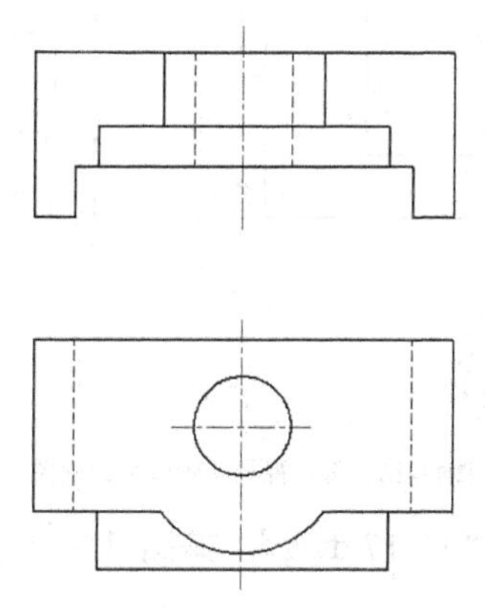

图11-13　补画左视图

【练习11-14】：打开附盘文件“11-14.dwg”，如图 11-14 所示。根据主视图、左视图画出俯视图。

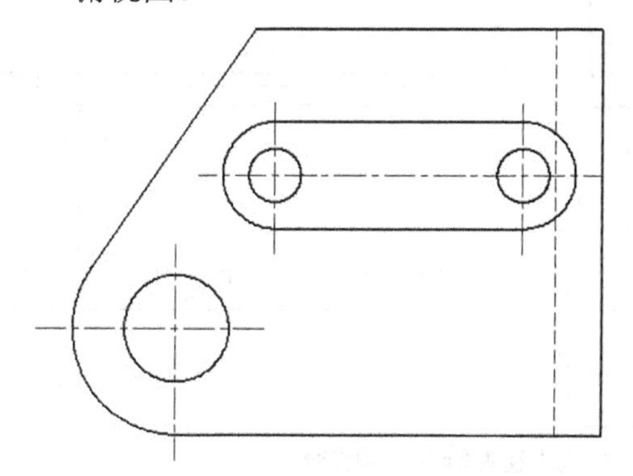
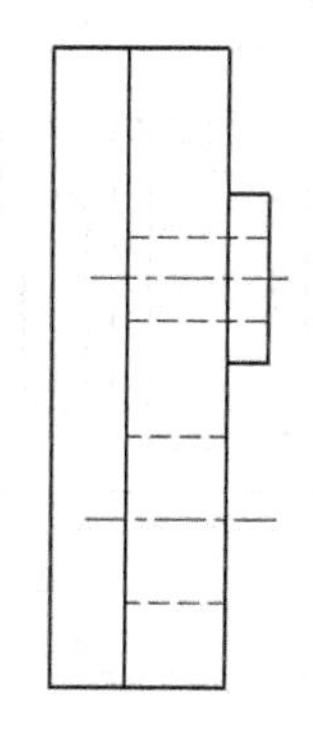

图11-14　补画俯视图（1）

【练习11-15】：打开附盘文件“11-15.dwg”，如图 11-15 所示。根据主视图、左视图画出俯视图。

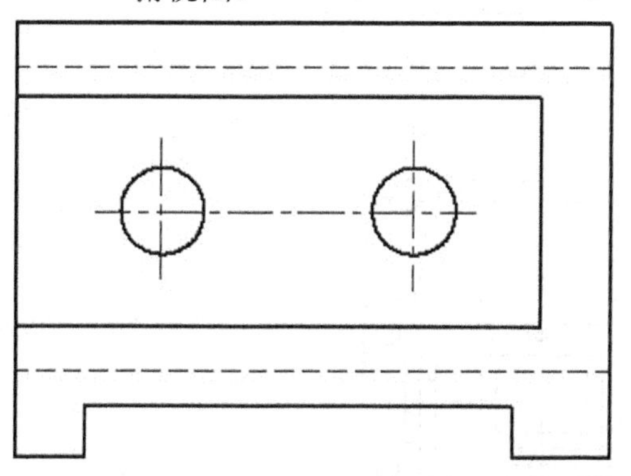
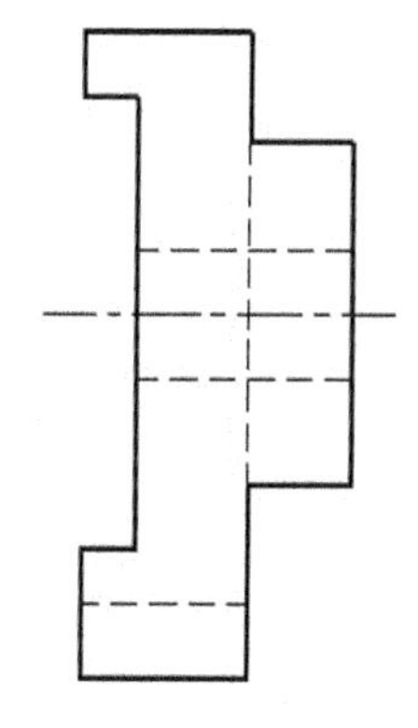

图11-15　补画俯视图（2）

【练习11-16】：打开附盘文件“11-16.dwg”，如图 11-16 所示。根据已有视图将主视图改画成全剖视图。

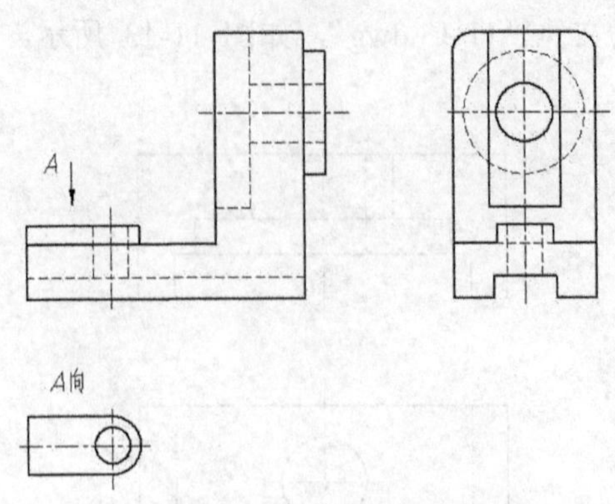

图11-16　将主视图改画成全剖视图

【练习11-17】：打开附盘文件“11-17.dwg”，如图 11-17 所示。根据已有视图将左视图改画成全剖视图。

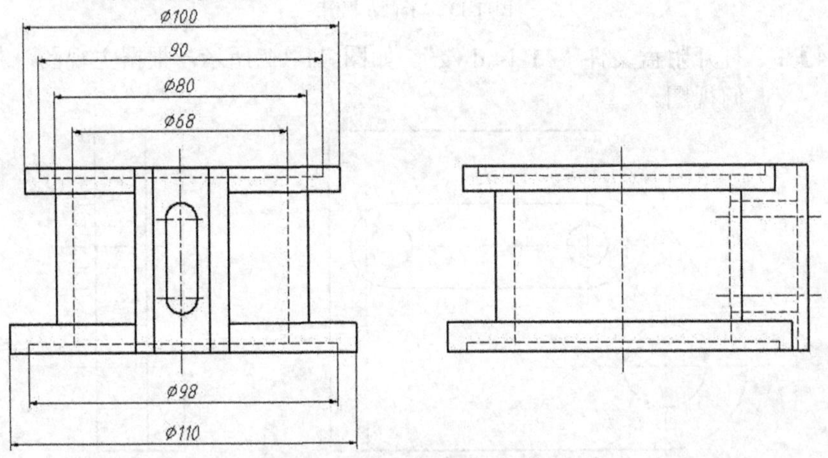

图11-17　将左视图改画成全剖视图

【练习11-18】：打开附盘文件“11-18.dwg”，如图 11-18 所示。根据已有视图将主视图改画成半剖视图。

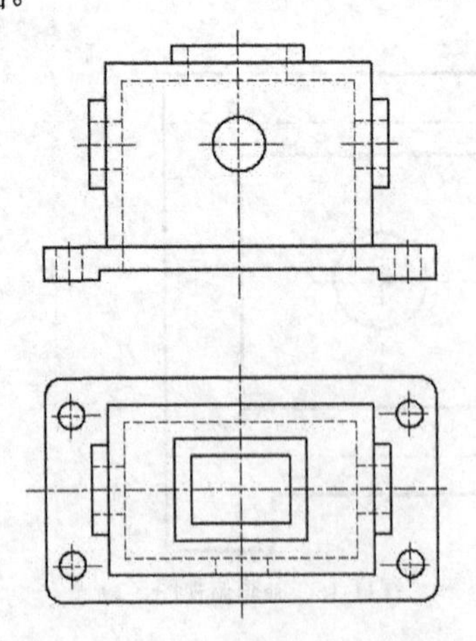

图11-18　将主视图改画成半剖视图

【练习11-19】：根据轴测图绘制三视图，如图 11-19 所示。

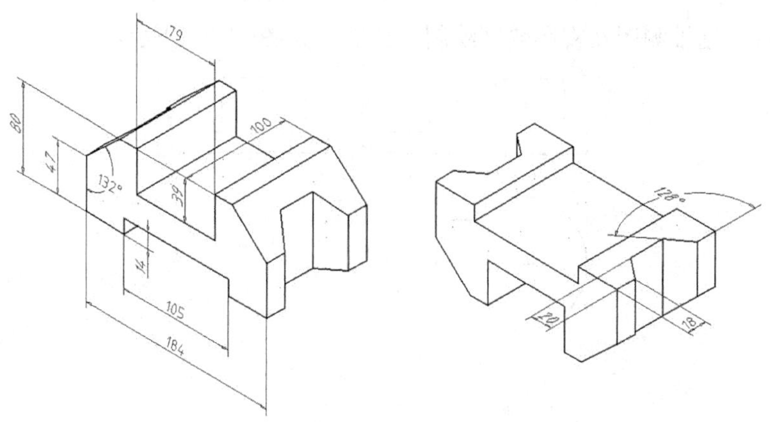

图11-19　绘制三视图（1）

【练习11-20】：　根据轴测图绘制三视图，如图 11-20 所示。

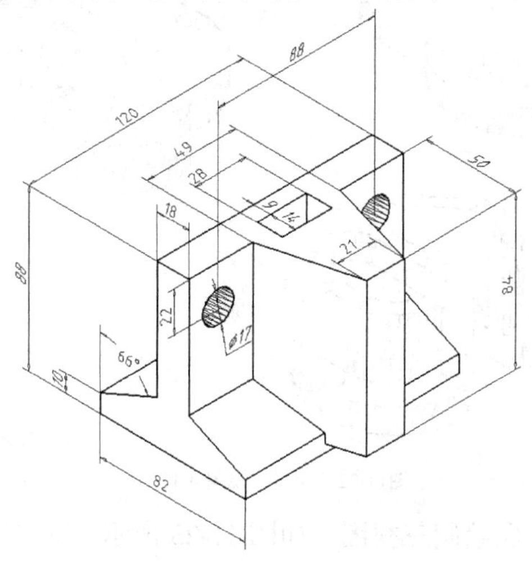

图11-20　绘制三视图（2）

【练习11-21】：　根据轴测图绘制三视图，如图 11-21 所示。

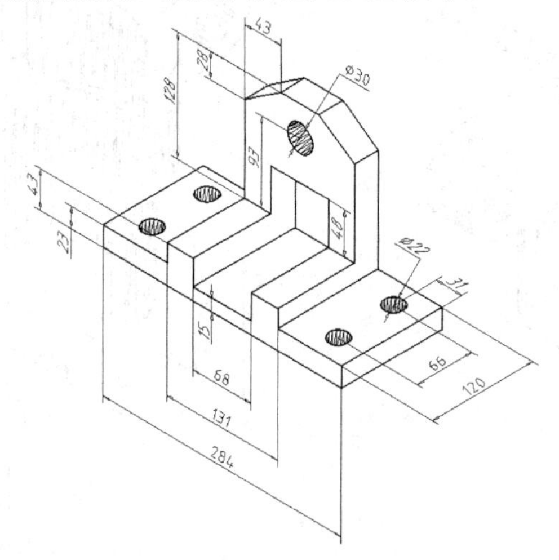

图11-21　绘制三视图（3）

【练习11-22】： 据轴测图及视图轮廓绘制三视图，如图 11-22 所示。

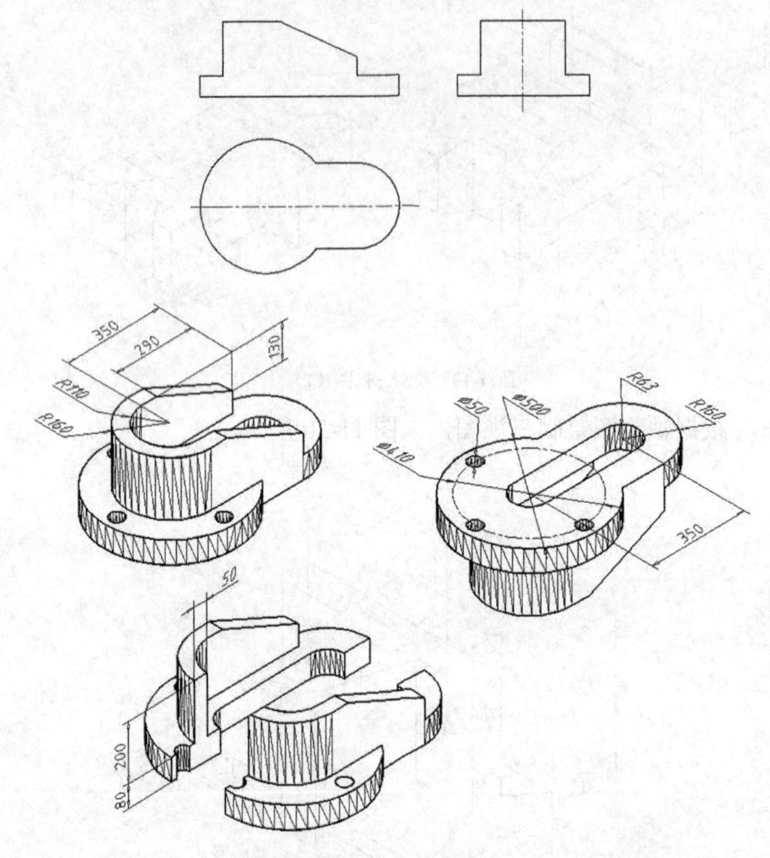

图11-22 绘制三视图（4）

【练习11-23】： 根据轴测图绘制三视图，如图 11-23 所示。

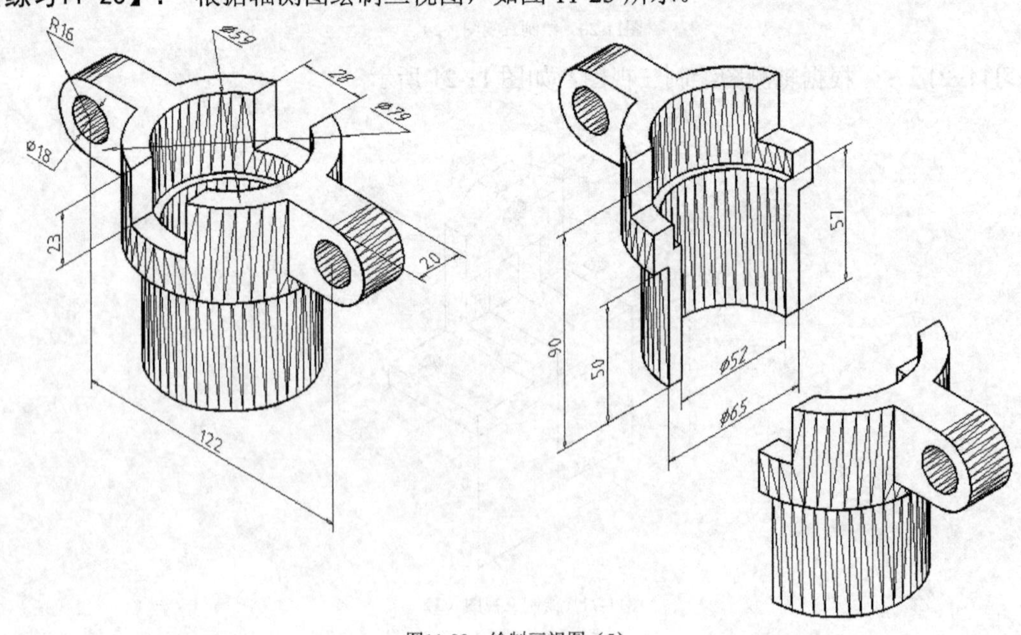

图11-23 绘制三视图（5）

【练习11-24】：　根据轴测图及视图轮廓绘制三视图，如图 11-24 所示。

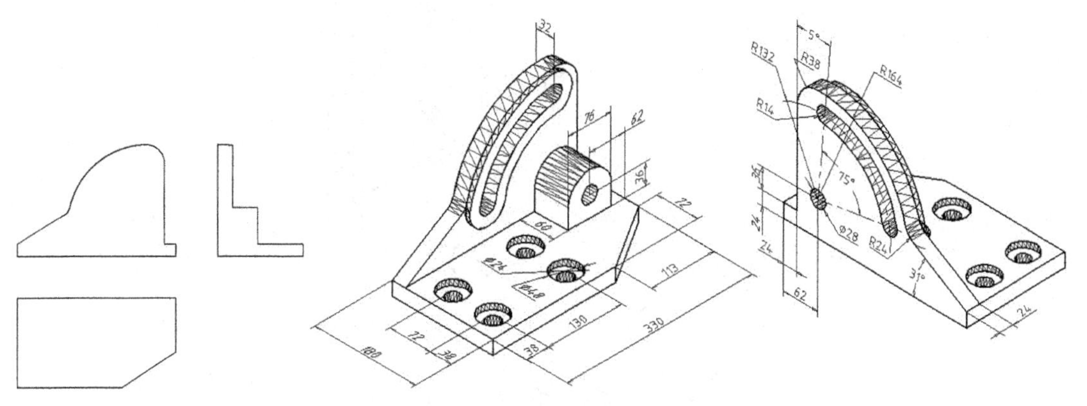

图11-24　绘制三视图（6）

【练习11-25】：　根据轴测图绘制三视图，如图 11-25 所示。

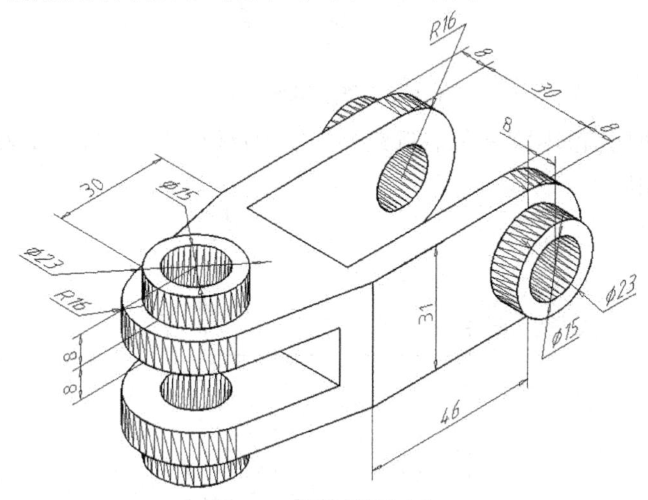

图11-25　绘制三视图（7）

【练习11-26】：　根据轴测图绘制三视图，如图 11-26 所示。

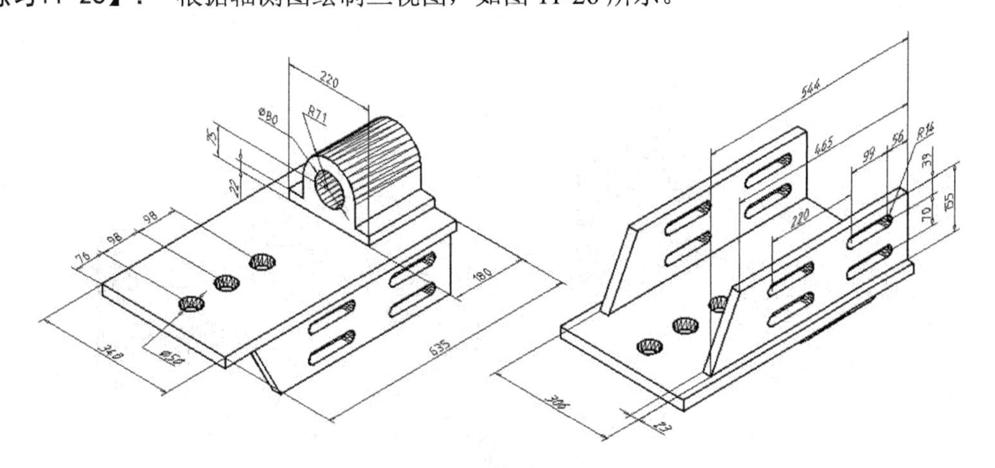

图11-26　绘制三视图（8）

【练习11-27】： 根据轴测图绘制三视图，如图 11-27 所示。

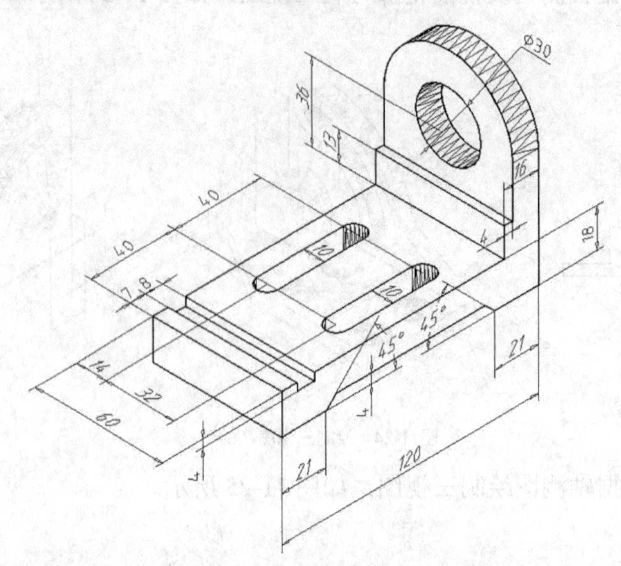

图11-27　绘制三视图（9）

【练习11-28】： 根据轴测图及视图轮廓绘制主视图及俯视图，如图 11-28 所示。将主视图画成全剖视图。

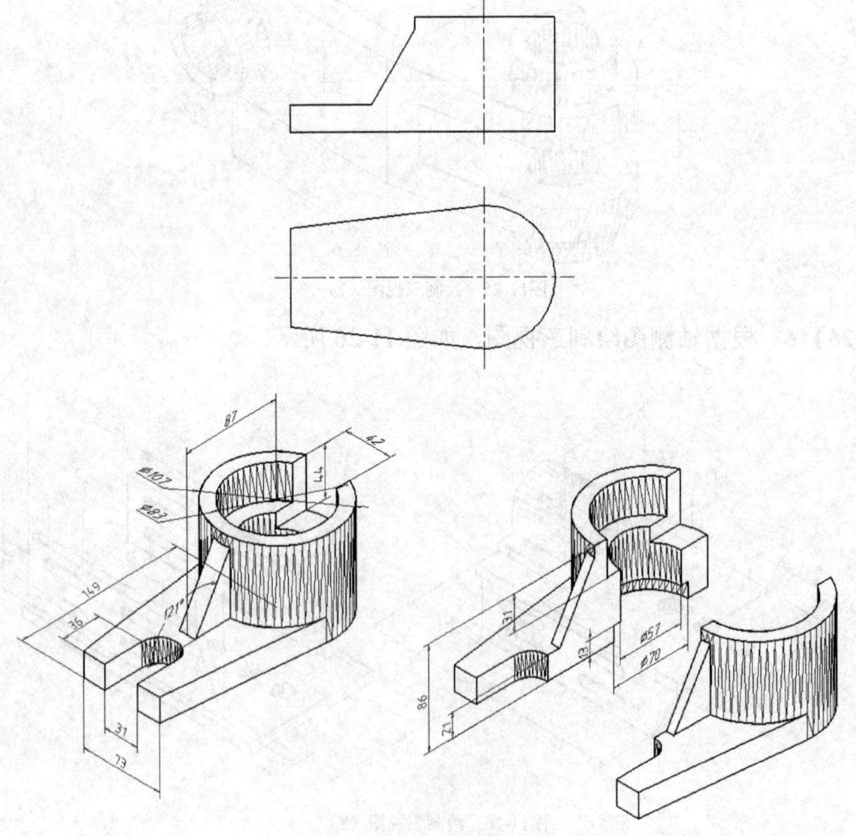

图11-28　绘制全剖视图（1）

【练习11-29】：　根据轴测图及视图轮廓绘制主视图及俯视图，如图 11-29 所示。将主视图画成全剖视图。

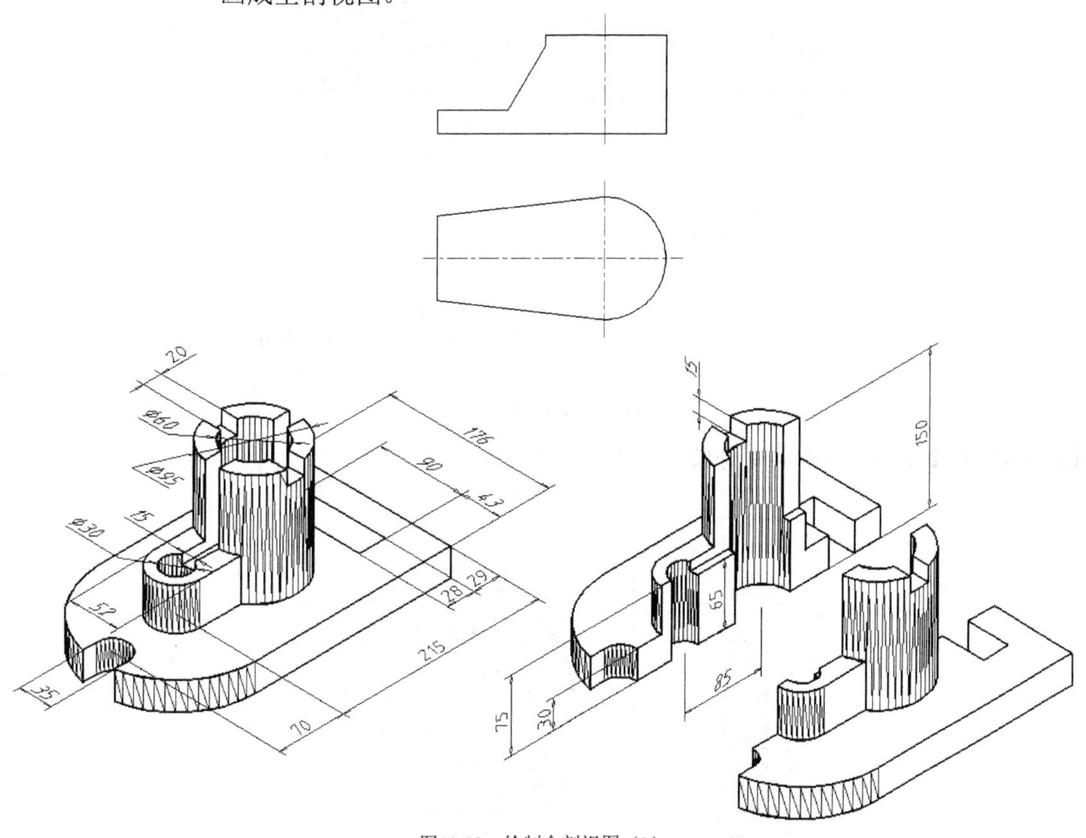

图11-29　绘制全剖视图（2）

【练习11-30】：　绘制联接轴套零件图，如图 11-30 所示。

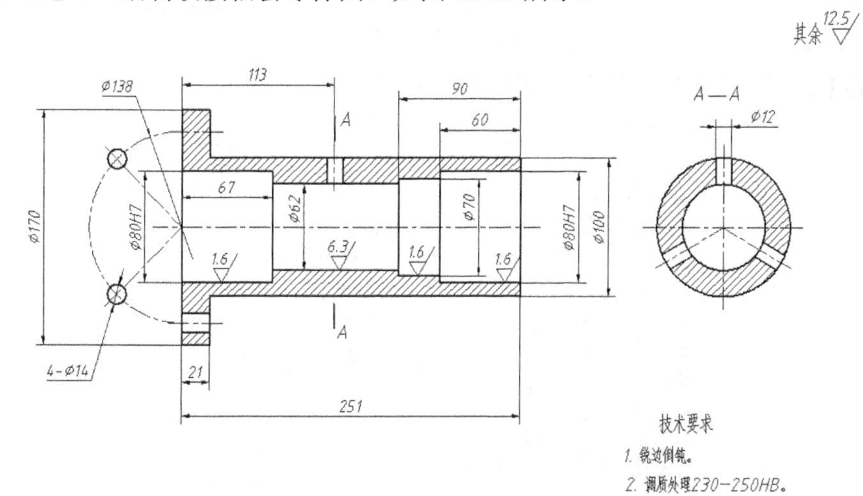

图11-30　画联接套零件图

【练习11-31】：　绘制传动丝杠零件图，如图 11-31 所示。

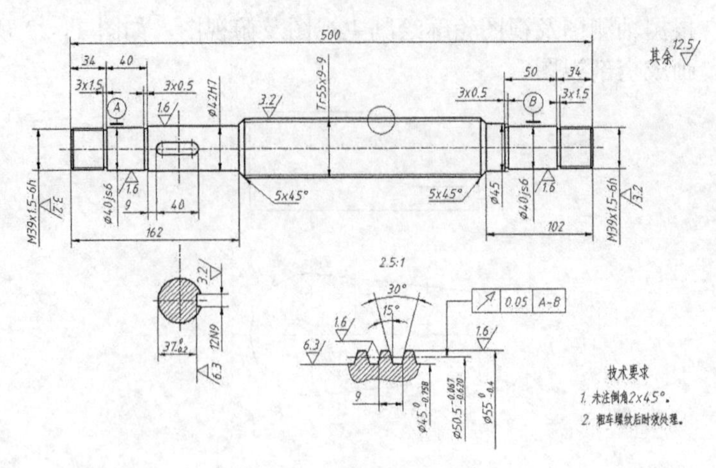

图11-31　绘制丝杠零件图

【练习11-32】：　绘制端盖零件图，如图 11-32 所示。

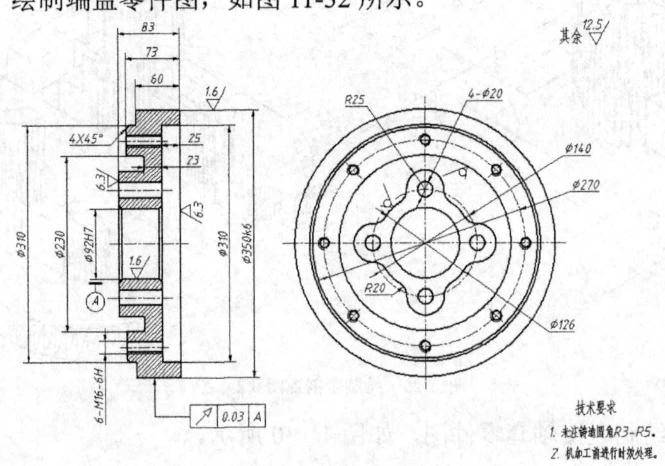

图11-32　画端盖零件图

【练习11-33】：　绘制带轮零件图，如图 11-33 所示。

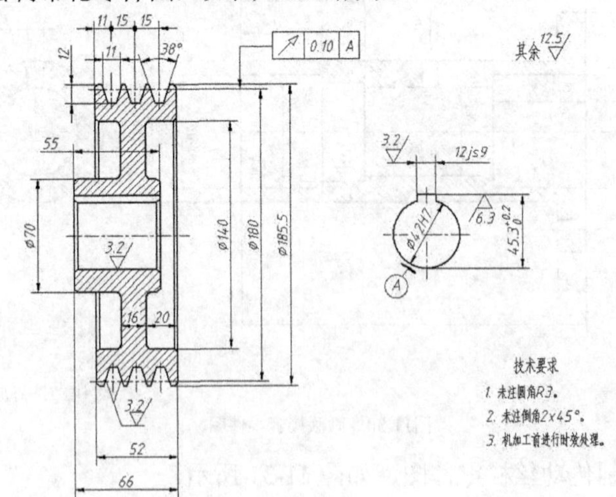

图11-33　画带轮零件图

【练习11-34】：　绘制支承架零件图，如图 11-34 所示。

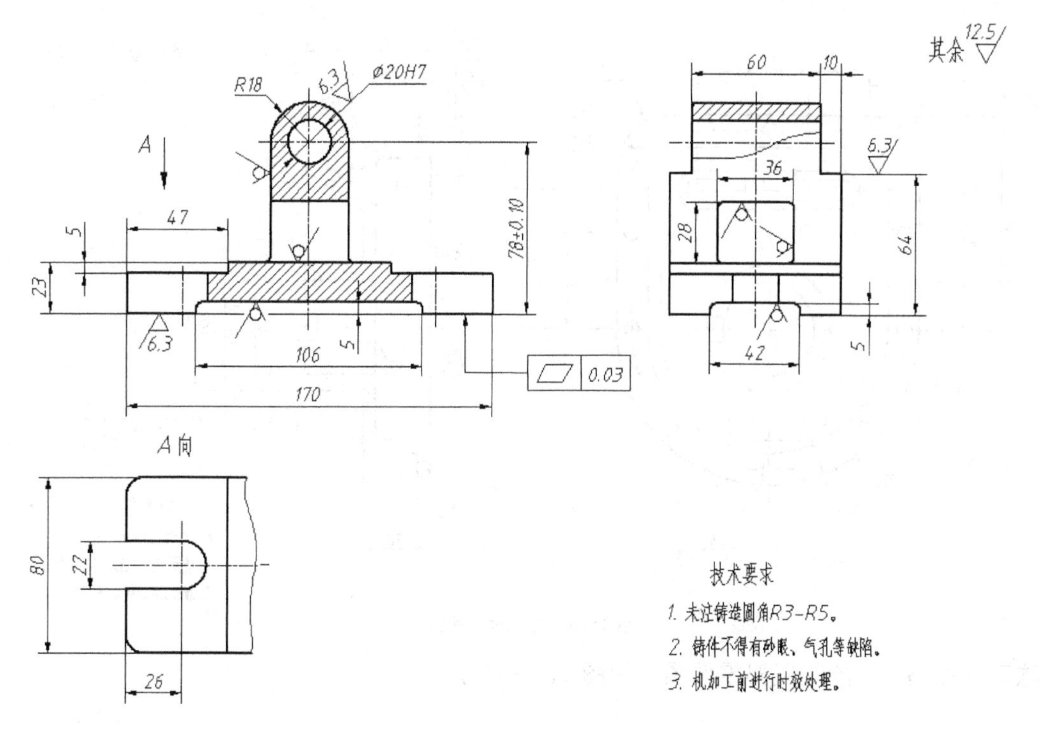

图11-34　画支承架零件图

【练习11-35】：　绘制拨叉零件图，如图 11-35 所示。

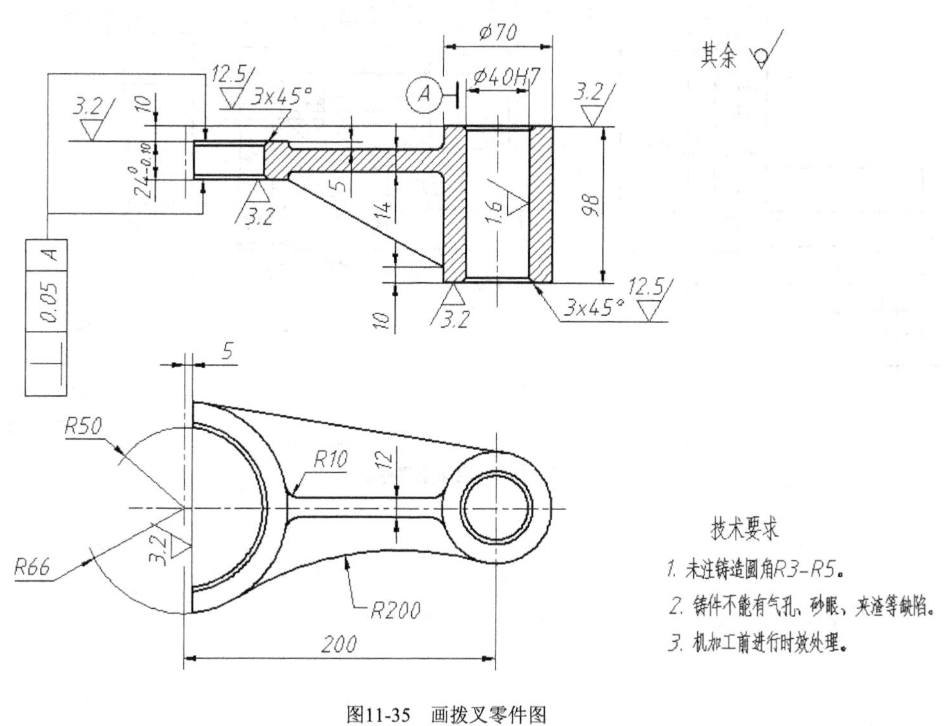

图11-35　画拨叉零件图

【练习11-36】： 绘制上箱体零件图，如图 11-36 所示。

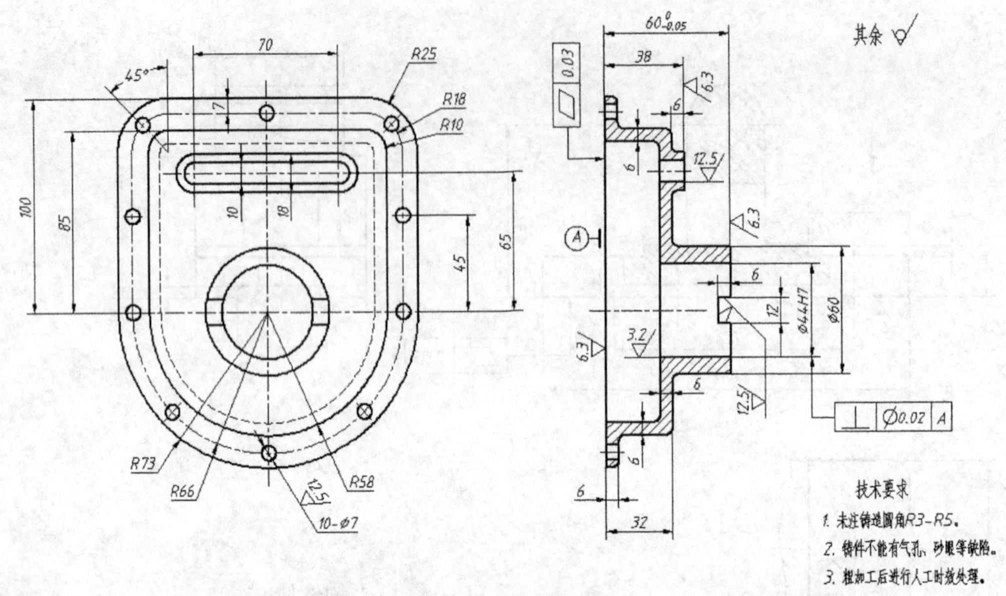

图11-36　画箱体零件图

【练习11-37】： 绘制尾架零件图，如图 11-37 所示。

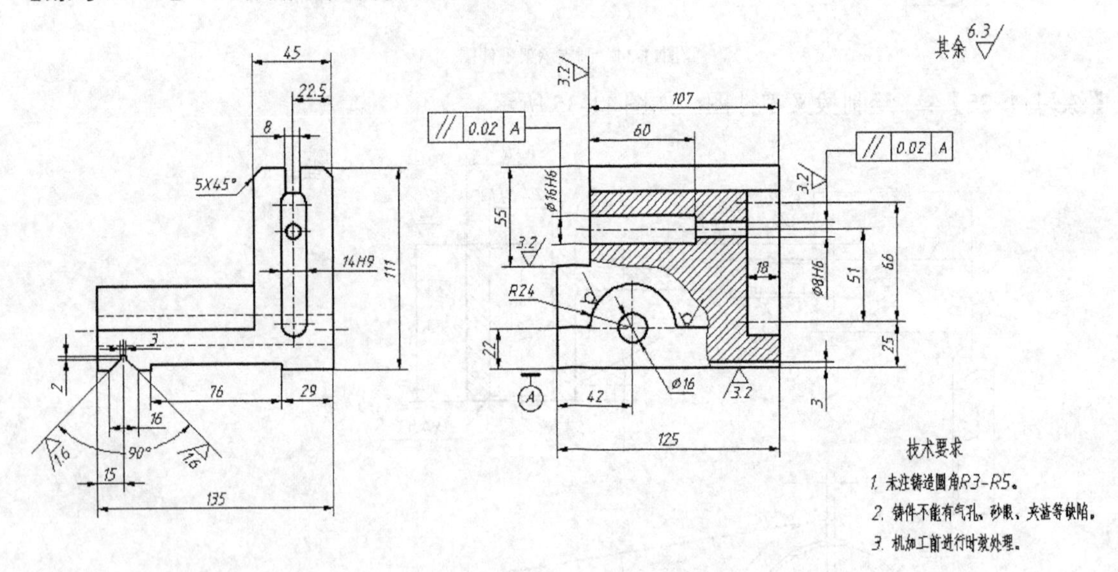

图11-37　画尾架零件图